# 频谱分析仪的原理、操作与应用

## （第二版）

秦顺友　编著

西安电子科技大学出版社

## 内 容 简 介

本书是关于频谱分析仪原理、操作与应用的专著，主要内容包括频谱分析基础、超外差频谱分析仪的工作原理、频谱分析仪的基本特性；以 Agilent 8560EC 系列频谱分析仪为例，简述了频谱分析仪的操作和使用方法，给出了相应的操作硬软键菜单和操作测量示例；着重介绍了频谱分析仪在无线电测量领域中的应用及其测量方法，并给出了大量的工程测量实例。

本书通俗易懂，具有较强的操作性和实用性。

本书可供从事通信、无线电测量与计量、测试仪器与仪表、微波测量、电磁干扰测量等方面工作的工程技术人员阅读，亦可供大专院校相关专业的老师、高年级学生和研究生用作参考书。

**图书在版编目(CIP)数据**

频谱分析仪的原理、操作与应用/秦顺友编著. —2版. —西安：西安电子科技大学出版社，2022.6(2025.2重印)
ISBN 978-7-5606-6476-7

Ⅰ. ①频… Ⅱ. ①秦… Ⅲ. ①频谱分析仪—基本知识 Ⅳ. ①TM935.21

中国版本图书馆 CIP 数据核字(2022)第 071048 号

责任编辑 杨 薇
出版发行 西安电子科技大学出版社(西安市太白南路 2 号)
电　　话 (029)88202421 88201467　　邮　　编 710071
网　　址 www.xduph.com　　电子邮箱 xdupfxb001@163.com
经　　销 新华书店
印　　刷 西安日报社印务中心
版　　次 2022 年 6 月第 2 版 2025 年 2 月第 3 次印刷
开　　本 787 毫米×960 毫米 1/16 印张 20
字　　数 377 千字
定　　价 52.00 元
ISBN 978-7-5606-6476-7
XDUP 6778002-3

# 前　言

本书在《频谱分析仪的原理、操作与应用》(第一版)的基础上进行了修改和补充，同时，对第一版进行了勘误，便于读者阅读。

为扩展频谱分析仪的应用领域，新版书中增加了部分内容。如在第7章中增加了频谱分析仪在大功率信号测量中应用，介绍了用衰减器法和定向耦合器法测量高功率微波器件的大功率信号。在第8章中增加了频谱分析仪在频率选择面测量中的应用，介绍了频谱分析仪测量频率选择面传输系数和反射系数的原理和方法，并给出了频率选择面用作反射面天线副面的工程测量实例；在第10章增加了频谱分析仪在天线无源互调测量中的应用，简述了天线无源产生的机理及预防措施，分析了基站天线、卫星天线和卫星通信地面站天线的无源互调，最后介绍了用频谱分析仪测量天线无源互调的方法；在第14章增加了频谱分析仪在地球站偏轴EIRP谱密度测量中的应用，介绍国家标准GB/T 12364—2007《国内卫星通信系统进网技术要求》规定的卫星通信地球站系统偏轴EIRP谱密度的入网要求和测量方法，并给出测量实例。

频谱分析仪在射频测量领域中应用非常广泛，有“射频万用表”之称。作者虽然在第二版内容中扩展了频谱分析仪的应用，但因受到水平和知识领域的限制，书中难免存在不妥甚至错误的地方，恳请读者指正。

秦顺友

2022年2月

# 第一版前言

频谱分析仪是研究给定电信号在频率谱上能量分布的工具，它基本上是一个带有扫描本振的超外差接收机，可测量信号的频谱、幅度和频率。频谱分析仪是射频工程师必不可少的测试工具，广泛应用于无线电技术的各个领域，如电子对抗、卫星通信、移动通信、散射通信、雷达、遥控遥测、侦察干扰、射电天文、卫星导航、空间技术和频谱监测等。频谱分析仪可测量各种类型信号的不同特性，如信号的传输和反射特性、调制特性、失真、交调、激励响应、载噪比、相位噪声、卫星频谱、互调和电磁干扰等。

本书是一本关于频谱分析仪的专著。全书系统介绍了频谱分析基础，超外差频谱分析仪的原理，频谱分析仪的基本特性；以典型频谱分析仪为例，介绍了频谱分析仪的操作和使用方法；系统介绍了频谱分析仪在射频测量中的典型应用，并给出了大量的工程测量实例。本书为广大射频测试工程师提供了参考和指导，有助于工程技术人员建立射频信号测量系统和扩展频谱分析仪的应用范围。

本书分为三篇，共 14 章。

第一篇为频谱分析仪的原理，包括第 1～4 章。第 1 章频谱分析仪的发展及分类，简述了频谱分析仪的发展历史及现代频谱分析仪的发展趋势，频谱分析仪的分类及其简单的工作原理；第 2 章频谱分析基础，介绍了时域与频域的关系、傅里叶变换与逆变换；第 3 章超外差频谱分析仪的原理，详细论述了超外差频谱分析仪的工作原理、结构组成及功能，频谱分析仪的调谐方程和测量信号的过程；第 4 章频谱分析仪的基本特性，包括了频率特性、幅度特性和扫描时间等。

第二篇为频谱分析仪的操作使用方法，包括第 5 章和第 6 章。第 5 章 Agilent 8560EC 系列频谱分析仪，内容包括前面板、后面板、显示器的屏幕注解及其主要技术指标；第 6 章频谱分析仪的硬软键功能与操作，以 Agilent 8560EC 系列频谱分析仪为例，介绍了频谱分析仪的基本功能键、码刻功能键、控制功能键、仪器状态功能键和数据控制键，简述了各硬键的功能及其相应的软键菜单的操作使用方法，并给出了大量的操作测量实例。

第三篇为频谱分析仪的应用，包括第7～14章。第7章幅度与频率测量，幅度和频率测量是频谱分析仪测量的基础，本章以频谱分析仪的校准输出信号为例，说明了频谱分析仪测量信号幅度和频率的方法，介绍了频率相近的两个信号的测量方法并给出了测量实例，介绍了低电平信号的测量方法，阐述了通过合理设置频谱分析仪状态参数来改善低电平信号测量精度的措施，并给出了低电平信号测量的修正曲线；第8章传输与反射特性测量，包括插入损耗测量、增益测量、1 dB压缩点测量、电压驻波比测量和吸波材料反射电平测量；第9章调制特性测量，包括幅度调制信号分析及其测量方法，频率调制信号分析及其测量方法和脉冲调制信号频谱分析及其测量方法；第10章失真特性测量，包括失真信号模型及分析，谐波失真测量原理和方法，三阶互调失真测量原理和方法；第11章噪声特性测量，首先简述了噪声系数与等效噪声温度的基本概念，然后论述了与噪声特性相关的常见无线电参数测量原理和方法，主要包括接收机噪声系数测量、低噪声放大器的噪声温度测量、天线噪声温度测量、地球站系统$G/T$值测量和相位噪声测量，最后讨论了噪声功率测量的误差修正方法；第12章电磁干扰测量，以地球站电磁环境和辐射灾害测量为例，说明了频谱分析仪在电磁干扰测量中的应用，简述了地球站电磁干扰的形成、干扰允许限值、测试系统组成、测试系统灵敏度分析、干扰测试方法和干扰计算，简述了电磁辐射安全标准、地球站功率密度的计算和测量原理方法；第13章时域特性测量，简述了频谱分析仪时域测量原理以及在调制信号测试和天线方向图测量中的应用；第14章卫星通信系统性能测量，以卫星通信系统性能测量为例，简述了频谱分析仪在系统性能测量中的应用。

该书显著的特色是可操作性和实用性强，给出了大量的频谱分析仪操作使用图例和测量示例。希望该书对从事射频测量、计量测试等工作的工程技术人员和高校师生等都有所裨益。

由于时间仓促，加之作者水平有限，书中难免存在不足，恳请读者批评和指正。

秦顺友

2013年6月

# 目　　录

## 第一篇　频谱分析仪的原理

## 第二篇　频谱分析仪的操作使用方法

## 第三篇 频谱分析仪的应用

# 第一篇

# 频谱分析仪的原理

# 第 1 章　频谱分析仪的发展及分类

## 1.1 频谱分析仪的历史与发展趋势

频谱分析仪是研究给定电信号在频率谱上能量分布的工具，它基本上是一个带有扫描本振的超外差接收机。频谱分析仪可以将复杂的信号分解为单一的组成部分，并显示幅度与频率的对应关系，可以测量出信号的频率和幅度；除此之外，频谱分析仪还可以进行如调制信号的 RF 包络、信号失真、交调和噪声边带等各种参数的测量。

自 20 世纪 30 年代末发明阴极射线管以来，工程师们就开始利用随之出现的第一批频谱分析仪来观察信号功率和频率的关系，帮助他们研制并实现雷达的基本功能。20 世纪 40 年代的频谱分析仪是以扫频的射频接收机为基础的。20 世纪 50～60 年代才真正有了台式频谱分析仪，这种模拟的扫频接收机带有大量开关和控制旋钮，操作复杂，需要完全手动控制扫速、频率范围、分辨率和衰减量。由于参数之间相互影响，操作者要细心地选择正确的设置，才能使测量结果有效。自 1964 年美国 HP 公司在市场上推出了第一台半自动的频谱分析仪，即 HP8551 微波频谱分析仪以来，HP 公司在频谱分析仪领域一直处于领先地位。Marcni 公司和 TEK 公司也是高性能模拟频谱分析仪的生产商，为频谱分析仪的发展作过积极的贡献。

20 世纪 70 年代，随着 YIG 调谐器、集成电路、高性能微波晶体管和固体微波器件的成功研制以及采样技术、频率合成技术、微波混合集成技术和数字化技术的发展与应用，频谱分析仪得到了快速的发展，实现了宽频带、高分辨率、高灵敏度和大动态范围，包括全景显示的多状态扫频以及幅度频率绝对值定标，成为高性能、多功能的测量仪器。1977 年 HP 公司推出了第一台基于微处理器的 HP8568A 射频频谱分析仪，1978 年则有 HP8566A 微波频谱分析仪问世。

从 20 世纪 80 年代开始，随着计算机、微处理器的发展和广泛应用，频谱分析仪向智能化和自动化方向大步迈进，先后出现了一大批智能频谱分析仪和自动频谱分析仪，如 HP 公司推出的 HP8560E 系列频谱分析仪。它是目前最好的实验室频谱分析仪之一，由于其高性能，HP8560E 系列频谱分析仪可以满足现代各种应用的测试需求，如射频与微波通信、军事用途、卫星通信、雷达、对空观察以及信号监测和 EMC/EMI 测量等。利用以数字手段实现的 1～100 Hz 分辨率带宽滤波器，可以显著地提高其分辨率，并获得 109 dB 的优良三阶动态范围；还可以利用这种频谱分析仪超凡的相位噪声优点和跨越 50 GHz 满扫宽的宽广动态范围测量低电平信号。

1986 年，HP 公司推出了 HP8590A 频谱分析仪，这种灵活通用的频谱分析仪可根据需要来改变它们的测试设备。目前 HP8590E 系列频谱分析仪为工程师们提供了各种各样的应用解决方案，如射频无线通信、有线电视、EMI 预符合性、扫描噪声系数、数字无线电和广播电视等。

微处理器的普及和数字技术的应用，促进了频谱分析仪的快速发展。目前频谱分析仪实现了高分辨率、大动态范围、高灵敏度、CRT 数字显示乃至数字储存和高可靠性。现代计算机技术和数字信号处理技术在频谱分析仪中的使用成为现代频谱分析仪的发展趋势。国外频谱分析仪技术发展迅速，如美国的 Agilent 公司、Tektronix 公司、德国 R/S 公司和日本的 ANRITSU 公司等都不断地推出高性能的频谱分析仪，并且以频谱分析仪为基础，不断扩展其功能。未来频谱分析仪的发展方向有：

**1. 更宽频带、高灵敏度、高分辨率和大动态范围**

现代频谱分析仪的频率范围更宽，灵敏度更高，分辨率高，动态范围大，测量精度高，测量速度更快，更易于实现测量过程的自动化和仪器的小型化。代表性的产品是美国 Agilent 公司的 8565EC 频谱分析仪，其频率范围为 9 kHz～50 GHz，分辨率带宽为 1 Hz～2 MHz，最佳灵敏度可达－147 dBm，噪声边带为－113 dBc/Hz(10 kHz 频偏)，同时可以向更高频率扩展，具有相位噪声和数字无线电测试功能，使用非常灵活方便。

**2. 宽带高速实时**

实时频谱分析可以对信号进行实时测试，可以在时域、频域、调制域和码域等多域内，同时对信号的指标进行全景式的观察、监测和分析。利用专用的信号分析软件完成复杂的测量任务是现代通信分析仪的发展趋势。

实时频谱分析仪可以在一台仪表中同时实现宽带矢量信号分析仪和频谱分析仪的功能，并具备独有的触发—捕获—分析能力。典型的代表产品是美国 Tektronix 公司的 3086 实时频谱分析仪，它可以一次采集整块频谱，连续分析全帧信号，同时具有多种灵活的触发方式，对猝发信号、瞬变信号和时控信号的分析测量非常方便。

## 1.2 频谱分析仪的分类

频谱分析仪是用来分析信号中所含有的频率成分的专用仪器。随着无线电和电子技术的不断发展，频谱分析仪的技术性能和测试功能日益完善。

频谱分析仪按其结构原理可分为两大类，即模拟式频谱分析仪和数字式频谱分析仪。早期的频谱分析仪属于模拟式，目前模拟式频谱分析仪仍在广泛使用。数字式频谱分析仪是以数字滤波器或快速傅里叶变换为基础构成的，由于数字式频谱分析仪受到数字系统的工作速度的限制，因此此类频谱分析仪多半使用于低频段。此外，现代一些新颖高档的频谱分析仪，既能用来测量低频信号，又能用来测量高频信号，其结构属于以上两种类型的混合，常称为“模拟-数字”混合式频谱分析仪。

依据频谱分析仪的实现方法和频谱测试的实现技术，频谱分析仪一般可分为带通滤波器分析仪、快速傅里叶变换(FFT)分析仪、扫频式频谱分析仪和实时频谱分析仪。

### 1.2.1 带通滤波器分析仪

早期实现频谱分析仪的方法就是：将待测信号同时引入一系列带宽相同、但中心频率以带宽为步进等差递增的带通滤波器，再分别通过各频率检波器检波得到各频率点功率的大小，最后通过显示屏显示出来。这种频谱分析仪称为带通滤波器频谱分析仪。

图1-1所示为带通滤波器分析仪的原理图。带通滤波器频谱分析仪的最小频率分辨带宽是由带通滤波器的带宽决定的。假设带通滤波器的带宽是100 kHz，那么带通滤波器频谱分析仪的频率精度只有100 kHz。这是因为多条频率的功率谱线如果出现在同一带通滤波器的100 kHz频率范围内，那么带通滤波器频谱分析仪的测试结果在此100 kHz范围内只显示一条功率谱线，带通滤波器将测出其频率范围内的能量，而不管多少频谱分量产生这一总能量。因此对紧密相邻的频谱分量，其最小频率分辨率带宽受制于带通滤波器的带宽。

带通滤波器频谱分析仪的最大优点是能迅速跟踪信号频谱随时间的变化，但其最大弱点是为了保证最小频率分辨率带宽，需要使用窄带滤波器，并且所需窄带滤波器的数量随着带通滤波器频谱分析仪的测量频率范围的增大及最小频率分辨率的减小而增加。因此，带通滤波器频谱分析仪主要用在可容纳分辨率带宽非常宽的场合。

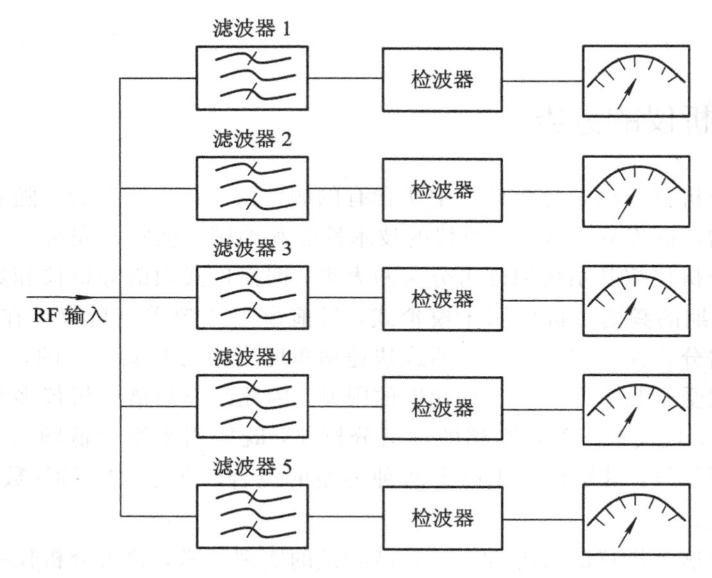


图 1-1　带通滤波器分析仪的原理图

### 1.2.2　快速傅里叶变换分析仪

快速傅里叶变换(FFT)可用来确定时域信号的频域表示形式(频谱)。信号必须在时域中被数字化，然后执行 FFT 算法来求出频谱。图 1-2 所示为 FFT 频谱分析仪的简化原理图。

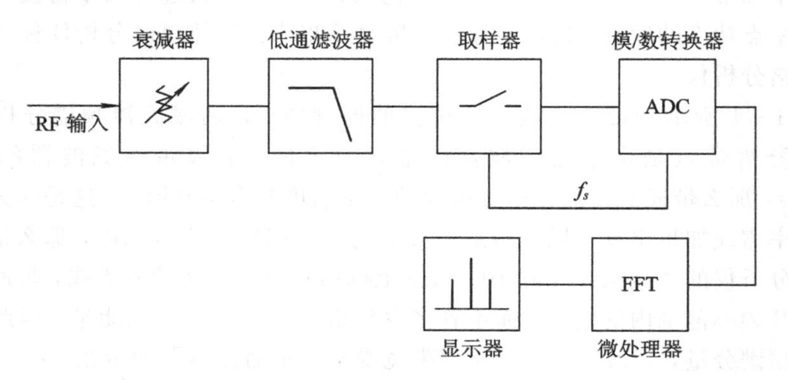


图 1-2　FFT 频谱分析仪的简化原理图

由图 1-2 可知，FFT 频谱分析仪的工作原理是：首先 RF 输入信号通过一个可变衰减器，以提供不同的测量范围；然后信号通过低通滤波器，滤去频谱分析仪频率范围之外的不希望的高频分量；通过取样器，对信号波形进行取样，再用取样电路和模/数转换器的共同作用变为数字形式；利用 FFT 计算波形的频谱，并将结果显示在显示器上，从而测量出信号频谱。

FFT 频谱分析仪能实现与多通道滤波器式分析仪相同的功能，而无需使用许多带通滤波器，FFT 频谱分析仪采用数字信号处理来完成多个滤波器的功能。FFT 频谱分析仪的理论根据为均匀抽样定理和傅里叶变换。

均匀抽样定理：一个在频谱中不含有大于频率 $f_{max}$ 分量的有限频带信号是由对该信号以不大于 $1/(2f_{max})$ 的时间间隔进行的抽样值唯一确定的。这样的抽样信号通过截止频率为 $f$ 的理想低通滤波器后，可以完全重建原信号。FFT 频谱分析仪的模/数转换器的实际采样频率 $f_s$ 应满足：

$$f_s > 2f_{max} \tag{1-1}$$

截止频率 $f$ 与采样频率 $f_s$ 以及 $f_{max}$ 的关系如下：

$$f_{max} \leqslant f \leqslant f_s - f_{max} \tag{1-2}$$

傅里叶变换：依据傅里叶变换，信号可用时域函数 $f(t)$ 完整地表示出来，也可用频域函数 $F(j\omega)$ 完整地表示出来，而且两者之间有密切的联系，其中只要一个确定，另一个也随之唯一地确定，所以可实现时域向频域的转换。

### 1.2.3　扫频频谱分析仪

目前常用的频谱分析仪采用扫频超外差方案，与无线电接收机相似，频谱分析仪能自动在整个所关心的频带内进行扫频，并显示信号幅度和频率成分。扫频频谱分析仪在低频波段已逐渐被 FFT 分析仪取代，但在射频、微波和毫米波频率范围内，扫频频谱分析仪仍占优势。

扫频频谱分析仪常见的有两种类型，其一是调谐滤波器式频谱分析仪，这种频谱分析仪是通过在整个频率范围内移动一个带通滤波器的中心频率及带宽来工作的。中心频率自动反复在信号频谱范围内扫描，由此依次选出被测信号各频谱分量，经检波和视频放大后加至显示器的垂直偏转电路，而水平偏转电路的输入信号与调谐滤波器中心频率的扫描信号来自同一扫描信号发生器，水平轴的位置就表示频率。这种频谱分析仪的优点是结构简单，价格便宜，不产生虚假信号；缺点是频谱分析仪的灵敏度低，分辨率差。其二是扫频超外差式频谱分析仪，这种频谱分析仪的工作原理普遍被现代分析仪所采用。例如，美国 Agilent 公司的 Agilent 8560EC 系列频谱分析仪、Agilent ESA-E 系列频谱分析仪、Agilent 8590 系列频谱分析仪、日本安立公司的 MS2681A/MS2683A/MS2687B/MS2668C 等都是扫频超外差式频谱分析仪。扫频超外差式频谱分析仪把固定的窄带中频放大器作为选择频率的滤波器，本振扫频器件则输出频率从低到高的一串本振信号，并与输入的被测信号中的各频率分量逐个混频，使之依次变为相对应的中频频率分量，再经放大、检波和视频滤波，最后在 CRT(显示器)上显示测量结果。现代无线电测量广泛使用超外差式频谱分析仪，其工作原理将在后面章节中详细介绍。

### 1.2.4　实时频谱分析仪

随着射频(RF)技术的不断发展，目前RF信号承载着复杂的调制技术，与过去的RF信号相比，其间歇性更高，突发性更强。这些RF信号在不同时点之间变化、跳频，快速达到峰值，然后消失，难以预测，从而使测量和分析这些信号的方式遇到了空前的挑战。如何正确触发、捕获、全面分析和检测当前随时间复杂变化的RF信号变得越来越关键。实时频谱分析仪的出现为我们在无线通信测试领域提供了强有力的工具。

实时频谱分析是指触发、捕获和分析随时间变化的RF信号。实时频谱分析仪不仅具有频谱分析的能力，而且可同时进行时域信号的分析、调制信号分析和矢量信号分析，更重要的是能捕获连续信号、间歇性信号和随机信号，并具有实时的频率事件的触发能力。

实时频谱分析的基本概念是能够触发RF信号，把信号无缝地捕获到内存中，并在多个域(频域、时域和调制域等)中分析信号，这样就可以可靠地检测和检定随时间变化的RF信号特点。

图1-3所示为实时频谱分析仪的简化原理图。

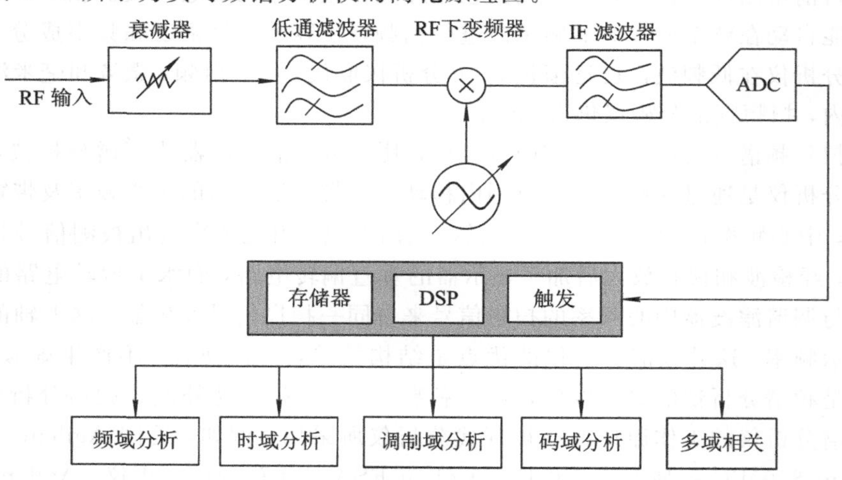


图1-3　实时频谱分析仪的简化原理图

实时频谱分析仪可以在仪器的整个频率范围内调谐RF前端，它把输入信号下变频为固定的中频IF，然后对信号进行滤波，使用ADC进行数字化，最后传送到DSP引擎，DSP引擎管理着仪器的触发、内存和分析功能。实时频谱分析仪是为提供实时触发、无缝信号捕获和时间相关多域分析而优化的。实时频谱分析仪一旦检测、采集和存储了某个RF信号，就可以对其进行频域测量、时域测量和调制域测量。

# 第 2 章　频谱分析基础

## 2.1 频域与时域的关系

对于一个电信号，通常有两种分析表示的方法，即时域方法和频域方法。时域是表示电信号随时间的变化情况，可用示波器进行测量。在时域内，以时间为水平轴，垂直轴为幅度轴，用示波器测量实际信号的瞬时值随时间的变化，观察信号波形，称为时域分析。频域表示电信号随频率的变化情况，可用频谱分析仪进行测量。在频域内，水平轴表示频率，垂直轴表示幅度，用频谱分析仪测量信号响应随频率的变化波形，称为频域分析。

信号的时域分析和频域分析都可以用来反映信号的特性，但是分析的角度是不同的，各有适用的场合。时域分析研究信号的瞬时幅度与时间的关系，常用于阶跃响应和脉冲响应测量；频域分析研究信号的各频率分量的幅度与频率的关系，常用于测量信号的幅频特性、频率响应、频谱纯度和谐波失真等。

为了便于对时域和频域进一步理解，图 2 - 1 给出了某一电信号的三维空间波形。

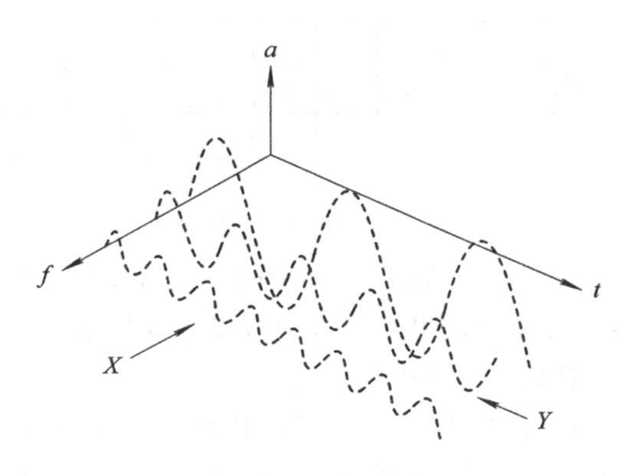


图 2 - 1　某电信号的三维空间波形

图 2－1 中，$a$ 表示幅度轴，$t$ 表示时间轴，$f$ 表示频率轴。从图 2－1 所示的 $X$ 方向观察波形，可以观察各个信号的幅度和随时间的变化关系，也就是观察出电信号的时域波形，如图 2－2 所示，但此波形不能提供各个信号分量的信息。从图 2－1 的 $Y$ 方向观察，可观察电信号波形的各个信号幅度与频率的关系，也就是信号的频域波形，如图 2－3 所示，在频域内可以测量信号频率响应和信号失真等。

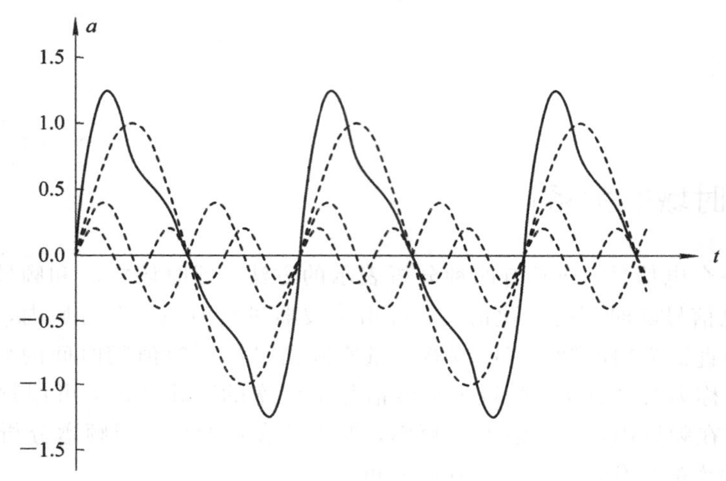


图 2－2　电信号的时域波形

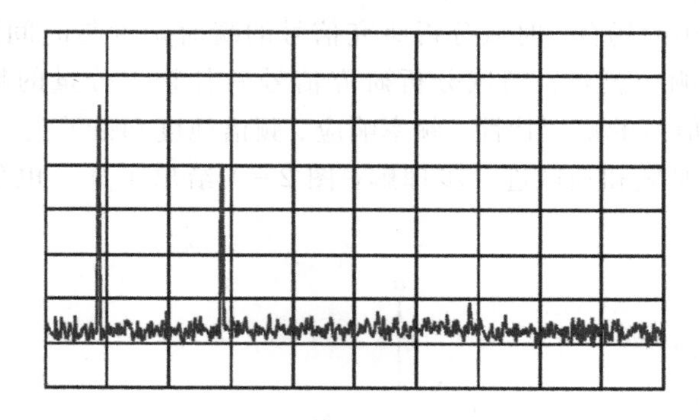

图 2－3　电信号的频域波形

既然时域和频域两种分析方法都能表示同一信号特性，那么它们之间是可以相互转换的，这种转换可以用傅里叶级数和傅里叶变换来表示。

在傅里叶理论中，任何时域的电信号均是由一个或多个不同频率、不同幅度和相位的正弦波组成的。换言之，时域信号可以转换成频域信号。理论上，完成从时域到频域的转换，信号必须在全部时间内进行，也就是说时间从 $-\infty \rightarrow +\infty$。但实际上，我们都是在利用有限时间周期进行测量。傅里叶逆变换可以把频域信号变换成时域信号，从理论上讲，所有频谱分量计算在整个频率范围内进行，也就是说频率从$-\infty \rightarrow +\infty$。但实际上，在进行测量时，亦是在有限带宽内捕获大部分信号能量得到可接受的测量结果。

频谱分析仪可用于测量 RF 信号幅度与频率的关系，这种测量属于频域测量。傅里叶级数和傅里叶变换可以把时域技术和频域技术有机地联系起来。因此，傅里叶级数和傅里叶变换理论是频谱分析的基础。

## 2.2 傅里叶级数

大多数周期信号都可以用正弦和余弦级数的展开式来表示。一个周期信号函数的傅里叶级数可表示为

$$y(t)=\frac{a_0}{2}+\sum_{n=1}^{\infty}(a_n\cos 2\pi n f_0 t+b_n\sin 2\pi n f_0 t) \tag{2-1}$$

$$a_n=\frac{2}{T}\int_{-\frac{T}{2}}^{\frac{T}{2}}y(t)\cos 2\pi n f_0 t\,\mathrm{d}t \tag{2-2}$$

$$b_n=\frac{2}{T}\int_{-\frac{T}{2}}^{\frac{T}{2}}y(t)\sin 2\pi n f_0 t\,\mathrm{d}t \tag{2-3}$$

式中：$f_0$——信号基频，单位为 Hz；

$T$——周期信号的周期。

$f_0$和 $T$ 之间的关系可表示为

$$f_0=\frac{1}{T} \tag{2-4}$$

角频率 $\omega_0$ 和 $f_0$之间的关系可表示为

$$\omega_0=2\pi f_0 \tag{2-5}$$

利用傅里叶级数，周期信号可以展开成无限多个正弦项和余弦项之和。这些正弦项和余弦项的加权系数由 $a_n$和 $b_n$给出。将函数与各系数相关的正弦或余弦相乘后再进行积分(在一个周期上)，便可求出这些系数所有的正弦项和余弦项均为基频 $f_0$的谐波。$a_0/2$ 项直接反映了波形的直流值，常常可以用直观的方法求得。

在方程(2-1)中，分别处理正弦项和余弦项比较复杂，因此可以用适当的幅度和相位将两项合成一个单独的正弦曲线，表达式如下：

$$y(t)=\frac{a_0}{2}+\sum_{n=1}^{\infty}\sqrt{a_n+b_n}\cos(2\pi n f_0 t+\theta_n) \tag{2-6}$$

式中：

$$\theta_n=\arctan\left(\frac{b_n}{a_n}\right) \tag{2-7}$$

另外，方程(2-1)所示的周期函数的傅里叶级数也可以表示成复数形式，傅里叶级数的复数形式为

$$y(t)=\sum_{n=-\infty}^{\infty}c_n\mathrm{e}^{\mathrm{j}2\pi nf_0t} \tag{2-8}$$

式中：

$$c_n=\frac{1}{T}\int_{-\frac{T}{2}}^{\frac{T}{2}}y(t)\mathrm{e}^{-\mathrm{j}2\pi nf_0t}\mathrm{d}t \tag{2-9}$$

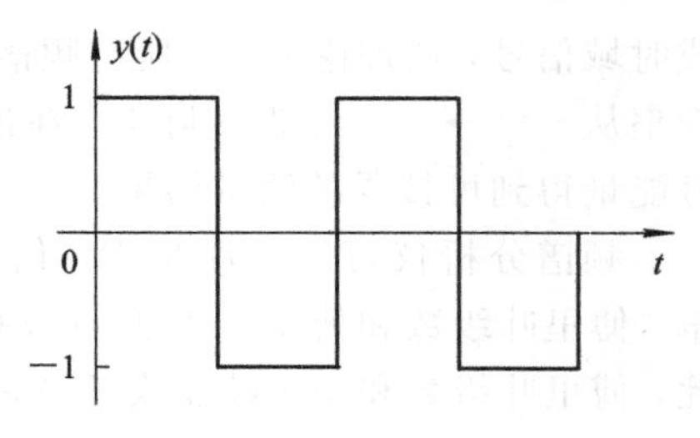


图 2-4　方波的波形

下面以方波为例，介绍计算傅里叶级数的方法。图 2-4 所示为方波的波形。利用方程(2-2)和方程(2-3)，可求出方波傅里叶级数的系数 $a_n$ 和 $b_n$。

$$\begin{aligned}a_n&=\frac{2}{T}\int_{-\frac{T}{2}}^{\frac{T}{2}}y(t)\cos(2\pi nf_0t)\mathrm{d}t\\&=\frac{2}{T}\int_{-\frac{T}{2}}^{0}(-1)\cos(2\pi nf_0t)\mathrm{d}t+\frac{2}{T}\int_{0}^{\frac{T}{2}}(1)\cos(2\pi nf_0t)\mathrm{d}t\\&=0\end{aligned}$$

$$\begin{aligned}b_n&=\frac{2}{T}\int_{-\frac{T}{2}}^{\frac{T}{2}}y(t)\sin(2\pi nf_0t)\mathrm{d}t\\&=\frac{2}{T}\int_{-\frac{T}{2}}^{0}(-1)\sin(2\pi nf_0t)\mathrm{d}t+\frac{2}{T}\int_{0}^{\frac{T}{2}}(1)\sin(2\pi nf_0t)\mathrm{d}t\\&=\frac{2}{n\pi}(1-\cos n\pi)\\&=\begin{cases}\dfrac{4}{n\pi} & (n\text{ 为奇数})\\0 & (n\text{ 为偶数})\end{cases}\end{aligned}$$

求出方波傅里叶级数的系数 $a_n$ 和 $b_n$ 以后，方波的傅里叶级数可表示为

$$\begin{aligned}y(t)=&\frac{4}{\pi}\sin(2\pi f_0t)+\frac{4}{3\pi}\sin(6\pi f_0t)+\frac{4}{5\pi}\sin(10\pi f_0t)\\&+\frac{4}{7\pi}\sin(14\pi f_0t)+\frac{4}{9\pi}\sin(18\pi f_0t)+\cdots\end{aligned} \tag{2-10}$$

由此可见，理想的方波只有奇次谐波。图 2-5 给出了方波的基波、三次谐波和五次谐波。图 2-6 为只含基波和三次谐波的方波，其相应的傅里叶级数为

$$y_3(t)=\frac{4}{\pi}\sin(2\pi f_0t)+\frac{4}{3\pi}\sin(6\pi f_0t) \tag{2-11}$$

图 2-7 为只含基波、三次谐波和五次谐波的方波，其相应傅里叶级数为

$$y_5(t)=\frac{4}{\pi}\sin(2\pi f_0t)+\frac{4}{3\pi}\sin(6\pi f_0t)+\frac{4}{5\pi}\sin(10\pi f_0t) \tag{2-12}$$

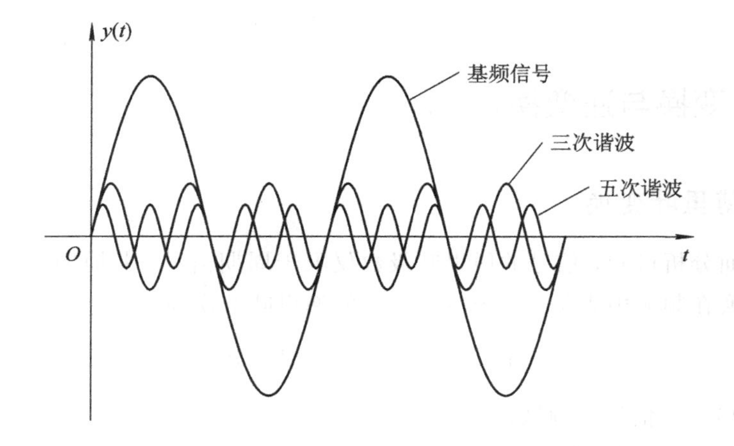


图 2-5　方波的基波、三次谐波和五次谐波的波形

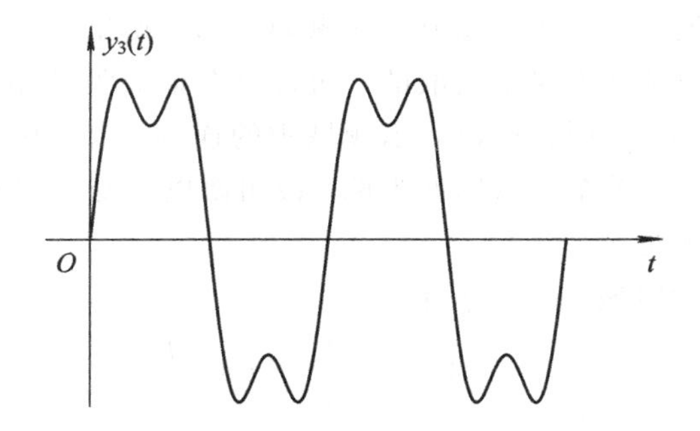


图 2-6　含有基波和三次谐波的方波波形

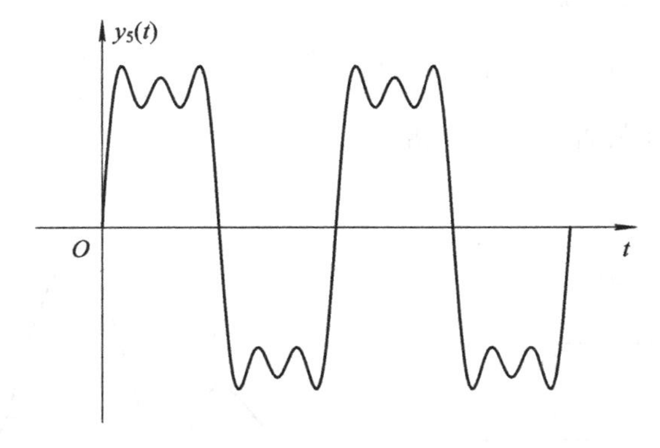


图 2-7　含有基波、三次谐波和五次谐波的方波波形

# 2.3 傅里叶变换与逆变换

## 2.3.1 傅里叶变换

由前面分析可知，信号的傅里叶级数仅限于周期信号。非周期信号可以通过傅里叶变换在频域中表示。一个时域信号的傅里叶变换为

$$Y(f)=\int_{-\infty}^{\infty} y(t)\mathrm{e}^{-\mathrm{j}2\pi ft}\,\mathrm{d}t \tag{2-13}$$

式中：$Y(f)$——信号的频域；

$y(t)$——信号的时域；

$f$——频率。

傅里叶变换将时域信号变换成连续的频域信号。傅里叶级数表达式中只包含基频及其谐波，它的频谱不仅是离散的，而且只在谐波处才出现。傅里叶变换不仅可以表示离散的频率，而且可以表示频域中的连续分布。例如时域脉冲也可以在频域中表示。下面以单个时域脉冲为例，说明傅里叶变换的方法。图 2-8 所示为单个脉冲的时域波形。

单个脉冲信号的时域函数可表示为

$$y(t)=\begin{cases}1, & -\dfrac{T}{2}\leqslant t\leqslant \dfrac{T}{2}\\[2ex] 0, & t>\dfrac{T}{2}\text{ 或 }t<-\dfrac{T}{2}\end{cases} \tag{2-14}$$

则单个脉冲的频域函数为

$$Y(f)=\int_{-\infty}^{\infty} y(t)\mathrm{e}^{-\mathrm{j}2\pi ft}\,\mathrm{d}t=T\,\frac{\sin(\pi fT)}{\pi fT}$$

图 2-9 所示为单个脉冲信号的频谱。

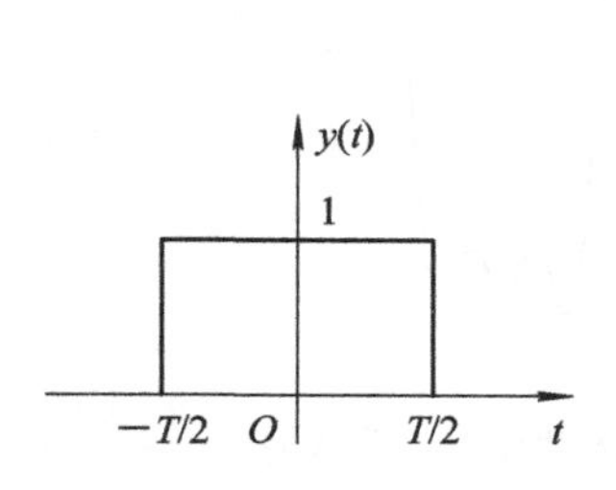


图 2-8　单个脉冲信号的时域波形

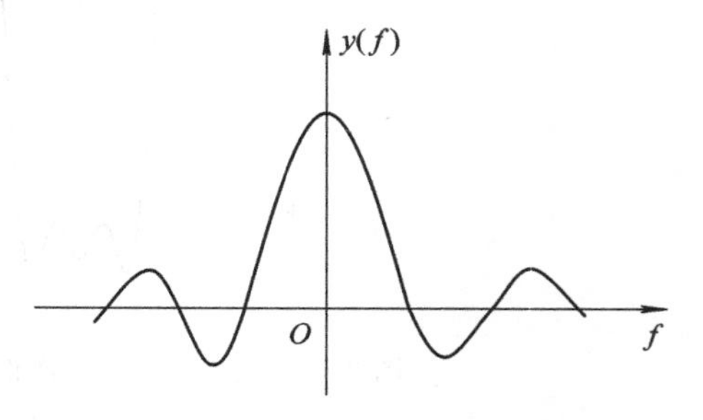


图 2-9　单个脉冲信号的频谱

### 2.3.2 傅里叶逆变换

傅里叶逆变换就是将频域函数变回到时域函数。由频域函数，利用式(2-15)确定时域函数

$$y(t)=\int_{-\infty}^{\infty}Y(f)e^{j2\pi ft}dt \tag{2-15}$$

由此可见，傅里叶理论不仅提供了将时域信号变换成频域信号的手段，而且也提供了将频域信号变换成时域信号的手段。信号的时域表示和频域表示统称为傅里叶变换对，其独特之处在于每个时域表示形式都只有一个频域表示式与之对应，反之亦然。

## 2.4 离散傅里叶变换

离散傅里叶变换(DFT)是傅里叶变换的离散形式，它能将时域中的取样信号变换成频域中的取样信号。对时域中真实信号进行数字化，并完成离散傅里叶变换，便可得到形成信号的频域表示。因此，离散傅里叶变换不仅是一种信号分析工具，也可用在频谱分析仪或网络分析仪中直接计算所需要的结果。

在 2.2 节中讨论了傅里叶级数的复数形式，若将式(2-9)中的周期 $T$ 用 $t_p$ 代替，谐波次数 $n$ 用 $k$ 代替，则复数傅里叶级数的系数可表示为

$$c_k=\frac{1}{t_p}\int_{-\frac{t_p}{2}}^{\frac{t_p}{2}}y(t)e^{-j2\pi kf_0t}dt \tag{2-16}$$

现在来研究周期的正弦波形。假定对它的一个周期进行取样，傅里叶级数可应用于这个取样波形，其微小变化在于时域波形是不是连续波形，这意味着 $y(t)$ 将用 $y(nT)$ 代替，这里 $T$ 是取样的时间间隔。另一个不同之处是将结果乘以取样的时间间隔 $T$，完成对取样波形离散求和，而不是进行积分。

$$c_k=\frac{T}{t_p}\sum_{n=0}^{N-1}y(nT)e^{-j2\pi kf_0nT} \tag{2-17}$$

注意，这里 $n$ 的范围是 $0\sim N-1$，形成 $N$ 个取样。这个特定的范围不是强制性的，但它是定义离散傅里叶变换所常用的。基频 $f_0$ 还是离散频率点之间的间隔，这里用 $F$ 代替 $f_0$，并尽可能给出相一致的符号。离散傅里叶变换通常被定义为 $N$ 乘以复数傅里叶级数的系数，则

$$Y(kF)=Nc_k \tag{2-18}$$

$$Y(kF)=\frac{NT}{t_p}\sum_{n=0}^{N-1}y(nT)e^{-j2\pi kFnT} \tag{2-19}$$

式中：$N$——取样数；

$F$——频域中的取样间隔；

$T$——时域中的取样周期。

由于取样数 $N$ 乘以取样时间 $T$ 等于周期 $t_p$，则离散傅里叶变换可简化为

$$Y(kF)=\sum_{n=0}^{N-1}y(nT)\mathrm{e}^{-\mathrm{j}2\pi kFnT} \tag{2-20}$$

离散傅里叶变换的逆运算，即离散傅里叶逆变换(IDFT)由式(2-21)确定

$$y(nT)=\frac{1}{N}\sum_{k=0}^{N-1}Y(kF)\mathrm{e}^{\mathrm{j}2\pi kFnT} \tag{2-21}$$

离散傅里叶逆变换提供了离散频域信息变换成离散时域波形的手段。离散傅里叶变换和离散傅里叶逆变换所具有的特性与相应的连续傅里叶变换十分相似。

## 2.5 快速傅里叶变换

快速傅里叶变换(FFT)是离散傅里叶变换的一种快速而有效的计算方法，它的出现使傅里叶理论在实践中的广泛应用成为可能。

离散傅里叶变换所需要的计算次数大约为 $N^2$，这里 $N$ 是取样数或记录长度，而与之相应的 FFT 所需的计算次数为 $N\mathrm{lb}N$。最常见的 FFT 算法要求 $N$ 是 2 的幂次。频谱分析仪中的典型记录长度可能是 $2^{10}$(1024)，这意味着离散傅里叶变换要求计算 1 048 576 次，而 FFT 则只要求计算 10 240 次。假定所有计算耗费的时间都相同，则 FFT 可以在不到 1%的离散傅里叶变换计算时间内完成计算，这就是现代仪器中广泛采用 FFT 的原因之一。

# 第 3 章　超外差频谱分析仪的原理

## 3.1 超外差频谱分析仪的原理及组成

### 3.1.1　超外差频谱分析仪的原理结构图

图 3-1 所示为超外差频谱分析仪的简单原理结构图。

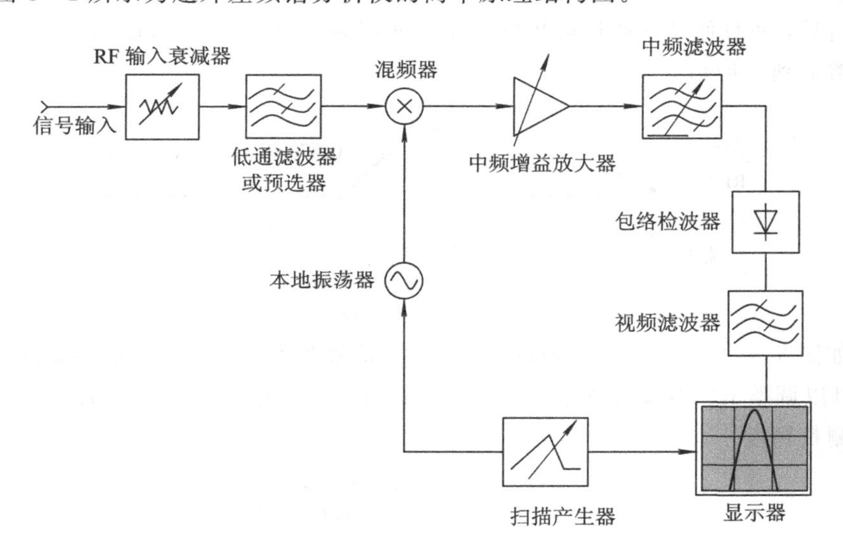


图 3-1　超外差频谱分析仪的简单原理结构图

由图 3-1 可知，超外差频谱分析仪一般由 RF 输入衰减器、低通滤波器或预选器、混频器、中频增益放大器、中频滤波器、本地振荡器、扫描产生器、包络检波器、视频滤波器和显示器组成。

超外差频谱分析仪的工作原理是：射频输入信号通过输入衰减器，经过低通滤波器或预选器到达混频器，输入信号同来自本地振荡器的本振信号混频，由于混频器是一个非线性器件，因此其输出信号不仅包含源信号频率(输入信号和本振信号)，而且还包含输入信号和本振信号的和频与差频，如果混频器的输出信号在中频滤波器的带宽内，则频谱分析仪进一步处理此信号，即通过包络检波器、视频滤波器，最后在频谱分析仪显示器 CRT 的垂直轴显示信号幅度，在水平轴显示信号的频率，从而达到测量信号的目的。

### 3.1.2　RF 输入衰减器

超外差频谱分析仪的第一部分就是 RF 输入衰减器。RF 输入衰减器的作用是保证混频器有一个合适的信号输入电平，以防止混频器过载、增益压缩和失真。由于衰减器是频谱分析仪的输入保护电路，因此基于参考电平，它的设置通常是自动的，但是也可以用手动的方式设置频谱分析仪的输入衰减大小，其设置步长是 10 dB、5 dB、2 dB，甚至是 1 dB，不同频谱分析仪其设置步长是不一样的。如 Agilent 8560 系列频谱分析仪的输入衰减的设置步长是 10 dB。

图 3－2 所示是一个最大衰减为 70 dB，步长为 2 dB 的 RF 输入衰减器电路。电路中的电容器用来避免频谱分析仪被直流信号烧毁，但可惜的是它不仅衰减了低频信号，而且使某些频谱分析仪最小可使用频率增加到 100 Hz，而其他频谱分析仪增加到 9 kHz。

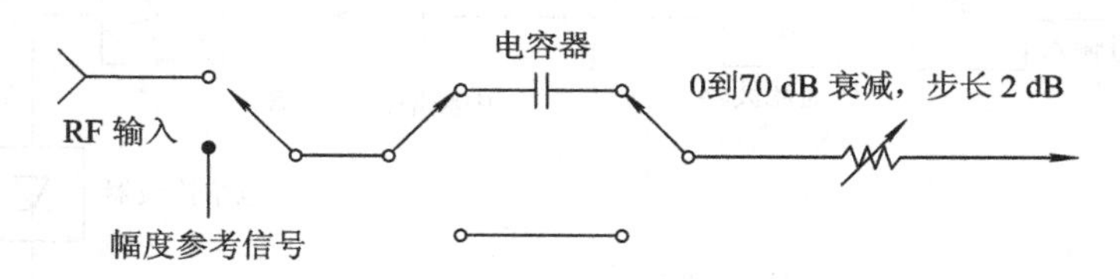


图 3－2　RF 输入衰减器电路

如图 3－3 所示，当频谱分析仪 RF 输入信号和本振信号加到混频器的输入端时，可以调整 RF 输入衰减器，使混频器的输入信号电平合适或最佳，这样可以提高测量精度。

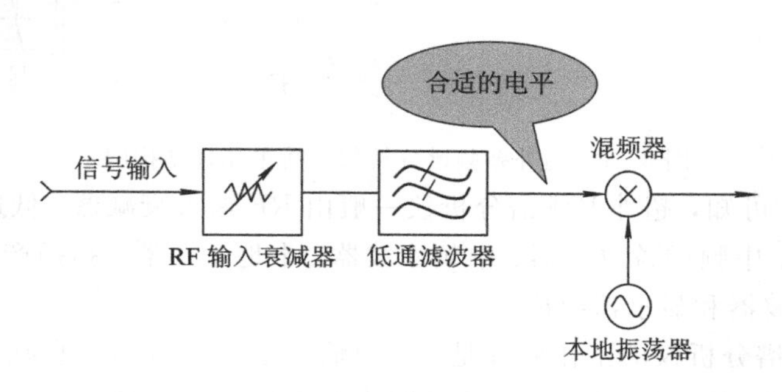


图 3－3　混频器的最佳输入电平

不同的频谱分析仪，其混频器的最佳输入电平是不同的。表 3-1 所示为 Agilent 8560EC 系列频谱分析仪的二次谐波失真与混频器的最佳输入电平。

**表 3-1　8560EC 系列频谱分析仪的二次谐波失真与混频器的最佳输入电平**

| 频率范围 | 混频器合适电平 | 二次谐波失真 | 备注 |
|---|---|---|---|
| 20 MHz～1.45 GHz | −40 dBm | ＜−79 dBc | — |
| 1 MHz～1.45 GHz | −40 dBm | ＜−72 dBc | — |
| 1.45 GHz～3.25 GHz | −20 dBm | ＜−72 dBc | — |
| 1.45 GHz～2 GHz | −10 dBm | ＜−85 dBc | 8563EC/64EC/65EC |
| 2 GHz～6.6 GHz | −10 dBm | ＜−100 dBc | — |
| 2 GHz～13.25 GHz | −10 dBm | ＜−100 dBc | 8563EC |
| 2 GHz～20 GHz | −10 dBm | ＜−90 dBc | 8564EC/65EC |
| 20 GHz～25 GHz | −10 dBm | ＜−90 dBc | 8563EC |

超外差频谱分析仪的输入电路十分灵敏，无法承受操作失误带来的后果，因此频谱分析仪的 RF 输入信号电平不能大于其最大安全输入电平，我们把最大输入信号电平称为频谱分析仪的安全输入电平。如果输入的射频信号电平大于最大输入信号电平，则会烧毁频谱分析仪的输入电路，我们将此电平称为毁坏电平，如图 3-4 所示。因此使用频谱分析仪之前，一定要认真仔细阅读说明书，以保证频谱分析仪的射频输入信号电平小于或等于最大安全输入电平。

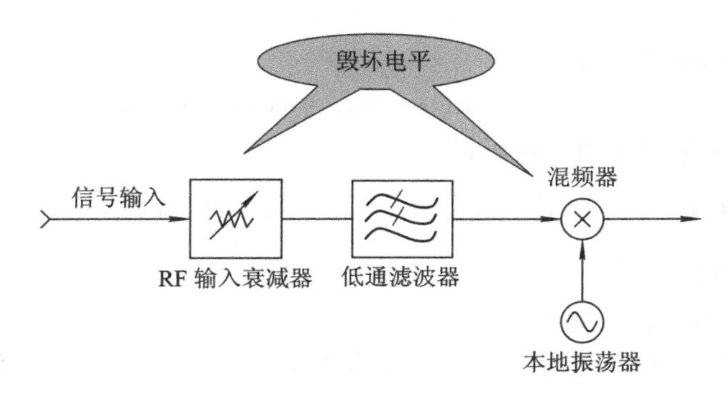


图 3-4　混频器的毁坏输入电平

例如，Agilent 8560EC 系列频谱分析仪的最大安全输入电平要求如下：

- 平均连续波功率：+30 dBm(1 W，射频输入衰减大于或等于 10 dB)；
- 峰值脉冲功率(脉宽＜10 μs，占空比＜1%)：+50 dBm(100 W，射频输入衰减大于或等于 30 dB)；

• 直流电压：<±0.2 V(直流耦合)，<±50 V(交流耦合，只适用于 8560EC 和 8562EC)。

### 3.1.3　低通滤波器或预选器

由图 3-1 可知，频谱分析仪的前端设计采用了超外差方案，通过前端预选、谐波混频等技术，使频谱分析仪的频率范围达到预定设计要求。利用低通滤波器，在低频可以有效抑制镜像响应，阻止高频信号达到混频器；另外，低通滤波器还阻止同本振混频产生的带外信号，以避免在中频产生不需要的响应。在微波频段，频谱分析仪采用预选器代替低通滤波器，预选器实质上就是一个调谐滤波器，调谐滤波器和本振在系统控制下同步调谐预选信号，对带外和镜像响应进行有效的抑制。通俗地说，预选器除了让我们观察测量的信号之外，其他所有频率的信号均被预选器有效抑制。

### 3.1.4　混频器

混频器是把 RF 输入信号的频率混频成频谱分析仪能够滤波、放大和检波的频率范围。混频器除了接收 RF 输入信号之外，还接收频谱分析仪内部产生的本振信号。混频器是一个非线性器件，这意味着混频器的输出不仅包括输入信号频率和本振信号频率，还包含输入信号频率和本振信号的和频与差频。

在理想情况下，混频器起乘法器的作用。假定混频器的输入信号为

$$V_{sig}(t) = A\cos(2\pi f_{sig}t) \tag{3-1}$$

本振信号为

$$V_{LO}(t) = \cos(2\pi f_{LO}t) \tag{3-2}$$

则混频器的输出信号为

$$V_{IF}(t) = A\cos(2\pi f_{sig}t)\cos(2\pi f_{LO}t) \tag{3-3}$$

将式(3-3)通过适当变换可得

$$V_{IF}(t) = \frac{A}{2}\{\cos[2\pi t(f_{sig}+f_{LO})]+\cos[2\pi t(f_{LO}-f_{sig})]\} \tag{3-4}$$

式中：$f_{sig}$——输入信号频率；

$f_{LO}$——本振信号频率。

由式(3-4)可知，混频器的输出是本振信号和输入信号的和频与差频。图 3-5 所示为混频器的输出信号频谱图。

由图 3-5 可知，在混频器的输出信号中，除输入信号和本振信号外，还有本振信号和输入信号的和频与差频。对于超外差频谱分析仪来说，利用本振信号与输入信号的差频或和频是最重要的，这是超外差处理信号的关键。

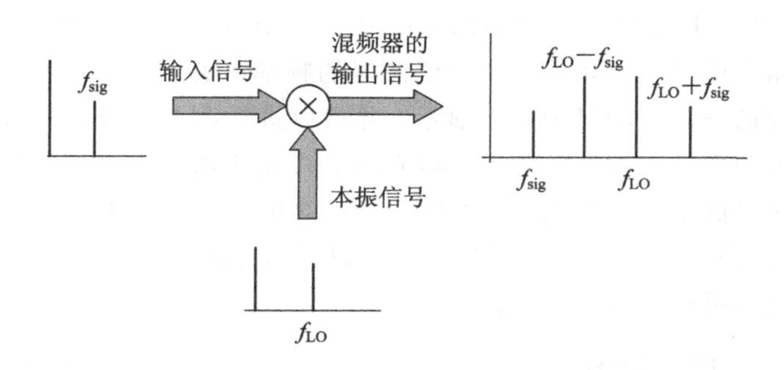


图3-5　混频器的输出信号频谱图

### 3.1.5　本地振荡器

频谱分析仪的本地振荡器，简称为本振。图3-6所示为超外差频谱分析仪的本地振荡器的组成框图。

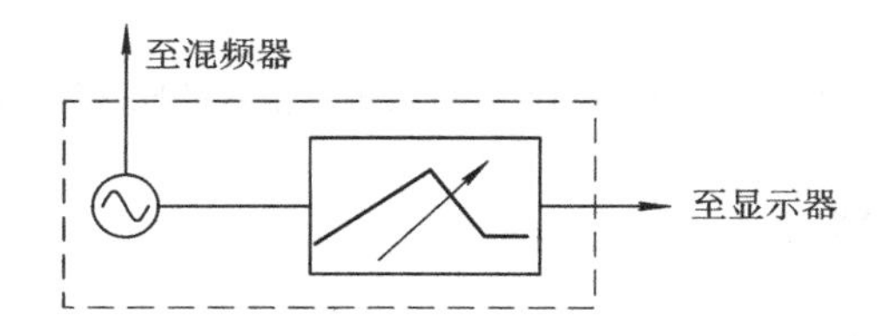


图3-6　超外差频谱分析仪的本地振荡器的组成框图

本地振荡器是一个电压控制的振荡器，它的频率由扫描产生器控制。扫描产生器除控制本振频率外，还控制频谱分析仪显示器的水平轴偏移，其斜波形状使频谱分析仪在显示器上从左到右显示信号信息，且重复运动更新扫描迹线。我们可以控制迹线扫描速度，例如改变频谱分析仪的扫描时间，就可以改变迹线的扫描速度。

### 3.1.6　中频增益放大器

中频增益放大器可以调整中频滤波器的输入电平，中频放大器的增益同输入衰减器的衰减是自动耦合的，也就是说，当输入衰减器衰减10 dB时，中频增益放大器就会自动把输入信号放大10 dB，这样频谱分析仪测量的射频输入信号就保持不变。

### 3.1.7　中频滤波器

中频滤波器是一个固定的带通滤波器，它可以使输入信号在频谱分析仪的显示器上显示，但前提是混频器的输出频率必须在中频滤波器的频段内。例如，若本振信号与输入信号的差频等于中频滤波器的频率，则这个信号可以通过中频滤波器最终在频谱分析仪的显示器上显示，并可以进行测量；若本振信号与输入信号的差频不等于中频滤波器的频率，则输出信号无法通过中频滤波器，频谱分析仪也就无法测量此信号的大小。当本振在比较高的频率扫描时，差频也移到较高频率，一旦差频等于中频，频谱分析仪就可以显示并测量它。图 3－7 所示为超外差频谱分析仪测量信号的原理简图。

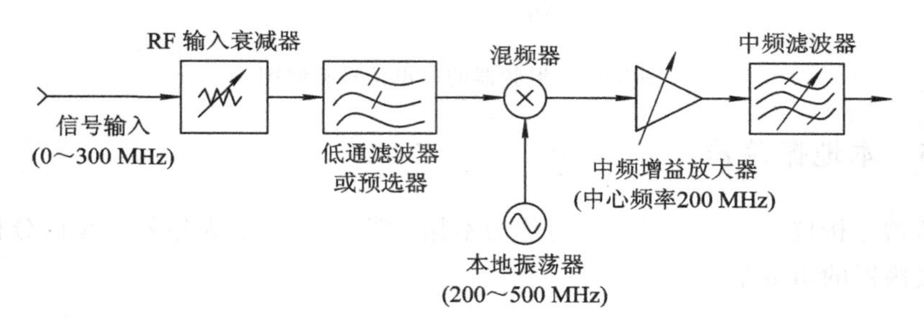


图 3－7　超外差频谱分析仪测量信号的原理简图

### 3.1.8　包络检波器

一般地，频谱分析仪利用包络检波器把中频信号转换成视频信号。检波器实质是一个整流器，其目的是处理输入信号，以便显示并测量输入信号。最简单的包络检波器由一个二极管、电阻负载和低通滤波器组成，如图 3－8 所示。

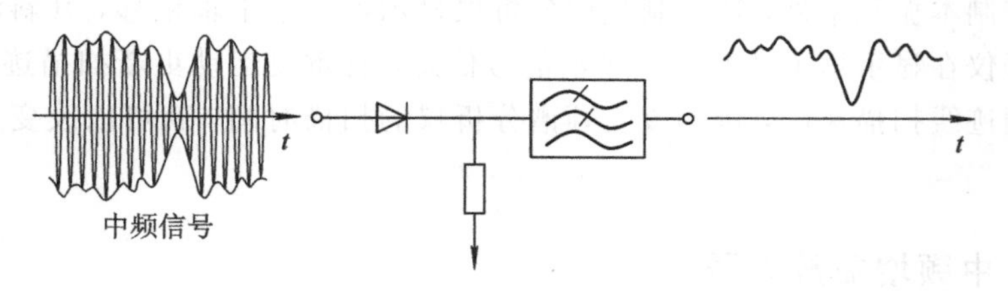


图 3－8　简单的包络检波器

在大多数测量中，选择比较窄的分辨带宽，就足以分辨出输入信号的频谱。当我们固定本振频率，使频谱分析仪调谐至特定信号成分时，如果中频输出是峰值稳定的正弦波，则包络检波器的输出就是常数直流电压。但是，有时频谱分析仪的分辨带宽选择的比较宽，足以包括两个或更多的频率成分。假定有两个频率成分在传输频段内，这时两个正弦波就会相互影响，产生如图 3－9 所示的包络检波输出。

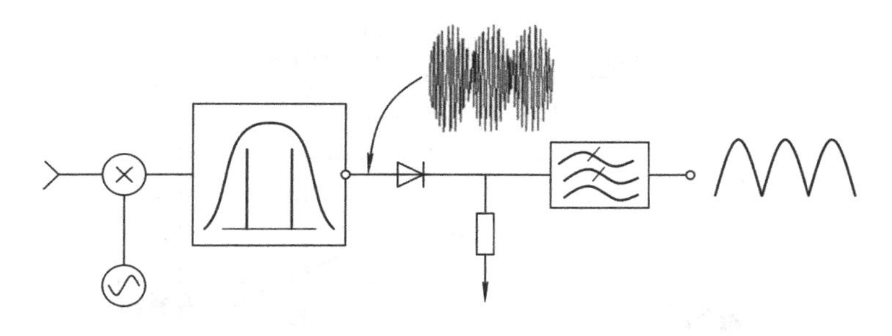

图3-9　中频信号峰值的包络检波输出

## 3.1.9 视频滤波器

通常情况下，频谱分析仪测量的是含有内部噪声的输入信号，为了减小噪声对测量信号电平的影响，我们需要对测量信号进行平滑或平均，以提高测量精度。超外差频谱分析仪都有一个可变的视频滤波器，它可以对测量信号进行平滑或平均。视频滤波器的带宽称为视频带宽，用VBW表示。视频滤波器实质是一个低通滤波器，在中频信号通过检波器检波后，视频滤波器决定驱动显示器垂直偏转系统的视频电路带宽。视频滤波器的功能是平滑信号，抑制频谱分析仪的随机噪声。通过减小视频滤波器的带宽，可使小信号更易测量。图3-10所示为视频带宽等于100 kHz时的小信号测量；图3-11为视频带宽等于10 kHz时的小信号测量。显然，减小视频带宽，抑制了噪声，提高了小信号的测量精度。

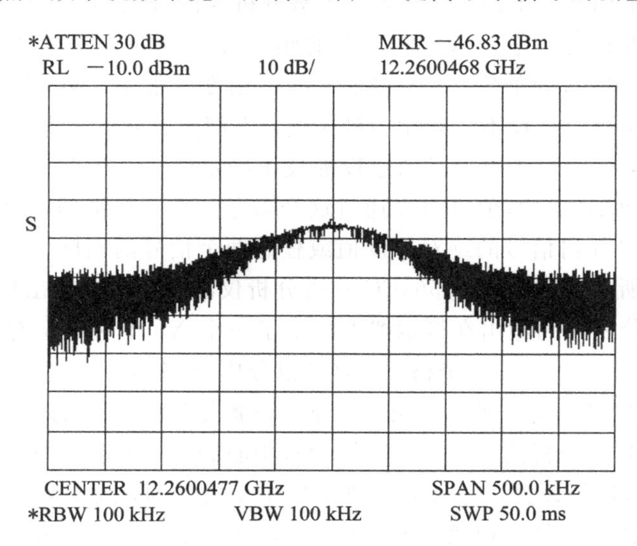


图3-10　VBW＝100 kHz时的小信号测量

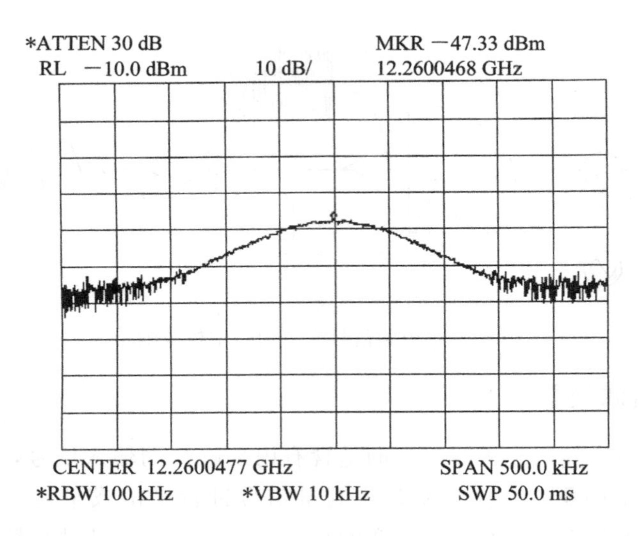


图 3-11　VBW＝10 kHz 时的小信号测量

### 3.1.10　显示器

频谱分析仪的显示器用来显示输入信号频谱并测量输入信号的幅度和频率。频谱分析仪的输出在显示器上是以 $X-Y$ 方式显示的，显示器的水平方向有 10 个格，垂直方向一般有 10 个格或 8 个格。显示器的水平轴表示频率，从左至右线性增加；垂直轴用来表示信号的幅度。频谱分析仪的幅度显示有线性刻度和对数刻度两种，线性刻度用电压 V 表示(有的频谱分析仪的线性刻度单位用功率表示)，对数刻度用 dB 为单位。对数刻度比线性刻度更常用，这是因为对数刻度的可用范围大。频谱分析仪不管采用何种刻度，它都把显示器屏幕最上面的刻度线作为参考电平，这个参考电平是通过校准技术确定的一个绝对数值，显示器屏幕上其他任意位置的电平数值都可以通过这个参考电平和每格的刻度计算出来。因此我们可以测量任何信号的绝对幅度值或任意两个信号的幅度电平之差。

图 3-12 所示为 Agilent 8563EC 频谱分析仪测量的校准输出信号。从图中可以看出，频谱分析仪的输出在显示器上显示了一个 $X-Y$ 迹线，有一个水平轴和一个垂直轴，水平轴分成 10 个格，垂直轴也分成 10 个格。

水平轴从左到右线性地表示频率增加。设置频谱分析仪的频率有两种方法：方法一是利用频谱分析仪的中心频率键设置中心频率，水平轴的频率范围用扫频宽度键(SPAN)进行设置，这两个控制键是相互独立的，改变频谱分析仪的中心频率不影响频谱分析仪的扫频宽度；方法二是通过设置频谱分析仪的起始频率和停止频率来代替中心频率和扫频宽度的设置。频谱分析仪可以测量任何信号的绝对频率，也可以测量任意两个信号的相对频率差。

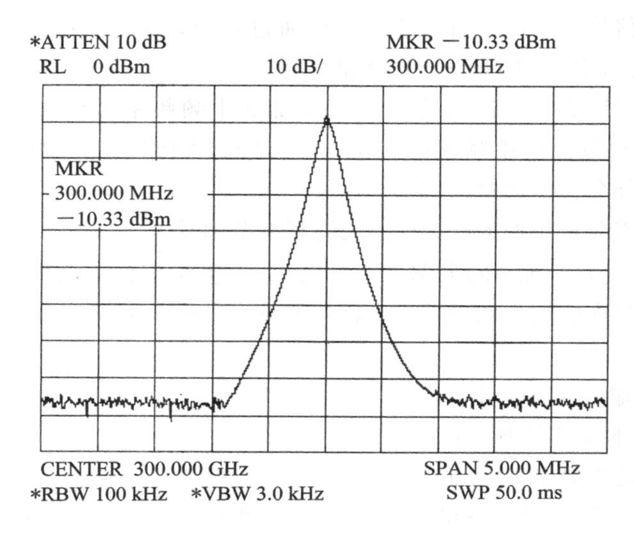


图 3-12 Agilent 8563EC 频谱分析仪的校准输出信号

频谱分析仪的垂直轴表示幅度。我们可以选择以电压为单位的线性刻度或以 dB 为单位的对数刻度(一般频谱分析仪开机时，其默认刻度是对数刻度)。对数刻度比线性刻度更常用，因为对数刻度有更宽的测量范围。如对数刻度允许信号是 70 dB～100 dB(电压比为 3200～100 000，而功率比为 10 000 000～10 000 000 000)同时显示，而线性刻度适合测量 20 dB～30 dB 的范围(电压比为 10～32)。另外，我们还可以设置频谱分析仪的参考电平和每格的 dB 数，这样不仅可以测量任何信号的幅度值，而且可以测量任意两个信号的幅度相对值。

## 3.2 超外差频谱分析仪的调谐方程

把频谱分析仪的 RF 输入信号调谐至所希望的频率范围称为调谐。调谐方程是中频滤波器的中心频率、本振频率范围和低通滤波器加到混频器的输入信号频率范围的函数。在混频器输出的所有频率成分中，有两个频率分量的幅度最大，也就是我们关心的本振信号与输入信号的和频和差频。若调谐参数合适，那么待测信号的频率比本振频率高一个中频频率或者是低一个中频频率。在混频器的输出分量中，若有其中一个频率分量落在中频滤波器的频段之内，则检波器对该频率分量进行检波，其幅度响应在 CRT 上显示，并测得信号响应。

选择本振频率和中频频率，以便频谱分析仪能调谐到所希望的频率范围，假定希望调谐的范围是 0～3 GHz；然后选择中频频率，这里选 1 GHz，这个频率在希望调谐的范围内，也就是输入信号包含了 1 GHz 的频率分量。由于混频器输出包含了源输入信号，1 GHz 输入信号直接通过系统，幅度响应在 CRT 上显示而与本振调谐无关，因此 1 GHz 中频不能工作。

假定希望调谐的频率范围是 $f_L \sim f_H$，那么中频频率必须选择在最高信号频率 $f_H$之上。如果选择的中频频率在 $f_L \sim f_H$之间，则输入信号中，频率等于中频频率的信号成分会直接通过系统。

设微波频谱分析仪的 RF 信号输入的频率范围是 $f_L \sim f_H$，那么本振的调谐范围应该是从 $f_{IF}+f_L$开始，向上调谐一直到 $f_{IF}+f_H$，这样本振频率与中频频率之差就会覆盖所要求的输入频率范围。超外差频谱分析仪的调谐方程为

$$f_{sig}=f_{LO}-f_{IF} \tag{3-5}$$

式中：$f_{sig}$——输入信号频率；

$f_{LO}$——本振信号频率；

$f_{IF}$——滤波器的中心频率。

利用式(3-5)可确定频谱分析仪调谐到低频、中频和高频信号时的本振频率，式(3-5)的调谐方程可以重写为

$$f_{LO}=f_{sig}+f_{IF} \tag{3-6}$$

若输入信号的低频、中频和高频频率分别为 1 kHz、1.5 GHz 和 3 GHz，中频滤波器的中心频率为 3.9 GHz，则由频谱分析仪调谐方程确定的本振频率为

$$f_{LO}=1\ \text{kHz}+3.9\ \text{GHz}=3.900\ 001\ \text{GHz}$$

$$f_{LO}=1.5\ \text{GHz}+3.9\ \text{GHz}=5.4\ \text{GHz}$$

$$f_{LO}=3\ \text{GHz}+3.9\ \text{GHz}=6.9\ \text{GHz}$$

图 3-13 举例说明了频谱分析仪的调谐。在这个图中，如果本振频率不够高，以使混频器输出的 $f_{LO}-f_{sig}$ 信号没有落在中频带宽内，那么频谱分析仪的 CRT 上没有响应。如果调整斜波产生器，把本振调谐到更高频率，使混频器的输出落在中频带宽内，那么频谱分析仪的 CRT 就可以测量输入信号的响应了。

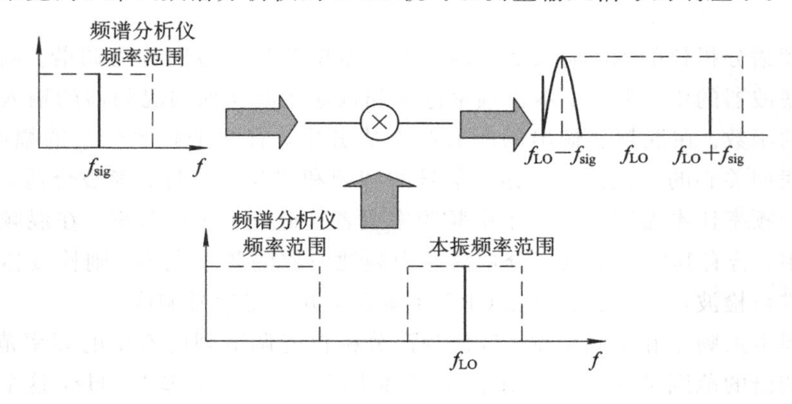


图 3-13 频谱分析仪的调谐

由于频谱分析仪的斜波产生器不仅能控制频谱分析仪的 CRT 显示迹线的水平轴位置，而且能控制本振频率，因此我们可以按照输入信号频率校准水平轴，使水平轴线性显示信号输入频率。

超外差频谱分析仪在调谐过程中，还可能出现另外一种情况。例如，输入信号的频率是 8.2 GHz，本振调谐范围是 3.9 GHz～7.0 GHz，当本振频率是 4.3 GHz 时，它和输入信号的频率 8.2 GHz 正好相差 3.9 GHz 等于中频信号，也就是说，此时混频器的输出等于中频，这时频谱分析仪就可以测量此信号的响应曲线了。换言之，此时频谱分析仪的调谐方程为

$$f_{sig} = f_{LO} + f_{IF} \tag{3-7}$$

由此方程可知，频谱分析仪的调谐范围是 7.8 GHz～10.9 GHz，但是频谱分析仪的低通滤波器阻止高频信号通过，只允许通过信号到达混频器，如前所述，频谱分析仪也不允许等于中频的信号进入混频器，也就是说，频谱分析仪的低通滤波器在 3.9 GHz 和 7.8 GHz～10.9 GHz 的范围内，对信号有足够的衰减。

总而言之，对于单频段的 RF 频谱分析仪来说，我们可以选择中频频率在频谱分析仪调谐范围内的最高频率之上，使本振频率 $f_{LO}$ 从中频加下限信号频率调谐到中频加上限频率，混频器前面的低通滤波器阻止高频进入混频器，只允许中频以下的信号通过。

为了分辨出频率很近的信号，一些频谱分析仪的中频带宽窄到 1 kHz，有些窄到 10 Hz，甚至窄到 1 Hz。3.9 GHz 的中心频率要实现这么窄的滤波器是很困难的，所以必须要增加混频器的级数，将第一级中频一直向下变换到最后中频，一般需要二级到四级混频。图 3 - 14 所示为三级混频的频谱分析仪结构简图。

由图 3 - 14 可以得出：

$$f_{sig} = f_{LO1} - f_{IF1} \tag{3-8}$$

$$f_{IF1} = f_{LO2} + f_{IF2} \tag{3-9}$$

$$f_{IF2} = f_{LO3} + f_{IF\text{-}final} \tag{3-10}$$

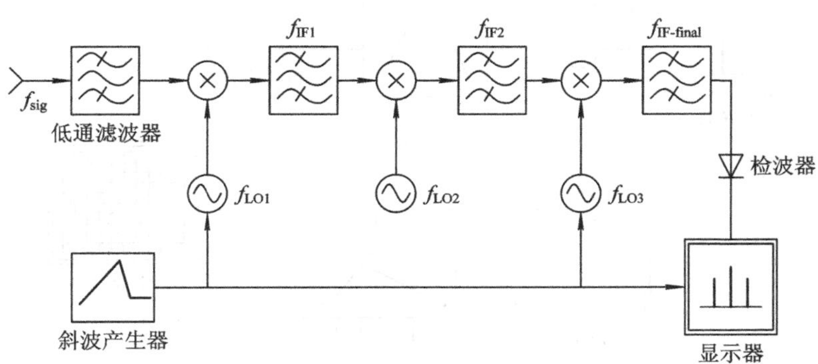


图 3 - 14　采用三级混频的频谱分析仪结构简图

由式(3-8)、(3-9)和式(3-10)可得到三级混频的频谱分析仪的调谐方程为

$$f_{sig} = f_{LO1} - (f_{LO2} + f_{LO3} + f_{IF-final}) \tag{3-11}$$

式中：$f_{sig}$——输入信号频率；

$f_{LO1}$——第一本振频率；

$f_{LO2}$——第二本振频率；

$f_{LO3}$——第三本振频率；

$f_{IF1}$——第一级中频滤波器的中心频率；

$f_{IF2}$——第二级中频滤波器的中心频率；

$f_{IF-final}$——最后一级中频滤波器的中心频率。

大多数频谱分析仪允许本振频率很低，甚至比第一中频还低。由于在本振和混频器中频部分之间的隔离是有限的，因此混频器的输出中有本振信号。当本振信号等于中频时，本振信号会被系统处理，从而在显示器上显示信号响应，这个响应称为本振直通，通常可用 0 Hz 频率标志。

## 3.3 超外差频谱分析仪测量信号的应用举例

3.1 节详细讨论了超外差频谱分析仪的原理及各组成部分的功能，3.2 节讲述了超外差频谱分析仪的调谐方程，下面系统简述超外差频谱分析仪测量信号的过程。

为了处理问题的方便和简单，假定频谱分析仪的输入信号为纯正弦波，图 3-15 所示给出了超外差频谱分析仪测量信号的简单原理图。

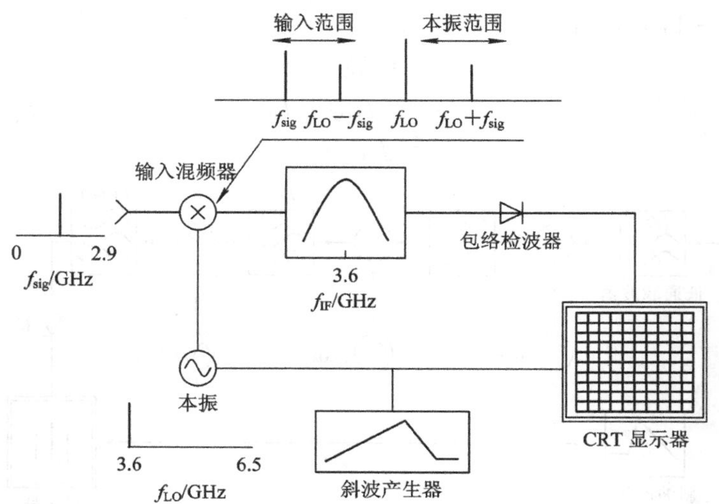


图 3-15　超外差频谱分析仪测量信号的原理图

设 RF 输入信号的频率为 0～2.9 GHz，中频滤波器的中心频率为 3.6 GHz，而本振扫描范围为 3.6 GHz～6.5 GHz，则混频器的输入信号为

RF 输入信号 $f_{sig}$：0～2.9 GHz

本振信号 $f_{LO}$：3.6 GHz～6.5 GHz

混频器的输出信号频率为

RF 输入信号 $f_{sig}$：0～2.9 GHz

本振信号 $f_{LO}$：3.6 GHz～6.5 GHz

和频 $f_{LO}+f_{sig}$：3.6 GHz～9.4 GHz

差频 $f_{LO}-f_{sig}$：3.6 GHz～3.6 GHz

由于频谱分析仪的中频滤波器的中心频率为 3.6 GHz，显然，在混频器输出信号中，只有 $f_{LO}-f_{sig}$的信号能通过中频滤波器，经检波器检波和视频滤波器滤波，最终在频谱分析仪 CRT 显示器上显示出来，从而实现信号的幅度和频率测量。

# 第4章 频谱分析仪的基本特性

## 4.1 频率特性

### 4.1.1 频率范围

频率范围是频谱分析仪的基本特性之一。频谱分析仪的频率范围是指频谱分析仪能够调谐的最小频率和最大频率。频谱分析仪的低频限由本振边带噪声确定，即使当频谱分析仪没有信号输入时，本振也会发生馈通，即产生0频。另外，在现代频谱分析仪中，我们还可以设置零扫频跨度模式，在此模式下，频谱分析仪变成了固定调谐接收机，频域测量变成了时域测量。

由超外差频谱分析仪的工作原理可知，测量的频率范围由中频滤波器的中心频率和本振频率范围确定。输入信号频率等于本振信号频率减去中频滤波器的频率。假定频谱分析仪的本振频率范围为 $f_{LOmin} \sim f_{LOmax}$，而中频滤波器的中心频率为 $f_{IF}$，则频谱分析仪的工作频率范围为 $f_{LOmin} - f_{IF} \sim f_{LOmax} - f_{IF}$。

在现代无线电测量中，有很多不同型号和厂家的频谱分析仪获得了广泛的应用。表4-1给出了常用频谱分析仪的型号和工作频率范围。

**表4-1 常用频谱分析仪的频率范围**

| 频谱分析仪型号 | 工作频率范围 | 生产厂家 | 型　式 |
| --- | --- | --- | --- |
| E4402B | 9 kHz～3 GHz | 美国安捷伦公司 | 便携式 |
| E4404B | 9 kHz～6.7 GHz | 美国安捷伦公司 | 便携式 |
| E4405B | 9 kHz～13.2 GHz | 美国安捷伦公司 | 便携式 |
| E4407B | 9 kHz～26.5GHz | 美国安捷伦公司 | 便携式 |
| 8560EC | 30 Hz～2.9 GHz | 美国安捷伦公司 | 便携式 |
| 8562EC | 30 Hz～13.2 GHz | 美国安捷伦公司 | 便携式 |

续表

| 频谱分析仪型号 | 工作频率范围 | 生产厂家 | 型　式 |
| --- | --- | --- | --- |
| 8563EC | 9k Hz～26.5 GHz | 美国安捷伦公司 | 便携式 |
| 8564EC | 9k Hz～40 GHz | 美国安捷伦公司 | 便携式 |
| 8565EC | 9k Hz～50 GHz | 美国安捷伦公司 | 便携式 |
| E4446A | 3 Hz～44 GHz | 美国安捷伦公司 | 便携式 |
| E4448A | 3 Hz～50 GHz | 美国安捷伦公司 | 便携式 |
| MS2721B | 9 kHz～7.1 GHz | 日本安立公司 | 手持式 |
| MS2723B | 9 kHz～13 GHz | 日本安立公司 | 手持式 |
| MS2724B | 9 kHz～20 GHz | 日本安立公司 | 手持式 |
| MS2726C | 9 kHz～43 GHz | 日本安立公司 | 手持式 |
| MS2661C | 9 kHz～3 GHz | 日本安立公司 | 便携式 |
| MS2663C | 9 kHz～8.1 GHz | 日本安立公司 | 便携式 |
| MS2665C | 9 kHz～21.2 GHz | 日本安立公司 | 便携式 |
| MS2667C | 9 kHz～30 GHz | 日本安立公司 | 便携式 |
| MS2668C | 9 kHz～40 GHz | 日本安立公司 | 便携式 |
| AV4402 | 9 kHz～3G Hz | 中电集团公司 41 所 | 便携式 |
| AV4033 | 9 kHz～26.5 GHz | 中电集团公司 41 所 | 便携式 |
| AV4034 | 30 Hz～40 GHz | 中电集团公司 41 所 | 便携式 |
| AV4035 | 30 Hz～50 GHz | 中电集团公司 41 所 | 便携式 |
| FSEM30 | 20 Hz～26.5 GHz | 德国 R/S 公司 | 便携式 |
| FSEK | 20 Hz～40 GHz | 德国 R/S 公司 | 台式 |

### 4.1.2　频率分辨率

频谱分析仪的频率分辨率或称为分辨带宽是指频谱分析仪分离和测量两个相邻信号的最小频率间隔。影响频谱分析仪的频率分辨率的因素有：中频滤波器的分辨带宽、频谱分析仪的形状因子、滤波器类型(模拟滤波器或数字滤波器)、剩余调频和噪声边带等。其中，中频滤波器的带宽、形状因子和边带噪声是确定频谱分析仪分辨带宽的三个主要因素。

中频带宽通常定义为频谱分析仪中频滤波器的 3 dB 带宽，一般用 RBW 表示。如图 4－1 所示为频谱分析仪分辨带宽定义示意图。

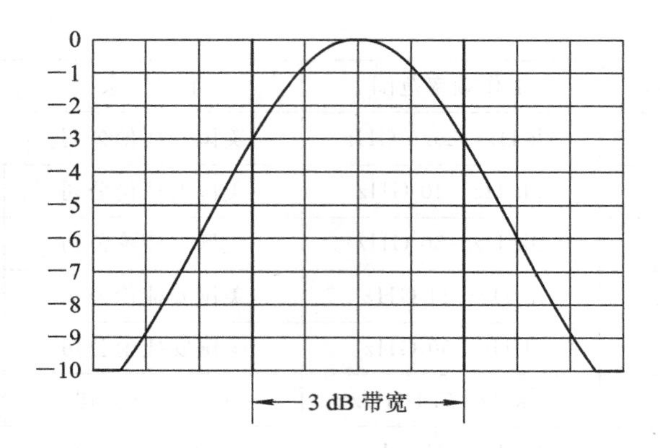


图 4-1　频谱分析仪分辨带宽定义示意图

由图 4-1 可知，频谱分析仪的中频带宽越窄，其频率分辨率越大，但是减小频谱分析仪的中频带宽，增加了频谱分析仪的扫描时间。如果频谱分析仪的中频带宽太宽，两个频率相近的信号在频谱分析仪的 CRT 上就显示成一个信号了。

表征频谱分析仪频率分辨率的另一个参数是频谱分析仪的形状因子，或称为频谱分析仪的选择性。频谱分析仪的形状因子定义为频谱分析仪中频滤波器的 60 dB 带宽与 3 dB 带宽之比，用 SF 表示。图 4-2 所示为形状因子定义示意图。

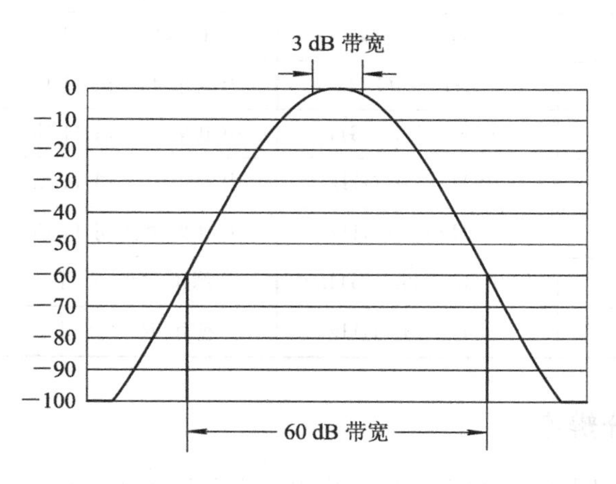


图 4-2　频谱分析仪形状因子定义示意图

由频谱分析仪的形状因子的定义可得，形状因子 SF 用公式表示为

$$SF = \frac{RBW_{60\ dB}}{RBW_{3\ dB}} \tag{4-1}$$

式中：SF——频谱分析仪的形状因子；

$RBW_{60\ dB}$——中频滤波器的 60 dB 带宽；

$RBW_{3\ dB}$——中频滤波器的 3 dB 带宽。

频谱分析仪的形状因子与频谱分析仪滤波器的形式有关。频谱分析仪的滤波器一般有模拟滤波器和数字滤波器两种。频谱分析仪采用模拟滤波器，其典型的形状因子在 11∶1 和 15∶1 之间。现代很多新型频谱分析仪采用数字化技术，分辨滤波器采用数字滤波器。在数字方式下，一般采用快速傅里叶变换对信号进行处理或者利用数字滤波器对信号进行处理。数字滤波器的优点是频谱分析仪的选择性可以做到很小，并且在最窄的滤波器上也能实现，一般采用这种滤波器可以区分频率非常接近的信号。采用数字滤波器的高性能频谱分析仪，其分辨带宽可达到 100 Hz，甚至 10 Hz、1 Hz，频谱分析仪的形状因子典型值是 5∶1。如图 4-3 所示为典型频谱分析仪的形状因子。

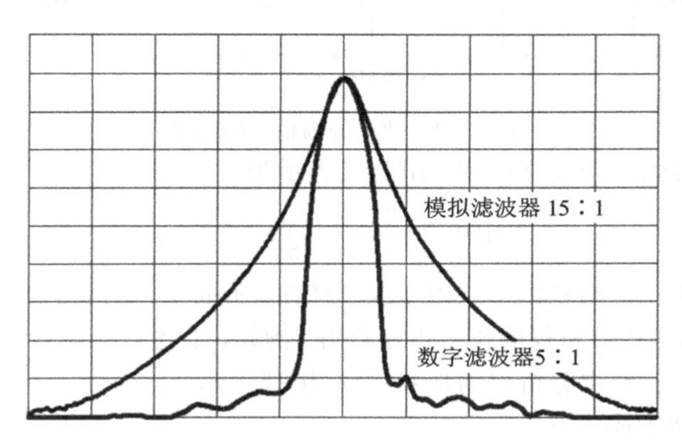


图 4-3 典型频谱分析仪的形状因子

利用频谱分析仪的分辨带宽可以实现频率相近的两个信号的测量。如何选择频谱分析仪的分辨带宽实现频率相近的两个信号的频谱测量，下面将分等幅信号和不等幅信号两种情况进行讨论。

等幅信号情况：如果两个等幅信号的频率间隔大于或等于频谱分析仪所选用的分辨带宽，则两个等幅信号就可以被分辨出来。用公式表示为

$$\mathrm{RBW} \leqslant |f_{\mathrm{sig1}} - f_{\mathrm{sig2}}| \tag{4-2}$$

式中：RBW——频谱分析仪的分辨带宽；

$f_{\mathrm{sig1}}$——信号 1 的频率；

$f_{\mathrm{sig2}}$——信号 2 的频率。

例如，两个等幅信号的频率间隔是 10 kHz，如果选择频谱分析仪的分辨带宽大于 10 kHz，则频谱分析仪分辨不出这两个等幅信号；如果选择频谱分析仪的分辨带宽小于或等于 10 kHz，则两个等幅信号被分离，如图 4-4 所示。

不等幅情况：如果用 10 kHz 的分辨带宽，那么频率间隔为 10 kHz、幅度下降 50 dB 的交调失真产物将被淹没在大信号滤波器的裙边下而观察不到失真信号。如果减小频谱分析仪的分辨带宽，直到频谱分析仪的分辨带宽低于某一数

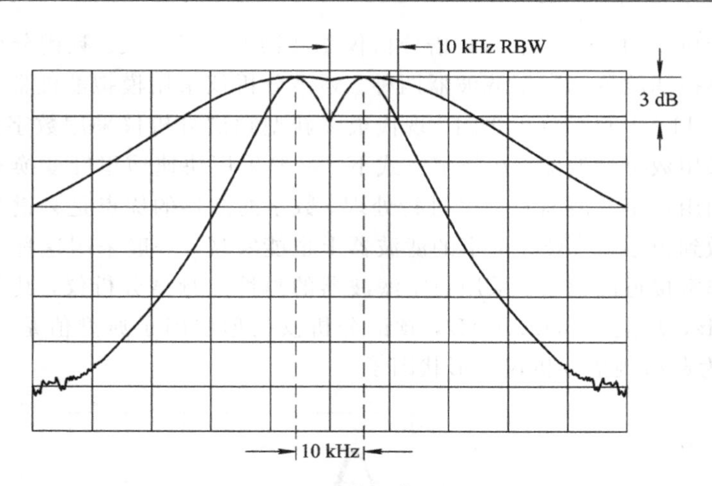


图 4-4　两个等幅信号的测量

值，就可以观察到交调失真产物。用公式表示为

$$\text{RBW} \leqslant \frac{2\times|f_{\text{sig1}}-f_{\text{sig2}}|}{\text{SF}} \tag{4-3}$$

式中，SF 称为频谱分析仪的形状因子或选择性。不同型号的频谱分析仪，其形状因子不同，一般由频谱分析仪的技术指标给出。例如，上述频率间隔为 10 kHz 的交调失真信号测量，若频谱分析仪的形状因子为 15∶1，则由式(4-3)计算出频谱分析仪的分辨带宽 RBW 为

$$\text{RBW} \leqslant \frac{2\times 10\ \text{kHz}}{15} = 1.33\ \text{kHz}$$

当频谱分析仪的分辨带宽小于或等于 1.33 kHz 时，就可以测量出交调失真信号。图 4-5 所示为 RBW=1 kHz 时测量的频率间隔为 10 kHz 的交调失真信号。

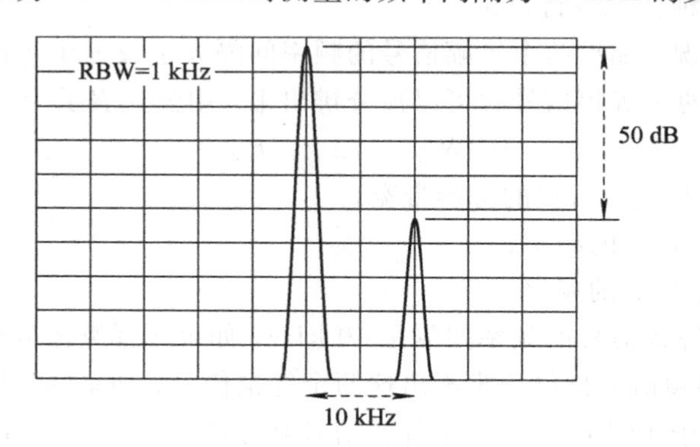


图 4-5　两个不等幅信号的测量

频谱分析仪的频率分辨率不仅与中频滤波器的分辨带宽和选择性有关，而且与剩余调频和边带噪声有关。

频谱分析仪本振的剩余调频决定了频谱分析仪可允许的最小分辨带宽。若分辨带宽太窄，剩余调频就会使频谱分析仪显示的信号模糊不清，以至在规定的剩余调频之内的两个信号不能被分辨出来。频谱分析仪的最小分辨带宽在一定程度上是由频谱分析仪的本振稳定性决定的。在低成本的频谱分析仪中，由于没有采取改善 YIG 振荡器固有剩余调频的措施，其最小分辨带宽一般为 1 kHz；中等性能的频谱分析仪，第一本振有稳定措施，其最小的分辨带宽可以做到 100 Hz；在现代高性能频谱分析仪中，采用频率合成技术来稳定所有的本振频率，因此频谱分析仪的分辨带宽可以做到 10 Hz，甚至 1 Hz。

频谱分析仪的本振频率或相位不稳定的表现是可以观察到的，这就是相位噪声，也称为边带噪声。本振的边带噪声在频谱分析仪测量信号频谱的两边出现，如图 4 - 6 所示。这些边带噪声电平高于频谱分析仪系统带宽的噪声门限。频谱分析仪的本振越稳定，边带噪声越低。频谱分析仪的边带噪声还和分辨带宽有关，如果分辨带宽缩小 10 倍，则边带噪声电平减少 10 dB，如图 4 - 7 所示。

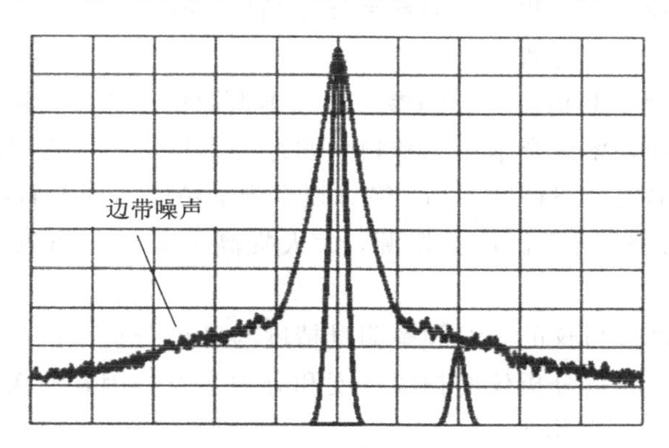


图 4 - 6　频谱分析仪的边带噪声

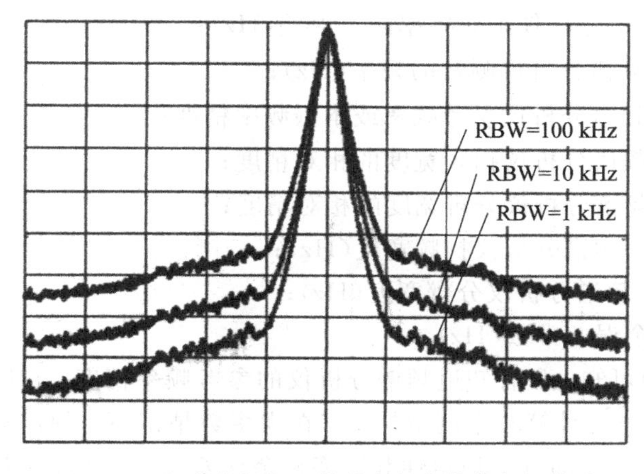


图 4 - 7　频谱分析仪边带噪声与分辨带宽的关系

边带噪声不仅是限制频谱分析仪灵敏度的因素之一，而且也是限制频谱分析仪分辨不等幅信号的因素之一。前面已经说明了频谱分析仪的分辨带宽和形状因子是分辨两个频率接近信号的主要因素，但前提条件是：频谱分析仪的边带噪声不能掩盖小信号，否则边带噪声将使不等幅信号无法区分，通俗地说，若信号被边带噪声淹没，则无法进行测量和分辨。

### 4.1.3　频率精度

频率精度是频谱分析仪的重要参数之一，它表征了频谱分析仪测量频率的准确度。频谱分析仪测量频率的方式有：绝对频率测量和相对频率测量两种。绝对频率测量就是频谱分析仪测量信号的频率值，例如地球站电磁干扰信号的频率测量，信号源输出信号的频率测量等；相对频率测量就是测量多个信号之间的频率差，例如失真信号测量，相对载波的频偏测量等。因此频谱分析仪测量频率的精度亦分为绝对频率测量精度和相对频率测量精度，或者称为绝对频率测量的不定性或相对频率测量的不定性。

频率精度主要由频谱分析仪的参考源或本振源精度决定。频谱分析仪的本振源有两种形式：即频率综合本振源和频率非综合本振源。早期频谱分析仪的本振源不是综合源，本振频率精度不高，绝对频率测量精度达到MHz量级；现代高性能频谱分析仪采用锁相高稳定本振源，大大提高了频谱分析仪的绝对频率测量精度。

一般地，频谱分析仪的绝对频率测量精度与频谱分析仪的码刻测量频率、本振频率参考误差、频谱分析仪的扫频宽度和分辨带宽等因素有关。频谱分析仪的绝对频率测量精度可表示为

$$\Delta f = \pm(f_{\text{meas}} \times \delta f_{\text{ref}} + A\% \times \text{SPAN} + B\% \times \text{RBW} + C) \tag{4-4}$$

式中：$\Delta f$——频谱分析仪绝对频率测量误差(Hz)；

$f_{\text{meas}}$——频谱分析仪测量的频率(Hz)；

$\delta f_{\text{ref}}$——频谱分析仪参考频率或本振频率精度；

$A\%$——频谱分析仪扫频宽度的相对精度；

$B\%$——频谱分析仪分辨宽度的相对精度；

SPAN——频谱分析仪扫频宽度(Hz)；

RBW——频谱分析仪分辨宽度(Hz)；

$C$——剩余误差常数(Hz)。

由式(4-4)可知，只有知道频谱分析仪的参考频率精度、扫频宽度和分辨带宽的相对精度，方可计算频率测量精度。在大多数情况下，频谱分析仪的技术手册给出了每年或每天的频率稳定性和频率剩余误差常数，从而可计算频率测量精

度。Agilent 8560EC 系列频谱分析仪的频率精度特性如下：

频率基准精度(参考频率精度)：

温度稳定性：$\pm 1\times 10^{-8}$

老化率/年：$\pm 1\times 10^{-7}$

稳定性：$\pm 1\times 10^{-8}$

当 SPAN＞2 MHz×$N$($N$ 为本振谐波次数)时，8560EC 系列频谱分析仪的绝对频率测量精度为

$$\Delta f = \pm (f_{\mathrm{meas}} \times \delta f_{\mathrm{ref}} + 5\% \times \mathrm{SPAN} + 15\% \times \mathrm{RBW} + 10) \qquad (4-5)$$

当 SPAN≤2 MHz×$N$($N$ 为本振谐波次数)时，8560EC 系列频谱分析仪的绝对频率测量精度为

$$\Delta f = \pm (f_{\mathrm{meas}} \times \delta f_{\mathrm{ref}} + 1\% \times \mathrm{SPAN} + 15\% \times \mathrm{RBW} + 10) \qquad (4-6)$$

这里举例说明绝对频率精度的计算方法，图 4-8 所示为用 8563EC 频谱分析仪测量的 64°E 国际海事卫星的信标信号。由图 4-8 可得，频谱分析仪主要参数设置如下：

频谱分析仪的参考电平：RL=-72 dBm

频谱分析仪的射频衰减：ATTEN=0 dB

频谱分析仪的分辨带宽：RBW=300 Hz

频谱分析仪的视频带宽：VBW=300 Hz

频谱分析仪的扫频宽度：SPAN=5.0 kHz

频谱分析仪的扫描时间：SWP=670 ms

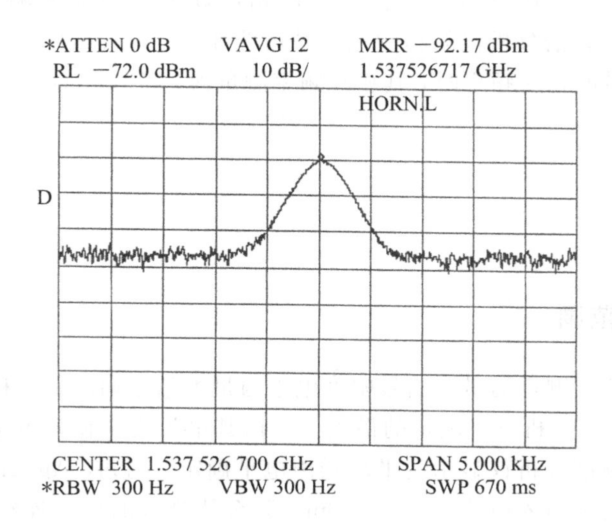


图 4-8　64°E 国际海事卫星信标频率测量结果

由图 4－8 可知，频谱分析仪测量的 64°E 国际海事卫星信标频率为 1.537 526 717 GHz，测量的信标幅度为－92.17 dBm。依据测量的信标频率和仪器状态参数，可计算信标频率测量精度，如表 4－2 所示，由计算结果可得，卫星信标频率的测量精度为±120.375 Hz。

**表 4－2　64°E 国际海事卫星信标频率测量精度**

| 绝对频率测量误差项 | 绝对频率测量误差 |
| --- | --- |
| 参考频率稳定引起频率测量误差 | $1.537\ 526\ 717\times10^{9}\times10^{-8}=15.375$ Hz |
| 扫频宽度引起的频率测量误差 | 1%×5000＝50 Hz |
| 分辨带宽引起的频率测量误差 | 15%×300＝45 Hz |
| 剩余误差 | 10 Hz |
| 信标频率测量的总误差 | ±120.375 Hz |

由式(4－4)可知，减小频谱分析仪的扫频宽度和分辨带宽，可以提高绝对频率测量精度。

频谱分析仪不仅可以测量信号的绝对频率，还可以测量信号的相对频率。用频谱分析仪的码刻 Δ 功能可以测量相对频率，显然相对频率的测量精度主要由频谱分析仪的扫频宽度 SPAN 的精度决定。对于 Agilent 频谱分析仪，测量任意两个信号的频率差，频谱分析仪的扫频宽度精度就是相对频率测量精度。例如，Agilent 8563EC 频谱分析仪的扫频宽度精度为 1%，当用 SPAN＝100 kHz 来测量两个分离信号的相对频率时，其相对频率测量误差为 1 kHz。

## 4.2 幅度特性

### 4.2.1　幅度范围

频谱分析仪可测量的最小信号幅度电平与最大信号幅度电平称为频谱分析仪的幅度范围。频谱分析仪可测量的最大信号由其最大安全输入电平决定，可测量的最小信号由频谱分析仪显示的平均噪声电平确定。例如，Agilent 8560EC 系列频谱分析仪的安全输入电平是＋30 dBm，那么其测量的最大连续波信号电平为＋30 dBm。表 4－3 给出了 8560EC 系列频谱分析仪显示的平均噪声功率电平，也就是频谱分析仪可测量的最小信号。

**表4-3 Agilent 8560EC系列频谱分析仪显示的平均噪声电平**
**(射频衰减ATTEN=0 dB，分辨带宽RBW=1 Hz)**

| 频率范围 | 显示的平均噪声电平 | | | |
|---|---|---|---|---|
| | 8560EC | 8562EC | 8563EC | 8564/8565EC |
| 30 Hz | −90 dBm | −90 dBm | −90 dBm | −90 dBm |
| 1 kHz | −105 dBm | −105 dBm | −105 dBm | −105 dBm |
| 10 kHz | −120 dBm | −120 dBm | −120 dBm | −120 dBm |
| 100 kHz | −120 dBm | −120 dBm | −120 dBm | −120 dBm |
| 1～10 MHz | −140 dBm | −140 dBm | −140 dBm | −140 dBm |
| 10 MHz～2.9 GHz | −149 dBm | −149 dBm | −149 dBm | −145 dBm |
| 2.9～6.5 GHz | — | −148 dBm | −148 dBm | −147 dBm |
| 6.5～13.2 GHz | — | −145 dBm | −145 dBm | −143 dBm |
| 13.2～22.0 GHz | — | — | −140 dBm | −140 dBm |
| 22.0～26.5 GHz | — | — | −139 dBm | −136 dBm |
| 26.5～31.15 GHz | — | — | — | −139 dBm |
| 31.15～40.0 GHz | — | — | — | −130 dBm |
| 40.0～50.0 GHz | — | — | — | −127 dBm |

### 4.2.2 噪声系数与灵敏度

**1. 噪声系数**

噪声系数定义为信号通过某一器件时，输入信噪比与输出信噪比的比值。用公式表示为

$$\mathrm{NF}=\frac{S_{\mathrm{i}}/N_{\mathrm{i}}}{S_{\mathrm{o}}/N_{\mathrm{o}}} \tag{4-7}$$

式中：NF——噪声系数；

$S_{\mathrm{i}}$——输入信号功率；

$N_{\mathrm{i}}$——输入噪声功率；

$S_{\mathrm{o}}$——输出信号功率；

$N_{\mathrm{o}}$——输出噪声功率。

对于频谱分析仪来说，其测量的输出信号$S_{\mathrm{o}}$等于输入信号$S_{\mathrm{i}}$，则式(4-7)可简化为

$$\mathrm{NF}=\frac{N_{\mathrm{o}}}{N_{\mathrm{i}}} \tag{4-8}$$

式(4-8)的物理意义是频谱分析仪内部产生的噪声功率折合到输入端口后与输入端本身的噪声功率之比，用分贝表示为

$$\mathrm{NF} = 10\ \log N_o - 10\ \log N_i \tag{4-9}$$

频谱分析仪输入端的噪声功率可表示为

$$N_i = kT_0B \tag{4-10}$$

式中：$k$——波尔兹曼常数，$k=1.38\times10^{-23}$(J/K)；

$B$——频谱分析仪的噪声带宽(Hz)；

$T_0$——环境温度(K)。

由式(4-9)和式(4-10)可得频谱分析仪用分贝表示的输出噪声功率为

$$10\ \log N_o = \mathrm{NF} + 10\ \log(kT_0B) \tag{4-11}$$

**2. 灵敏度**

频谱分析仪的输出噪声电平就是频谱分析仪显示的噪声电平，只有输入信号大于输出噪声电平时，频谱分析仪才能测量输入信号电平的大小。频谱分析仪的灵敏度是指在特定带宽下，频谱分析仪测量最小信号的能力。频谱分析仪的灵敏度受到仪器噪声底的限制。噪声系数和灵敏度是衡量频谱分析仪检测微弱信号能力的两种方法。实质上，频谱分析仪的灵敏度就是频谱分析仪显示的平均噪声功率电平，用 DNAL 表示，它和噪声系数的关系为

$$\mathrm{DNAL} = \mathrm{NF} + 10\ \log(kT_0B) \tag{4-12}$$

对于一般的频谱分析仪，其噪声带宽近似等于频谱分析仪分辨带宽 RBW 的 1.2 倍，且考虑在室温条件下，$T_0=290\mathrm{K}$，则式(4-12)可进一步简化为

$$\mathrm{DNAL}[\mathrm{dB}] = -174[\mathrm{dBm/Hz}] + \mathrm{NF}[\mathrm{dB}] + 10\times\log(1.2\times\mathrm{RBW}) \tag{4-13}$$

式(4-13)是频谱分析仪在输入衰减 ATTEN=0 dB 时的灵敏度表达式，当频谱分析仪的射频输入衰减增加 10 dB 时，加在混频器上的输入信号电平降低了，而中频放大器的增益同时增加 10 dB 来补偿这个损失，其结果是频谱分析仪测量的输入信号电平不变。但是频谱分析仪的噪声电平放大了 10 dB，结果导致频谱分析仪的灵敏度降低了 10 dB。因此频谱分析仪灵敏度的完整表达式为

$$\mathrm{DNAL}[\mathrm{dB}] = -174[\mathrm{dBm/Hz}] + \mathrm{NF}[\mathrm{dB}] + 10\times\log(1.2\times\mathrm{RBW}) + \mathrm{ATTEN}[\mathrm{dB}] \tag{4-14}$$

式(4-14)表明了频谱分析仪的灵敏度与噪声系数、分辨带宽和射频输入衰减之间的关系。一般频谱分析仪技术手册中给出的是频谱分析仪灵敏度的指标，由式(4-14)很容易计算出频谱分析仪的噪声系数。

表 4-4 给出了 Agilent 8563EC 频谱分析仪在 RBW=1 Hz，ATTEN=0 dB 时的灵敏度和噪声系数。

**表 4-4　Agilent 8563EC 频谱分析仪灵敏度和噪声系数**
**（分辨带宽 RBW=1 Hz，射频输入衰减 ATTEN=0 dB）**

| 频率范围 | 灵敏度 | 噪声系数 |
| --- | --- | --- |
| 30 Hz | −90 dBm | 83.21 |
| 1 kHz | −105 dBm | 68.21 |
| 10 kHz | −120 dBm | 53.21 |
| 100 kHz | −120 dBm | 53.21 |
| 1～10 MHz | −140 dBm | 33.21 |
| 10 MHz～2.9 GHz | −149 dBm | 24.21 |
| 2.9～6.5 GHz | −148 dBm | 25.21 |
| 6.5～13.2 GHz | −145 dBm | 28.21 |
| 13.2～22.0 GHz | −140 dBm | 33.21 |
| 22.0～26.5 GHz | −139 dBm | 34.21 |

由前面讨论可知，频谱分析仪的灵敏度是由噪声系数、分辨带宽和射频输入衰减确定的，因此只要能降低频谱分析仪的噪声系数、减小分辨带宽和射频输入衰减，就可以提高频谱分析仪的灵敏度。

**3. 改善频谱分析仪灵敏度的方法**

1）降低噪声系数法

由频谱分析仪灵敏度的计算公式可知，降低频谱分析仪的噪声系数可以提高频谱分析仪的灵敏度。降低噪声系数常用的方法是在频谱分析仪输入端加前置放大器。如图 4-9 所示为频谱分析仪串接 $n$ 级放大器示意图。

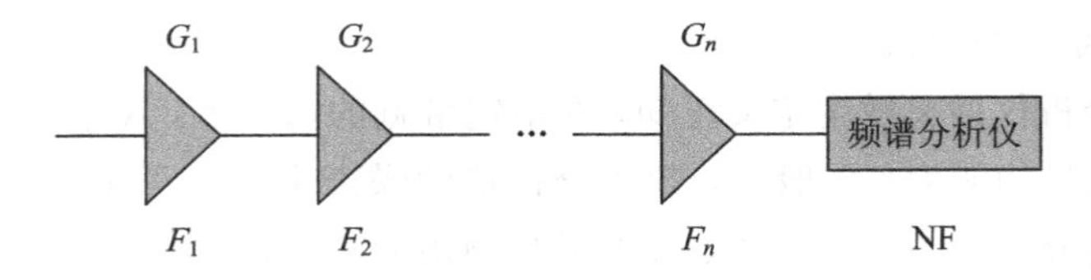


图 4-9　频谱分析仪串接 $n$ 级放大器示意图

图 4-9 中，$F_1$、$F_2$、…、$F_n$和$G_1$、$G_2$、…、$G_n$分别表示各级放大器的噪声系数和增益。值得注意的是：在频谱分析仪与前置放大器连接之前，要检查前置放大器的输出功率不能大于频谱分析仪的最大安全输入电平。可以证明，$n$ 级放大器和频谱分析仪串接后，其级联的噪声系数为

$$NF_{sys}=F_1+\frac{F_2-1}{G_1}+\cdots+\frac{F_n-1}{G_1G_2\cdots G_{n-1}}+\frac{NF-1}{G_1G_2\cdots G_n} \tag{4-15}$$

在一般情况下，每一级放大器的增益远远大于1，因此总的噪声系数主要取决于第一级放大器的噪声系数，下面各级的噪声系数对输入端口噪声功率的影响将逐级减小，即第二级次之，末级最小。因此在实际工程应用中，通常在频谱分析仪的前端加一个宽频段、高增益、低噪声的前置放大器来降低接收机的噪声系数，从而改善频谱分析仪的灵敏度。以Agilent 8563EC频谱分析仪为例，在其输入端加一个型号为Agilent 8449B的前置放大器，其主要技术指标如下：

工作频率范围：1～26.5 GHz

增益：≥26 dB

噪声系数：1～12.7 GHz ≤8.5 dB

12.7～22 GHz 12.5 dB

22～26.5 GHz ≤14.5 dB

表4-5所示给出了Agilent 8563EC频谱分析仪加8449B前置放大器的噪声系数，显然前置放大器降低了系统的噪声系数，从而提高了系统灵敏度。

**表4-5 Agilent 8563EC加8449B前置放大器的噪声系数**

| 工作频段 | 8563EC噪声系数 | 8563EC+8449B噪声系数 |
|---|---|---|
| 1～2.9 GHz | 24.21 dB | 8.89 dB |
| 2.9～6.5 GHz | 25.21 dB | 8.98 dB |
| 6.5～12.7 GHz | 28.21 dB | 9.42 dB |
| 12.7～13.2 GHz | 28.21 dB | 12.89 dB |
| 13.2～22.0 GHz | 33.21 dB | 13.62 dB |
| 22～26.5 GHz | 34.21 dB | 15.42 dB |

*2）减小分辨带宽法*

由频谱分析仪的灵敏度定义可知，在给定带宽的情况下，灵敏度表征频谱分析仪测量最小信号的能力。一般地，频谱分析仪的噪声带宽等于1.2倍的分辨带宽，因此减小频谱分析仪的分辨带宽，可以提高频谱分析仪的灵敏度。例如，当频谱分析仪的其他参数不变时，分辨带宽RBW=100 Hz时的灵敏度比分辨带宽RBW=1000 Hz时的灵敏度高10 dB。图4-10给出了Agilent 8563EC在10 MHz～26.5 GHz频率范围内，不同分辨带宽情况下的灵敏度。显然减小频谱分析仪的分辨带宽，可以提高频谱分析仪的灵敏度。值得注意的是：在实际应用中，频谱分析仪分辨带宽的设置受信号频率的稳定度及频谱分析仪其他参数设置的制约。

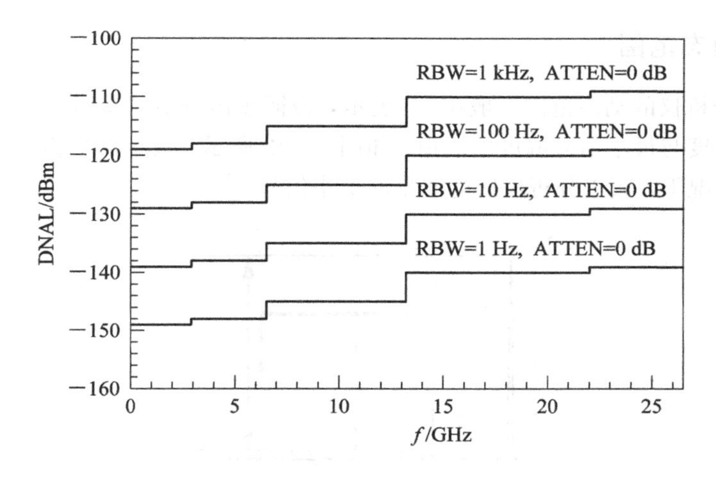


图 4-10 频谱分析仪灵敏度与分辨带宽的关系

3）减小射频输入衰减法

由频谱分析仪的灵敏度计算公式可知，在其他参数不变的情况下，减小频谱分析仪的射频输入衰减，可以提高频谱分析仪的灵敏度。例如，当频谱分析仪的分辨带宽等于 1 kHz 时，射频输入衰减等于 0 dB 时的灵敏度比射频衰减等于 10 dB 时的灵敏度高 10 dB。图 4-11 所示为 Agilent 8563EC 频谱分析仪在不同射频输入衰减情况下的灵敏度曲线。显然频谱分析仪的射频输入衰减越小，其灵敏度越高。频谱分析仪的射频输入衰减一般最小等于 0 dB，因此在小信号测量中，为了提高测试系统的灵敏度，射频输入衰减一般设置为 0 dB。

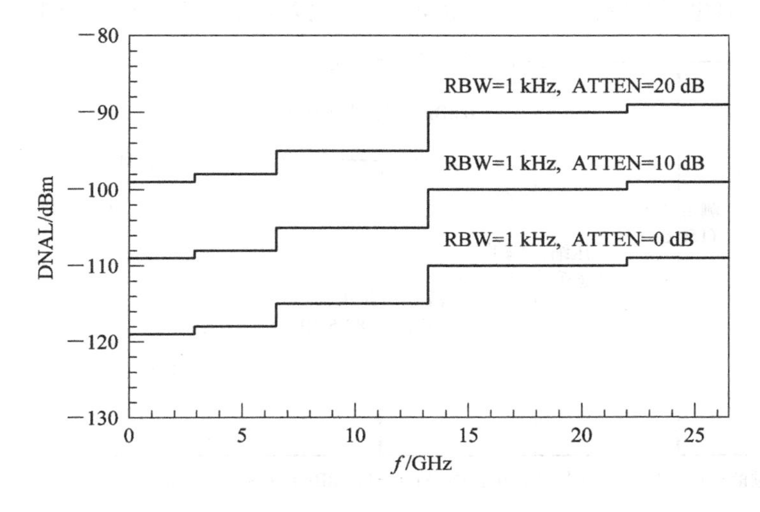


图 4-11 灵敏度 DNAL 与射频衰减 ATTEN 的关系

### 4.2.3　动态范围

频谱分析仪的动态范围一般用 dB 表示，表征频谱分析仪输入端口同时存在的最大信号幅度与最小信号幅度的比值，如图 4 - 12 所示。最小信号指的是在给定不确定度的情况下，频谱分析仪所能测量的最小信号。

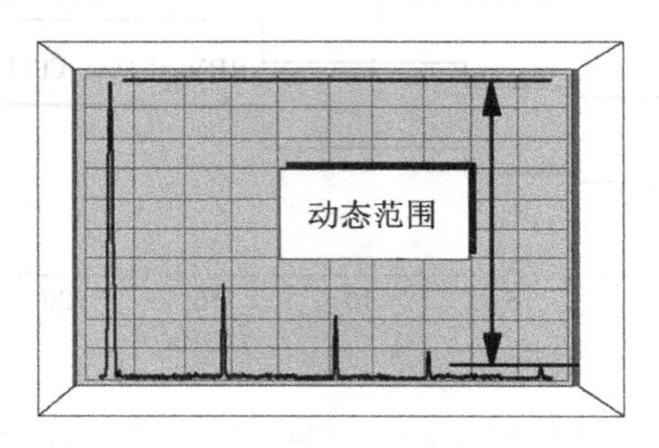


图 4 - 12　频谱分析仪动态范围的定义

频谱分析仪的动态范围可以决定低电平信号在大信号存在的情况下是否可见，是一个非常重要的性能指标。频谱分析仪显示的平均噪声电平(或称灵敏度)、相位噪声和内部失真等对频谱分析仪的动态范围均有很大的影响。因此，动态范围经常得不到更准确的描述。

图 4 - 13 所示为从几个不同的方面给出的频谱分析仪动态范围的定义描述。例如，频谱分析仪的最大安全输入电平与给定的分辨带宽和射频衰减的显示噪声电平之差，称为测量范围；混频器压缩点与显示的噪声电平之差，称为信号噪声测量范围；信号失真电平与频谱分析仪显示噪声电平之差，称为信号失真范围。

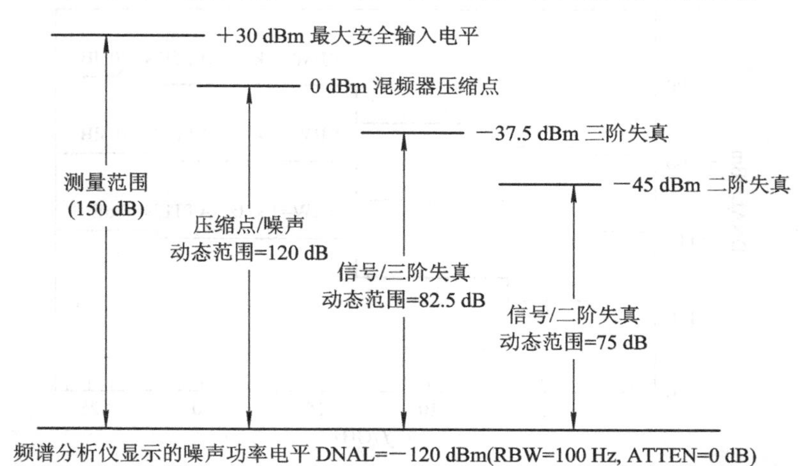


图 4 - 13　频谱分析仪动态范围的几种定义

**1. 测量范围**

由图 4 - 13 可知，频谱分析仪的测量范围是指在特定设置情况下，频谱分析仪所能测量的最大信号电平与最小信号电平的差值。一般地，加载到频谱分析仪输入端的最大功率电平是指不损坏前端硬件条件下的最大信号。目前大多数频谱分析仪的最大安全输入电平为＋30 dBm(1W)。频谱分析仪的噪声门限决定测量范围的最低限度。如果测量信号低于频谱分析仪的噪声电平，那么频谱分析仪将无法在屏幕上测量出信号大小。需要指出的是：当频谱分析仪可测量出 ＋30 dBm 的最大信号时，在相同状态参数设置下，不可能同时测量出最低的噪声电平。

**2. 显示范围**

频谱分析仪的显示范围指的是频谱分析仪 CRT 上已标定的幅度范围。如果频谱分析仪 CRT 显示有 10 格垂直刻度，且在对数模式下每格为 10 dB，那么其显示范围达 100 dB；如果选定每格为 5 dB 的话，那么其显示范围为 50 dB。但是，频谱分析仪的对数放大器限定了显示范围，例如，对数放大器为 85dB，CRT 显示器为 10 格，那么每格只有 8.5 dB 的校准格。

**3. 混频器的压缩点**

混频器的压缩点电平是在不降低所测量信号精度的条件下，所能输入频谱分析仪的最大功率电平。当频谱分析仪混频器的输入信号电平低于压缩点电平时，混频器的输出信号电平同输入信号电平成线性关系变化；随着混频器输入信号电平的增加，由于大部分信号能量形成畸变，转移函数变成非线性，在这时混频器可以认为被压缩，频谱分析仪所显示信号电平低于实际的信号电平。混频器压缩点指标是混频器总的输入电平低于频谱分析仪所压缩的信号电平，就是频谱分析仪显示的信号电平小于 1 dB，图 4 - 14 所示为 1 dB 压缩点的定义。

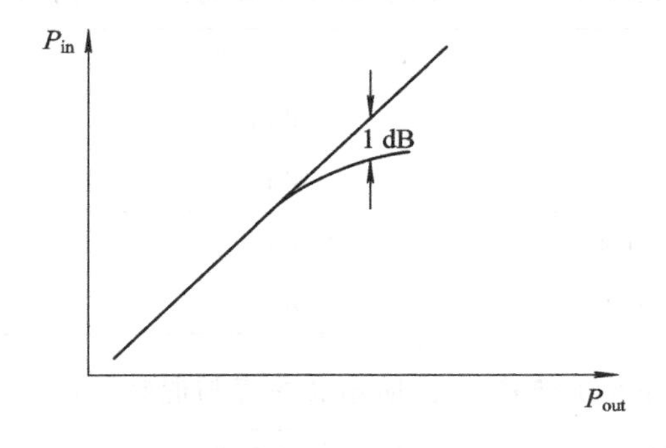


图 4 - 14　混频器 1 dB 压缩点的定义

测量高功率信号电平可通过设置频谱分析仪的射频输入衰减器限定频谱分析仪的混频器的输入功率来实现。

### 4. 内部失真

当用频谱分析仪测量谐波失真或交调失真时，内部失真是决定动态范围的因素之一。内部产生的交调和谐波失真是混频器输入信号幅度的函数。

大多数频谱分析仪采用的是二极管混频器，该混频器是非线性设备，通过理想二极管方程式表征其特性。用泰勒级数展开，可看出非线性器件输入的基波信号功率变化 1 dB，会使输出在二阶失真、三阶失真分别有 2 dB、3 dB 的失真变化，如图 4－15 所示。

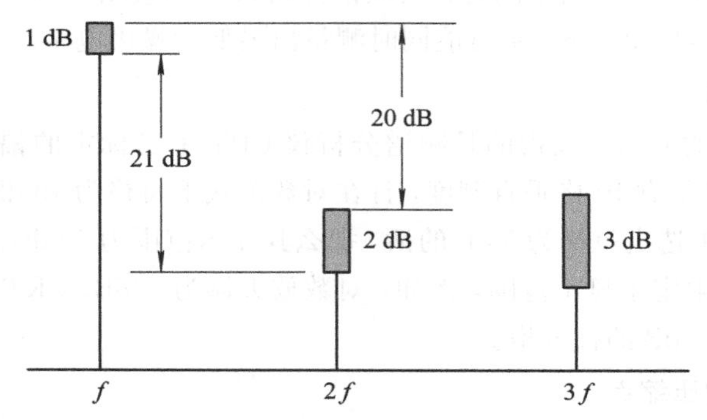


图 4－15　混频器输入功率电平变化与失真产物对幅度的变化

由图 4－15 可知，频谱分析仪动态范围在基波和内部产生的失真不同。基波信号功率电平每变化 1 dB，二阶谐波失真产物变化 1 dBc(相对基波)，而三阶失真产物变化 2 dBc。

表 4－6 给出了 Agilent 8563EC 频谱分析仪典型的二阶谐波失真与混频器输入电平的关系，表 4－7 给出了三阶失真与混频器输入电平的关系。

**表 4－6　Agilent 8563EC 二阶谐波失真与混频器输入电平的关系**

| 频率范围 | 混频器输入电平 | 二阶谐波失真 |
|---|---|---|
| 1 MHz～1.45 GHz | －40 dBm | ＜－72 dBc |
| 1.45～2.0 GHz | －10 dBm | ＜－85 dBc |
| 2.0～13.25 GHz | －10 dBm | ＜－100 dBc |
| 20.0～25.0 GHz | －10 dBm | ＜－90 dBc |

**表 4－7　Agilent 8563EC 三阶谐波失真与混频器输入电平的关系**

| 频率范围 | 混频器输入电平 | 三阶互调失真 |
|---|---|---|
| 1 MHz～2.9 GHz | －30 dBm | ＜－78 dBc |
| 2.9～6.5 GHz | －30 dBm | ＜－90 dBc |
| 6.5～26.5 GHz | －30 dBm | ＜－75 dBc |

由表 4-6 和表 4-7 可知，当 Agilent 8563EC 频谱分析仪在频率为 1.45 GHz，混频器输入电平为 −40 dBm 时，其二次谐波失真为 −72 dBc；对于混频器输入端的两个 −30 dBm 的信号，其三阶互调失真为 −78 dBc。由基波和内部产生的二阶、三阶失真产物之间的关系，可以计算混频器各输入电平与失真产物之间的关系，如图 4-16 所示。

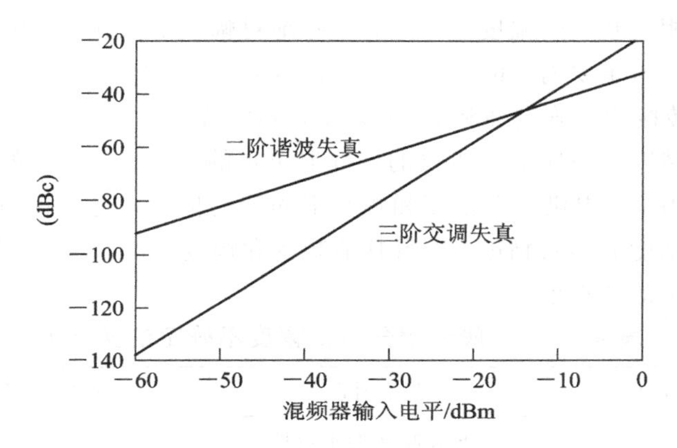


图 4-16　二阶谐波、三阶交调失真与混频器输入电平之间的关系

由图 4-16 可看出，两条斜线分别描述的是内部产生的二阶谐波失真和三阶交调失真与混频器输入电平之间的关系。如果混频器输入信号电平足够低，就不需要考虑内部产生的失真，但是随着信号电平越来越低，就需要将噪声的影响考虑在内。

**5. 噪声**

影响频谱分析仪动态范围的噪声有两种：一是频谱分析仪的相位噪声；二是频谱分析仪的灵敏度。频谱分析仪的噪声是宽带信号，随着频谱分析仪分辨带宽 RBW 的增大，更多的随机噪声能量进入频谱分析仪的检波器，这样不仅增加频谱分析仪的相位噪声电平，而且也增加了频谱分析仪的噪声门限。因此，频谱分析仪的分辨带宽不同，其噪声门限和相位噪声不同，从而影响了频谱分析仪的动态范围。

灵敏度表征了频谱分析仪测量最小信号的能力，由频谱分析仪显示的平均噪声电平 DNAL 或噪声门限确定。当频谱分析仪测量两个频率间隔较远的信号时，其灵敏度是关键参数；当测量频率间隔相近的两个信号时，相位噪声是关键参数。这里相位噪声也称为频谱分析仪的边带噪声。相位噪声是由于频谱分析仪本振不稳定产生的，本振越稳定，相位噪声越低，系统的动态范围越大。

### 4.2.4　幅度精度

频谱分析仪测量的信号幅度的精度或不准确性称为幅度精度。幅度精度可分为绝对幅度精度和相对幅度精度。绝对幅度精度定义为频谱分析仪测量信号绝对电平的精度或不准确性；相对幅度精度定义为频谱分析仪进行信号幅度相对测量时的精度或不准确性。

当频谱分析仪对输入信号进行相对测量时，用信号的一部分或不同信号作为参考基准，例如，当频谱分析仪测量二次谐波失真时，用基波作为参考基准，只测量二次谐波相对基波的幅度差，而不关心绝对幅度的大小。影响频谱分析仪相对幅度精度的因素主要有：RF 衰减转换的不确定性、频率响应、参考电平的精度、分辨带宽转换的不确定性和 CRT 刻度显示精度等。

绝对幅度精度是由频谱分析仪的校准器决定的。频谱分析仪的校准器安装在频谱分析仪的内部，提供一个幅度和频率都固定的信号，这样我们可以依据频谱分析仪的相对精度和绝对精度，求得其他频率和幅度。表 4-8 给出了一般频谱分析仪幅度不确定的典型值。

**表 4-8 一般频谱分析仪幅度不确定的典型值**

| 精度类型 | 误差因素 | 幅度不确定 |
|---|---|---|
| 相对幅度精度 | RF 衰减转换不定性 | ±0.18～±0.7 dB |
| | 频率响应 | ±0.38～±2.5 dB |
| | 参考电平精度 | 0～±0.7dB |
| | RBW 转换不定性 | ±0.03～±1.0 dB |
| | CRT 显示刻度精度 | ±0.07～±1.15 dB |
| 绝对幅度精度 | 校准器精度 | ±0.24～±0.34 dB |

## 4.3 扫描时间

频谱分析仪的扫描时间是指扫描一次整个频率量程所需要的时间，用 SWP 表示。和频谱分析仪扫描时间相关联的主要因素有：频谱分析仪的扫频宽度 SPAN、分辨带宽 RBW 和视频滤波等。

### 4.3.1 模拟滤波器对扫描时间的影响

频谱分析仪分辨带宽的大小会影响扫描时间，因为频谱分析仪中频滤波器是带宽有限的电路，需要有一定的充电和放电时间。如果频谱分析仪混频器输出信号分量扫描过快，则频谱分析仪中频滤波器的动态带宽就会展宽；如果扫描较慢，则动态带宽就会变窄，如图 4-17 所示。

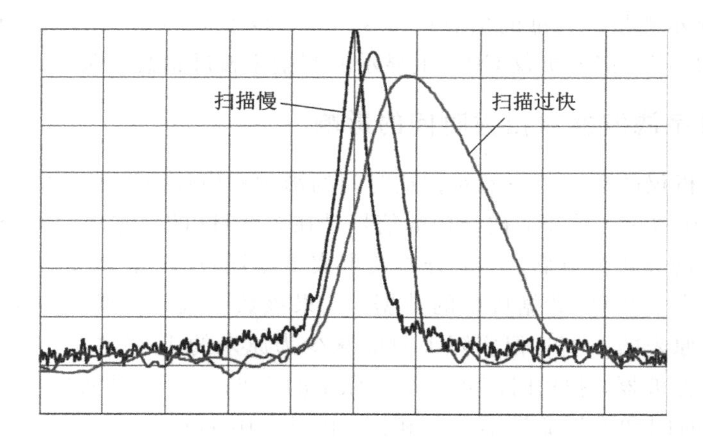


图 4-17　中频滤波器的动态带宽

频谱分析仪混频器输出的信号分量在扫过中频滤波器时，在滤波器通带内停留时间 $T_{\mathrm{stay}}$ 和分辨带宽 RBW 成正比，和单位时间内扫过的 Hz 数成反比，用公式表示为

$$T_{\mathrm{stay}} = \frac{\mathrm{RBW}}{\frac{\mathrm{SPAN}}{\mathrm{SWP}}} = \mathrm{RBW}\,\frac{\mathrm{SWP}}{\mathrm{SPAN}} \tag{4-16}$$

式中：RBW——频谱分析仪的分辨带宽；

SPAN——频谱分析仪的扫频宽度；

SWP——频谱分析仪的扫描时间。

另一方面，频谱分析仪中频滤波器的上升时间 $T_{\mathrm{up}}$ 又和分辨带宽 RBW 成反比，比例系数为 $K$，则滤波器的上升时间可表示为

$$T_{\mathrm{up}} = \frac{K}{\mathrm{RBW}} \tag{4-17}$$

使频谱分析仪滤波器通带内停留时间与上升时间相等，可推导出频谱分析仪的扫描时间 SWP 的表达式为

$$\mathrm{SWP} = K\,\frac{\mathrm{SPAN}}{\mathrm{RBW}^2} \tag{4-18}$$

对于同步调谐方式和近似于高斯形状的滤波器，$K=2\sim3$；对于分级调节器方式和接近矩形的滤波器，$K=10\sim15$。由式(4-18)可知，频谱分析仪的扫描时间与扫频宽度 SPAN 成正比，与分辨带宽 RBW 的平方成反比。因此，改变分辨带宽会使扫描时间发生明显变化。

目前，大多数频谱分析仪具有自动连锁功能。在自动状态下，频谱分析仪能自动选择扫描时间来适应分辨带宽和扫频宽度的变化。如果频谱分析仪的扫描时间、分辨带宽和扫频宽度处于手动设置状态，当参数不匹配时，频谱分析仪的

CRT上将显示测量未校准的信息(meas. uncal)，此时应合理设置频谱分析仪的状态参数，以使频谱分析仪CRT上显示的测量未校准信息消失。

### 4.3.2 数字滤波器对扫描时间的影响

频谱分析仪的数字滤波器对扫描时间的影响和模拟滤波器对扫描时间的影响是不同的。在数字方式下，被分析的信号是在300 Hz的数据块中被处理的，当选定了10 Hz的分辨带宽后，频谱分析仪事实上是通过30个邻接的10 Hz滤波器同时处理每个300 Hz数据块中的数据。如果该数据处理是瞬间完成的，则扫描时间减少为原来的1/30，但实际上只能减少为原来的1/20左右。对于分辨带宽为30 Hz的滤波器，扫描时间将减少为原来的1/6；对于分辨带宽为100 Hz的滤波器，扫描时间和模拟滤波器大致相同。因此，10 Hz和30 Hz的数字滤波器可以减少扫描时间，大大地缩短高分辨率测量所需要的时间。

## 4.4 频谱分析仪常用术语汇编

在频谱分析仪原理和主要特性章节中，提及了频谱分析仪的一些名词术语，但不系统，也不全面。下面将常见频谱分析仪名词术语及其定义汇编在一起，以便参考。

- **中频带宽**(IF Bandwidth)：频谱分析仪是用带通滤波器来辨别输入信号的频率成分的。中频带宽(或称为分辨带宽)是指中心频率点信号幅度下降－3 dB的频率范围，用RBW表示。一个适宜的带通滤波器特性必须按照扫描速度、扫频宽度来设定。一般来说，中频带宽越窄，频谱分析仪的选择性越好。因此，某些情况下，频谱分析仪所能达到的最窄中频带宽被用以衡量其分辨率。

- **增益压缩**(Gain Compression)：当频谱分析仪的输入信号幅度超过某一特定值时，频谱分析仪的CRT上将不能正确显示所测量的信号幅度值。当输入信号继续增加时，将引起有效显示的压缩，这一过程用术语增益压缩来表示。通常我们用增益压缩电平变化在1dB以内来表示输入信号的线性范围。

- **灵敏度**(Sensitivity)：灵敏度是指频谱分析仪能检测到的最小信号的能力。频谱分析仪的灵敏度与其自身噪声电平有关，且和频谱分析仪中频滤波器的带宽有关。通常情况下，频谱分析仪的灵敏度被认为是最窄中频带宽时的噪声电平。

- **最大输入电平**(Maximum Input Level)：最大输入电平是指频谱分析仪输入电路允许施加的最大电平。不同的频谱分析仪其最大输入电平是不同的，使用频谱分析仪时，一定要注意输入频谱分析仪的射频信号不能大于其最大输入电平，否则会烧毁频谱分析仪的输入电路。

- **剩余调频**(Residual FM)：剩余调频是指频谱短期抖动，或指频谱分析仪本振剩余调频。剩余调频用单位时间抖动频带来表示，其值为峰峰值，它限制测量输入信号剩余调频时的分辨率。

- **剩余响应**(Residual Response)：剩余响应是指在频谱分析仪内部由于某些信号(本振泄漏信号)引起的假信号响应电平。它可能干扰对过低信号的分析。

- **准峰值测量**(Quasi Peak Value Measurement)：在接收的无线电波中，干扰常为脉冲干扰，此类干扰客观上为脉冲峰值函数。准峰值是指在特定带宽和检波时间常数下测得的脉冲峰值。

- **频率响应**(Frequency Response)：频率响应用于表示幅度相对于频率的特性。频谱分析仪的频率响应是指输入衰减器、混频器加其他单元电路的总频率特性，亦称为电平波动，用±dB来表示。

- **零扫频宽度**(Zero Span)：零扫频宽度是指频谱分析仪的一种工作方式。当频谱分析仪的扫频宽度SPAN等于零时，频谱分析仪的频域测量就变成了时域测量，此时频谱分析仪在特定频率上扫描，而不是进行特定带宽上的扫频，此时频谱分析仪的水平轴变成时间轴，垂直轴表示信号幅度。

- **假信号**(Spurious Signal)：假信号为不想要的信号，它可分为谐波(Harmonics)、邻近信号(Neighborhood Signal)和非谐波(Non Harmonic Spurious Signal)三类。谐波是指当一个纯正弦波信号加到频谱分析仪输入端时，频谱分析仪自身某一部分电路(通常为混频器)产生成谐波关系的信号。谐波水平代表了频谱分析仪测量谐波失真的能力；邻近信号是指单一纯正弦波信号加到频谱分析仪输入端时，在其频谱附近产生的小信号频谱；非谐波是指频谱分析仪自身产生的特定频率的假信号，也称为寄生响应。

- **噪声边带**(Noise Sideband)：噪声边带一般在测量振荡器纯净波时才予以关注。在频谱分析仪中，由本振和锁相环产生在显示频谱附近的噪声降低了频谱分析仪的灵敏度。频谱分析仪的噪声边带亦称为相位噪声。

- **带宽精度**(Bandwidth Accuracy)：带宽精度是指中频滤波器的带宽精度，表征幅度下降3 dB点的中频滤波器带宽偏离正常值的大小。带宽精度对连续波信号电平测量的影响较小，但在噪声信号的测量中必须加以考虑，因为频谱分析仪测量噪声信号功率时，其测量精度与噪声带宽有关，而噪声带宽与中频带宽有关，因此带宽精度也就影响了噪声信号的测量精度。

- **带宽转换精度**(Bandwidth Switching Accuracy)：对不同信号进行频谱分析时，往往要选择不同的中频带宽滤波器，以取代单一的最佳分辨率中频滤波器。带宽转换精度是指分析同一信号时因转换中频带宽所带来的最大电平误差或损耗。

• **参考电平显示精度**(Reference Level Display Accuracy)：参考电平显示精度是指频谱分析仪 CRT 上方格最上边缘显示的参考电平的绝对精度，常用 dBm 来表示，用以测量输入信号的绝对电平。参考电平可以用中频增益或输入衰减器来调整设定。

• **假信号响应**(Spurious Response)：假信号响应是指当输入信号电平增大时，在输入混频器中产生的谐波失真。频谱分析仪不受假信号响应的范围依输入信号基波电平的变化而变化。

• **电压驻波比**(Voltage Standing Wave Ratio)：在一个驻波系统中，电压驻波比是指波腹电压(最大值)与波谷电压(最小值)之比，用 VSWR 表示；反射波电压与入射波电压之比称为反射系数，用 $\Gamma$ 表示。反射系数和电压驻波比之间的关系可用下式表示

$$\mathrm{VSWR}=\frac{1+|\Gamma|}{1-|\Gamma|} \tag{4-19}$$

# 第二篇

# 频谱分析仪的操作使用方法

# 第 5 章　Agilent 8560EC 系列频谱分析仪

频谱分析仪的应用领域十分广泛，而且其类型也很多，例如，美国安捷伦公司的 8560EC 系列频谱分析仪、ESA 系列频谱分析仪、PSA 系列高性能频谱分析仪、日本安立公司的 MS 系列频谱分析仪和德国 R/S 公司的频谱分析仪等。尽管这些频谱分析仪的型号、生产厂家和具体技术指标不同，但是频谱分析仪的应用、操作方法及功能具有共性。本章将以 Agilent 8560EC 系列微波频谱分析仪为例，介绍频谱分析仪的前面板结构、后面板结构、屏幕显示注释和主要技术指标。

## 5.1 前面板

微波频谱分析仪的前面板主要由 CRT 显示器和各种功能键组成。图 5－1 所示为 Agilent 8560EC 系列频谱分析仪（此系列频谱分析仪主要包括 8560EC、8561EC、8562EC、8563EC、8564EC 和 8565EC 频谱分析仪）的前面板示意图。

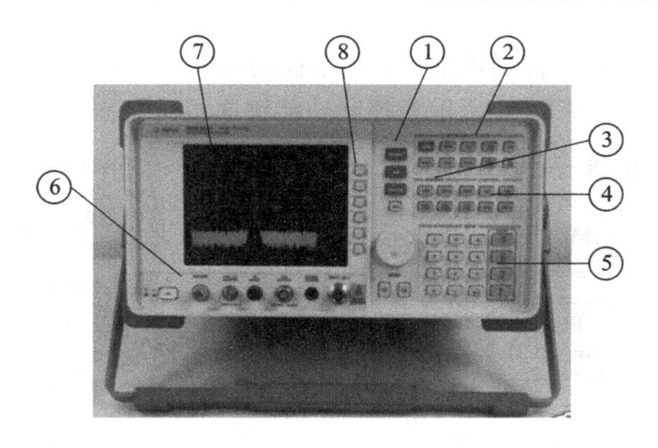


图 5－1　Agilent 8560EC 系列频谱分析仪前面板示意图

图 5－1 中，①表示频谱分析仪测量的基本功能键，它由频率键（FREQUENCY）、扫频宽度键（SPAN）、幅度键（AMPLITUDE）和保持键（HOLD）组成。图 5－2 所示为基本功能键在前面板的排列示意图。

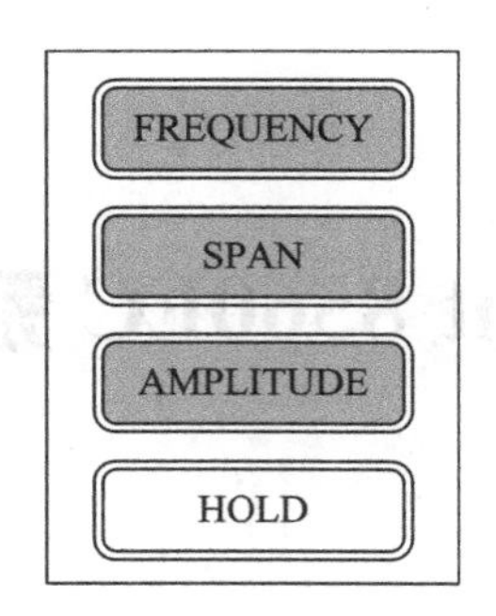


图 5-2　基本功能键在前面板的排列示意图

图 5-1 中，②表示频谱分析仪的仪器状态功能键，利用仪器状态功能键可以进行热启动、存储迹线与状态、调用迹线与状态以及输出打印等。如图 5-3 所示为仪器状态功能键面板示意图。

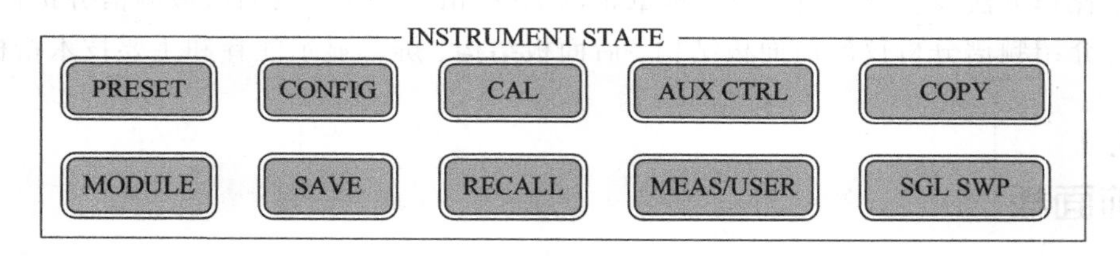


图 5-3　仪器状态功能键面板示意图

图 5-1 中，③表示码刻功能键。利用码刻功能键可以快速而精确地测量频谱分析仪迹线 A 或迹线 B 的绝对数值或相对数值。图 5-4 所示为码刻功能键面板示意图。

图 5-1 中，④表示控制功能键。利用控制功能键可以设置扫描时间、分辨带宽和视频带宽等。如图 5-5 所示为控制功能键面板示意图。

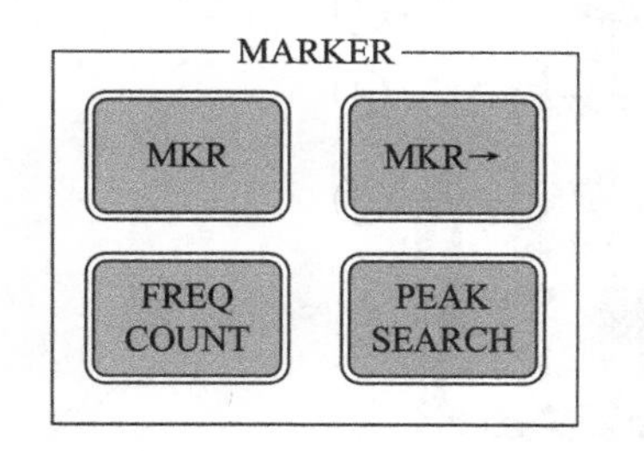


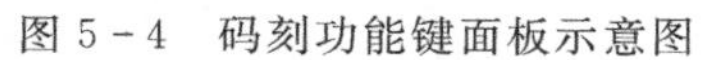

图 5-4　码刻功能键面板示意图

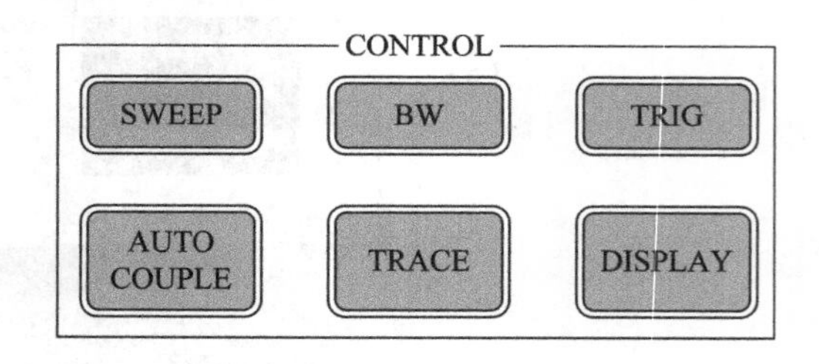


图 5-5　控制功能键面板示意图

图 5-1 中，⑤表示频谱分析仪数据功能键面板，如图 5-6 所示为数据功能键面板示意图。Agilent 8563EC 频谱分析仪的数据控制键是用来改变各功能键的数值和单位的。左边的数据键由旋钮键(KNOB)和步长键(STEP)组成，可用来按

一定步长改变功能键的数值。右边的数据键主要由 0～9 的数字键及数据单位键组成，用来精确设置功能键的数值和单位。例如，设置频谱分析仪的中心频率为 300 MHz，其操作方法是先按基本功能键的中心频率，然后按数值键 300，再按相应的单位键，即可完成输入。

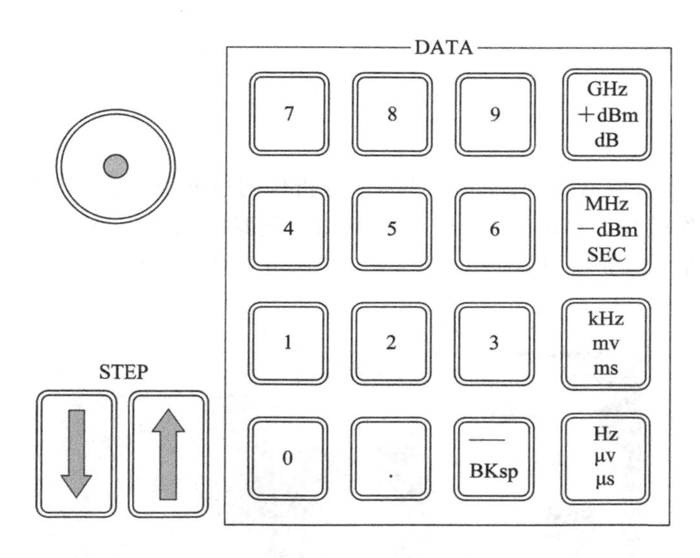


图 5－6　数据功能键面板示意图

图 5－1 中，⑥表示频谱分析仪前面板的连接器，主要由校准信号输出连接器(CAL OUTPUT)、中频输入连接器(IF INPUT)和 50 Ω 射频信号输入连接器(INPUT 50 Ω)等组成。图 5－7 所示为频谱分析仪前面板连接器示意图。

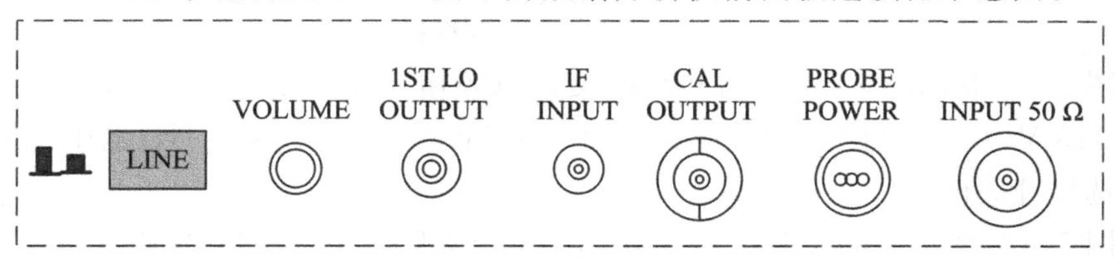


图 5－7　频谱分析仪前面板连接器示意图

在频谱分析仪的前面板的连接器应用中，要特别注意射频输入口应用的注意事项。一般频谱分析仪射频输入口不允许直流成分进入，其射频的最大输入功率一般不大于＋30 dBm(即 1 W 的射频信号)。因此使用频谱分析仪之前，一定要了解频谱分析仪的使用注意事项，否则有可能烧毁频谱分析仪的输入衰减器和输入混频器。例如，Aglient 8563EC 频谱分析仪的射频输入口旁边，有这样的告示："0 V DC MAX"，"＋30 dBm MAX"，以提醒人们注意：此频谱分析仪的射频输入口不允许直流成分进入，输入的最大射频信号功率不大于 1 W。

图 5-1 中，⑦表示频谱分析仪的 CRT 显示器。显示器可以显示仪器状态参数和测量迹线数据等。

图 5-1 中，⑧表示频谱分析仪软键按键或软键操作键。当按频谱分析仪前面板的不同硬键时，在频谱分析仪 CRT 显示器的右边将会显示相应的软键菜单。

## 5.2 后面板

图 5-8 所示为 Agilent 8560EC 频谱分析仪的后面板示意图。在实际应用中，后面板的操作较少，常用的有 HP-IB 接口、仪器电源输入口和外存储器等。其操作比较简单，因此这里只简单介绍一下频谱分析仪的后面板。

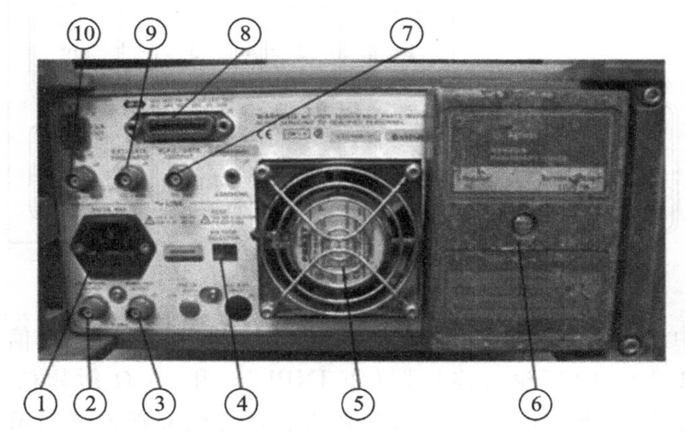


图 5-8　Agilent 8560EC 频谱分析仪后面板示意图

图 5-8 中，①表示频谱分析仪的交流电源输入线，最大 300 VA，可输入标准的 115 V(47 Hz 到 440 Hz)或者是标准的 230 V(47 Hz 到 66 Hz)电压，由④的电压选择开关确定。

图 5-8 中，②表示本振扫描输出(LO SWP|FAV OUTPUT)连接器。此 BNC 连接器可以提供不同的信号；可以输出与本地振荡器调谐斜波相对应的 0～10 V 斜波；或者是调谐频率的 0.5 V/GHz 的扫描直流电压输出(Agilent 8564E 和 8565E 频谱分析仪为 0.25 V)，此扫描直流电压的输出范围取决于频谱分析仪的频率范围。

图 5-8 中，③表示 10 MHz 参考信号的输入或输出连接器(10 MHz REF IN/OUT)。此 BNC 连接器可以提供一个 10 MHz、最小电平为 0 dBm 的时基参考信号。当频谱分析仪的模式选择为外部参考模式时，可以输入外部参考信号，其频率为 10 MHz，最小信号电平为 −2 dBm。

图5－8中，④表示频谱分析仪交流电源的电压选择器开关(VOLTAGE SELECTOR)。此开关用于选择频谱分析仪的功率电源，即选择115 V，或是230 V。

图5－8中，⑤表示频谱分析仪的散热风扇。

图5－8中，⑥表示频谱分析仪的外挂存储器。此存储器可以存储频谱分析仪CRT显示的测量迹线和相应的频谱分析仪测试状态参数。特别值得注意的是：拆卸外存储器时，频谱分析仪的电源一定要处于关闭状态，否则有可能损坏外存储器。

图5－8中，⑦表示消隐输出或门输出(BLKG/GATE OUTPUT)连接器。此连接器提供了一个不是消隐信号就是门信号的输出。消隐信号是0～5 V的TTL信号，在频谱分析仪扫描期间，其输出信号是低信号0 V，当仪器在多带宽返回扫描时，其输出为高信号5 V；当门处于边缘触发器模式时，门输出提供了一个显示门状态的TTL信号。高TTL信号表示门开，低TTL信号表示门关。

图5－8中，⑧表示GPIB488接口连接器。此接口外接绘图仪，可直接绘出频谱分析仪的CRT屏幕显示的迹线和状态参数；通过GPIB接口到HP打印机并行接口转换器，可直接用打印机打印频谱分析仪CRT迹线；通过GPIB接口到计算机RS232接口转换器，可用计算机对频谱分析仪进行程控操作。

图5－8中，⑨表示外部触发输入或门触发输入(EXT/GATE TRIG INPUT)连接器。此连接器可以输入外部触发的TTL信号，或用作触发器的门视频信号，输入信号的范围是0～5 V。

图5－8中，⑩表示视频输出(VIDEO OUTPUT)连接器。此连接器提供了一个正比于CRT迹线显示检波视频的信号，其输出信号的范围是0～1 V。

## 5.3 显示器的屏幕注解

图5－9所示为Agilent 8560EC系列频谱分析仪的CRT显示器屏幕注解。

图5－9中，①表示视频平均数，Agilent 8560EC系列频谱分析仪的视频平均数最大为100次，最小为0次。

图5－9中，②表示频谱分析仪CRT幅度刻度显示模式，一般可选择对数模式或线性模式。图5－9中的幅度显示模式为对数模式。频谱分析仪的对数模式刻度一般可分别选择10 dB/格、5 dB/格、2 dB/格和1 dB/格。

图5－9中，③表示频谱分析仪码刻测量的幅度和频率，图5－9中码刻的幅度为 －10.83 dBm，频率为300 MHz。

图5－9中，④表示在频谱分析仪CRT上打印测试题目的区域。在测量区域可输入测量题目。

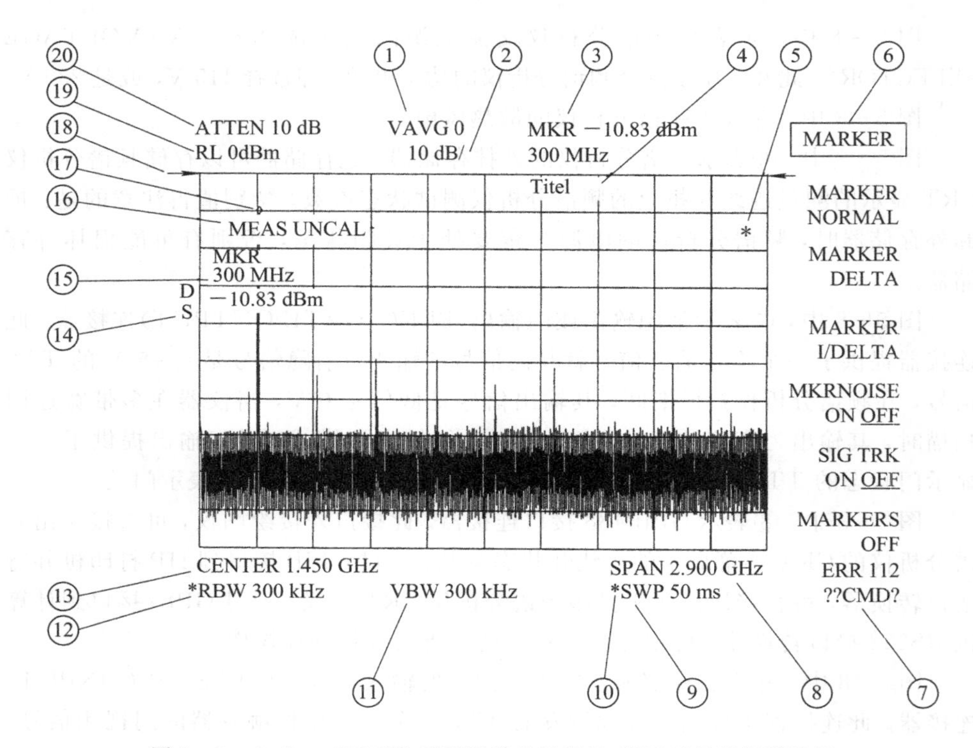


图 5-9　Agilent 8560EC 系列频谱分析仪的 CRT 显示器屏幕注解

图 5-9 中，⑤表示在频谱分析仪没有执行完一次扫描以前，如果任意改变频谱分析仪 CRT 的任何参数，则 CRT 测量数据无效。

图 5-9 中，⑥表示 Agilent 8560EC 系列频谱分析仪 CRT 右边软键菜单的题目及相应的软键菜单。

图 5-9 中，⑦表示错误信息显示区域。

图 5-9 中，⑧表示频谱分析仪 CRT 频率扫描宽度或是停止扫描频率。图 5-9 中显示的频率扫描宽度为 2.9 GHz。

图 5-9 中，⑨表示扫描时间。

图 5-9 中，⑩表示频谱分析仪的扫描时间是手动设置的，不是与频谱分析仪的分辨带宽、视频带宽或输入衰减进行自动耦合的。自动耦合的意思是：当频谱分析仪的扫描时间设置为自动状态时，它的变化随频谱分析仪的分辨带宽、视频带宽或输入衰减的改变而自动改变。

图 5-9 中，⑪表示频谱分析仪的视频带宽。图 5-9 中显示的视频带宽为 300 kHz。

图 5-9 中，⑫表示频谱分析仪的分辨带宽。图 5-9 中显示的分辨带宽 300 kHz。

图 5-9 中，⑬表示频谱分析仪的中心频率或起始频率。图 5-9 中显示的频谱分析仪的中心频率为 1.450 GHz。

图 5-9 中，⑭表示频谱分析仪有效的特殊功能显示。如图 5-9 中的 S 表示频谱分析仪是单扫模式，即频谱分析仪执行完一次扫描后，CRT 就停止了。Agilent 8560EC 系列频谱分析仪的特殊功能主要有：

A——中频调谐关闭(IF adjust turned OFF)；

C——选择 DC 耦合(DC coupling selected)；

D——检波器的模式设置为取样、负峰值或正峰值检波(Detector mode set to sample, negative peak or positive peak)；

E——使用特定的扫描时间方程(Special sweep—time equations in use)；

F——频率偏移补偿小于或大于 0Hz(Frequency offset is less than or greater than 0Hz)；

G——内部跟踪发生器处于开的状态(Internal tracking generator is ON)；

K——信号跟踪功能开(Signal track is ON)；

M——迹线计算功能开(Trace math is ON)；

N——归一化功能开(Normalization is ON)；

R——参考电平的补偿小于或大于 0 dB(Reference level offset is less than or greater than 0 dB)；

S——单扫模式(Single—sweep mode)；

T——触发器模式设置为线、视频或外部(Trigger mode set to line, video, or external)；

W——幅度修正开(Amplitude correction is ON)；

X——外部提供 10 MHz 的参考信号(10MHz reference is external)；

+——外部混频器的偏置电流大于 0mA(External mixer bias is greater than 0 mA)；

-——外部混频器的偏置电流小于 0mA(External mixer bias is less than 0 mA)；

图 5-9 中，⑮表示有效的功能显示区域，图 5-9 中显示的是码刻的幅度和频率。

图 5-9 中，⑯表示频谱分析仪信息显示区域，图 5-9 中的 MEAS UNCAL 表示测量未校准。

图 5-9 中，⑰表示码刻显示器。

图 5-9 中，⑱表示当使用归一化模式时，参考电平的位置显示。

图 5-9 中，⑲表示频谱分析仪的参考电平，图 5-9 中显示的频谱分析仪的参考电平为 0 dBm。

图 5-9 中，⑳表示频谱分析仪输入衰减器的值。

## 5.4 主要技术指标

Agilent 8560EC 系列频谱分析仪能从 30 Hz 连续扫描到 2.9 GHz、13.2 GHz、26.5 GHz、40 GHz 或 50 GHz，数字式分辨带宽从 1 Hz 至 100 Hz，从而提高了测量速度。便携式 Agilent 8560EC 系列频谱分析仪具有良好的相位噪声、高灵敏度和大动态范围等。这一节主要介绍频谱分析仪与频率和幅度相关的技术指标。

### 5.4.1 频率技术指标

频谱分析仪的频率技术特性主要包括频率范围、频率基准精度、频率读出精度、分辨带宽、视频带宽和噪声边带等。

- 频率范围

8560EC：30 Hz～2.9 GHz

8562EC：30 Hz～13.2 GHz

8563EC：9 kHz～26.5 GHz；30 Hz～26.5 GHz(选件 006)

8564EC：9 kHz～40 GHz；30 Hz～40 GHz(选件 006)

8565EC：9 kHz～50 GHz；30 Hz～50 GHz(选件 006)

- 频率基准精度

温度稳定度：$\pm1\times10^{-8}$

老化率/年：$\pm1\times10^{-7}$

稳定度：$\pm1\times10^{-8}$

- 预热时间(额定)：5 分钟$\pm1\times10^{-7}$，15 分钟$\pm1\times10^{-8}$
- 频率读出精度($N$ 为本振谐波次数)

SPAN>2 MHz×$N$：±(频率读数×基准频率精度+5%×SPAN+15%×RBW+10 Hz)

SPAN≤2 MHz×$N$：±(频率读数×基准频率精度+1%×SPAN+15%×RBW+10 Hz)

- 计数分辨率：可在 1 Hz～1 MHz 之间选择
- 扫频宽度：0 Hz，100 Hz～最高频率
- 扫描时间

范围：扫频宽度 SPAN=0 Hz：50 μs～6000 s

　　　扫频宽度 SPAN>100 Hz：50 ms～100 ks

精度(扫频宽度 SPAN=0 Hz)：扫描时间>30 ms：数字为±1%

扫描时间<30 ms：模拟为±10%，数字为±0.1%

• 分辨带宽

范围：1 Hz～1 MHz，按1、3、10顺序和2 MHz

精度：1 Hz～300 kHz：±10%；1 MHz：±25%；2 MHz：±50%；

选择性(−60 dB/−30 dB)：RBW≥300Hz <15∶1；RBW≤100 Hz <5∶1

• 视频带宽：1Hz～3MHz，按1，3，10顺序

• 噪声边带(中心频率≤1 GHz)

偏离100 Hz：<−88 dBc/Hz

偏离1 kHz：<−97 dBc/Hz

偏离10 kHz：<−113 dBc/Hz

偏离100 kHz：<−117 dBc/Hz

### 5.4.2 幅度技术指标

频谱分析仪的幅度技术指标主要包括幅度范围、最大安全输入电平、1dB增益压缩、显示的平均噪声电平、寄生信号响应和输入衰减器等。

• 幅度范围：显示的平均噪声电平～+30 dBm

• 最大安全输入电平

平均连续波：+30 dBm(1 W，输入衰减≥10 dB)

峰值脉冲功率(脉宽<10 μs，占空比<1%)：+50 dBm(100 W，输出衰减≥30 dB)

直流电压：<±0.2 V(直流耦合)；<±50 V(交流耦合，只适用于8560EC和8562EC)

• 1 dB增益压缩

10 MHz～2.9 GHz：混频器电平≤−5 dBm

2.9～6.5 GHz(8562EC/63EC/64EC/65EC)：混频器电平≤0 dBm

>6.5 GHz：≤−3 dBm(8562EC/63EC)；≤0 dBm (8564EC/65EC)

• 显示的平均噪声电平(0 dB输入衰减，1 Hz分辨带宽)

| 频　率 | 8560EC | 8562EC | 8563EC | 8564EC/65EC |
|---|---|---|---|---|
| 30 Hz | −90 dBm | −90 dBm | −90 dBm | −90 dBm |
| 1 kHz | −105 dBm | −105 dBm | −105 dBm | −105 dBm |
| 10 kHz | −120 dBm | −120 dBm | −120 dBm | −120 dBm |
| 100 kHz | −120 dBm | −120 dBm | −120 dBm | −120 dBm |
| 1～10 MHz | −140 dBm | −140 dBm | −140 dBm | −140 dBm |

**续表**

| 频　率 | 8560EC | 8562EC | 8563EC | 8564EC/65EC |
| --- | --- | --- | --- | --- |
| 10 MHz～2.9 GHz | −149 dBm | −149 dBm | −149 dBm | −145 dBm |
| 2.9～6.5 GHz | — | −148 dBm | −148 dBm | −147 dBm |
| 6.5～13.2 GHz | — | −145 dBm | −145 dBm | −143 dBm |
| 13.2～22.0 GHz | — | — | −140 dBm | −140 dBm |
| 22.0～26.5 GHz | — | — | −139 dBm | −136 dBm |
| 26.5～31.15 GHz | — | — | — | −139 dBm |
| 31.15～40.0 GHz | — | — | — | −130 dBm |
| 40.0～50.0 GHz | — | — | — | −127 dBm |

• 二次谐波失真

| 频率范围 | 混频器电平 | 失　真 |
| --- | --- | --- |
| 20 MHz～1.45 GHz | −40 dBm | <−79 dBc |
| 1～MHz～1.45 GHz | −40 dBm | <−72 dBc |
| 1.45 GHz～3.25 GHz | −20 dBm | <−72 dBc |
| 1.45 GHz～2.0 GHz | −10 dBm | <−85 dBc |
| 2.0 GHz～6.6 GHz | −10 dBm | <−100 dBc |
| 2.0 GHz～13.25 GHz | −10 dBm | <−100 dBc |
| 2.0 GHz～20.0 GHz | −10 dBm | <−90 dBc |
| 20 GHz～25 GHz | −10 dBm | <−90 dBc |

• 三阶互调

| 频率范围 | 混频器电平 | 失　真 |
| --- | --- | --- |
| 20 MHz～2.90 GHz | −30 dBm | <−82 dBc |
| 1 MHz～2.90 GHz | −30 dBm | <−78 dBc |
| 2.90 GHz～6.50 GHz | −30 dBm | <−90 dBc |
| 6.5 GHz～26.5 GHz | −30 dBm | <−75 dBc |
| 26.5 GHz～40.0 GHz | −30 dBm | <−85 dBc |
| 40.0 GHz～50.0 GHz | −30 dBm | <−85 dBc |

• 镜像

| 频率范围 | 混频器电平 | 失 真 |
| --- | --- | --- |
| 10 MHz～26.5 GHz | −10 dBm | <−80 dBc |
| 26.5 GHz～50.0 GHz | −30 dBm | <−60 dBc |

• 多重响应和带外响应

| 频率范围 | 混频器电平 | 失 真 |
| --- | --- | --- |
| 10 MHz～26.5 GHz | −10 dBm | <−80 dBc |
| 26.5 GHz～50.0 GHz | −30 dBm | <−55 dBc |

• 显示

观察面积：约 7 cm(垂直)×9 cm(水平)

刻度校准：10×10 格

对数刻度：10、5、2、1 dB(每格)

线性刻度：参考电平的 10%(每格)

• 显示刻度的逼真度

对数：0～−90 dB，±0.1 dB/dB～最大±0.85 dB；0～100 dB(RBW≤100)，最大±1.5 dB

线性：参考电平的±3%

• 参考电平范围

对数：−120～+30 dBm，以 0.1 dBm 步进

线性：2.2 μV～7.07 V，以 0.01 V 步进

• 频率响应(相对 10 dB 输入衰减)

| 频 率 | 8560EC | 8562EC | 8563EC | 8564EC/65EC |
| --- | --- | --- | --- | --- |
| 30 MHz～2 GHz | ±0.7 dB | ±0.9 dB | ±1.0 dB | ±0.9 dB |
| 30 Hz～2.9 GHz | ±1.0 dB | ±1.25 dB | ±1.25 dB | ±1.0 dB |
| 2.9～6.5 GHz | — | ±1.5 dB | ±1.5 dB | ±1.7 dB |
| 6.5～13.2 GHz | — | ±2.2 dB | ±2.2 dB | ±2.6 dB |
| 13.2～22.0 GHz | — | — | ±2.5 dB | ±2.5 dB |
| 22.0～26.5 GHz | — | — | ±3.3 dB | ±3.3 dB |
| 26.5～31.15 GHz | — | — | — | ±3.1 dB |
| 31.15～40.0 GHz | — | — | — | ±2.6 dB |
| 40.0～50.0 GHz | — | — | — | ±3.2 dB |

• 校准器输出：300 MHz×(1±基准频率精度)，幅度−10 dBm(<±0.3 dB)

• 输入衰减器

范围：8560EC/62EC/63EC，0～70 dB，以 10 dB 步进；8564EC/65EC，0～60 dB，以 10 dB 步进。

转换不确定度(相对于 10 dB，30 Hz～2.9 GHz)：<±0.6 dB/10 dB 步进

重复性：±0.1 dB

• IF 增益不稳定度(10 dB 衰减，0～−80 dBm 参考电平)：≤±1 dB

• 分辨带宽转换不稳定度：<±0.5 dB

# 第 6 章　频谱分析仪硬软键功能与操作

本章以 Agilent 8560EC 系列微波频谱分析仪为例，介绍频谱分析仪常用硬软键的操作使用方法，并对常用硬软键的应用进行举例说明。

## 6.1 基本功能键

Agilent 8560EC 系列微波频谱分析仪的基本功能键由频率键【FREQUENCY】、扫频宽度键【SPAN】和幅度键【AMPLITUDE】以及这三个硬键相对应的软键菜单组成。为了方便起见，文字描述中用“【】”符号表示频谱分析仪的面板硬键，用“〖〗”表示软键。

### 6.1.1 【FREQUENCY】频率键

频率功能键的主要作用是设置频谱分析仪的中心频率或是起始频率和停止频率，其次是用来设置中心频率步长及中心频率补偿等。

按频率硬键【FREQUENCY】，可激活中心频率软键及相应的一级软键菜单。如图 6 - 1 所示，Agilent 8560EC 系列频谱分析仪的显示器最右边自上而下显示六个软键，它们的主要功能如下：

〖CENTER FREQ〗软键用来设置频谱分析仪的中心频率，按频率硬键，可激活中心频率功能以及相应的频率软键菜单。

〖START FREQ〗软键用来设置频谱分析仪的起始频率，起始频率为频谱分析仪显示器最左边的频率。

〖STOP FREQ〗软键用来设置频谱分析仪的停止频率，停止频率为频谱分析仪显示器最右边的频率。

〖CF STEP AUTO MAN〗软键是中心频率步长键，当下划线在 AUTO 下面时，表示中心频率步长自动调整；按一下〖CF STEPAUTO MAN〗软键，下划线移到 MAN 下面，此时可以手动设置中心频率步长。

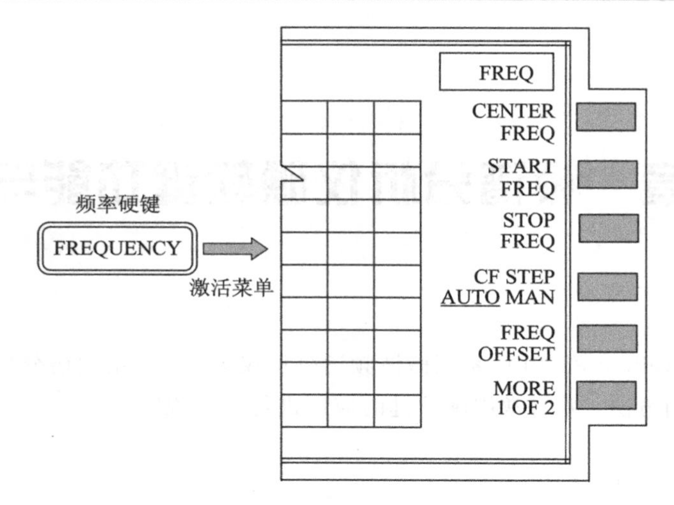


图 6-1　频率硬键激活的一级软键菜单

〖FREQ OFFSET〗软键是中心频率补偿软键，用来设置中心频率补偿值的大小。频率补偿的意义是把补偿值加到码刻频率读数上，而不影响频谱分析仪 CRT 显示的迹线，也不加到扫频宽度 SPAN 上。如果想去掉频率补偿，则激活频率补偿软键〖FREQ OFFSET〗，并输入补偿值 0 即可；或者按频谱分析仪的热启动硬键【PRESET】，频率补偿自动恢复为 0。

〖MORE 1 OF 2〗软键激活频率硬键的二级软键菜单，如图 6-2 所示。

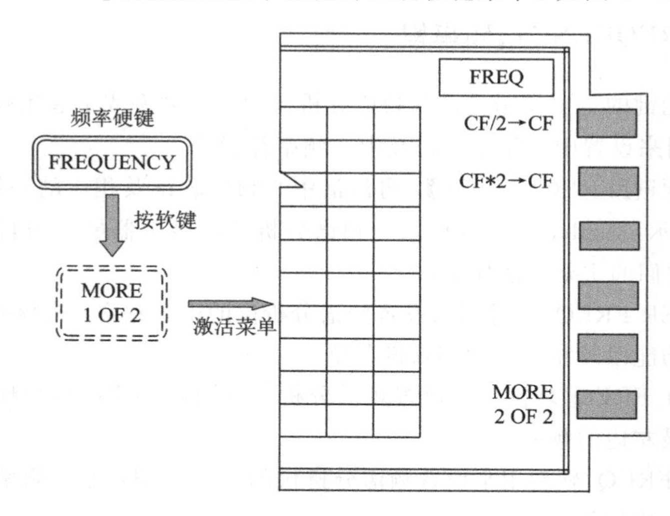


图 6-2　频率硬键激活的二级软键菜单

〖CF/2→CF〗软键的功能是把频谱分析仪 CRT 显示的当前中心频率除以 2，然后赋给中心频率。

〖CF＊2→CF〗软键的功能是把频谱分析仪的当前中心频率乘以 2，然后赋给中心频率。例如当前频谱分析仪的中心频率为1 GHz，执行软键〖CF * 2→CF〗后，频谱分析仪的中心频率变为2 GHz。

下面简述常用频率键的操作设置方法。以设置频谱分析仪中心频率为例，其操作步骤如下：

(1) 按频率硬键【FREQUENCY】，激活图6-1所示的一级软键菜单。

(2) 按中心频率软键〖CENTER FREQ〗，频谱分析仪CRT右边显示中心频率的字样。

(3) 用频谱分析仪的数据键输入中心频率的数值，其数值输入完毕后，选择相应的单位键并按下，这样频谱分析仪的中心频率设置完毕。

图6-3所示为设置频谱分析仪中心频率的简单操作流程图。

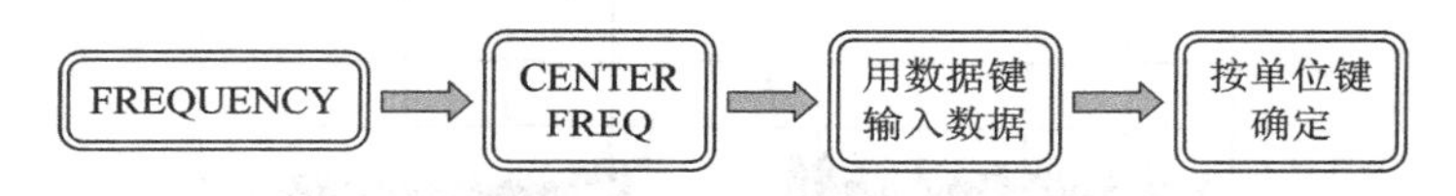


图6-3　中心频率设置流程图

按照设置中心频率的方法，同理可以设置频谱分析仪的起始频率、停止频率、中心频率步长和中心频率补偿等。这里以Agilent 8563EC频谱分析仪的校准信号为例，说明中心频率的具体设置操作方法。首先将频谱分析仪加电预热至正常，将校准输出信号用电缆接至频谱分析仪的射频输入端口；按频率硬键【FREQUENCY】，激活中心频率和相应的频率软键菜单，用数字键输入300，按单位键MHz，即完成中心频率为300 MHz的输入；然后同理设置频谱分析仪的扫频带宽SPAN＝1 MHz，分辨带宽RBW＝10 kHz，视频带宽VBW＝10 kHz，扫描时间SWP＝50 ms。图6-4所示即为300 MHz校准信号的输出波形。

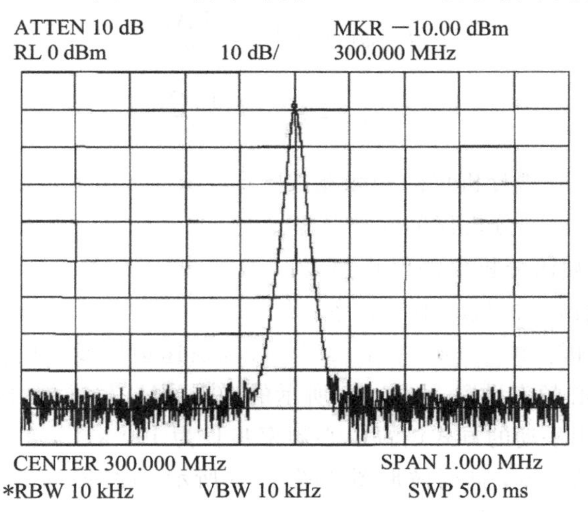


图6-4　300 MHz校准信号的输出波形

另外，频谱分析仪的中心频率设置亦可以通过起始频率和停止频率的设置来完成。如图 6 - 5 所示，设置起始频率为 299.5 MHz，停止频率为 300.5 MHz，同样可以获得中心频率为 300 MHz 的校准信号。

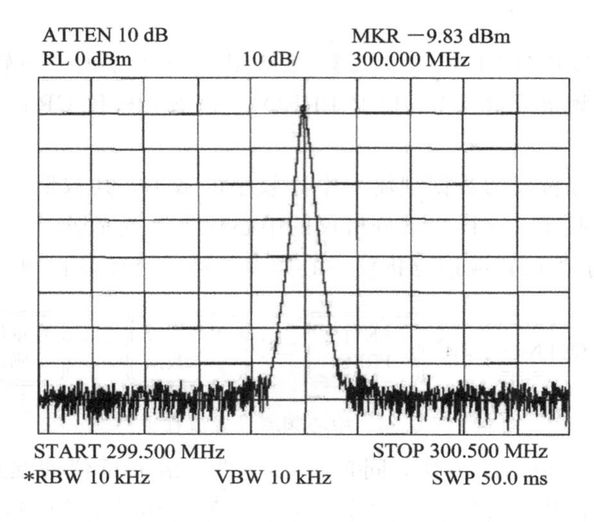


图 6 - 5　频谱分析仪的起始频率和停止频率

频谱分析仪的中心频率、起始频率、停止频率和扫频宽度之间是可以相互转换的，转换关系如下：

$$\mathrm{SPAN} = f_{\mathrm{STOP}} - f_{\mathrm{START}} \tag{6-1}$$

$$\mathrm{CF} = \frac{f_{\mathrm{START}} + f_{\mathrm{STOP}}}{2} \tag{6-2}$$

$$f_{\mathrm{START}} = \mathrm{CF} - \frac{\mathrm{SPAN}}{2} \tag{6-3}$$

$$f_{\mathrm{STOP}} = \mathrm{CF} + \frac{\mathrm{SPAN}}{2} \tag{6-4}$$

式中：SPAN——频谱分析仪的扫频宽度；

$f_{\mathrm{START}}$——频谱分析仪的起始频率；

$f_{\mathrm{STOP}}$——频谱分析仪的停止频率；

CF——频谱分析仪的中心频率。

利用频谱分析仪的中心频率步长键，可以快速地以设置的步长为步进，改变频谱分析仪的中心频率设置。图 6 - 5 所示的 300 MHz 校准信号，用频率硬键激活频率软键菜单，用手动的方式设置中心频率步长为 100 kHz，然后按一次向上的步进键⇑，其他参数不变，此时波形图如图 6 - 6 所示，此时中心频率为 300.1 MHz，而标准校准信号波形左移。

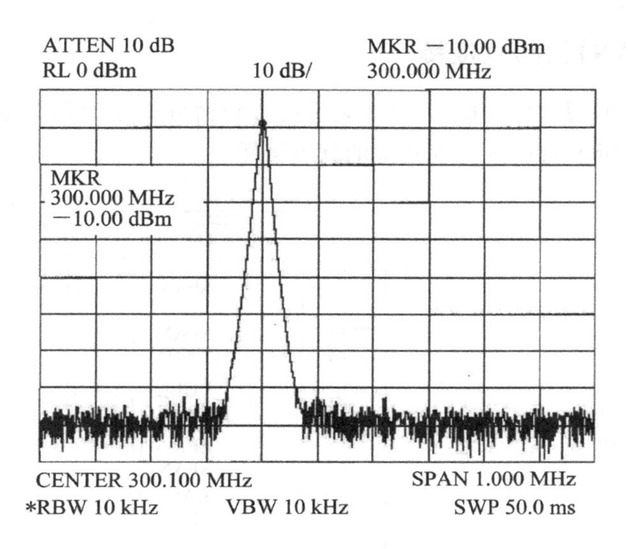


图 6-6 执行一次步长键⇑后的校准信号波形(步长为 100 kHz)

频率补偿软键〖FREQ OFFSET〗用来设置频率补偿。图 6-5 所示的标准 300 MHz 校准信号波形，其中心频率为 300 MHz。如果按频率硬键，激活频率软键，设置中心频率补偿为 100 kHz，则此时用码刻测量的信号中心频率为 300.1 MHz，而信号波形不变，如图 6-7 所示。

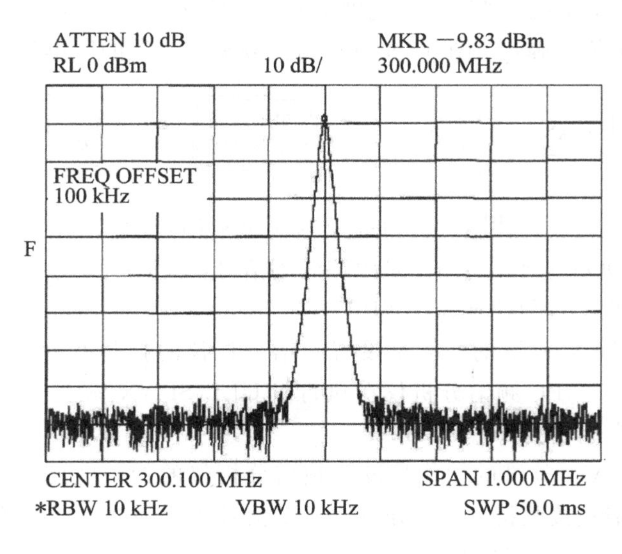


图 6-7 中心频率补偿 100 kHz 时的校准信号波形

### 6.1.2 【SPAN】扫频宽度键

扫频宽度硬键【SPAN】的主要功能是设置频谱分析仪的扫频宽度和零扫频宽度等。图 6-8 所示为扫频宽度硬键的软键菜单。

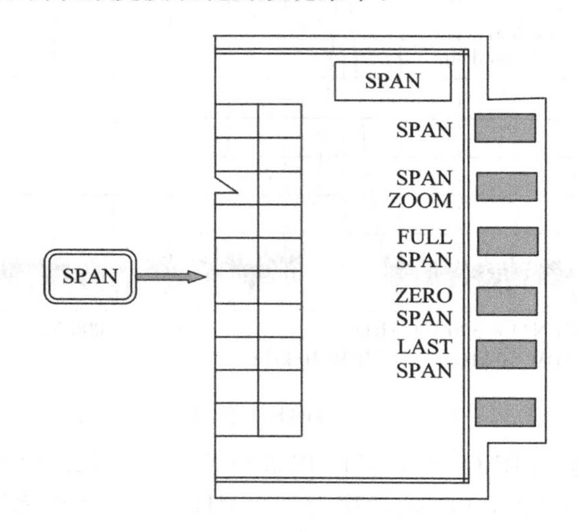


图 6-8 扫频宽度硬键【SPAN】的软键菜单

〖SPAN〗软键用来设置频谱分析仪的扫频宽度。设置的方法步骤是：首先按扫频宽度硬键【SPAN】，激活扫频宽度的软键；按软键〖SPAN〗，输入扫频宽度的数值，然后按单位键确定。图 6-9 所示为扫频宽度设置的简单流程图。

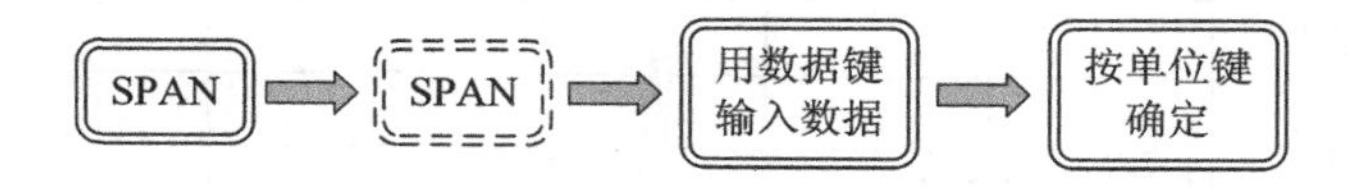


图 6-9 扫频宽度设置的简单流程图

〖SPAN ZOOM〗软键的作用是跟踪码刻信号，激活 SAPN 功能，在没有损失 CRT 显示信号时，以便快速减小 SPAN。

〖FULL SPAN〗软键的功能是设置频谱分析仪的扫频宽度为最大频率范围。例如，Agilent 8563EC 频谱分析仪在执行〖FULL SPAN〗软键功能后，频谱分析仪的扫频宽度自动变为 26.5 GHz。

〖ZERO SPAN〗软键的功能是设置频谱分析仪的扫频宽度等于 0，此时频谱分析仪变成调谐式接收机，频谱分析仪显示信号幅度随时间的关系。图 6-10 所示为 SPAN=0 时的信号图形。

〖LAST SPAN〗软键的功能是使频谱分析仪的扫频宽度回到前一次的设置值。

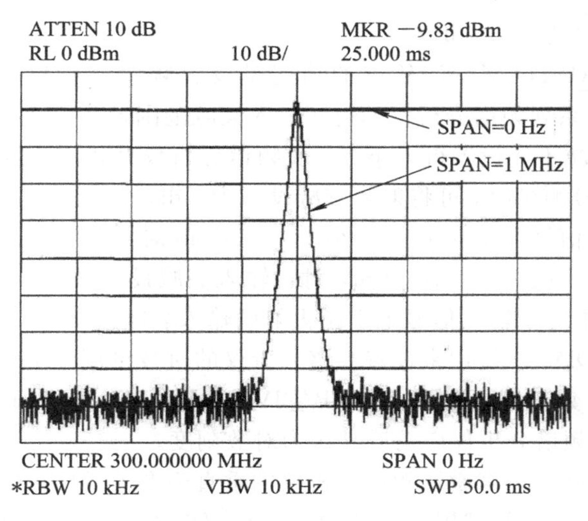


图 6-10　扫频宽度 SPAN=0 时的信号波形

### 6.1.3 【AMPLITUDE】幅度键

幅度硬键【AMPLITUDE】可以激活幅度软键菜单，其主要功能是用来设置频谱分析仪的参考电平、射频输入衰减、显示器对数刻度和线性工作模式等。图 6-11 所示为幅度硬键的一级软键菜单。

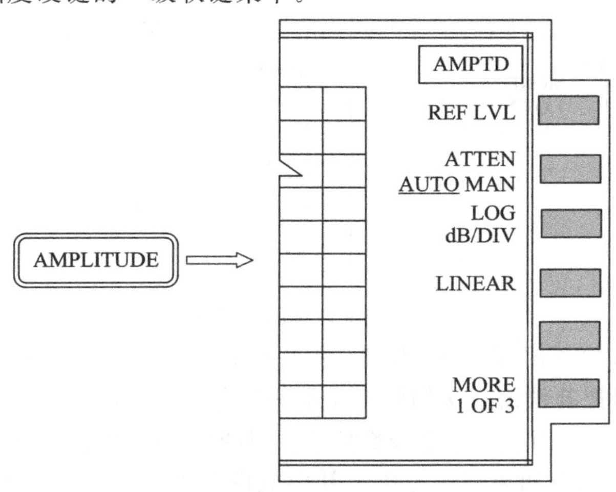


图 6-11　幅度硬键的一级软键菜单

〖REF LVL〗软键为参考电平键，用来设置频谱分析仪的参考电平。参考电平指的是频谱分析仪的 CRT 显示器网络顶线的幅度值，它是一个绝对值。按一下幅度硬键，将激活参考电平。例如，参考电平等于−10 dBm，且每格为 10 dB，垂直刻度有 10 格，那么 CRT 网格从上到下的刻度是−10 dBm、−20 dBm、−30 dBm、…，直到网络底线为－110 dBm。

〖ATTEN AUTO MAN〗软键的功能是设置频谱分析仪的射频输入衰减。Agilent 8563EC 系列频谱分析仪的射频输入衰减范围是 0～70 dB。为了保护混频器，射频输入衰减不能设置得太小。一般频谱分析仪开机后，射频衰减的初值等于 10 dB。在信号测量时，可将射频衰减设置为 0 dB，以提高小信号测量精度；当测量的射频输入信号大于 0 dBm 而小于＋30 dBm 时，为了保证频谱分析仪的混频器输入电平小于或等于－10 dBm，射频输入衰减设置为 10 dB～＋40 dB 范围(混频器输入电平等于输入信号电平减去射频输入衰减)。

〖LOG dB/DIV〗软键用来设置频谱分析仪的对数刻度。Agilent 8560EC 系列频谱分析仪的对数刻度可设置为 1 dB/DIV、2 dB/DIV、5 dB/DIV 和 10 dB/DIV 四种刻度。一般频谱分析仪启动后默认为对数刻度。

〖LINEAR〗软键用来激活频谱分析仪的垂直刻度为线性工作模式。

〖MORE 1 OF 3〗软键用来激活频谱分析仪幅度硬键的二级软键菜单，如图 6－12 所示。

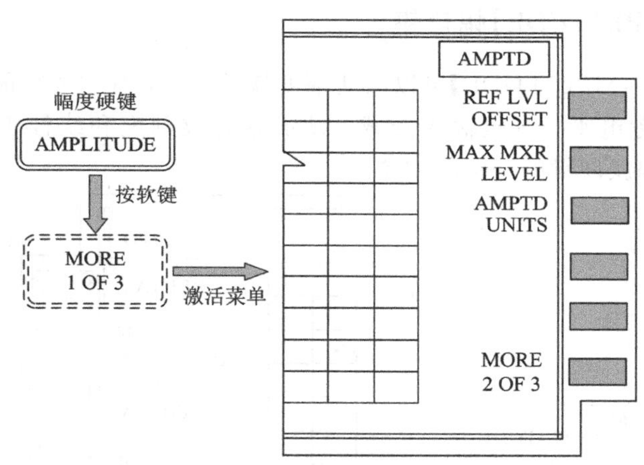


图 6－12　幅度硬键的二级软键菜单

〖REF LVL OFFSET〗软键用来设置频谱分析仪的参考电平补偿值。参考电平补偿功能可以把补偿值直接加到所显示的参考电平上，而不影响频谱分析仪显示的测量迹线。例如当参考电平补偿值为 0 dB 时，测量频谱分析仪的校准信号输出为－10 dBm，此时如果将参考电平补偿值设置为 10 dBm，则此时码刻测量的校准信号输出为 0 dBm，但频谱分析仪的迹线不变。去掉参考电平补偿值的方法是输入参考电平补偿值为 0 dBm，或者按热启动硬键【PRESET】，自动去掉参考电平补偿。

〖MAX MXR LEVEL〗软键表示最大混频器输入电平。混频器输入电平等于输入信号电平减去射频输入衰减器的设置值。按热启动硬键【PRESET】，混频器的电平自动设置为－10 dBm。

〖AMPTD UNITS〗软键用来设置频谱分析仪的幅度单位。在自动情况下，频谱分析仪默认的单位为 dBm。按幅度单位〖AMPTD UNITS〗软键，激活幅度单位软键菜单，如图 6－13 所示。幅度单位可选择为 dBm、dBμV、dBmV、VOLTS 和 WATTS 五个单位中的任意一个。

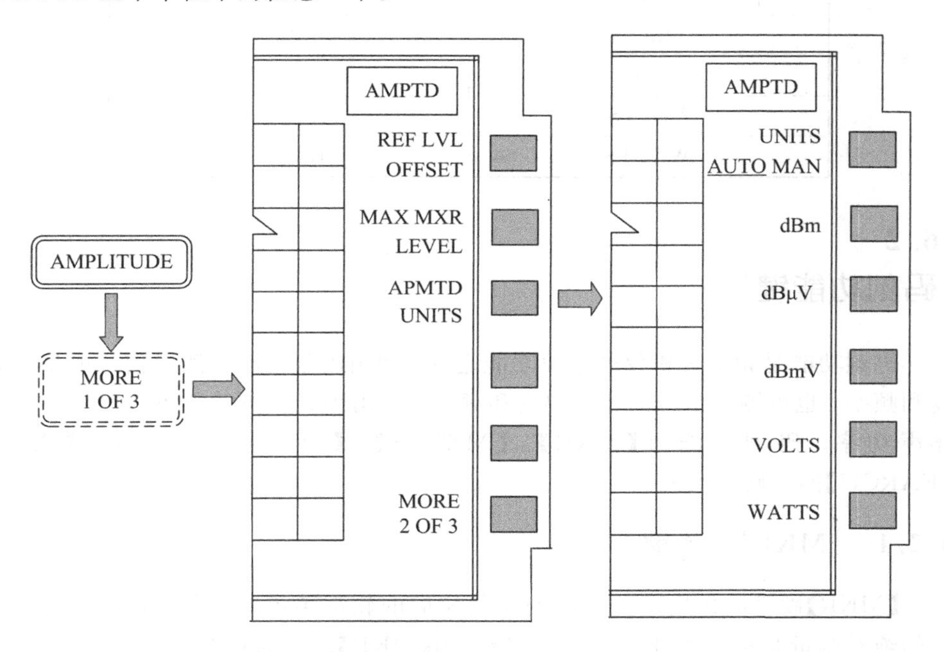


图 6－13　幅度单位设置的软键菜单

〖UNITS AUTO MAN〗软键用来设置频谱分析仪的测量单位，AUTO 为自动，频谱分析仪一般自动默认幅度单位 dBm，MAN 表示手动设置单位。

〖dBm〗软键表示相对于 1 mW 定义的幅度分贝单位。

〖dBμV〗软键表示相对于 1 μV 定义的幅度分贝单位。

〖dBmV〗软键表示相对于 1 mV 定义的幅度分贝单位。

〖VOLTS〗软键表示用电压为显示的幅度单位。

〖WATTS〗软键表示用瓦特为显示的幅度单位。

事实上，单位 dBm、dBmV 和 dBμV 之间是可以相互转换的。在 50 欧姆系统中，各单位之间的转换关系如下：

$$\mathrm{dBm} = \mathrm{dBV} + 13.0 \tag{6-5}$$

$$\mathrm{dBmV} = \mathrm{dBm} + 47 \tag{6-6}$$

$$\mathrm{dBuV} = \mathrm{dBm} + 107 \tag{6-7}$$

$$\mathrm{dBmV} = \mathrm{dB}\mu\mathrm{V} - 60 \tag{6-8}$$

用频谱分析仪码刻测量的信号功率电平为－10 dBm，用其他单位键测量的数值结果如表 6-1 所示。

**表 6-1　不同单位频谱分析仪码刻测量结果**

| 频谱分析仪单位软键 | 测量结果 |
|---|---|
| dBm | －10 dBm |
| dBμV | 97 dBμV |
| dBmV | 37 dBmV |
| VOLTS | 70.71 mV |
| WATTS | 100 μW |

## 6.2 码刻功能键

码刻功能是频谱分析仪的重要功能之一。利用码刻功能可测量信号的绝对幅度和频率，也可测量信号的相对幅度和频率，利用码刻噪声功能可以测量归一化噪声功率。码刻功能由【MKR】、【MKR →】、【FREQ COUNT】和【PEAK SEARCH】四个硬键组成。

### 6.2.1 【MKR】功能键

【MKR】硬键的作用是激活码刻及其相应的软键菜单，其主要功能是完成信号的绝对测量和相对测量。图 6-14 所示为【MKR】硬键的软键菜单。

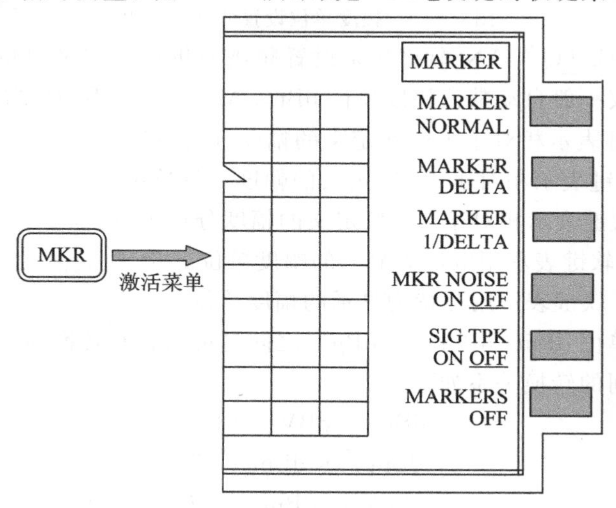


图 6-14　【MKR】硬键的软键菜单

〖MARKER NORMAL〗软键可激活一个正常码刻，此码刻位于频谱分析仪的屏幕中心迹线上，并显示码刻点的信号幅度和频率。激活码刻后，可以用频谱分析仪的步进键或数据控制旋钮移动码刻至屏幕迹线的任意位置，且显示该位置的频率和幅度。如图 6-15 所示，利用〖MARKER NORMAL〗软键激活的码刻位于 CRT 中心，显示信号的频率为 300 MHz，信号幅度为-9.83 dBm。

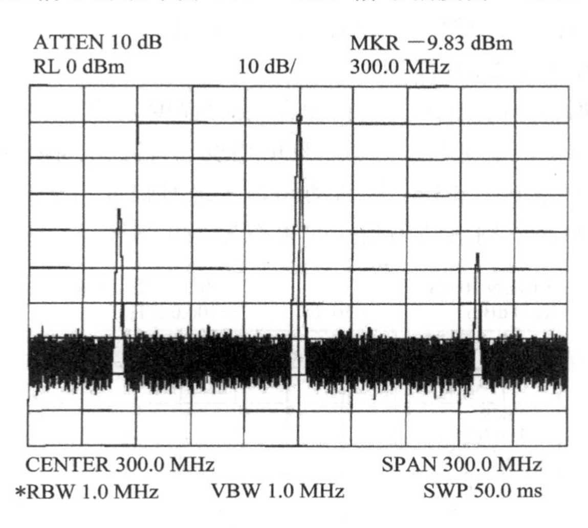


图 6-15　〖MARKER NORMAL〗软键激活的码刻及其位置

〖MARKER DELTA〗软键是码刻 Δ 键，按下此软键后，在第一个码刻的位置上，激活第二个码刻(如果频谱分析仪 CRT 上原先没有激活码刻，则直接按码刻 Δ 键，频谱分析仪的屏幕中心出现两个码刻)。第一个码刻的位置是固定的，第二个码刻可以移动。当活动码刻移到不同位置时，频谱分析仪的屏幕上显示这两个码刻位置的信号幅度差和频率差。因此码刻 Δ 用于信号幅度和频率的相对测量。其相对幅度 $\Delta A$ 和相对频率 $\Delta f$ 分别为

$$\Delta A = \mathrm{MK_m} - \mathrm{MK_d} \tag{6-9}$$

$$\Delta f = \mathrm{MKF_m} - \mathrm{MKF_d} \tag{6-10}$$

式中：$\Delta A$——码刻 Δ 的幅度差[dB]；

$\mathrm{MK_m}$——活动码刻的幅度值[dBm]；

$\mathrm{MK_d}$——固定码刻的幅度值[dBm]；

$\Delta f$——码刻 Δ 的频率差；

$\mathrm{MKF_m}$——活动码刻的频率值；

$\mathrm{MKF_d}$——固定码刻的频率值。

如果式(6-9)计算的相对幅度结果为负值，则说明活动码刻测量的幅度值小于固定码刻幅度值；如果为正值，则说明活动码刻的幅度值大于固定码刻的幅度

值；如果相对幅度等于零，则说明活动码刻的幅度电平等于固定码刻的幅度值。

如果式(6-10)计算的相对频率结果为负值，则说明活动码刻测量的频率值小于固定码刻测量的频率值；如果为正值，则说明活动码刻测量的频率值大于固定码刻测量的频率值；如果相对频率等于零，则说明活动码刻测量的频率等于固定码刻测量的频率值(在频谱分析仪的显示器上，活动码刻与固定码刻为同一点)。如果频谱分析仪的扫频宽度设置为 0 Hz，则 $MKF_m$ 和 $MKF_d$ 测量的是扫描时间，而 $\Delta f$ 表示码刻 Δ 的时间差。

如图 6-16 所示，码刻 Δ 显示两个信号的幅度差为 -24.17 dB，频率差为 -100 MHz。此数字的意义是：活动码刻的幅度比固定码刻幅度小 24.17 dB，假设固定码刻的幅度为 -10 dBm，则活动码刻的绝对幅度为 -34.17 dBm；假设码刻的频率为 300 MHz，则活动码刻点的频率为 200 MHz。

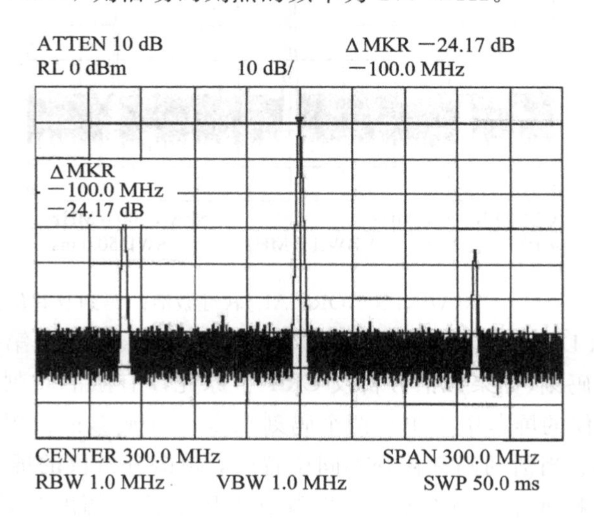


图 6-16　码刻 Δ 测量两个信号幅度和频率差

〖MARKER 1/DELTA〗软键同〖MARKER DELTA〗软键一样，可以激活两个码刻，但是其输出是两个码刻幅度差和频率差的倒数，如图 6-17 所示。

〖MKR NOISE ON OFF〗软键激活有效时，其下划线在 ON 下面，此时可用码刻测量平均噪声功率电平，且噪声参考带宽为 1 Hz。此功能在噪声功率测量中非常有用，码刻读出数值为归一化的噪声功率电平，其单位为 dBm/Hz。如图 6-18 所示，码刻点的噪声功率为 -135.1 dBm/Hz。

利用频谱分析仪的码刻测量的噪声功率 $N$[dBm]，可计算归一化噪声功率 $N_0$[dBm/Hz]，二者之间的关系为

$$N_0 = N - 10 \times \lg(1.2 \times \mathrm{RBW}) + 2.5 \qquad (6-11)$$

式中：RBW——频谱分析仪的分辨带宽。

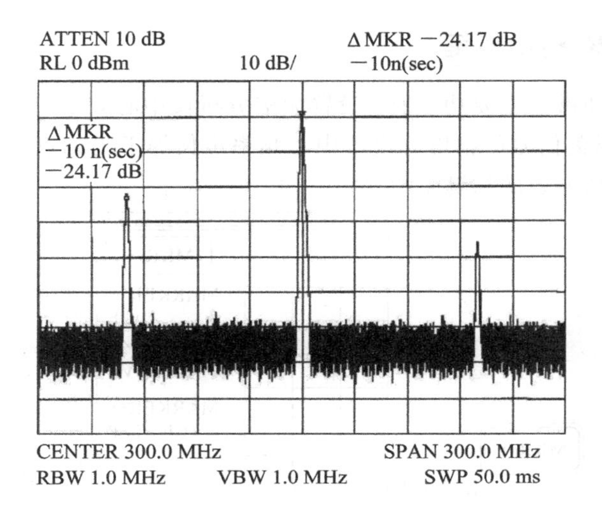


图 6-17　〖MARKER 1/DELTA〗软键测量信号示意图

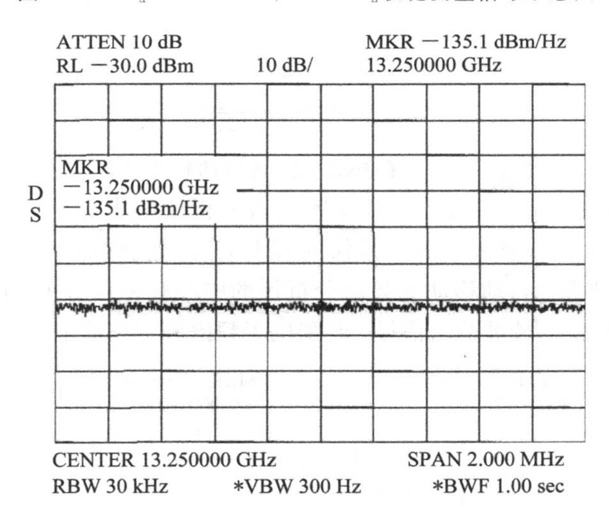


图 6-18　码刻噪声功率测量示意图

在图 6-18 中，码刻测量的归一化噪声功率为−135.1 dBm/Hz，利用式(6-11)可计算出相应的噪声功率为−92.04 dBm。

〖SIG TRK ON OFF〗软键是信号峰值跟踪功能键。当软键〖SIG TRK ON OFF〗激活有效时，下划线在 ON 下面，此时码刻在信号峰值上，且使码刻始终位于屏幕中心频率位置上。

〖MARKERS OFF〗软键的功能是关闭码刻。执行此软键后，频谱分析仪 CRT 上的码刻均被关闭。

## 6.2.2 【MKR→】功能键

【MKR→】硬键的主要功能有：设置频谱分析仪中心频率等于码刻频率、设置参考电平等于码刻信号的幅度和设置中心频率步长等于码刻点频率。图 6 - 19 所示为【MKR→】功能键的软键菜单。

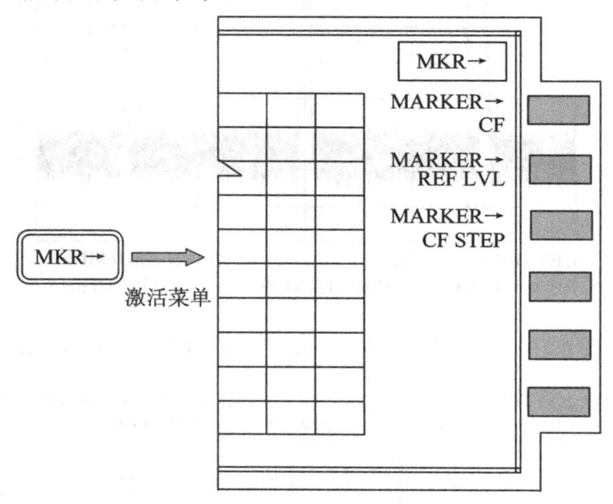


图 6 - 19 【MKR→】功能键的软键菜单

〖MARKER→CF〗软键的功能是设置频谱分析仪的中心频率等于码刻点的频率。通俗地说，不管码刻在频谱分析仪屏幕 CRT 的什么位置，执行〖MARKER→CF〗软键后，码刻都会自动移动到频谱分析仪的中心频率位置上。图 6 - 20 所示为 8563EC 频谱分析仪的校准输出信号，码刻位于频谱分析仪的中心频率位置上。

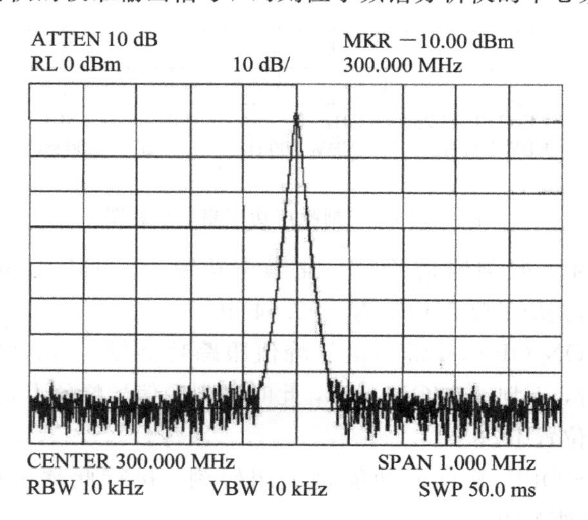


图 6 - 20 码刻至频谱分析仪中心频率处的校准信号

〖MARKER→REF LVL〗软键的功能是设置频谱分析仪的参考电平等于码刻点的信号幅度。也就是说，执行此软键后，频谱分析仪的参考电平会自动设置为码刻幅度值，码刻迹线移动至频谱分析仪的 CRT 网格最上面，如图 6 - 20 所示。执行〖MARKER→REF LVL〗软键后，可获得图 6 - 21 所示的信号频谱，即信号峰值的码刻移动至参考电平处。

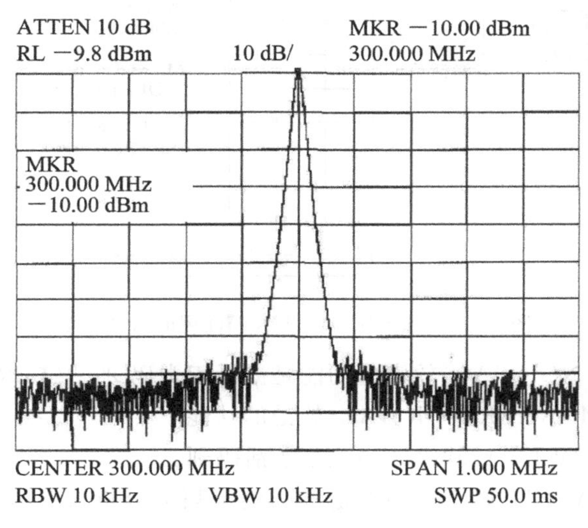


图 6 - 21　码刻至频谱分析仪的参考电平位置

〖MARKER→CF STEP〗软键的功能是设置频谱分析仪的中心频率步长等于码刻点频率。图 6 - 21 所示的信号波形，码刻的幅度为 − 10 dBm，频率为 300 MHz，在此情况下，执行〖MARKER→CF STEP〗软键后，频谱分析仪的中心频率步长设置为 300 MHz。

## 6.2.3 【FREQ COUNT】功能键

【FREQ COUNT】硬键的功能是激活频率计算器，并在频谱分析仪的 CRT 上显示结果。如果频谱分析仪的码刻和码刻 Δ 已被激活，那么频率计算器利用码刻读出频率，用码刻 Δ 读出频率差；如果频谱分析仪的码刻模式没有被激活，则按【FREQ COUNT】键自动激活〖MARKER NORMAL〗的功能。图 6 - 22 为【FREQ COUNT】硬键的软键菜单。

〖COUNTER ON OFF〗软键为频率计算器键。按【FREQ COUNT】硬键可自动激活〖COUNTER ON OFF〗的功能；再按一次〖COUNTER ON OFF〗键，则关闭这一功能。

〖COUNTER RES〗软键的功能是调整频率计算器的读出分辨率。

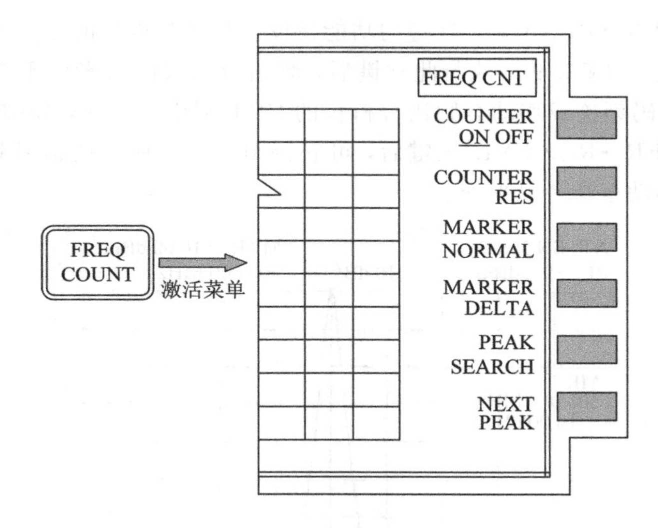


图 6-22 【FREQ COUNT】硬键的软件菜单

〖MARKER NORMAL〗软键的功能是激活正常码刻。按【FREQ COUNT】硬键可自动激活〖MARKER NORMAL〗软键的功能。

〖MARKER DELTA〗软键的功能是激活码刻 Δ。

〖PEAK SEARCH〗软键的功能是置码刻至频谱分析仪屏幕显示信号迹线的最大峰值处，并显示码刻信号的频率和幅度值。

〖NEXT PEAK〗软键的功能是移动码刻至下一个信号峰值处，并显示信号的幅度和频率值。

### 6.2.4 【PEAK SEARCH】功能键

【PEAK SEARCH】硬键的功能是置码刻至信号的峰值点，并显示相应的软键菜单。图 6-23 所示为【PEAK SEARCH】硬键的软键菜单。

〖MARKER→CF〗软键的功能是将码刻点频率设置为中心频率。

〖MARKER DELTA〗软键的功能是激活码刻 Δ。

〖NEXT PEAK〗软键的功能是移动码刻至下一个峰值点(相对于当前码刻峰值位置)。

〖NEXT PK RIGHT〗软键的功能是寻找当前码刻峰值右边的信号峰值。

〖NEXT PK LEFT〗软键的功能是寻找当前码刻峰值左边的信号峰值。

〖MORE 1 OF 2〗软键的功能是激活【PEAK SEARCH】的二级软键菜单。如图 6-23 所示，由〖PEAK EXCURSN〗和〖PEAK THRESHLD〗两个软键组成。〖PEAK EXCURSN〗软键为峰值偏移键，〖PEAK THRESHLD〗为门限软键。

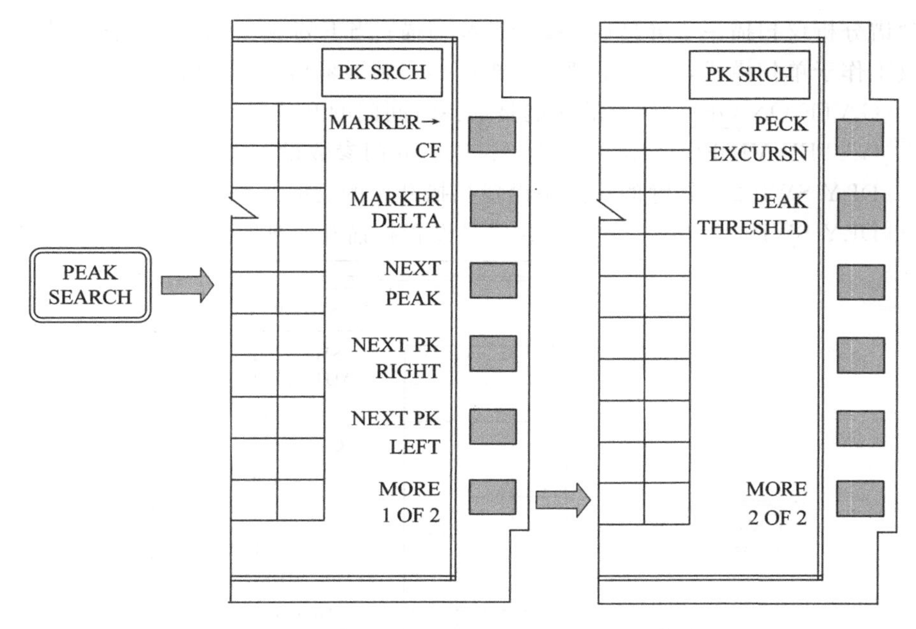


图 6 - 23　【PEAK SEARCH】硬键的软键菜单

## 6.3 控制功能键

Agilent 8560EC 系列频谱分析仪前面板由六个硬键组成其控制功能(CONTROL FUNCTIONS)，它们分别是扫描硬键【SWEEP】、带宽硬键【BW】、触发硬键【TRIG】、自动耦合硬键【AUTO COUPLE】、迹线硬键【TRACE】和显示硬键【DISPLAY】。它们分别控制扫描、触发、迹线和显示器。

### 6.3.1 【SWEEP】硬键

扫描硬键【SWEEP】的主要功能是设置频谱分析仪的扫描时间、连续扫描或单扫描等。按硬键【SWEEP】，可激活扫描时间及其相应的软键菜单。如图 6 - 24 所示为【SWEEP】硬键的软键菜单。

〖SWP TIME AUTO MAN〗软键的功能是设置频谱分析仪的扫描时间。按硬键【SWEEP】可激活此软键功能。当下划线在 AUTO 下面时，表示扫描时间处于自动状态，扫描时间同分辨带宽和扫频宽度自动耦合；当下划线在 MAN 下面时，表示可以手动设置频谱分析仪的扫描时间。

〖SWEEP CONT SGL〗软键的功能是允许频谱分析仪选择连续扫描方式和单扫模式。当下划线在 CONT 下面时，频谱分析仪的扫描方式为连续扫描方式，就是频谱分析仪扫描一个屏幕后，接着继续扫描；当下划线在 SGL 下面时，频谱分析仪工作于单扫模式，也就是频谱分析仪扫完满屏幕后，停止扫描。

〖GATE ON OFF〗软键的功能是选择时间门的开或关。

〖GATED VIDEO〗软键的功能是进入时间门参数设置菜单。

〖DLY SWP 2u〗软键的功能是设置扫描开始的延时。

〖DLY SWP ON OFF〗软键的功能是设置扫描开始延时开或关。

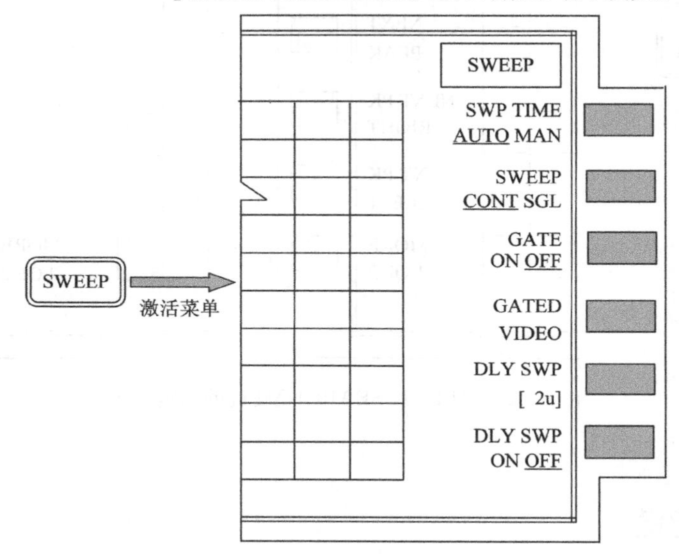


图 6－24　【SWEEP】硬键的软键菜单

## 6.3.2 【BW】硬键

硬键【BW】主要用来设置频谱分析仪的分辨带宽和视频带宽。图 6－25 所示为【BW】硬键的软键菜单。

〖RES BW AUTO MAN〗软键的功能是设置频谱分析仪的分辨率带宽。当下划线在 AUTO 下面时，表示分辨带宽处于自动耦合状态；当下划线在 MAN 下面时，表示可以手动设置频谱分析仪的分辨带宽。Agilent 8560EC 系列频谱分析仪的最小分辨带宽为 1 Hz，最大为 2 MHz。在 1 Hz～1 MHz 之间，按 1、3、10 的顺序调整，即按 1 Hz、3 Hz、10 Hz、30 Hz、100 Hz、300 Hz、1 kHz、3 kHz、10 kHz、30 kHz、100 kHz、300 kHz 和 1 MHz 的步进调整。分辨带宽是频谱分析仪的重要参数，减小频谱分析仪的分辨带宽，可以提高频谱分析仪的灵敏度，增加测试系统的动态范围。图 6－26 所示为频谱分析仪分辨带宽分别为 100 kHz 和 10 kHz 时测量同一信号的波形，显然频谱分析仪的分辨带宽为 10 kHz 时的系统动态范围比 100 kHz 时的系统动态范围大 10 dB。

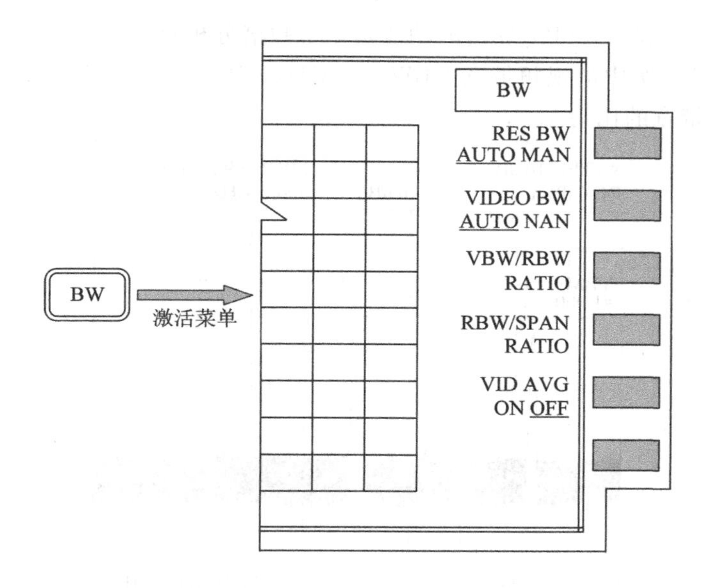


图 6-25　【BW】硬键的软键菜单

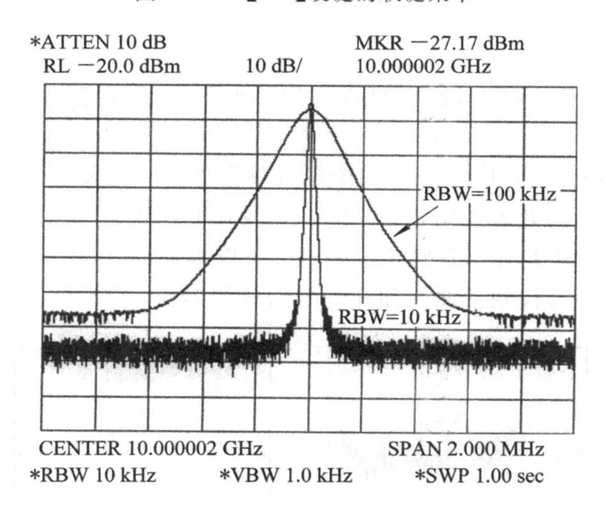


图 6-26　不同分辨带宽时的信号图形

〖VIDEO BW AUTO MAN〗软键的功能是设置频谱分析仪的视频带宽。当下划线在 AUTO 下面时，表示视频带宽处于自动耦合状态；当下划线在 MAN 下面时，表示可以手动设置频谱分析仪的视频带宽。Agilent 8560EC 系列频谱分析仪的最小视频带宽为 1 Hz，最大为 3 MHz，按 1、3、10 的顺序调整。视频带宽不能改善频谱分析仪的灵敏度，但是减小视频带宽，可以滤去噪声的影响，使微弱信号更容易测量。

〖VBW/RBW RATIO〗软键的功能是显示频谱分析仪当前视频带宽与分辨带宽的比。图 6-27 中的视频带宽 VBW=1 MHz，分辨带宽 RBW=1 MHz，视频带宽与分辨带宽的比为 1.0。

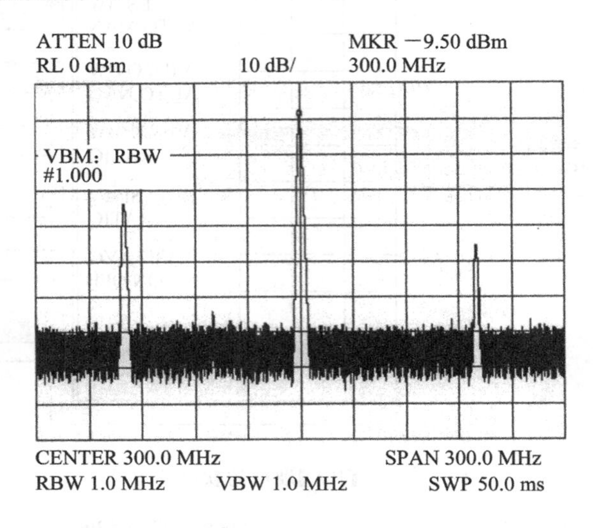


图 6-27　视频带宽与分辨带宽之比的显示

〖RBW/SPAN RATIO〗软键的功能是显示频谱分析仪当前分辨带宽与扫频宽度之比。

〖VID AVG ON OFF〗软键的功能是视频平均的开或关。当下划线在 OFF 下面时，表示视频平均处于关闭状态；当下划线在 ON 下面时，表示频谱分析仪进行视频平均。视频平均用来连续平滑迹线，可以提高频谱分析仪的小信号测量精度。图 6-28 所示为视频平均关和开时的信号图形。

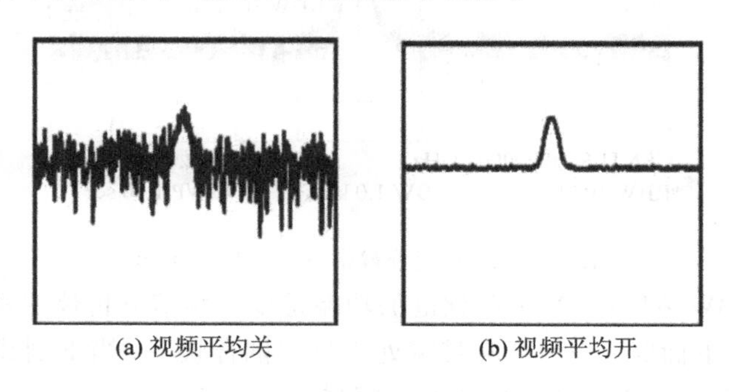


图 6-28　视频平均提高小信号测量精度

## 6.3.3 【TRIG】硬键

按硬键【TRIG】，可进入频谱分析仪触发功能的软键菜单，如图 6-29 所示。

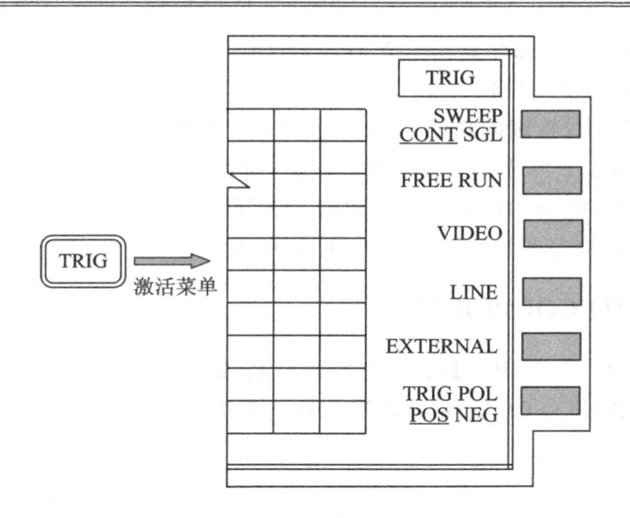


图 6-29　【TRIG】硬键的软键菜单

〖SWEEP CONT SGL〗软键的功能是设置频谱分析仪扫描模式为连续扫描模式或是单扫描模式。当下划线在 CONT 下面时，为连续扫描模式；当下划线在 SGL 下面时，为单扫描模式。

〖FREE RUN〗软键的功能是设置频谱分析仪的触发器为自由运行模式。

〖VIDEO〗软键的功能是选择频谱分析仪的触发器为视频模式，并可设置显示视频触发电平。图 6-30 所示的虚线是触发电平为－15 dBm 的显示线。当选择视频触发模式时，频谱分析仪 CRT 网格左边显示字符 T。

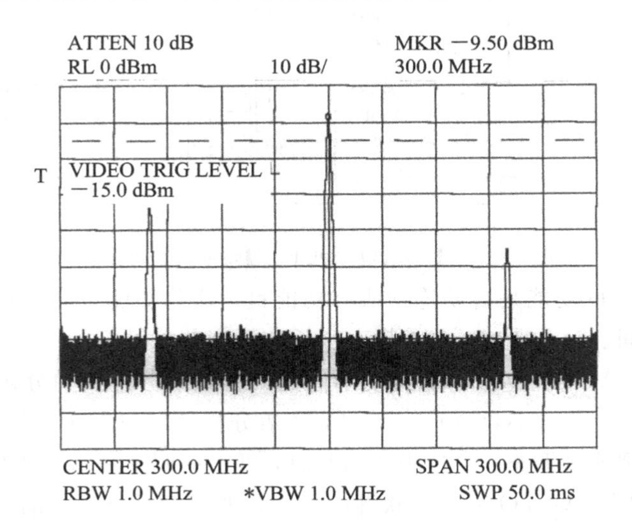


图 6-30　触发电平等于－15 dBm 的显示线

〖LINE〗软键的功能是设置触发器为线性模式，并不显示视频触发电平线。当选择此功能时，频谱分析仪 CRT 网格左边显示字符 T。

〖EXTERNAL〗软键的功能是外触发模式，外触发源输入口在 8563EC 频谱分析仪的后面板上。当选择此功能时，频谱分析仪 CRT 网格左边显示字符 T。

〖TRIG POL POS NEG〗软键的功能是选择外部触发为正触发或负触发模式。当选中 POS 时，为正触发模式；当选中 NEG 时，为负触发模式。

## 6.3.4 【AUTO COUPLE】硬键

硬键【AUTO COUPLE】可以使频谱分析仪进入自动连锁模式菜单。如图 6－31 所示为【AUTO COUPLE】硬键的软键菜单。

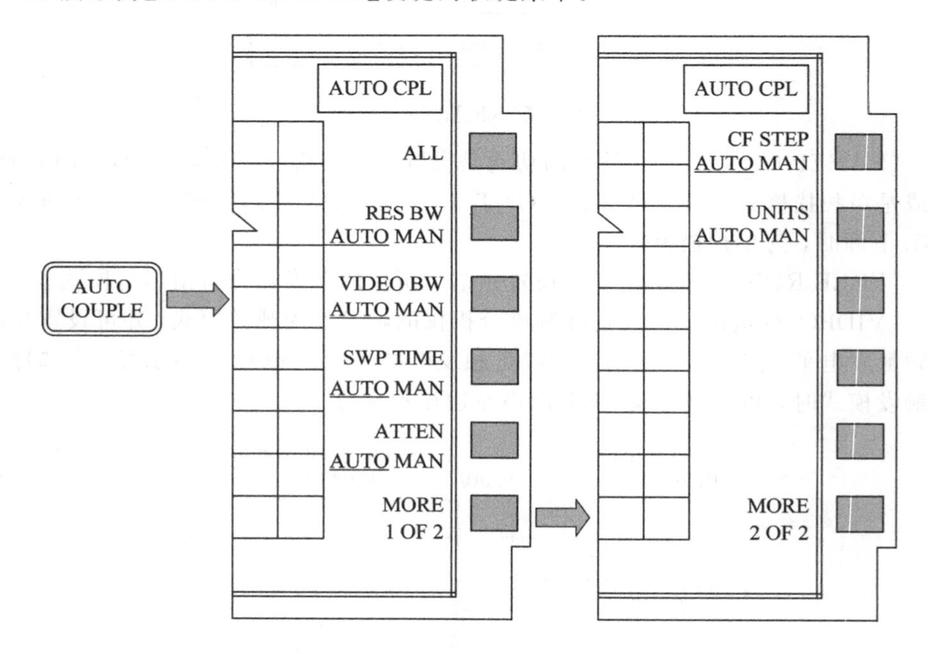


图 6－31　【AUTO COUPLE】硬键的软键菜单

〖ALL〗软键的功能是自动连锁所有功能键。这些功能键有：分辨带宽、视频带宽、扫描时间、输入衰减、中心频率步长和幅度单位键。

〖RES BW AUTO MAN〗软键的功能是调整频谱分析仪的分辨带宽。当选中 AUTO 功能（下划线在 AUTO 下面）时，频谱分析仪的分辨带宽同其他功能键自动连锁，可实现连锁调整；当选中 MAN 时，可手动调整频谱分析仪的分辨带宽。

〖VIDEO BW AUTO MAN〗软键的功能是调整频谱分析仪的视频带宽。当选中 AUTO 功能（下划线在 AUTO 下面）时，频谱分析仪的视频带宽同其他功能键自动连锁，可实现连锁调整；当选中 MAN 时，可手动调整频谱分析仪的视频带宽。

〖SWP TIME AUTO MAN〗软键的功能是调整频谱分析仪的扫描时间。当选中 AUTO 功能(下划线在 AUTO 下面)时，频谱分析仪的扫描时间与带宽和扫频宽度自动连锁，实现连锁调整；当选中 MAN 时，可手动调整频谱分析仪的扫描时间。

〖ATTEN AUTO MAN〗软键的功能是设置频谱分析仪的射频输入衰减。当选中 AUTO 功能(下划线在 AUTO 下面)时，频谱分析仪的射频输入衰减与参考电平自动连锁，实现连锁调整；当选中 MAN 时，可手动调整频谱分析仪的射频输入衰减。

〖CF STEP AUTO MAN〗软键的功能是调整频谱分析仪的中心频率步长。

〖UNITS AUTO MAN〗软键的功能是进入频谱分析仪幅度单位菜单。当选中 AUTO 功能(下划线在 AUTO 下面)时，表示频谱分析仪在使用默认幅度单位；当选中 MAN 时，可手动选择频谱分析仪的幅度单位。

### 6.3.5 【TRACE】硬键

硬键【TRACE】为迹线功能键，是频谱分析仪的常用功能键，主要功能有：迹线清除、迹线扫描、迹线最大保持、迹线观察以及迹线运算等。图 6 - 32 所示为频谱分析仪迹线硬键【TRACE】的软键菜单。

〖CLEAR WRITE A〗软键的功能是清除当前迹线 A，连续显示频谱分析仪新输入的信号数据。

〖MAX HOLD A〗软键的功能是显示并保持迹线 A 输入信号的最大响应。

〖VIEW A〗软键的功能是观察当前迹线 A 的内容。

〖BLANK A〗软键的功能是不显示当前迹线 A 的内容。

〖TRACE A B〗软键的功能是显示相关的迹线 A 或迹线 B 的功能。当下划线在 A 下面时，显示迹线 A 的功能；当下划线在 B 下面时，显示迹线 B 的功能。

〖VID AVG ON OFF〗软键的功能是选择视频平均为关或开。

〖DETECTOR MODES〗软键的功能是进入检波器的模式菜单，如图 6 - 33 所示。

〖DETECTOR NORMAL〗软键表示正常检波模式或称为标准检波模式。选择此检波模式时，噪声信号被交替显示正峰值和负峰值，否则显示信号正峰值。图 6 - 34 所示为标准检波模式的信号图。

〖DETECTOR SAMPLE〗软键表示频谱分析仪为取样检波模式。选择此检波模式，在频谱分析仪的 CRT 网格左边显示字符 D。图 6 - 35 所示为图 6 - 34 所示图形的取样检波模式的信号图形。

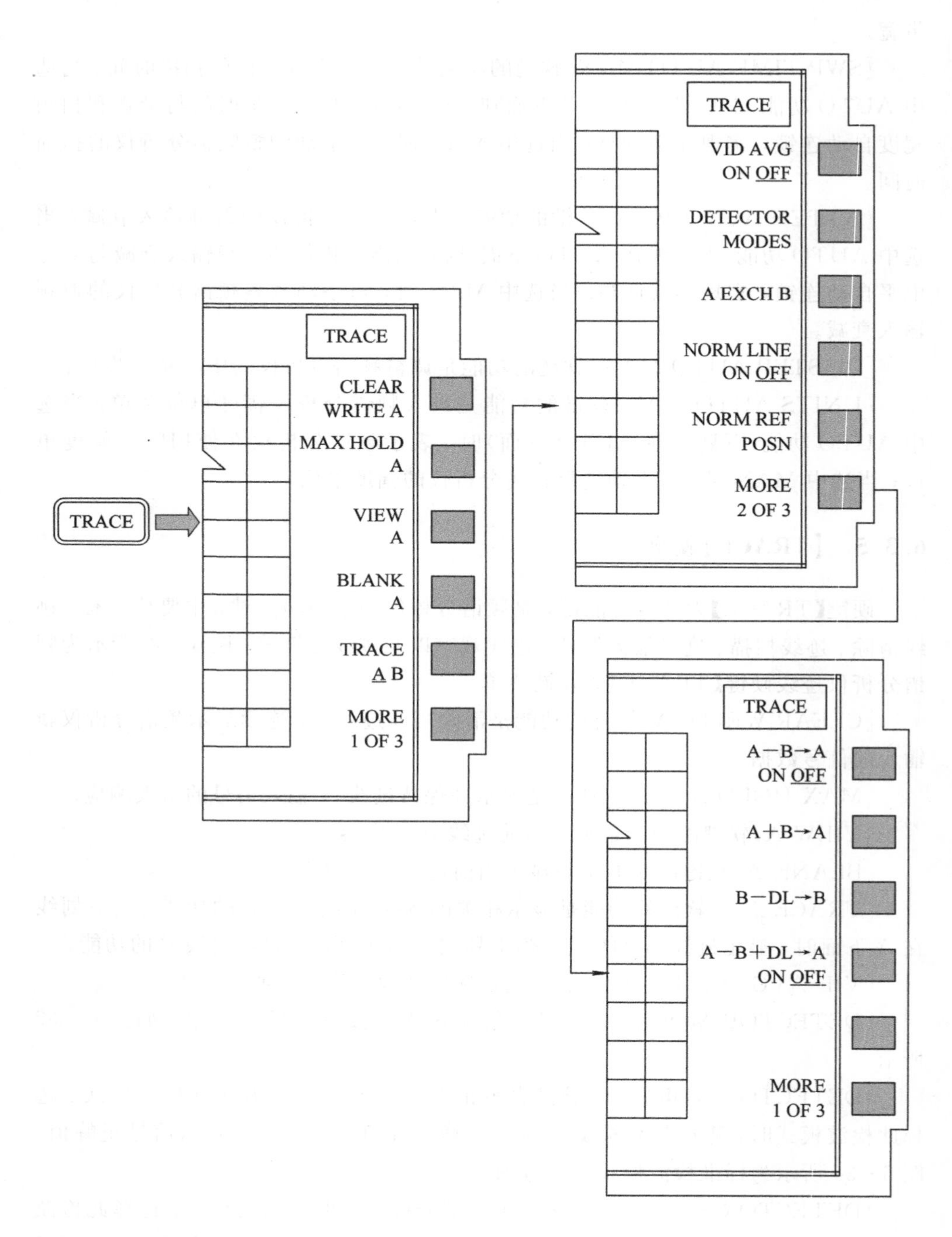


图 6-32　频谱分析仪迹线硬键【TRACE】的软键菜单

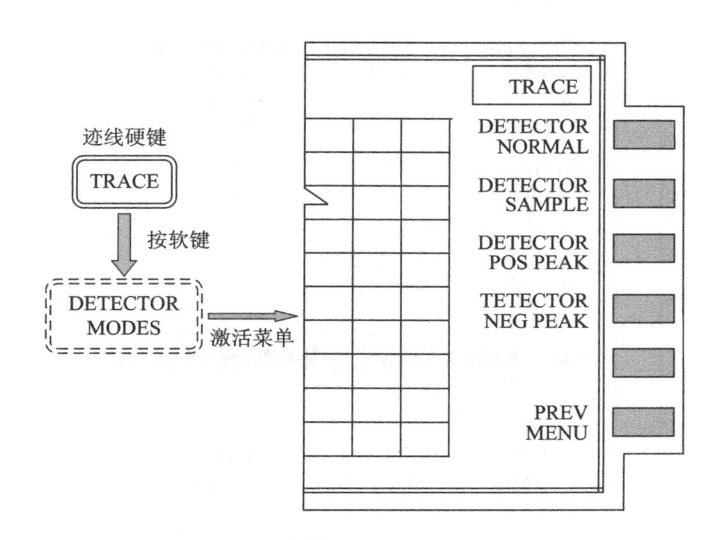


图 6 - 33　检波器的模式菜单

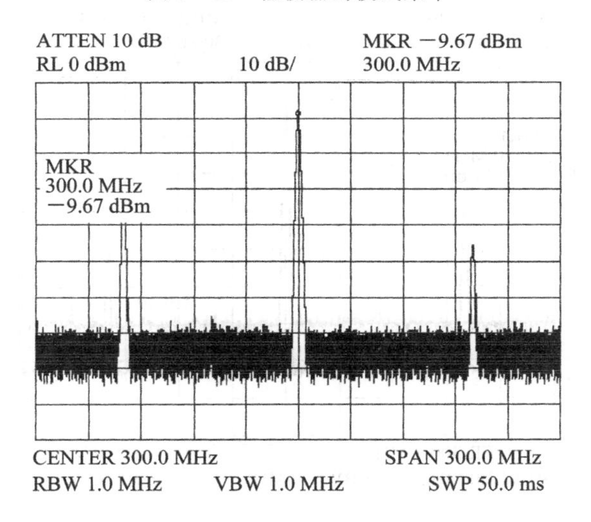


图 6 - 34　标准检波模式的信号图形

〖DETECTOR POS PEAK〗软键表示频谱分析仪选择视频信号的正峰值检波。选择此检波模式，在频谱分析仪的 CRT 网格左边显示字符 D。图 6 - 36 所示为图 6 - 34 所示图形的正检波模式的信号波形图。

〖DETECTOR NEG PEAK〗软键表示频谱分析仪选择视频信号的负峰值检波。选择此检波模式，在频谱分析仪的 CRT 网格左边显示字符 D。图 6 - 36 所示为图 6 - 34 所示图形的负检波模式的信号波形图。

〖A EXCH B〗软键的功能是将迹线 A 的内容同迹线 B 的内容互换。

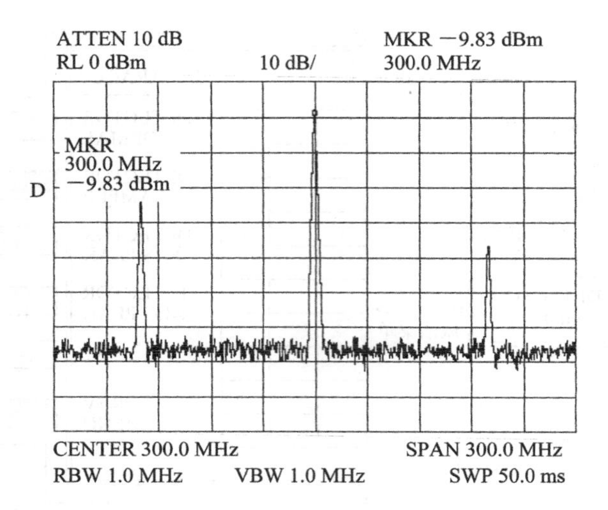


图 6－35　图 6－34 的取样检波模式的信号图形

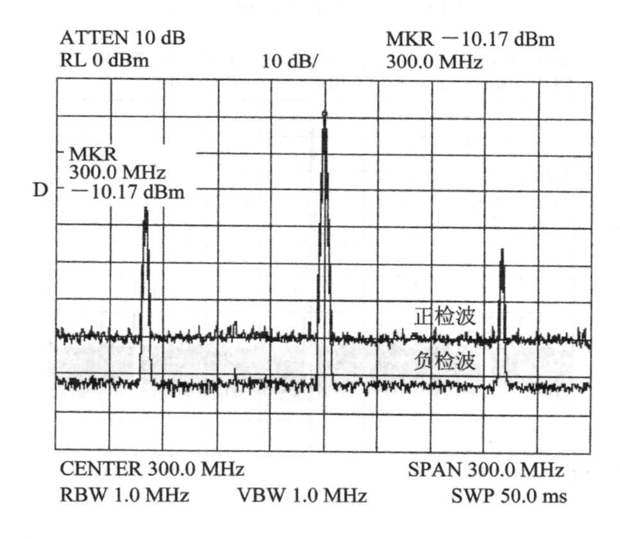


图 6－36　图 6－34 的正或负检波模式的信号波形图

〖NORM LINE ON OFF〗软键的功能是激励响应测量时，标准线的开或关。

〖NORM REF POSN〗软键的功能是当使用〖NORM LINE ON OFF〗软键时，用此键调整参考线的位置。

〖A－B→A ON OFF〗软键的功能是将迹线 A 的内容减去迹线 B 的内容，计算结果存储在 A 存储器内。当选中此软键(下划线在 ON 下面)时，在频谱分析仪的 CRT 网格的左边显示字符 M，且将迹线 A 减去迹线 B 置入迹线 A 里。图 6－37 所示为迹线 A 和迹线 B 存储图形。图 6－38 所示为图 6－37 的迹线 A 减去迹线 B

的结果。

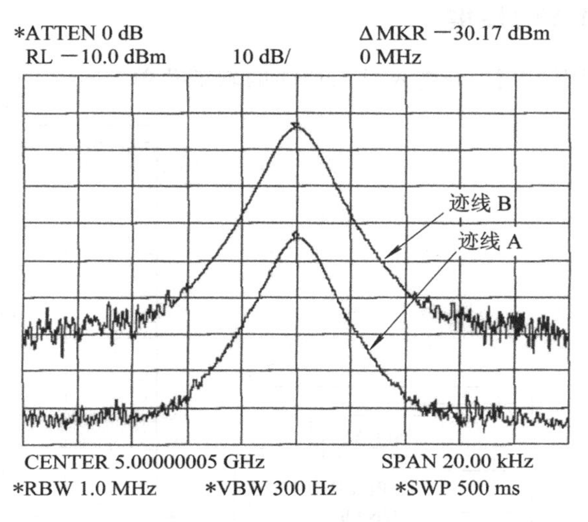


图 6-37 迹线 A 和迹线 B 存储图形

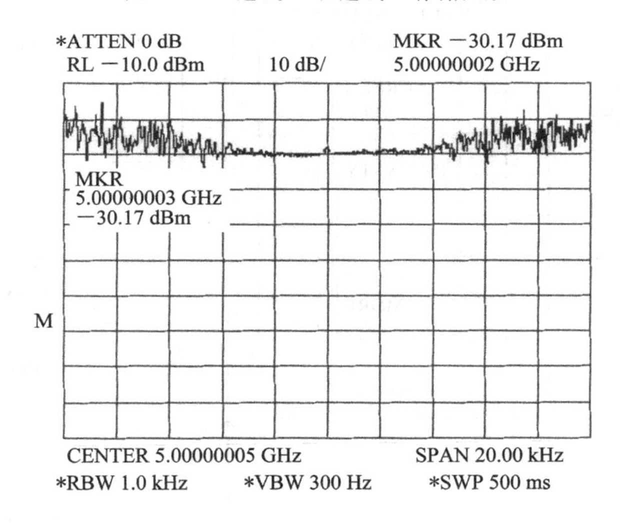


图 6-38 图 6-37 的迹线 A 减去迹线 B 的结果

〖A＋B→A〗软键的功能是将迹线 A 的内容同迹线 B 的内容相加，并存储到迹线 A 里。

〖B－DL→B〗软键的功能是迹线 B 的内容减去显示参考线，结果存储在迹线 B 里。

〖A－B＋DL→A ON OFF〗软键处于 ON 状态时，表示迹线 A 的内容减去迹线 B 的内容，然后加上显示参考线，结果存储在迹线 A 里；用 OFF 关闭此项功能。

### 6.3.6 【DISPLAY】硬键

按硬键【DISPLAY】，可进入显示功能的软键菜单，如图 6 - 39 所示。

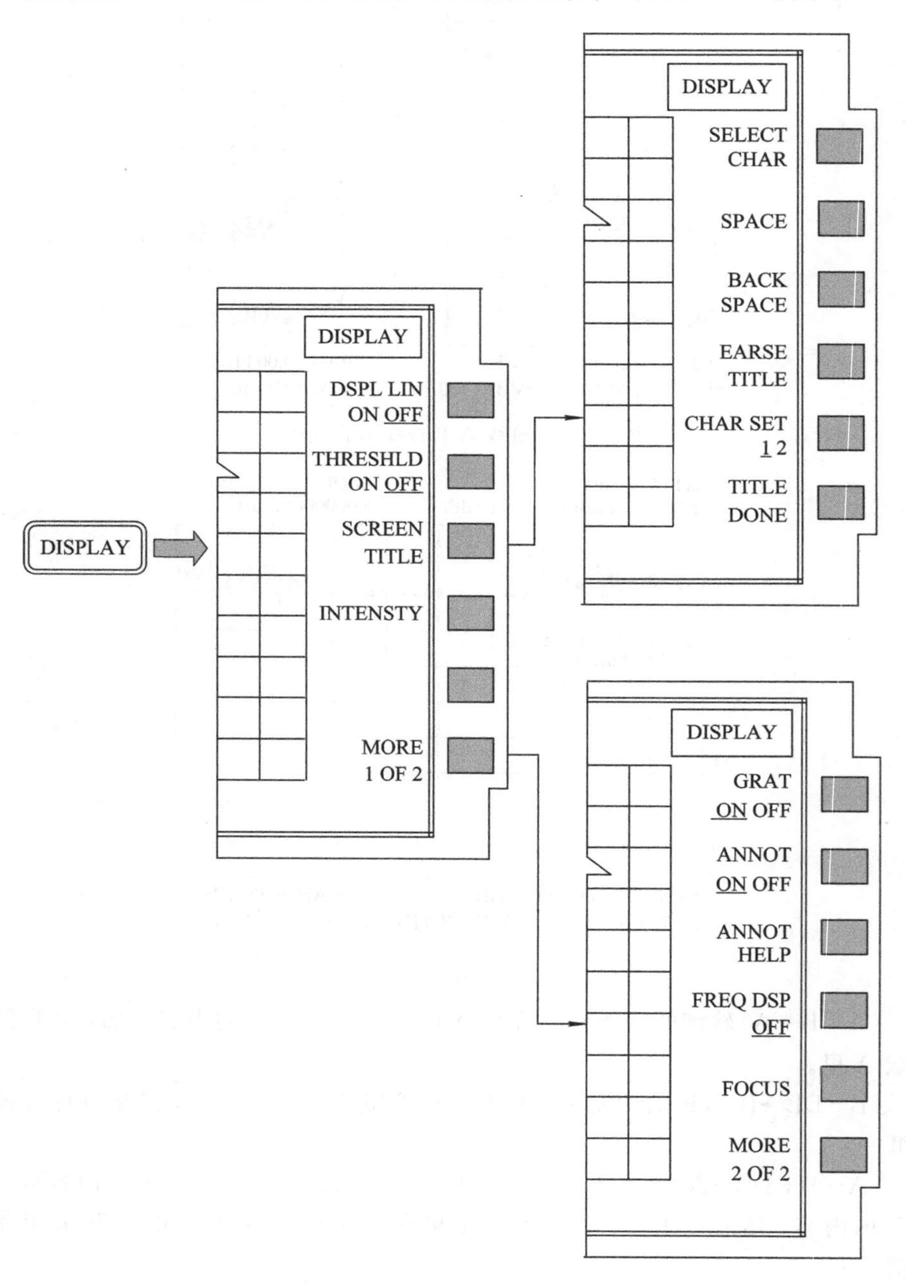


图 6 - 39　显示功能的软键菜单

〖DSPL LIN ON OFF〗软键的功能是设置显示线。当选中 ON 时，设置显示线；当选中 OFF 时，关闭显示线。图 6 - 40 所示为设置－5 dBm 的显示线。

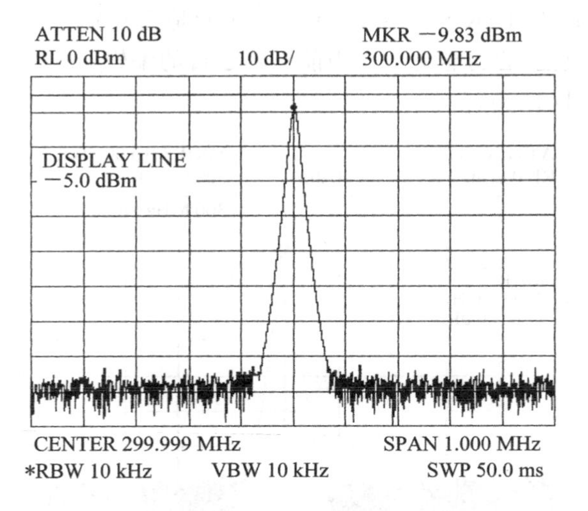


图 6 - 40　设置－5 dBm 的显示线

〖THRESHLD ON OFF〗软键的功能是设置频谱分析仪迹线最低限的显示电平值，且可利用步进键或旋钮键调整其大小。如图 6 - 41 所示，最低限电平值设置为－77 dBm，则小于－77 dBm 的信号不显示，只显示大于－77 dBm 的信号。

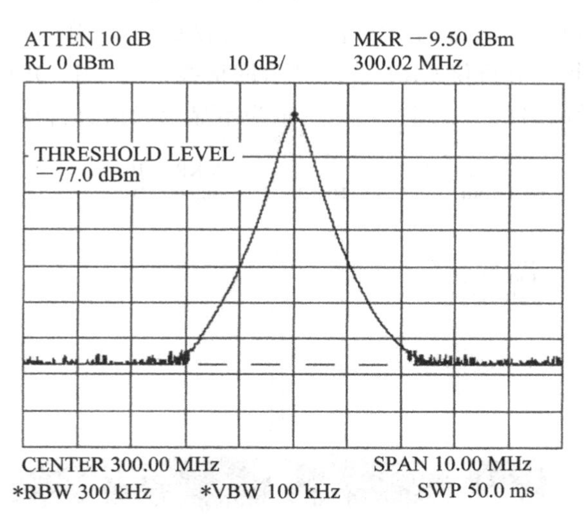


图 6 - 41　设置－77 dBm 最低限值的显示迹线

〖SCREEN TITLE〗软键的功能是进入设置屏幕题目的软键菜单，如图 6 - 39 所示。〖SELECT CHAR〗软键的功能是选择一个屏幕题目字符，按此键确定；

〖SPACE〗软键的功能是在屏幕题目位置输入一个空格；〖BACK SPACE〗软键的功能是在当前屏幕题目位置删除一个字符；〖ERASE TITLE〗软键的功能是删除当前屏幕的题目；〖CHAR SET 1 2〗软键的功能是选择输入屏幕题目字符特性；〖TITLE DONE〗软键的功能是结束当前屏幕题目的编辑。如图 6-42 所示为输入屏幕题目“300MHz Signal”。

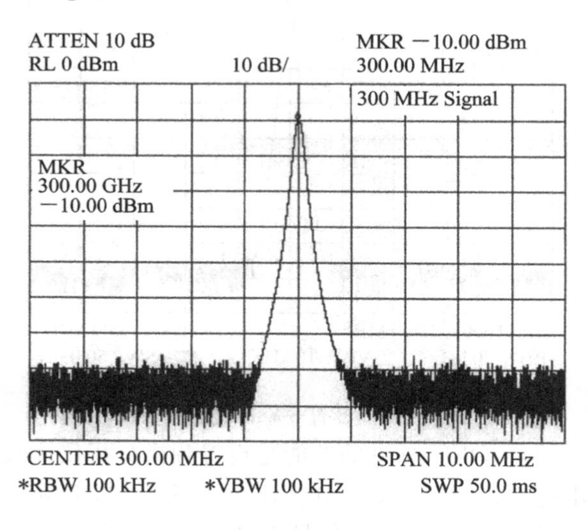


图 6-42　输入屏幕题目“300 MHz Signal”

〖GRAT ON OFF〗软键的功能是频谱分析仪 CRT 屏幕网格线显示的开或关。当选中 ON 时，频谱分析仪 CRT 屏幕显示网格线；当选中 OFF 时，频谱分析仪 CRT 屏幕不显示网格线。如图 6-43 所示为不显示频谱分析仪的网格线的图形。

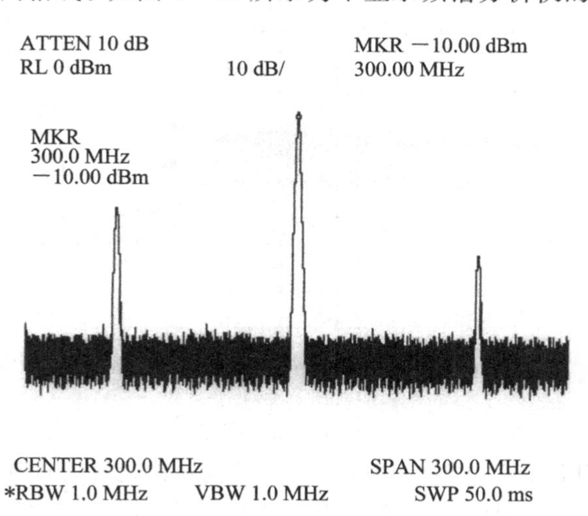


图 6-43　不显示频谱分析仪的网格线的图形

〖ANNOT ON OFF〗软键的功能是频谱分析仪屏幕显示注解的开或关。当选中ON时，频谱分析仪CRT屏幕显示注解；当选中OFF时，频谱分析仪CRT屏幕不显示注解。如图6-44所示为频谱分析仪不显示注解的图形。

〖FREQ DSP OFF〗软键的功能是关闭与频率相关的注解。

〖FOCUS〗软键的功能是对频谱分析仪显示进行调焦。

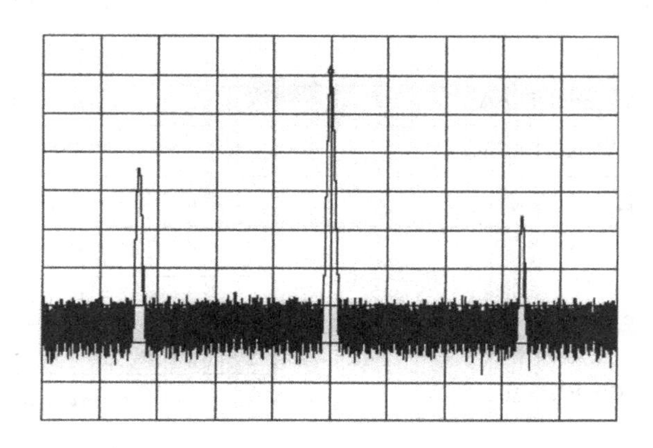

图6-44　频谱分析仪不显示注解的图形

## 6.4 仪器状态功能键

Agilent 8560EC系列频谱分析仪的仪器状态功能键由十个组成，它们分别是：热启动键【PRESET】、仪器结构键【CONFIG】、校准键【CAL】、辅助设备键【AUX CTRL】、拷贝键【COPY】、模块功能键【MODULE】、存储功能键【SAVE】、调用功能键【RECALL】、测量用户功能键【MEAS/USER】和单扫功能键【SGL SWP】。在实际测量中，不使用这些键也可完成信号的幅度和频率测量，但是使用这些键，可为测量带来很多方便，如频谱分析仪显示器测量结果存储、打印和直接测量信号的3 dB宽度等。本节将对常用仪器状态功能键进行简单的介绍。

### 6.4.1 【PRESET】硬键

硬键【PRESET】为热启动键，按硬键【PRESET】可重新启动频谱分析仪。重新启动频谱分析仪后，频谱分析仪CRT屏幕当前显示的迹线被清除了，但是不改变存储在频谱分析仪存储器内预先确定的仪器状态，例如，频谱分析仪地址、存储在内存储器里的图形及状态数据、预选器状态等。表6-2给出了Agilent

8560EC系列频谱分析仪执行【PRESET】硬键后预先确定的常用仪器状态(或称自动默认的仪器状态)。

**表 6-2　热启动后频谱分析仪的常用仪器状态**

| 仪器功能 | 仪器状态 |
| --- | --- |
| 10 MHz参考(10 MHz REF) | 内部(INTERNAL) |
| A－B→A | 关(OFF) |
| A－B＋DL→A | 关(OFF) |
| 注解(ANNOTATION) | 开(ON) |
| 自动中频调整 | 开(ON) |
| 中心频率<br>(CENTER FREQUENCY) | 1.45 GHz(8560E/EC) |
| | 3.25 GHz(8561E/EC) |
| | 6.60 GHz(8562E/EC) |
| | 13.25 GHz(8563E/EC) |
| | 20 GHz(8564E/EC) |
| | 25G Hz(8565E/EC) |
| 检波器(DETECTOR) | 标准模式(NORMAL) |
| 显示线(DISPLAY LINE) | 0 dBm，OFF |
| 频率计数器(FREQUENCY COUNTER) | 关(OFF) |
| 频率显示(FREQUENCY DISPLAY) | 开(ON) |
| 频率模式(FREQUENCY MODE) | 中心频率(CENTER FREQ)<br>扫频宽度(SPAN) |
| 频率补偿(FREQUENCY OFFSET) | 0 Hz |
| 输入衰减(INPUT ATTENUATION) | 10 dBm，AUTO |
| 码刻模式(MARKER MODE) | 关(OFF) |
| 最大混频器电平(MAX MIXER LEVEL) | －10 dBm |
| 码刻噪声(NOISE MARKER) | 关(OFF) |
| RBW/SPAN比 | 0.011 |
| 参考电平(REFERENCE LEVEL) | 0 dBm |
| 参考电平补偿(REFERENCE LEVEL OFFSET) | 0 dB，OFF |
| 分辨带宽(RESOLUTION BW) | 1 MHz |

**续表**

| 仪 器 功 能 | 仪 器 状 态 |
| --- | --- |
| 扫频宽度(SPAN) | 2.9 GHz，AUTO(8560E/EC) |
| | 6.5 GHz，AUTO(8561E/EC) |
| | 13.2 GHz，AUTO(8562E/EC) |
| | 26.5 GHz，AUTO(8563E/EC) |
| | 40 GHz，AUTO(8564E/EC) |
| | 50 GHz，AUTO(8565E/EC) |
| 扫描时间(SWEEP TIME) | 60 ms，AUTO(8560E/EC) |
| | 200 ms，AUTO(8561E/EC) |
| | 264 ms，AUTO(8562E/EC) |
| | 530 ms，AUTO(8563E/EC) |
| | 800 ms，AUTO(8564E/EC) |
| | 1000 ms，AUTO(8565E/EC) |
| 信号跟踪(SIGNAL TRACK) | 关(OFF) |
| 迹线 A(TRACE A) | 清除写(CLEAR WRITE) |
| 迹线 B(TRACE B) | 空(BLANK) |
| 触发模式(TRIGGER MODE) | 连续(CONTINUOUS) |
| 刻度单位(UNITS) | dBm，AUTO |
| 垂直刻度(VERTICAL SCALE) | 10 dB/DIV |
| VBW/RBW 比 | 1 |
| 视频带宽(VIDEO BW) | 1 MHz，AUTO |
| 视频平均(VIDEO AVERAGE) | 100，OFF |

### 6.4.2 【CONFIG】硬键

按仪器配置硬键【CONFIG】，可进入频谱分析仪的仪器配置功能的软键菜单，其主要功能是设置硬拷贝用的绘图仪或打印机地址、选择打印设备(绘图仪或打印机)等。图 6-45 所示为【CONFIG】硬键的软键菜单。

〖COPY DEV PRNT PLT〗软键的功能是当利用硬键【COPY】打印频谱分析仪 CRT 的测量结果时，选择输出设备为打印机或绘图仪。当频谱分析仪输出设备接打印机时，下划线在 PRNT 下面；当选择绘图仪输出时，下划线在 PLT 下面。

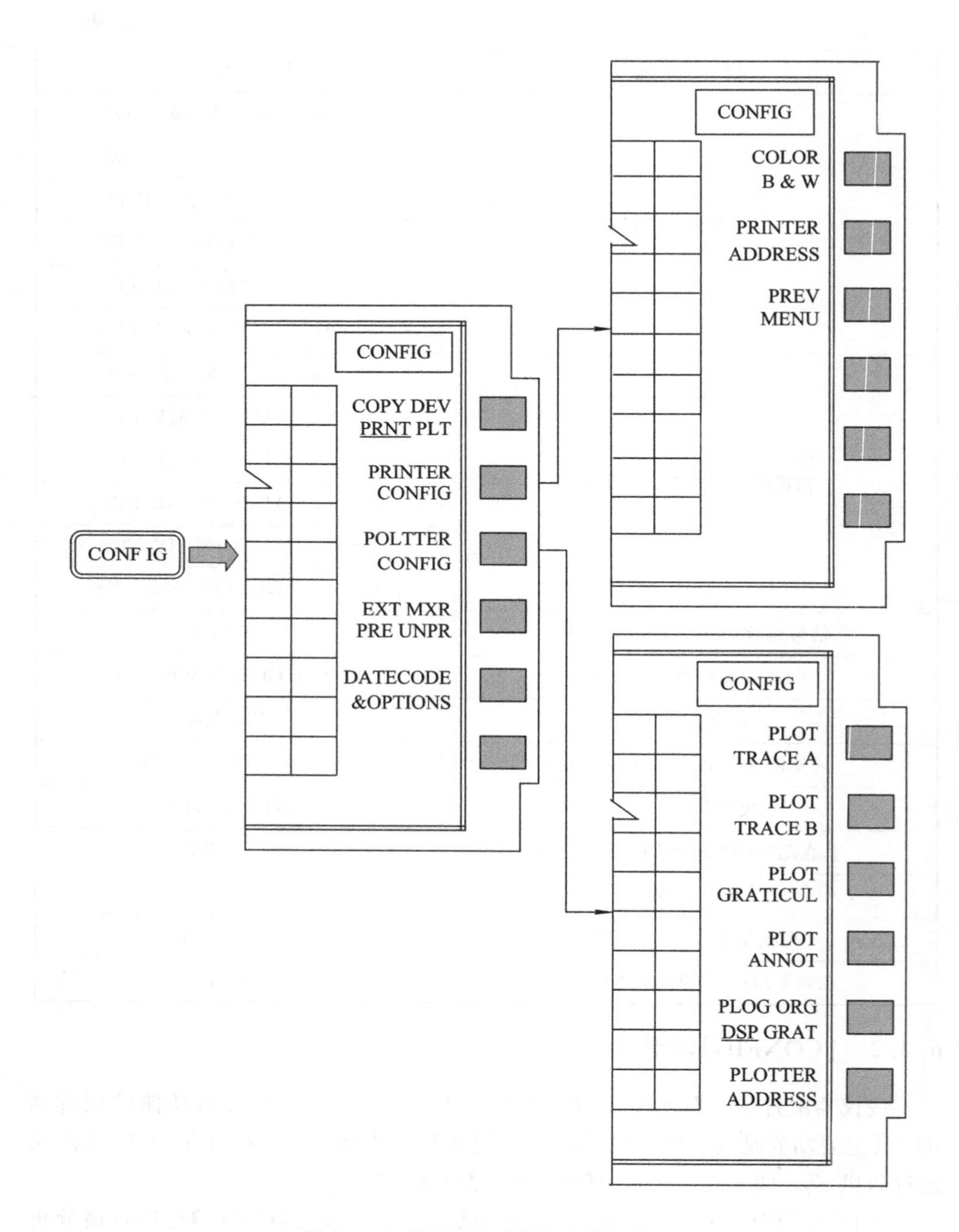


图 6-45　【CONFIG】硬键的软键菜单

〖PRINTER CONFIG〗软键的功能是设置打印机的配置。其下面有〖COLOR B & W〗、〖PRINTER ADDRESS〗和〖PREV MENU〗三个软键菜单。软键〖COLOR B & W〗的功能是选择输出设备为喷墨打印机还是彩色打印机。软键〖PRINTER ADDRESS〗的功能是显示当前打印机的 GPIB 地址，并可重新设置和存储打印机地址。Agilent 8560EC 系列频谱分析仪默认的打印机地址为 1。当使用不同的频谱分析仪打印测试结果时，应先仔细阅读说明书，以确定频谱分析仪接打印机的地址。软键〖PREV MENU〗的功能是返回前一菜单。

〖PLOTTER CONFIG〗软键的功能是设置绘图仪的配置。其下面有 6 个软键菜单，分别是〖PLOT TRACE A〗、〖PLOT TRACE B〗、〖PLOT GRATICUL〗、〖PLOT ANNOT〗、〖PLOT ORG DSP GRAT〗和〖PLOTTER ADDRESS〗。软键〖PLOT TRACE A〗的功能是绘制迹线 A 的内容及其码刻，若要中断绘制，按软键〖STOP TRACE A〗即可；软键〖PLOT TRACE B〗的功能是绘制迹线 B 的内容及其码刻，若要中断绘制，按软键〖STOP TRACE B〗即可；软键〖PLOT GRATICUL〗的功能是绘制频谱分析仪 CRT 显示的网格，若要中断绘制，按软键〖STOP GRATICUL〗即可；软键〖PLOT ANNOT〗的功能是绘制频谱分析仪 CRT 显示的注解，若要停止绘制，按软键〖STOP ANNOT〗即可；软键〖PLOT ORG DSP GRAT〗的功能是选择绘图显示或网格区；软键〖PLOTTER ADDRESS〗的功能是显示当前绘图仪的 GPIB 地址，并可重新设置和存储绘图仪地址。Agilent 8560EC 系列频谱分析仪的默认绘图仪地址为 5。

〖ANALYZER ADDRESS〗软键的功能是显示当前频谱分析仪的地址，并可重新设置和存储频谱分析仪的地址。Agilent 8560EC 系列频谱分析仪默认地址为 18。

〖EXT MXR PRE UNPR〗软键的功能是在外部混频器模式下，判断有无预选器。下划线在 UNPR 下时，表示无预选器；下划线在 PRE 下时，表示有预选器。

〖DATE CODE & OPTIONS〗软键的功能是显示频谱分析仪的系列号和型号等。

### 6.4.3 【CAL】硬键

硬键【CAL】为校准键，图 6－46 所示为其相应的软键菜单。

〖REALIGN LO & IF〗软键的功能是重新调整本振或中频。

〖IF ADJ ON OFF〗软键的功能是选择自动中频调整的开或关。当选择 ON 时，各种中频参数被调整，保证重扫迹线幅度测量精度；当选择 OFF 时，关闭中频参数调整，并在频谱分析仪 CRT 左边显示字符 A。

〖ADJ CURR IF STATE〗软键的功能是对于当前使用带宽，调整中频各种参数，以获得最佳的幅度测量精度。

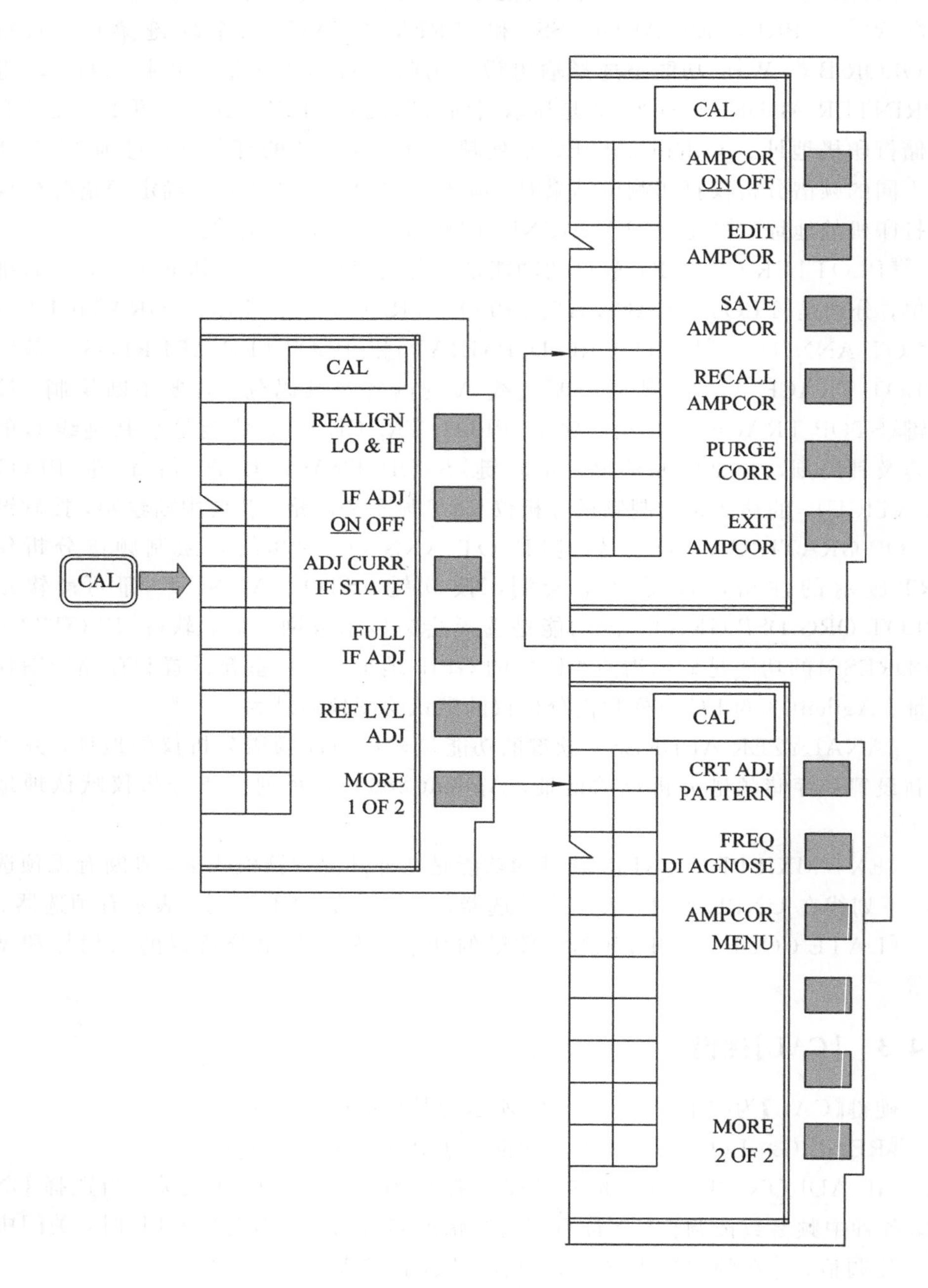


图 6-46 校准键的软键菜单

〖FULL IF ADJ〗软键的功能是实现整个中频系统调整，以获得最佳测量精度。

〖REF LVL ADJ〗软键的功能是当校准信号连接频谱分析仪输入端口时，允许调整频谱分析仪的内部增益，以使 CRT 顶部的参考电平等于校准信号的幅度。

〖CRT ADJ PATTERN〗软键的功能是调整频谱分析仪 CRT 的显示位置。8560E 系列频谱分析仪可以调整，而 8560EC 系列频谱分析仪不要求调整，且不能调整。

〖FREQ DIAGNOSE〗软键的功能是进入诊断功能菜单，以恢复各种内部参数值。

〖AMPCOR MENU〗软键的功能是进入幅度修正菜单。它由〖AMPCOR ON OFF〗、〖EDIT AMPCOR〗、〖SAVE AMPCOR〗、〖RECALL AMPCOR〗、〖PURGE CORR〗和〖EXIT AMPCOR〗六个软键组成。软键〖AMPCOR ON OFF〗的功能是幅度修正因子的开关选择，当选择 ON 时，频谱分析仪 CRT 网络左边显示字符 W；软键〖EDIT AMPCOR〗的功能是允许编辑修正点；软键〖SAVE AMPCOR〗的功能是存储当前幅度修正表；软键〖RECALL AMPCOR〗的功能是调用存储的幅度修正表；软键〖PURGE CORR〗的功能是允许清除存储器中的幅度修正点；软键〖EXIT AMPCOR〗的功能是退出幅度修正。

### 6.4.4 【AUX CTRL】硬键

硬键【AUX CTRL】的功能是进入跟踪信号产生器、内外混频器、解调器和后面板功能的软键菜单，如图 6－47 所示。

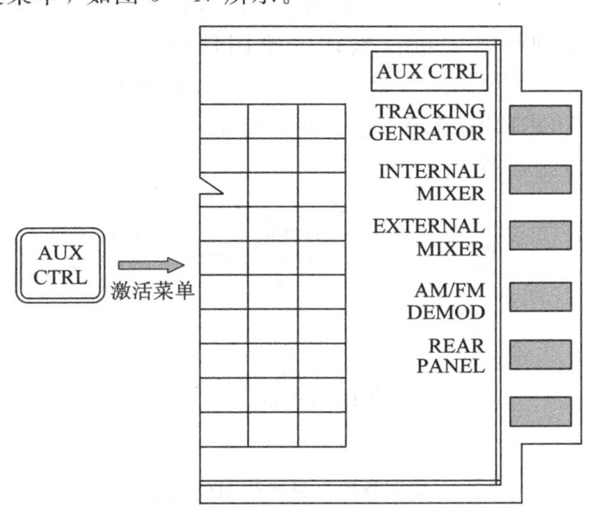


图 6－47　硬键【AUX CTRL】的软键菜单

〖TRACKING GENRATOR〗软键的功能是进入跟踪产生器菜单。

〖INTERNAL MIXER〗软键的功能是进入内部混频器菜单。

〖EXTERNAL MIXER〗软键的功能是进入外部混频器菜单。

〖AM/FM DEMOD〗软键的功能是确定 AM 或 FM 解调。

〖REAR PANEL〗软键的功能是进入后面板连接器功能选择。

### 6.4.5 【COPY】硬键

硬键【COPY】下没有软键菜单，其功能是转换频谱分析仪 CRT 显示数据到 GPIB 接口连接的打印机或绘图仪，打印输出的测量结果。

图 6-48 所示为频谱分析仪连接绘图仪的原理图。

图 6-48 频谱分析仪连接绘图仪的原理图

利用绘图仪绘制频谱分析仪的 CRT 迹线的步骤如下：

(1) 按照图 6-48 建立系统。在频谱分析仪和绘图仪电源开关处于关状态下，用一根 GPIB 接口线(或 IEEE 488 接口线)连接频谱分析仪和绘图仪。

(2) 系统加电预热。打开频谱分析仪和绘图仪的电源开关，预热仪器，使系统工作正常。

(3) 设置绘图仪地址。绘图仪地址分为绘图仪本身地址和频谱分析仪软键菜单中的绘图仪地址。绘图仪本身的地址利用绘图仪给出地址码直接进行设置；Agilent 8560EC 系列频谱分析仪默认的绘图仪地址为 5，设置方法是按硬键【CONFIG】激活软键菜单，按软键〖PLOTTER CONFIG〗，激活下级软键菜单，按〖PLOTTER ADDRESS〗软键，输入并存储地址。图 6-49 所示为频谱分析仪设置绘图仪地址的流程图。

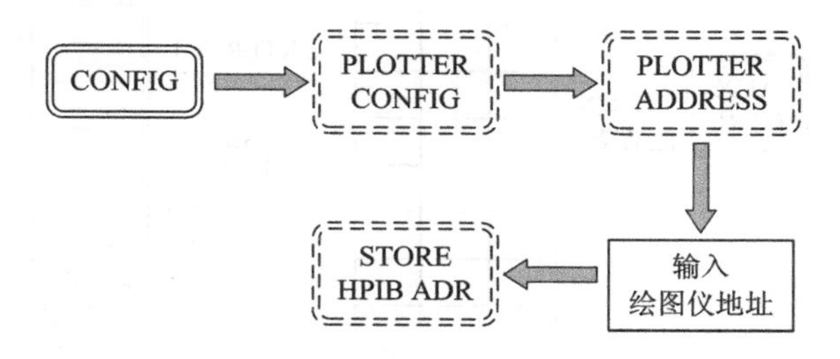


图 6-49 频谱分析仪设置绘图仪地址的流程图

(4) 选择频谱分析仪的输出设备为绘图仪：按硬键【CONFIG】激活软键菜单，按软键〖COPY DEV PRNT PLT〗，选择频谱分析仪的输出设备为绘图仪，即下划线在 PLT 下面。

(5) 按【COPY】硬键，绘制测量结果。

图 6－50 给出了绘图仪输出的频谱分析仪的测量结果。

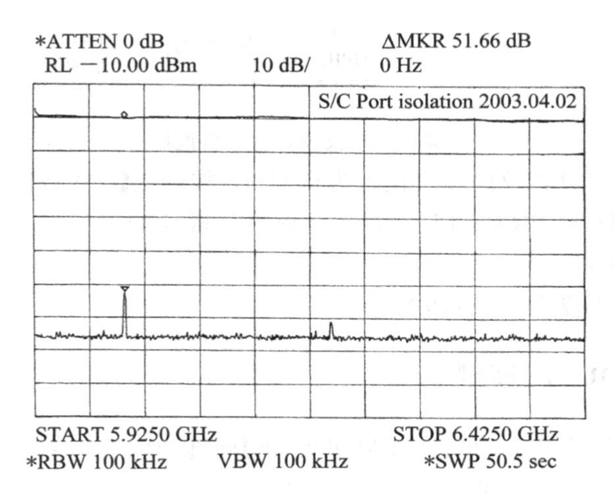


图 6－50　绘图仪输出的频谱分析仪的测量结果

Agilent 8650EC 系列频谱分析仪用打印机输出测量结果有两种方式：一种是用 GPIB 接口线直接连接频谱分析仪配用的专用打印机；另一种方法是通过 GPIB 接口到并行口转换器连接打印机，从而输出测量结果。图 6－51 所示为频谱分析仪接打印机的原理图。

图 6－51　频谱分析仪接打印机的原理图

用打印机输出测量结果的步骤如下：

(1) 按照图 6－51 建立系统。在频谱分析仪和打印机电源开关处于关状态下，用一根 GPIB 接口线(或 IEEE 488 接口线)连接频谱分析仪和 HPIB 接口转换器，再用标准并行接口线连接 HPIB 接口转换器和打印机。

(2) 系统加电预热。打开频谱分析仪和打印机的电源开关，预热仪器，使系统工作正常。

(3) 设置打印机地址。按硬键【CONFIG】激活软键菜单，按软键〖PRINTER CONFIG〗激活下级软键菜单，按〖PRINTER ADDRESS〗软键，输入并存储打印机地址。图 6-52 所示为频谱分析仪设置打印机地址的流程图。

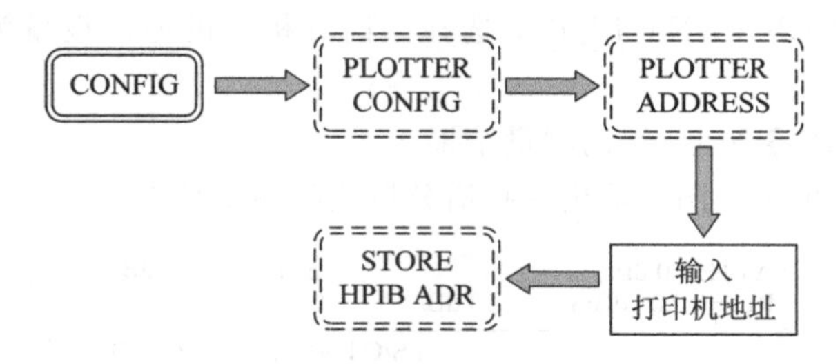


图 6-52 频谱分析仪设置打印机地址的流程图

(4) 选择频谱分析仪的输出设备为打印机。按硬键【CONFIG】激活软键菜单，按软键〖COPY DEV PRNT PLT〗，选择频谱分析仪的输出设备为打印机，即下划线在 PRNT 下面。

(5) 按【COPY】硬键，打印测量结果。

### 6.4.6 【MODULE】硬键

按【MODULE】硬键，可进入【MODULE】硬键的软键菜单，如图 6-53 所示。

〖USER KEYS〗软键的功能是进入用户定义键菜单。

〖TRACE SAVE/RCL〗软键的功能是进入频谱分析仪测量迹线图形存储和调用菜单。其下面有五个软键，分别是〖SAVE TRACE A〗、〖SAVE TRACE B〗、〖SAVE IN MEM CARD〗、〖AUTOSAVE TRACE〗和〖RECALL TRACE〗。软键〖SAVE TRACE A〗的功能是存储迹线 A；软键〖SAVE TRACE B〗的功能是存储迹线 B；软键〖SAVE IN MEM CARD〗的功能是选择存储介质为存储器或存储卡；软键〖AUTOSAVE TRACE〗的功能是自动存储迹线；软键〖RECALL TRACE〗的功能是进入调用迹线菜单，其下面有 6 个软键：软键〖FROM MEMORY〗的功能是从存储器调用；软键〖FROM CARD〗的功能是从存储卡调用；软键〖RECALL→TRACE A〗的功能是调用迹线，并存储在迹线 A 存储器里；软键〖RECALL→TRACE B〗的功能是调用迹线，并存储在迹线 B 存储器里；软键〖NEXT PAGE〗的功能是进入下一页菜单；软键〖PREV MENU〗的功能是返回前一个软键菜单。

〖LIMIT LINE〗软键的功能是进入限制线菜单，可以编辑限制线。

〖AUTOEXEC MENU〗软键的功能是进入自动批处理菜单。

〖KEYDEF〗软键是用户定义软键。

〖UTILITY〗软键的功能是进入有效存储目录菜单。可以调整频谱分析仪显示时间、日期等，并可删除存储器的内容等。

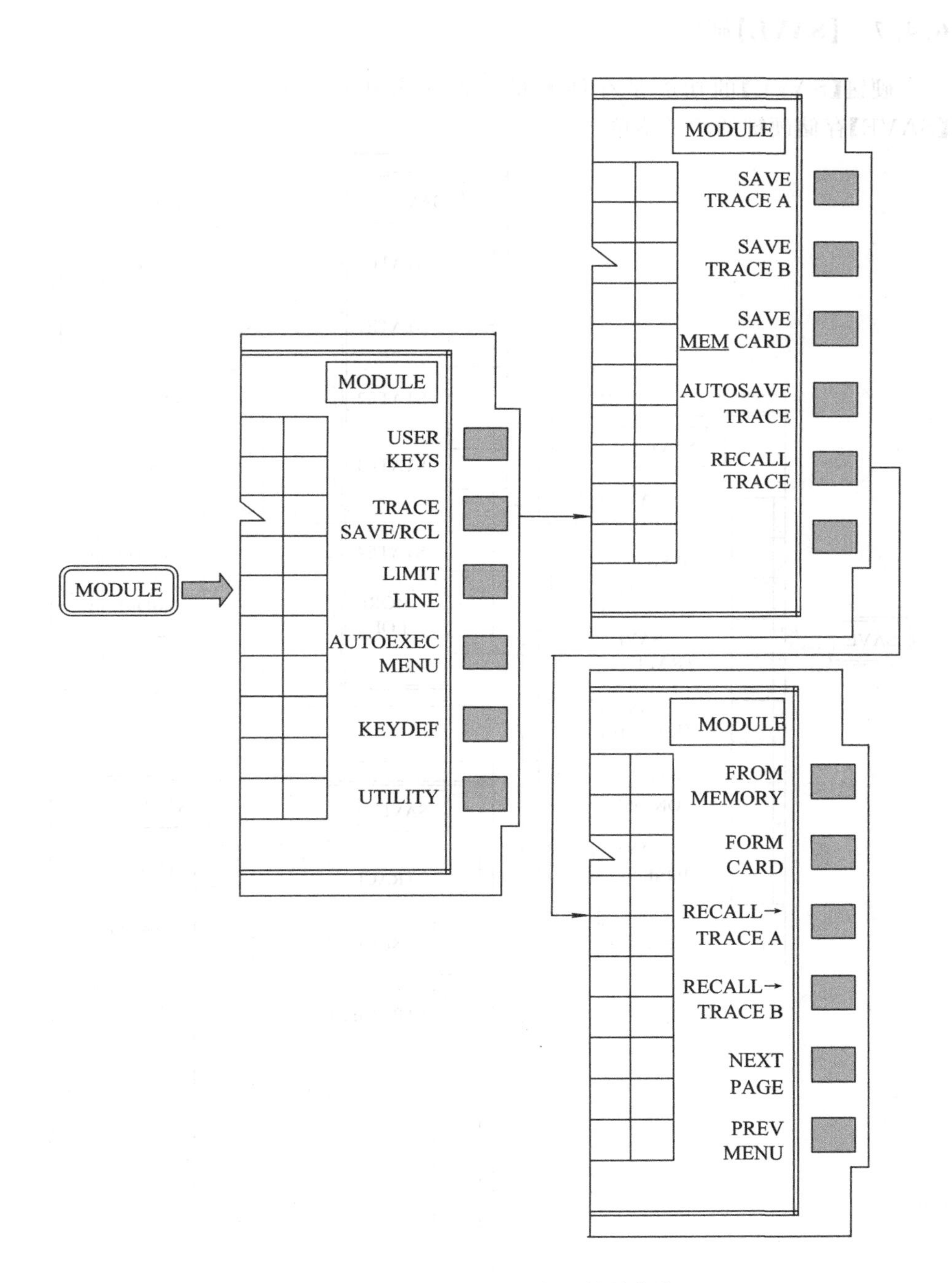


图 6-53　【MODULE】硬键的软键菜单

### 6.4.7 【SAVE】硬键

硬键【SAVE】的功能是存储测量仪器状态和测量迹线。图 6-54 所示为【SAVE】存储硬键的软键菜单。

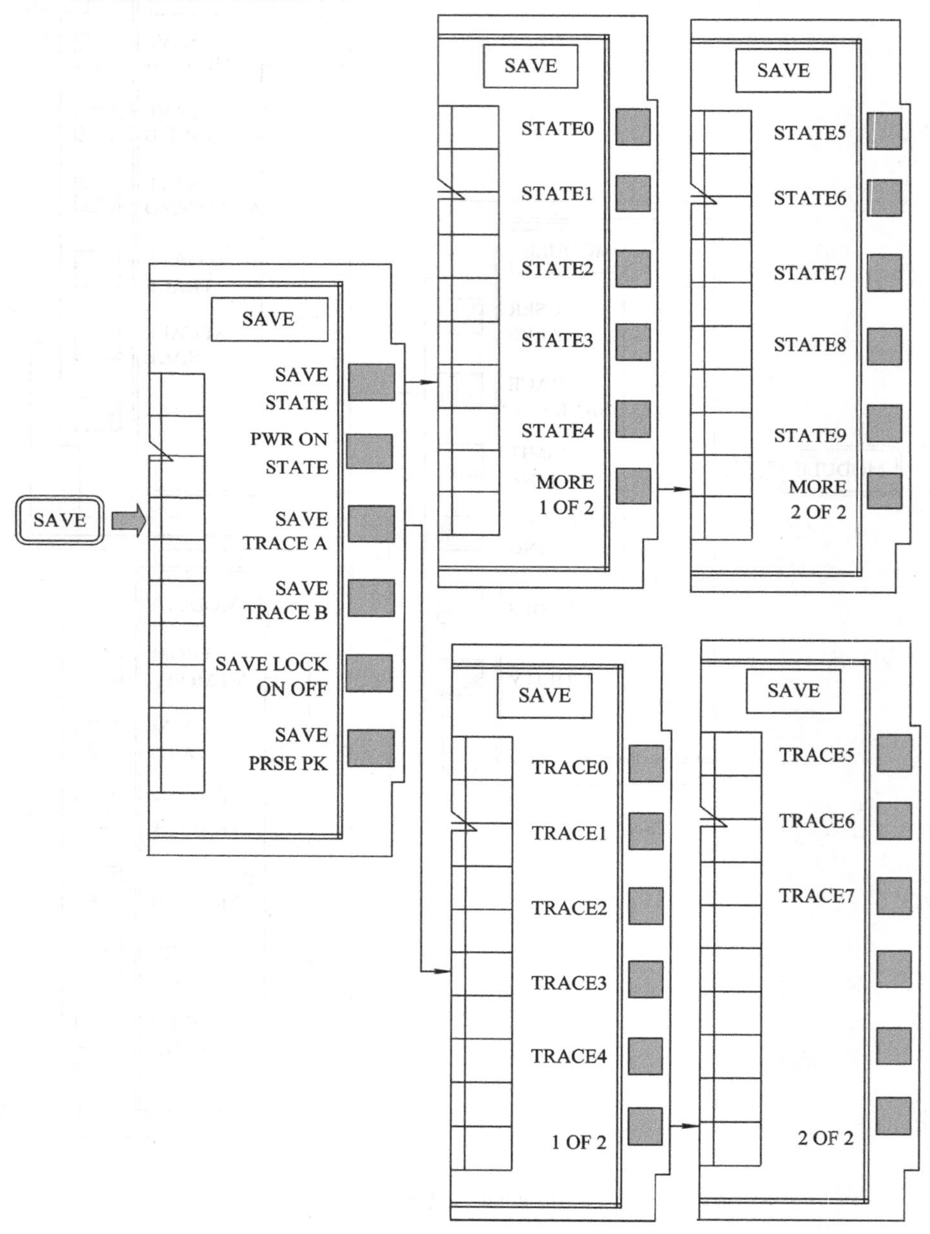


图 6-54　【SAVE】存储硬键的软键菜单

〖SAVE STATE〗软键的功能是显示仪器状态存储器菜单。Agilent 8560EC 系列频谱分析仪可存储 10 组当前仪器的状态，如图 6－54 所示。

〖PWR ON STATE〗软键的功能是存储当前电源开时的仪器状态。

〖SAVE TRACE A〗软键的功能是显示 8 个寄存器菜单，并存储迹线 A 的内容。

〖SAVE TRACE B〗软键的功能是显示 8 个寄存器菜单，并存储迹线 B 的内容。

〖SAVE LOCK ON OFF〗软键为寄存器锁定键。当寄存器锁定时，不能删除寄存器里的仪器状态和迹线，也不能往里存储仪器状态和迹线。

〖SAVE PRSE PK〗软键的功能是存储当前预选器的峰值数据。

### 6.4.8 【RECALL】硬键

硬键【RECALL】的主要功能是调用存储在寄存器里的仪器状态或迹线。图 6－55 所示为【RECALL】硬键的软键菜单。

〖POWER ON〗软键的功能是设置仪器状态为内部寄存器状态，其作用等效于热启动键【PRESET】。

〖LAST STATE〗软键的功能是回到频谱分析仪的最后一个状态，或称为目前状态的前一个仪器状态。

〖RECALL STATE〗软键的功能是显示 10 个寄存器的仪器状态，且仪器状态可调用并显示。

〖RECALL TO TR A〗软键的功能是显示 8 个寄存器菜单，且可调用寄存器中的迹线数据，并存储在迹线 A 里。

〖RECALL TO TR B〗软键的功能是显示 8 个寄存器菜单，且可调用寄存器中的迹线数据，并存储在迹线 B 里。

### 6.4.9 【MEAS/USER】硬键

硬键【MEAS/USER】为测量用户键，图 6－56 所示为其相应的软键菜单。

〖POWER MENU〗软键的功能是进入功率测量菜单。可测量功率占有带宽、通道功率和载波功率。

〖ACP MENU〗软键的功能是进入邻近通道功率软键菜单，测量邻近通道的功率比。

〖3dB POINTS〗软键的功能是搜索屏幕显示的最大峰值信号，并测量出 3 dB 宽度。图 6－57 所示为测量信号的 3 dB 宽度示意图，测量的 3 dB 带宽为 10.2 kHz。

〖6 dB POINTS〗软键的功能是搜索屏幕显示的最大峰值信号，并测量屏幕显示的最大信号的 6 dB 宽度。

〖FFT MEASURE〗软键的功能是对输入信号进行离散傅里叶变换，把时域信息转换成频域信息。

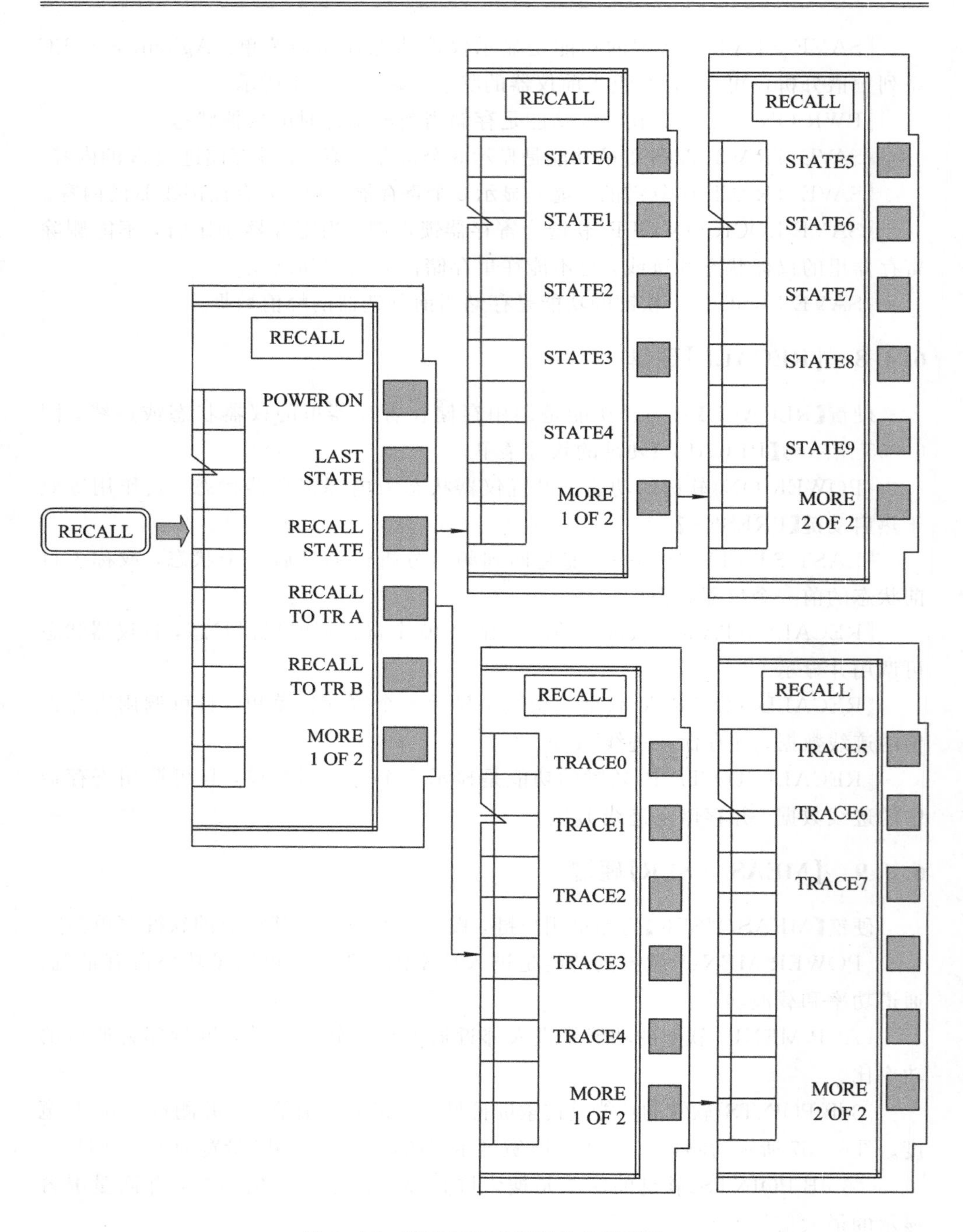


图 6－55　【RECALL】硬键的软键菜单

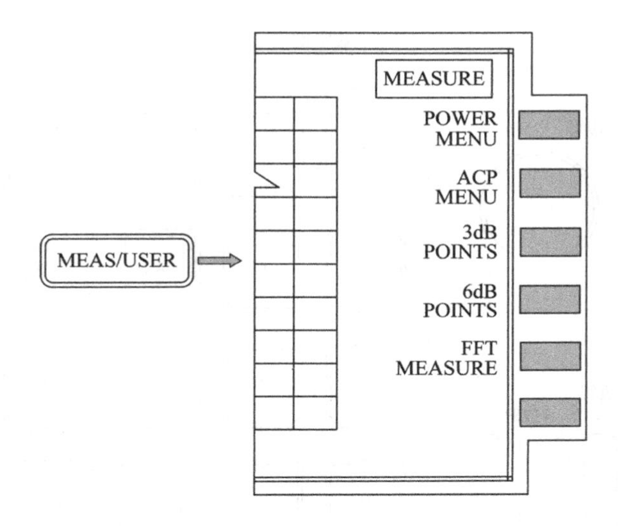


图 6－56　硬键【MEAS/USER】的软键菜单

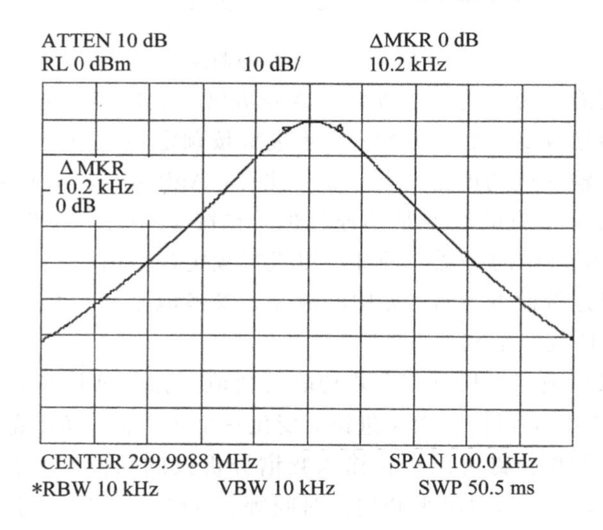


图 6－57　3 dB 宽度测量示意图

## 6.5 数据控制键

数据控制键主要用来改变各种功能键的数值大小，如中心频率、起始频率、停止频率、分辨带宽、视频带宽和扫描时间等。数据控制键均为硬键菜单，没有软键菜单，主要由步进键、旋钮键、数字键和单位键组成，如图 6－58 所示。

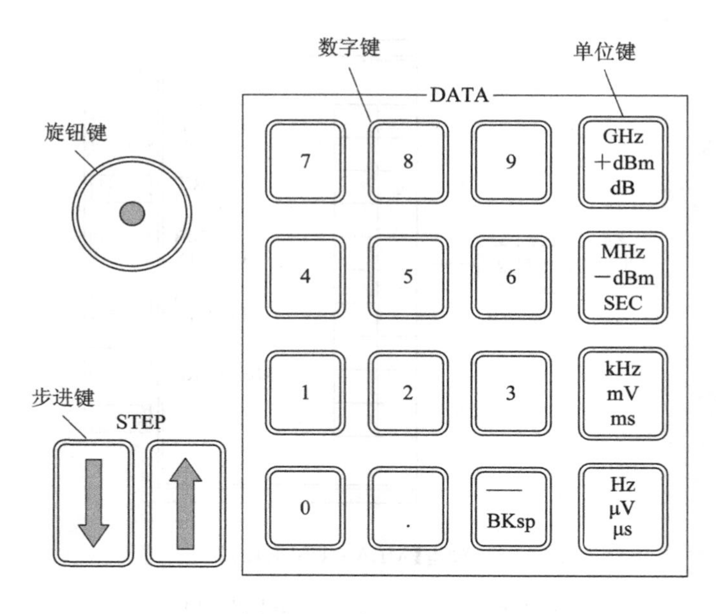


图 6－58　数据控制键

数字控制键能按规定的方法改变频谱分析仪有效功能键的数值。例如，用旋钮键可以更细微地改变中心频率值；用步进键按预定步长改变中心频率；用数字键和单位键直接输入确切的中心频率值。注意：Agilent 8560EC 系列频谱分析仪的分辨带宽和视频带宽的改变是不连续的，它按 1、3、10 的顺序改变。用旋钮键、步进键和数值键中的任意一种都可以设置预定参数值。

旋钮键可以连续改变参数，如中心频率、参考电平和扫描时间等。顺时针旋转是增加，逆时针旋转是减少。

步进键可以按预定步长改变有效功能的数值。箭头朝上按是增加，朝下按是减少。在有效范围内，每按一次步进键，变化一个步长值，超出范围则无效。

利用数字键和单位键可以直接输入频谱分析仪的功能键数值，如中心频率、参考电平、对数刻度、门限电平和扫描时间等。当输入数值后，按相应的单位键，输入数值方有效。

# 第三篇

# 频谱分析仪的应用

# 第 7 章　幅度与频率测量

前面章节讨论了频谱分析仪的基础、原理和操作方法，其最终目的是利用频谱分析仪完成无线电信号的测量。由于频谱分析仪一般都有校准信号，因此利用校准信号是现成的，其测量方法同样适用于其他任何无线电信号的测量。这里首先以频谱分析仪的校准输出信号为例，说明利用频谱分析仪测量射频信号的幅度和频率的方法。幅度和频率测量是频谱分析仪测量应用的基础。

## 7.1 频谱分析仪校准信号测量

### 7.1.1　校准信号测量的原理

图 7-1 所示为频谱分析仪测量校准信号的原理图。

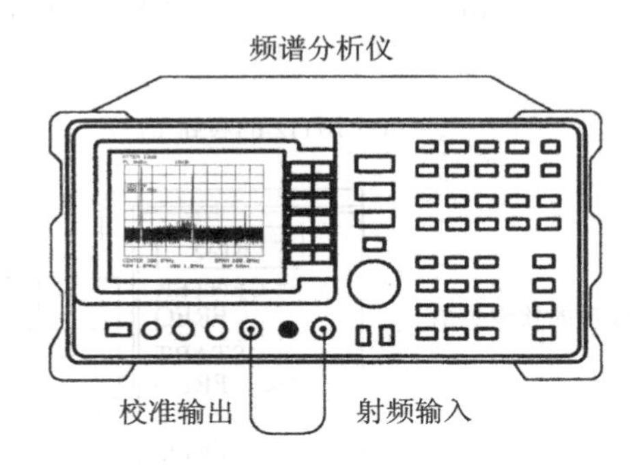


图 7-1　频谱分析仪测量校准信号的原理图

频谱分析仪测量校准信号的原理是：按照图 7-1 所示，首先打开频谱分析仪的电源开关，至少预热 5 分钟，以保证频谱分析仪的测量精度。然后用 BNC 电缆和 N 型适配器将频谱分析仪的校准信号输出连接到频谱分析仪的射频输入端口，调整频谱分析仪的参数，使输入的校准信号在频谱分析仪的屏幕上显示，利用频谱分析仪的码刻功能测量校准信号的幅度和频率。

### 7.1.2　校准信号测量的方法

一般地，熟悉并掌握了频谱分析仪的频率【FREQUENCY】、扫频宽度【SPAN】、幅度【AMPLITUDE】和码刻【MKR】四个主要功能键后，就很容易完成用频谱分析仪测量输入信号的工作。用频谱分析仪测量校准信号的步骤如下：

（1）设置频谱分析仪的中心频率。

按频率硬键【FREQUENCY】，在频谱分析仪 CRT 屏幕左边出现 CENTER 的字符，表示中心频率有效，如图 7－2 所示；同时激活了频率硬键【FREQUENCY】的软键菜单，如图 7－3 所示。

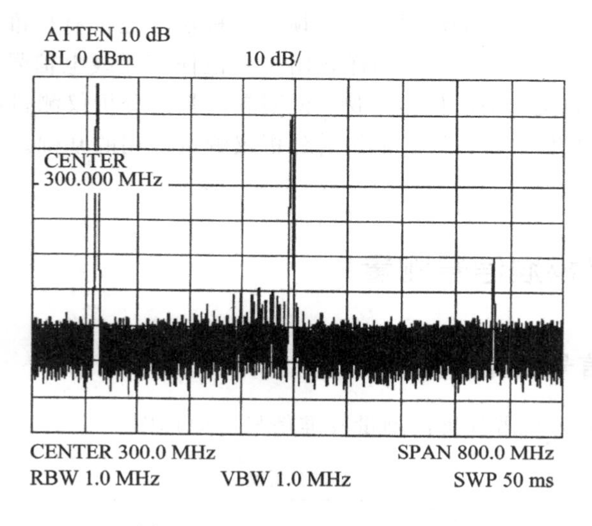


图 7－2　300 MHz 的校准信号

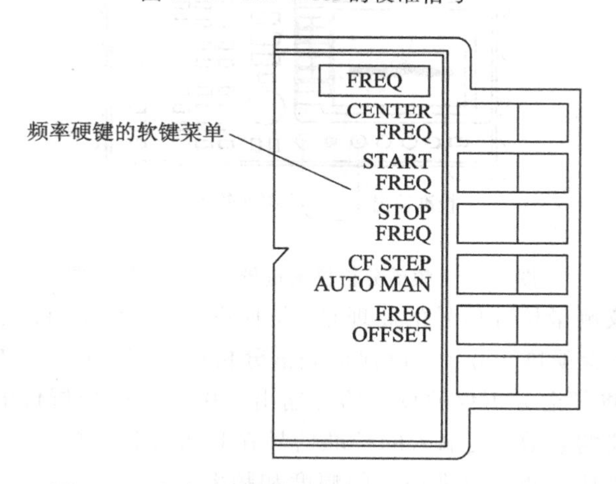


图 7－3　频率硬键【FREQUENCY】的软键菜单

利用频谱分析仪的数据控制键设置中心频率为300 MHz有四种方法。其一是利用数字键和单位键直接精确设置频谱分析仪的中心频率为300 MHz；其二是利用设置频谱分析仪的起始频率和停止频率的方法确定频谱分析仪的中心频率为300 MHz；其三是利用步长键设置频谱分析仪的中心频率为300 MHz；其四是利用频谱分析仪的旋钮键设置中心频率为300 MHz。例如，用数字键和单位键设置中心频率的方法是：首先按频率硬键【FREQUENCY】，激活中心频率，用数字键输入300；然后按单位键MHz，则频谱分析仪的中心频率设置为300 MHz。

(2) 设置频谱分析仪的扫频宽度SPAN。

按硬键【SPAN】，SPAN字样立刻在频谱分析仪的有效功能窗口显示出来，也就是频谱分析仪的CRT屏幕左边出现字符SPAN，同时激活SPAN软键菜单。

利用数字键输入20，并按单位键MHz，此时频谱分析仪的扫频宽度设置为20 MHz，如图7-4所示。当然亦可以用步进键和旋钮键来设置SPAN的大小。注意：此时频谱分析仪的分辨带宽和视频带宽是自动连锁的，改变扫频宽度SPAN的值，分辨带宽和视频带宽将自动调整为适当的数值。

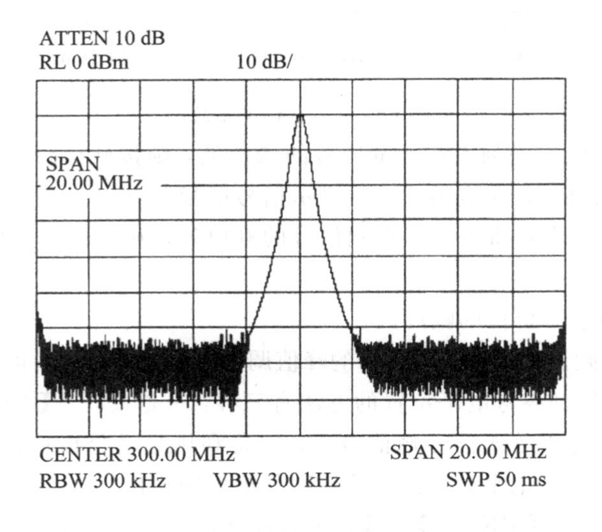


图7-4　设置扫频宽度SPAN为20 MHz

按扫描硬键【SWEEP】，激活扫描时间菜单，设置频谱分析仪的扫描时间。设置扫描时间的软键为〖SWP TIME <u>AUTO</u> MAN〗，当下划线在AUTO下面时，表示扫描时间自动连锁；当下划线在MAN下面时，表示可以手动调整频谱分析仪的扫描时间。扫描时间的设置方法有三种：其一是用频谱分析仪的数字键和单位键进行直接设置；其二是利用步长键设置频谱分析仪的扫描时间；其三是利用频谱分析仪的旋钮键设置扫描时间。

（3）激活频谱分析仪的码刻功能。

在频谱分析仪前面板 MARKER 位置，按【MKR】硬键，在频谱分析仪的迹线中心位置激活码刻，在频谱分析仪 CRT 屏幕左边显示码刻的幅度值和频率值。如图 7－5 所示，用码刻测量的信号幅度为－10 dBm，信号频率为 300 MHz。

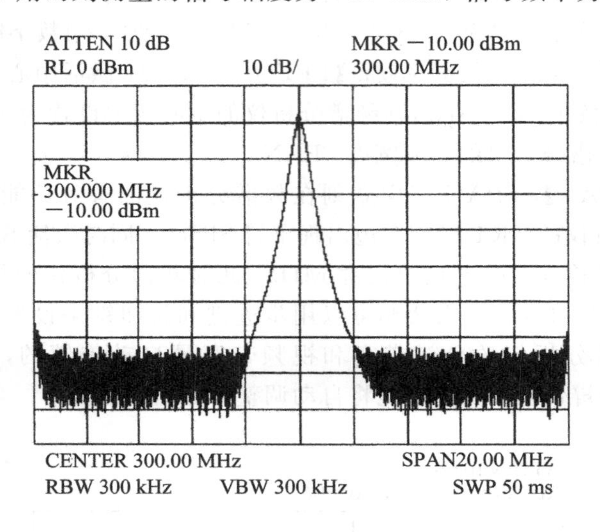


图 7－5　激活码刻示意图

若频谱分析仪的码刻不在测量信号的峰值处，则按硬键【PEAK SEARCH】，将码刻自动移到迹线的最高峰上，并显示信号的幅度和频率值。当然也可以用旋钮键，通过手动的方式将码刻移动到信号的峰值处，并测量出信号幅度和频率的大小。

（4）设置频谱分析仪的幅度。

一般地，将频谱分析仪测量信号的峰值调到参考电平位置，可获得最佳测量精度。调整信号峰值到参考电平位置的方法有三种：一是按硬键【AMPLITUDE】，用数值键输入参考电平等于信号峰值电平；二是利用频谱分析仪前面板的旋钮键，调整信号峰值至参考电平处，也就是频谱分析仪网格的顶上位置；三是首先将码刻置信号峰值处，按【MKR→】硬键，然后按软键〖MARKER→REF LVL〗，将码刻直接调到参考电平处。图 7－6 所示为信号峰值等于参考电平的示意图。

由于频谱分析仪的码刻是活动的，调整频谱分析仪所测量信号峰值至参考电平位置最快的方法是：按码刻功能控制键的【MKR→】硬键，激活其相应的软键菜单；然后按软键〖MARKER→REF LVL〗，将码刻直接调到参考电平处。

前面详细讨论了频谱分析仪测量校准信号的方法，其测量方法同样适合任意 RF信号的测量。图 7－7 所示给出了频谱分析仪测量任意 RF 信号的简单流程图。

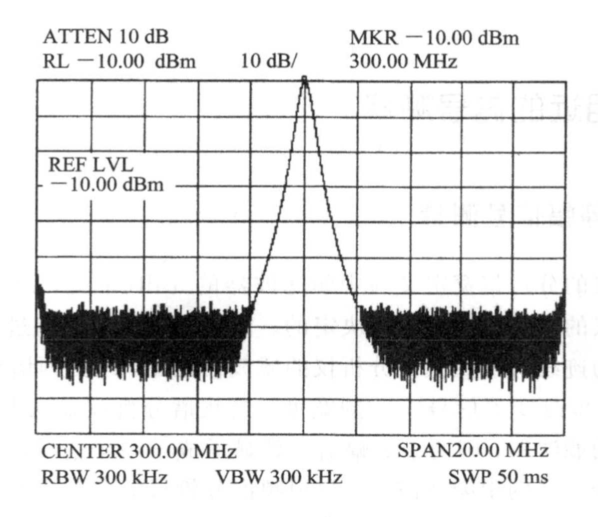


图 7－6　信号峰值等于参考电平的示意图

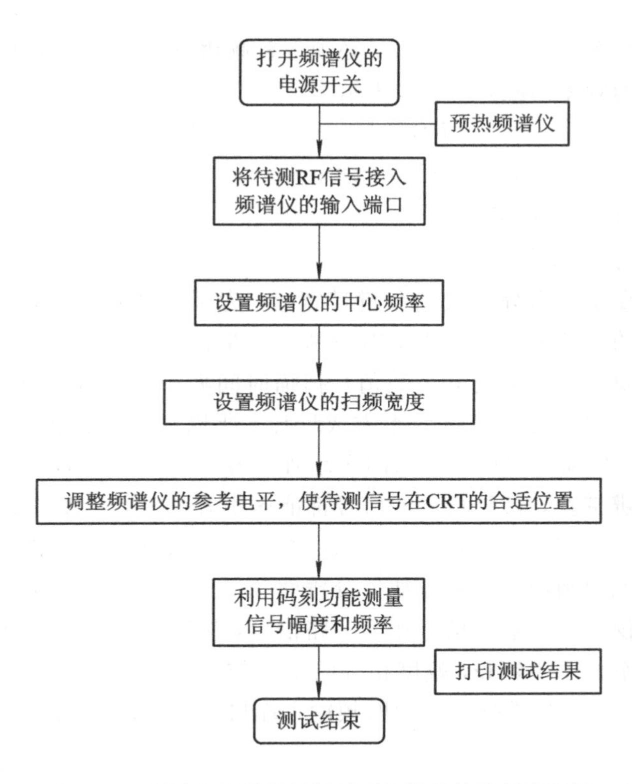


图 7－7　频谱分析仪测量任意 RF 信号的简单流程图

## 7.2 两个频率相近的信号测量

### 7.2.1　两个等幅信号测量

频谱分析仪的分辨带宽定义为中频滤波器的 3 dB 带宽，因此信号的分辨率是由频谱分析仪的中频滤波器带宽决定的。在连续波信号响应过程中，扫频超外差频谱分析仪的迹线可能在频谱分析仪的滤波器之外，改变频谱分析仪中频滤波器带宽的同时，也改变了信号响应的宽度。当频谱分析仪输入两个等幅信号时，如果采用了宽的滤波器，则两个等幅信号就显示成了一个信号，因此信号的分辨率取决于频谱分析仪的中频滤波器。利用频谱分析仪的分辨带宽，不仅能识别幅度相等且频率靠近的信号，而且还能将两个信号区别开来，以便测量每个信号的幅度和频率。

通常要把两个等幅信号分辨开，必须设置频谱分析仪的分辨带宽小于或等于两个信号之间的频率间隔，用公式表示为

$$\mathrm{RBW} \leqslant |f_{\mathrm{sig1}} - f_{\mathrm{sig2}}| \tag{7-1}$$

式中：RBW——频谱分析仪的分辨带宽；

$f_{\mathrm{sig1}}$——信号 1 的频率；

$f_{\mathrm{sig2}}$——信号 2 的频率。

注意：当改变频谱分析仪的分辨带宽时，为了保持频谱分析仪的校准(也就是频谱分析仪的屏幕网格的右边不出现测量不准的字符“meas uncal”)，频谱分析仪的扫描时间要自动调节到某个数值(扫描时间处于自动连锁状态)。由于频谱分析仪的扫描时间与分辨带宽的平方成反比，所以频谱分析仪的分辨带宽按 10 倍因子降低时，扫描时间按 100 倍因子增加。为了获得最快的扫描时间，我们应采用最宽的分辨带宽，只要测量的信号都能区别开来就行。Agilent 8560EC 系列频谱分析仪的分辨带宽在 1 Hz～2 MHz 之间选择，并按 1、3、10 顺序改变。

下面举例说明利用分辨带宽如何分辨两个等幅信号。为了问题的方便，我们利用频谱分析仪的校准输出信号作为一路信号，然后用信号源输出的与频谱分析仪校准信号频率相差 1 kHz，幅度相等的信号作为另一路信号，二者通过射频电缆和三通合成，送给频谱分析仪的射频输入端口。如图 7-8 所示为两个等幅信号测量的原理图。

利用频谱分析仪测量两个等幅信号的步骤如下：

(1) 按照图 7-8 所示，建立测试系统。系统预热，使系统仪器设备工作正常。

设置信号源的频率为300.001 MHz，信号源的输出功率为－10 dBm，等于频谱分析仪校准信号的输出功率。保证连接信号源输出的射频电缆同频谱分析仪校准信号输出电缆的插入损耗相等。

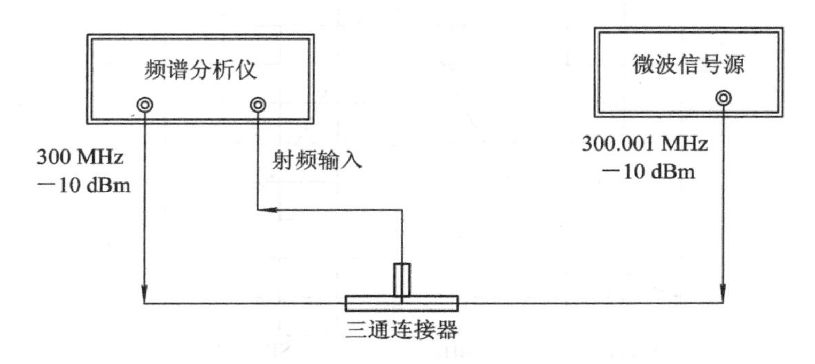


图7-8　两个等幅信号测量的原理图

(2) 按频谱分析仪的热启动键【PRESET】，并设置频谱分析仪的中心频率为300.0006 MHz。

(3) 若设置频谱分析仪的分辨带宽为3 kHz，扫频宽度为50 kHz，则两个信号合在一起，分辨不出来，如图7-9所示。

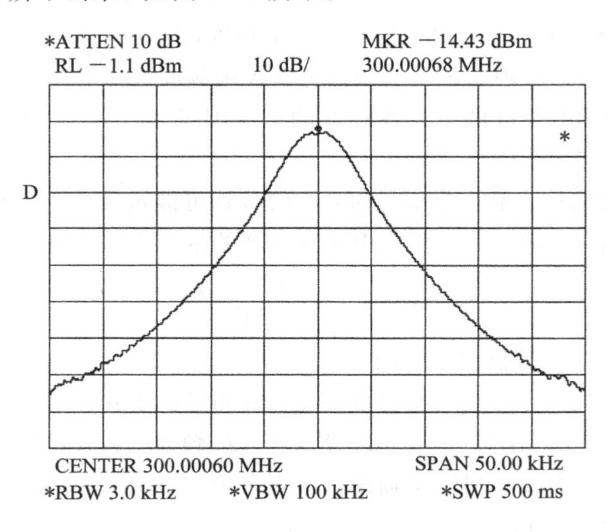


图7-9　RBW＝3 kHz时的两个等幅信号测量示意图

(4) 减小频谱分析仪的分辨带宽，设置频谱分析仪的分辨带宽等于1 kHz，使频谱分析仪的分辨带宽等于两个等幅信号的频率间隔，此时两个等幅信号被分辨开来，如图7-10所示。

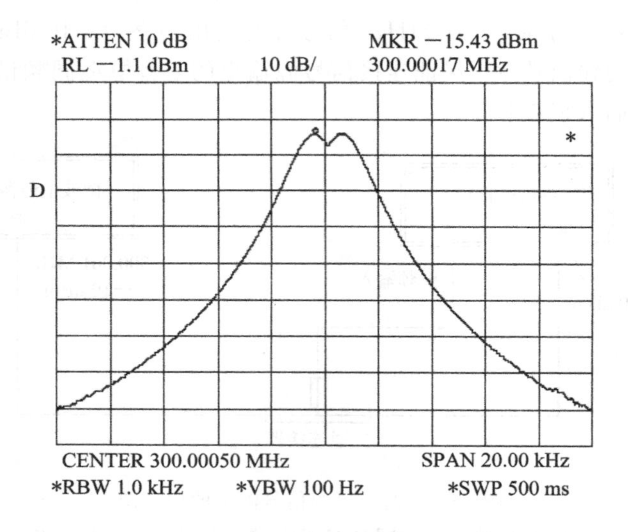


图 7－10　RBW＝1 kHz 时的两个等幅信号测量示意图

## 7.2.2　两个不等幅信号测量

如果频谱分析仪测量的两个信号幅度不相等，则必须考虑频谱分析仪中频滤波器的形状因子。形状因子定义为频谱分析仪中频滤波器的 60 dB 带宽与 3 dB 带宽之比。一般频谱分析仪的中频滤波器的形状因子≤15∶1；对于高分辨率的频谱分析仪，其形状因子为 5∶1。

当测量的大信号太靠近小信号时，小信号就可能被大信号的底部隐藏。为了清楚地测量小信号，频谱分析仪的中频滤波器的带宽必须满足

$$\mathrm{RBW} \leqslant \frac{2 \times |f_{\mathrm{sig1}} - f_{\mathrm{sig2}}|}{\mathrm{SF}} \tag{7-2}$$

式中：SF——频谱分析仪的形状因子。

这里举例说明两个不等幅信号的测量，其测量的步骤如下：

(1) 测量原理图如图 7－8 所示，将 8563EC 频谱分析仪的校准信号输出作为大信号，输出频率为 300 MHz，输出信号电平为－10 dBm；将信号源输出频率设置为 300.001 MHz，信号幅度为－20 dBm。

(2) 利用插入损耗相同的两根射频电缆，将频谱分析仪的校准输出信号和信号源的输出信号分别接入三通连接器的两个端口，三通连接器的另一个端口连接至频谱分析仪的射频输入端口。

(3) 设置频谱分析仪的分辨带宽为 1 kHz，扫频带宽等于 10 kHz。如图 7－11 所示，测量的两个不等幅信号波形，小信号隐藏在大信号中。

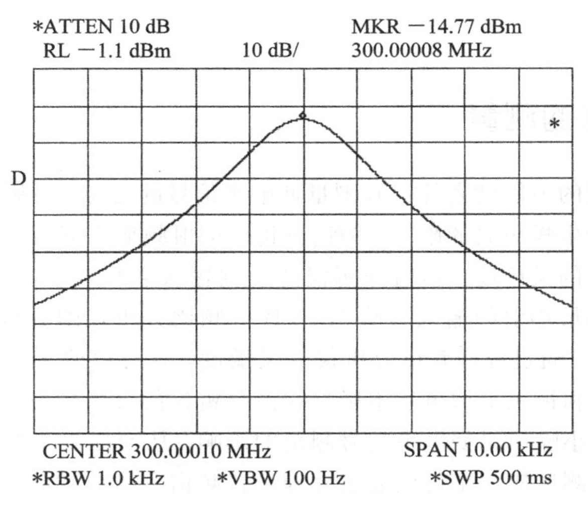


图 7-11　RBW=1 kHz 时的两个不等幅信号测量示意图

(4) 由两个不等幅信号的频率间隔 1 kHz，频谱分析仪的形状因子 5，计算出分辨不等幅信号的分辨带宽为 RBW≤400 Hz。

(5) 减小频谱分析仪的分辨带宽，由于频谱分析仪的分辨带宽按 1、3、10 顺序调整，将频谱分析仪的 1 kHz 分辨带宽减小一次，变为 300 Hz，满足分辨这两个不等幅信号的条件。如图 7-12 所示，当频谱分析仪的分辨带宽等于 300 Hz 时，相隔 1 kHz 的两个不等幅信号被分辨开来，从而可实现两个不等幅信号幅度和频率的测量，也可测量出两个不等幅信号的相对幅度和相对频率。图 7-12 为利用码刻 Δ 测量的两个不等幅信号，其中幅度差为−20.17 dB，频率间隔为 1 kHz。

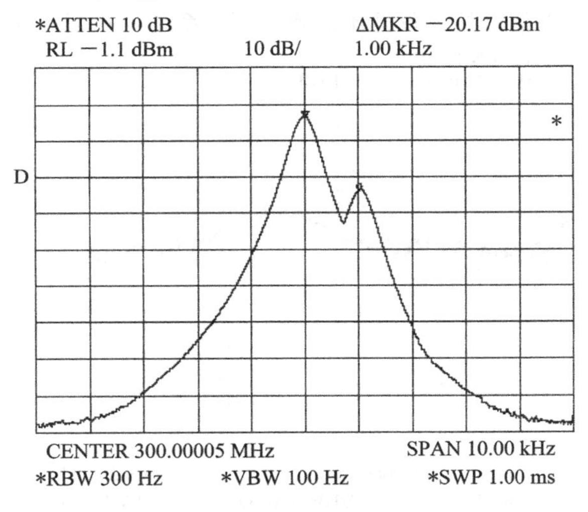


图 7-12　RBW=300 Hz 时相隔 1 kHz 的两个不等幅信号测量示意图

# 7.3 低电平信号的测量

频谱分析仪的灵敏度表征了其测量低电平信号的能力。灵敏度受到频谱分析仪自身内部所产生噪声底的限制。频谱分析仪的射频输入衰减器和分辨带宽直接影响频谱分析仪的灵敏度。频谱分析仪的射频输入衰减越小，其灵敏度越高(一般频谱分析仪的最小射频输入衰减为 0 dB)；频谱分析仪的分辨带宽越窄，其灵敏度越高。显然，通过提高频谱分析仪的灵敏度，就可以改善低电平信号的测量精度。视频带宽和视频平均虽然不影响频谱分析仪的灵敏度，但它能使低电平信号更易测量，减小噪声对低电平信号测量的影响，从而提高了低电平信号的测量精度。下面通过测试实例来说明通过合理设置频谱分析仪的状态参数，来改善和提高低电平信号的测量精度的方法。

## 7.3.1　利用 RF 衰减器测量低电平信号

如果输入频谱分析仪的信号电平接近仪器本底的噪声，则可以通过降低射频输入衰减的方法来使信号从噪声中露出来，从而实现低电平信号的测量。频谱分析仪热启动后，射频输入衰减的默认值是 10 dB，频谱分析仪的最小射频输入衰减为 0 dB。

图 7 - 13 所示为频谱分析仪的射频输入衰减为 10 dB 时的低电平信号测量结果。图 7 - 14 所示为在频谱分析仪其他参数不变的情况下，将频谱分析仪的射频衰减从 10 dB 设置成 0 dB 的低电平信号测量结果。由图 7 - 13 和图 7 - 14 比较可知，当测量的低电平信号接近仪器本底噪声时，系统噪声对低电平信号有抬高作

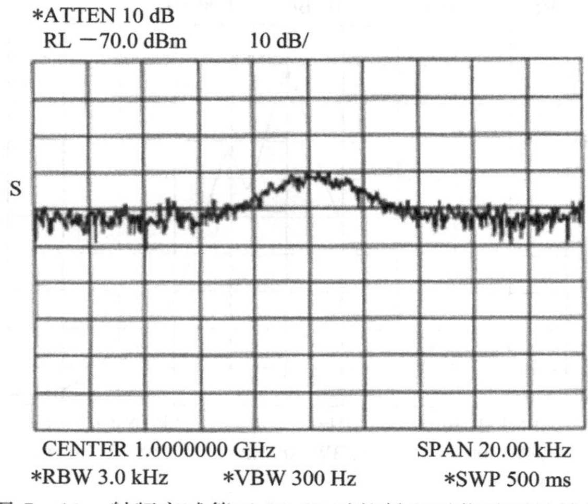


图 7 - 13　射频衰减等于 10 dB 时的低电平信号测量结果

用，从而使测量信号电平比实际电平高；减小频谱分析仪的射频衰减，可以改善频谱分析仪的灵敏度，提高低电平信号的测量精度。

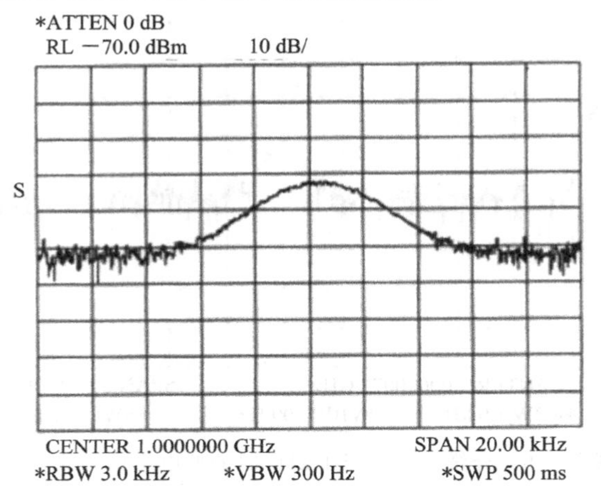


图 7-14　射频衰减等于 0 dB 时的低电平信号测量结果

## 7.3.2　利用分辨带宽测量低电平信号

减小频谱分析仪的分辨带宽可以提高频谱分析仪的灵敏度，从而提高低电平信号的测量精度。在相同条件下，分辨带宽为 1 kHz 的频谱分析仪比分辨带宽为 10 kHz 的频谱分析仪灵敏度高 10 dB。图 7-15 所示为分辨带宽等于 10 kHz 时的低电平信号测量结果；图 7-16 所示为分辨带宽等于 1 kHz 时的低电平信号测量结果。由两个图形比较可知，减小频谱分析仪的分辨带宽，可以提高频谱分析仪的灵敏度，从而提高了低电平信号的测量精度。

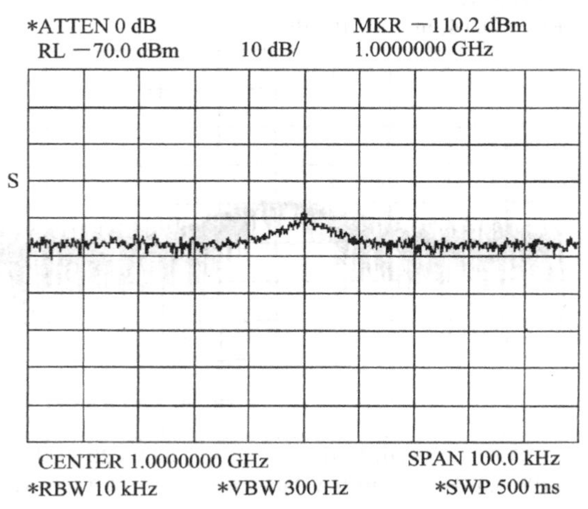


图 7-15　分辨带宽等于 10 kHz 时的低电平信号测量结果

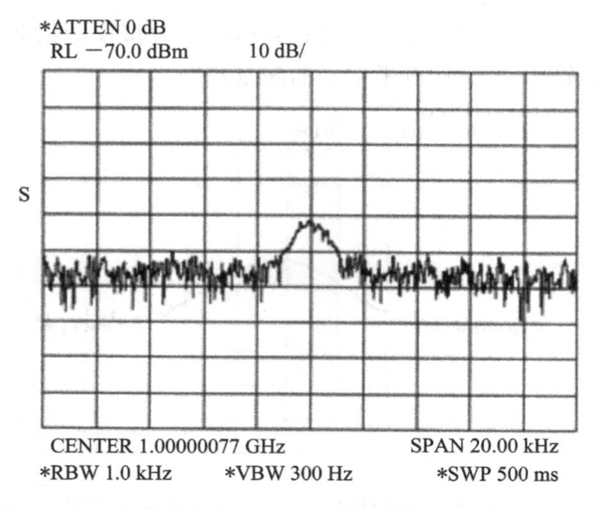


图 7-16　分辨带宽等于 1 kHz 时的低电平信号测量结果

### 7.3.3　利用视频带宽测量低电平信号

视频带宽是视频滤波器带宽，它不影响频谱分析仪的灵敏度，但视频带宽在噪声测量和低电平信号测量中是很有用的。视频滤波器是后置滤波器，可以平均随机噪声，平滑所测量的显示迹线。当频谱分析仪测量的低电平信号接近频谱分析仪的本底噪声电平时，低电平信号将会被噪声淹没，这时将视频滤波器带宽变窄来平滑噪声，就可以改善低电平信号测量的可见度。

图 7-17 所示为频谱分析仪视频带宽 VBW=3 kHz 时的低电平信号测量结果；图 7-18 所示为视频带宽 VBW=300 Hz 时的低电平信号测量结果。比较这

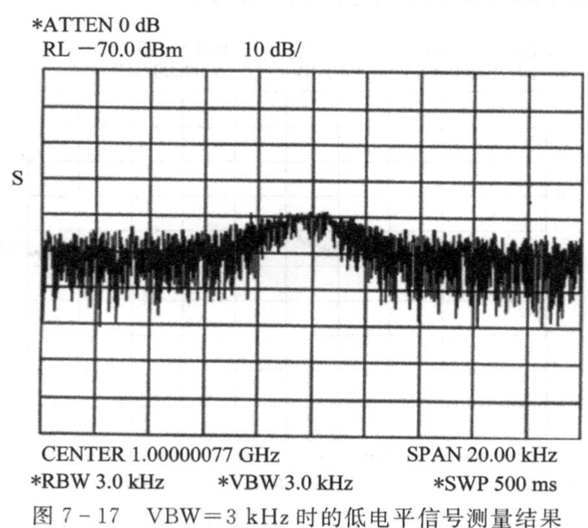


图 7-17　VBW=3 kHz 时的低电平信号测量结果

两个图形可知，减小频谱分析仪的视频带宽，减小了随机噪声对低电平信号测量的影响，平滑了随机噪声，从而改善了低电平信号的测量精度。但要注意的是：当减小频谱分析仪视频带宽时，频谱分析仪的屏幕应不出现测量不准的信息。在频谱分析仪测量过程中，频谱分析仪的分辨带宽、扫描时间、扫频带宽和视频带宽均应设置合理，以保证测量信号的精度。

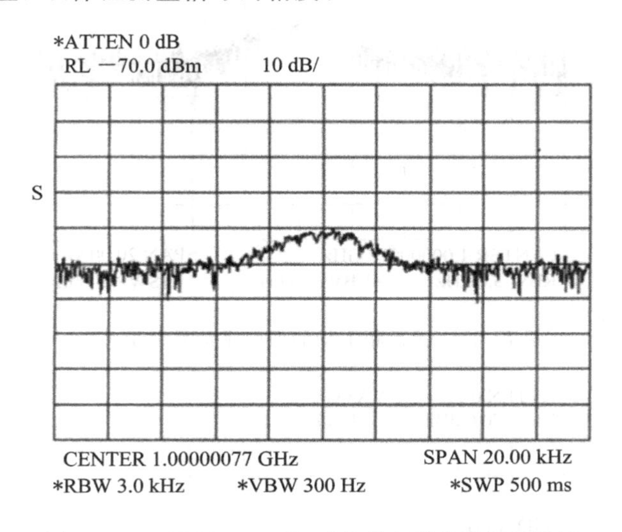


图 7-18　VBW=300 Hz 时的低电平信号测量结果

### 7.3.4　利用视频平均测量低电平信号

当频谱分析仪测量的低电平信号接近仪器本底噪声时，利用视频平均技术可以改善信号测量的可见度，从而使低电平信号易于测量。

视频平均是一种数字处理技术，每一次出现的迹线点与以前的平均迹线点进行平均，从而使低电平信号更容易测量。Agilent 8560EC 系列频谱分析仪选择视频平均的方法是：按带宽【BW】硬键，然后按软键〖VID AVG ON OFF〗，频谱分析仪的屏幕网格左边显示字符 VID AVG ♯100，其中 100 表示频谱分析仪默认的平均次数，现行的平均次数显示在频谱分析仪 CRT 网格外周的上边。如果改变频谱分析仪的有效功能参数，如中心频率、参考电平等，则重新启动视频平均，当按频谱分析仪的迹线观察键时，频谱分析仪当前平均次数显示在 CRT 网格外周的上边。图 7-19 所示为无视频平均的低电平信号测量波形；图 7-20 所示为视频平均 20 次的低电平信号测量波形。比较这两个图形可知，利用视频平均技术可以减小随机噪声对低电平信号测量的影响，从而改善了低电平信号的测量精度。

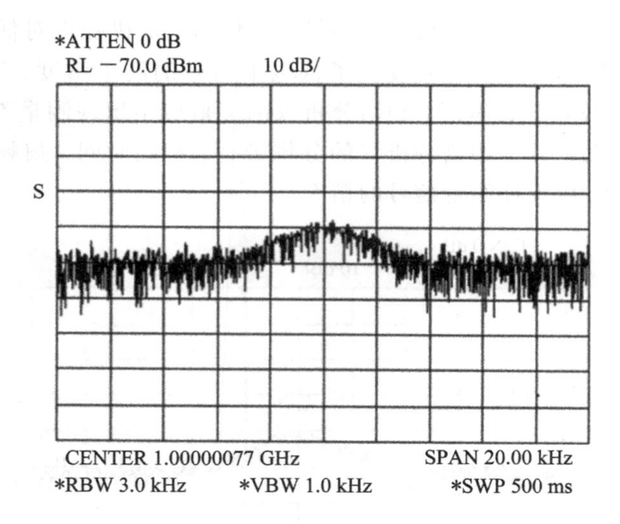


图 7-19　无视频平均的低电平信号测量波形

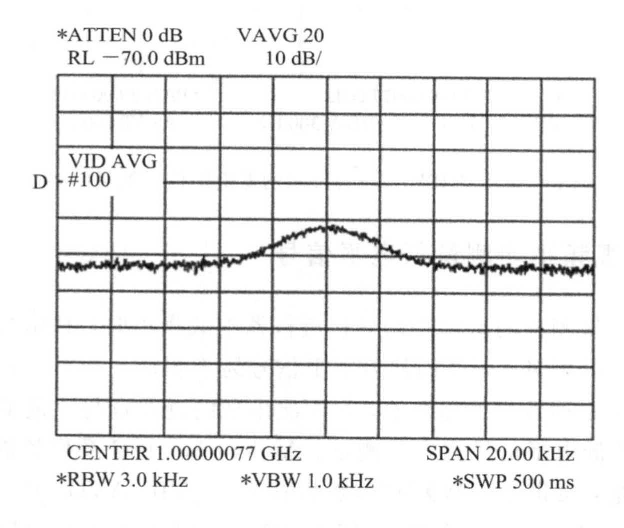


图 7-20　视频平均 20 次的低电平信号测量波形

### 7.3.5　低电平信号测量的应用举例

这里以安立公司的 MS2726C 手持频谱分析仪直接测量卫星信标为例，说明频谱分析仪在低电平信号测量中的应用。

图 7-21 所示为 MS2726C 手持频谱分析仪的示意图。该款手持频谱分析仪是安立推出的最新一代手持频谱分析仪，其工作频率覆盖 9 kHz～43 GHz，该仪器具有很高的灵敏度，提供了测量极低电平信号的能力。MS2726C 手持频谱分析

仪内置宽带前置放大器，使频谱分析仪具有很高的灵敏度。例如，频谱分析仪内置前置放大器开的情况下，当射频衰减至 0 dB，分辨带宽为 1 Hz 时，10 MHz～4 GHz 频段的灵敏度达到 −160 dBm；4～9 GHz 频段的灵敏度达到 −156 dBm；9～13 GHz 频段的灵敏度达到 −152 dBm；13～20 GHz 频段的灵敏度达到 −145 dBm；20～32 GHz 频段的灵敏度达到 −154 dBm；32～43 GHz 频段的灵敏度达到 −147 dBm，可用于低电平信号的检测。

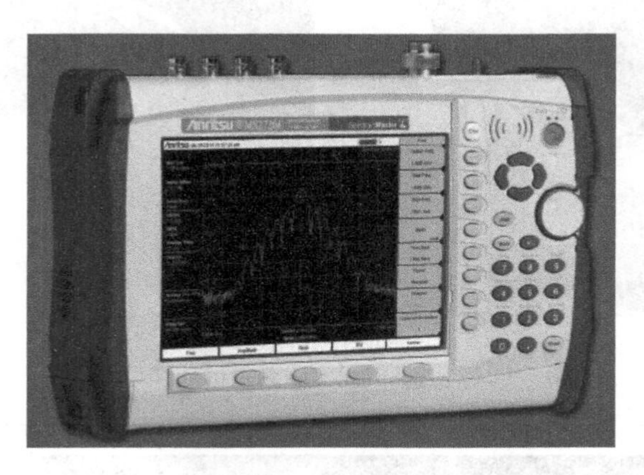

图 7 - 21　MS2726C 手持频谱仪示意图

地球同步轨道卫星的信标信号到达地面很微弱，一般用天线和频谱仪无法直接测量信标信号的大小，必须按照图 7 - 22 所示的原理图，地面站天线接收来自卫星的信号，经低噪声放大器放大后，用频谱分析仪方可测量卫星信标信号的大小。由于 MS2726C 手持频谱分析仪具有很高的灵敏度(预放开)，因此可去掉图 7 - 22 中的低噪声放大器，用 MS2726C 直接测量卫星信标信号的大小。这里给出了 C 波段 6.2 米天线接收鑫诺三号 125°E 卫星信标的测量结果，图 7 - 23 所示为卫星信标实际测量的连接原理图，图 7 - 24 所示为鑫诺三号 125°E 卫星信标信号的测量结果，图中频谱分析仪的主要参数设置为：射频衰减 ATTEN＝0 dB；分辨带宽 RBW＝10 Hz；视频带宽 VBW＝3 Hz。

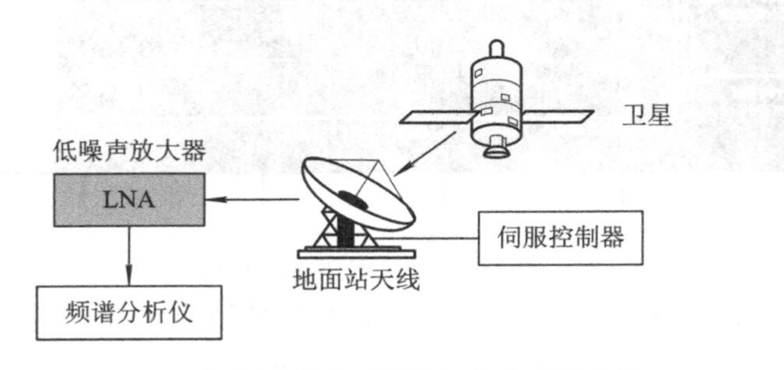


图 7 - 22　频谱仪测量卫星信标的典型原理图

图 7-23　卫星信标实际测量的连接原理图

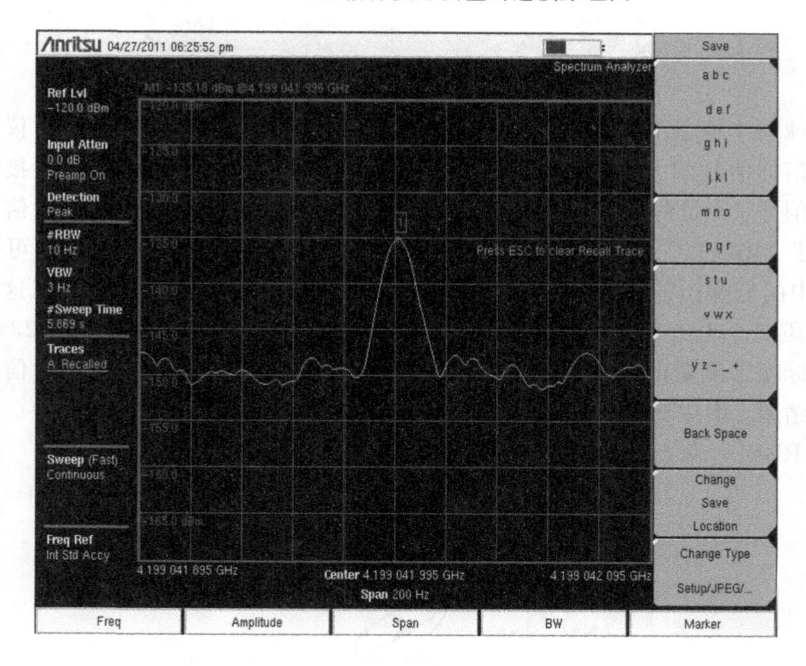


图 7-24　鑫诺三号 125°E 卫星信标信号的测量结果

由图 7-24 可得：卫星信标信号电平测量结果为 －135.18 dBm，频率为 4.199 041 996 GHz。测量结果表明：MS2726C 手持频谱分析仪具有很高的灵敏度，可用于低电平信号的直接测量。

### 7.3.6　低电平信号测量的修正

当用频谱分析仪测量低电平信号时，特别是当测量的信号电平接近频谱分析仪的本底噪声时，由于频谱分析仪的本底噪声和内部失真的影响，使测量的信号电平高于实际的信号电平，从而降低了低电平信号的测量精度，因此在低电平信号的测量中，应考虑频谱分析仪本底噪声对低电平信号电平测量的影响。

设频谱分析仪测量的低电平信号的真实功率为 $P$[dBm]，频谱分析仪测量的信号加噪声功率电平为 $(P+N)_{\text{mea}}$[dBm]，频谱分析仪的本底噪声功率为 $N$[dBm]，则频谱分析仪测量的信噪比 $\text{SNR}_{\text{mea}}$ 为

$$\text{SNR}_{\text{mea}} = \frac{(P+N)_{\text{mea}}}{N} \tag{7-3}$$

真实信噪比 SNR 为

$$\text{SNR} = \frac{P}{N} \tag{7-4}$$

由式(7-3)和式(7-4)可得，用分贝表示的信噪比为

$$\text{SNR}_{\text{mea}}[\text{dB}] = (P+N)_{\text{mea}}[\text{dBm}] - N[\text{dBm}] \tag{7-5}$$

$$\text{SNR}[\text{dB}] = P[\text{dBm}] - N[\text{dBm}] \tag{7-6}$$

定义修正因子 CF 为

$$\begin{aligned}\text{CF}[\text{dB}] &= \text{SNR}_{\text{mea}}[\text{dB}] - \text{SNR}[\text{dB}] \\ &= (P+N)_{\text{mea}}[\text{dBm}] - P[\text{dBm}]\end{aligned} \tag{7-7}$$

由式(7-7)可知，只要知道修正因子的大小和测量信号加噪声的信号电平 $(P+N)_{\text{mea}}$[dBm]，就可以计算真实信号电平的大小。用公式表示为

$$P[\text{dBm}] = (P+N)_{\text{mea}}[\text{dBm}] - \text{CF}[\text{dB}] \tag{7-8}$$

由测量的信噪比，利用下式计算真实信噪比的大小

$$\text{SNR} = 10 \times \log(10^{\frac{\text{SNR}_{\text{mea}}}{10}} - 1) \tag{7-9}$$

由测量的信噪比，利用下式计算修正因子的大小

$$\text{CF} = \text{SNR}_{\text{mea}} - 10 \times \log(10^{\frac{\text{SNR}_{\text{mea}}}{10}} - 1) \tag{7-10}$$

表 7-1 所示给出了测量信噪比与修正因子的计算结果。图 7-25 所示为测量信噪比与修正因子的关系曲线。计算结果表明：在低电平信号测量中，特别是测量信噪比小于 20dB 时，应考虑系统噪声对低电平信号测量的影响，这种误差修正是很重要的；当测量信噪比大于 20 dB 时，可忽略此项误差。例如，用 Agilent 8563EC 频谱分析仪测量信号功率电平为－98.5 dBm，测量的频谱分析仪的本底噪声功率电平为－103.5 dBm，可计算出测量信噪比为 5 dB。由表 7-1 可知，若修正因子为 1.651dB，则真实的信号功率电平为

$$P[\text{dBm}] = -98.50 - 1.651 = -100.151[\text{dBm}]$$

**表 7－1　修正因子的计算结果**

| 测量信噪比(dB) | 修正因子(dB) | 测量信噪比(dB) | 修正因子(dB) |
| --- | --- | --- | --- |
| 20.00 | 0.044 | 10.00 | 0.458 |
| 19.50 | 0.049 | 9.50 | 0.517 |
| 19.00 | 0.055 | 9.00 | 0.584 |
| 18.50 | 0.062 | 8.50 | 0.661 |
| 18.00 | 0.069 | 8.00 | 0.749 |
| 17.50 | 0.078 | 7.50 | 0.850 |
| 17.00 | 0.088 | 7.00 | 0.961 |
| 16.50 | 0.098 | 6.50 | 1.101 |
| 16.00 | 0.110 | 6.00 | 1.256 |
| 15.50 | 0.124 | 5.50 | 1.438 |
| 15.00 | 0.140 | 5.00 | 1.651 |
| 14.50 | 0.157 | 4.50 | 1.903 |
| 14.00 | 0.176 | 4.00 | 2.205 |
| 13.50 | 0.198 | 3.50 | 2.570 |
| 13.00 | 0.223 | 3.00 | 3.021 |
| 12.50 | 0.251 | 2.50 | 3.589 |
| 12.00 | 0.283 | 2.00 | 4.329 |
| 11.50 | 0.319 | 1.50 | 5.345 |
| 11.00 | 0.359 | 1.00 | 6.868 |
| 10.50 | 0.405 | — | — |

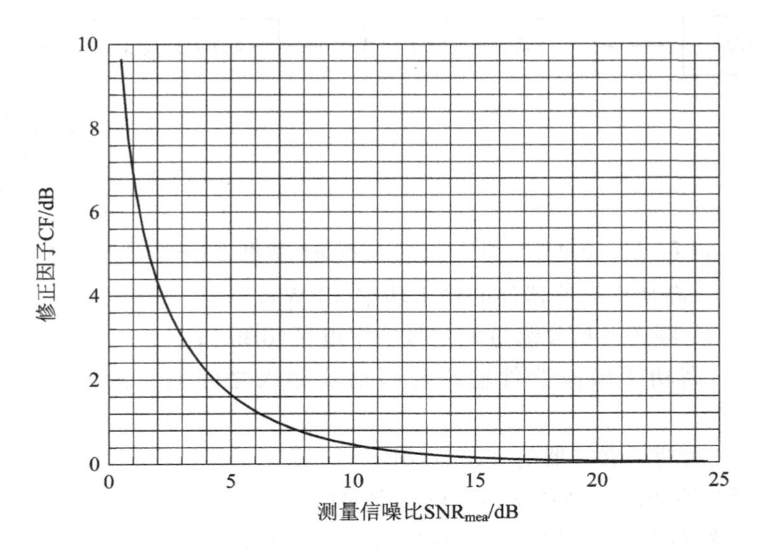


图 7-25　测量信噪比与修正因子的关系曲线

## 7.4 大功率信号测量

频谱分析仪小信号测量能力受频谱分析仪灵敏度的限制，大功率信号测量能力受频谱分析仪的最大安全输入电平的限制。当频谱分析仪的输入信号超过最大安全输入电平时，就会烧毁频谱分析仪。例如 Agilent 8563EC 频谱分析仪最大安全输入电平是+30 dBm，也就是说该频谱分析仪的最大测量功率是 1 W。在这一节里介绍高功率微波器件大功率信号的测量方法。

### 7.4.1　衰减器法

衰减器法测量高功率微波器件输出功率的基本思想是：利用衰减器将高功率微波器件的输出功率衰减至频谱分析仪可测量的功率范围，然后用频谱分析仪进行测量，由频谱分析仪测量的信号功率电平可推算出高功率微波器件的输出功率的大小。图 7-26 所示为衰减器法测量高功率微波器件输出功率的原理方框图。

衰减器法测量高功率微波器件输出功率的原理方法是：按照图 7-26 所示，建立测试系统，微波信号源提供高功率微波器件的激励信号，高功率微波器件的输出经大功率衰减器衰减后，用频谱分析仪测量信号功率电平的大小。则高功率微波器件的输出功率为

$$P_{\mathrm{out}} = P_{\mathrm{mea}} + L_{\mathrm{RF\Sigma}} + A - 30 \qquad (7-11)$$

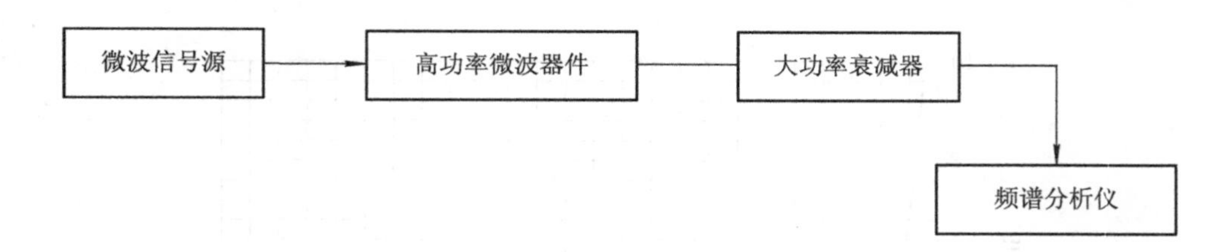


图 7-26 衰减器法测量高功率微波器件输出功率的原理方框图

式中：$P_{out}$——高功率微波器件的输出功率(dBW)；

$P_{mea}$——频谱分析仪测量的信号功率电平(dBm)；

$L_{RF}$——高功率微波器件输出与频谱仪输入之间射频测试电缆的总损耗(dB)；

$A$——大功率衰减器的衰减量(dB)。

利用衰减器法测量高功率器件的功率时应注意：测试所用的衰减器为大功率衰减器，衰减器的衰减量应确保衰减后的输出功率小于频谱分析仪的最大安全输入功率；另外，大功率衰减器的衰减量和测试所用射频电缆的损耗应精确校准，以改善高功微波器件输出功率的测量精度。

### 7.4.2 定向耦合器法

图 7-27 所示为定向耦合器法测量高功率微波器件输出功率的原理方框图。

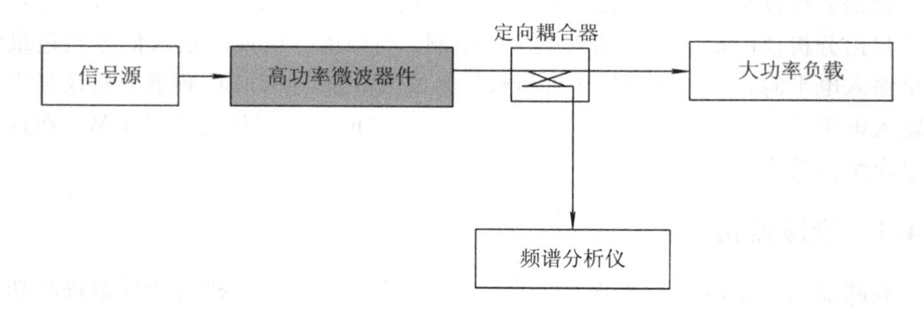


图 7-27 定向耦合器法测量高功率微波器件输出功率测量原理框图

定向耦合器法测量高功率微波器件输出功率的原理方法是：按照图 7-27 所示的原理框图，建立测试系统，信号源提供高功率微波器件的输入激励信号，高功率微波器件的输出通过定向耦合器，定向耦合器输出端口接大功率负载，定向耦合器的耦合端口接频谱分析仪。用频谱分析仪测量出定向耦合器的耦合输出功率的大小，则高功率放大器的输出功率为：

$$P_{out} = P_{mea} + C + L_{RF} - 30 \tag{7-12}$$

式中：$P_{out}$——高功率微波器件的输出功率(dBW)；

$P_{mea}$——频谱分析仪测量的信号功率电平(dBm)；

$C$——定向耦合器的耦合系数(dB)；

$L_{RF}$——定向耦合器与频谱仪之间的射频测试电缆损耗(dB)。

定向耦合器法是测量高功率微波器件输出功率的常用方法。为了精确测量高功率微波器件的输出功率，在测量之前，定向耦合器的耦合系数需要精确校准，测试所用的射频电缆的损耗需要精确标定。

高功率放大器是常用的高功率微波器件，在地面站天线系统中广泛使用。图7-28所示为定向耦合器法在卫星通信地面站系统中测量高功率放大器输出功率的原理方框图。

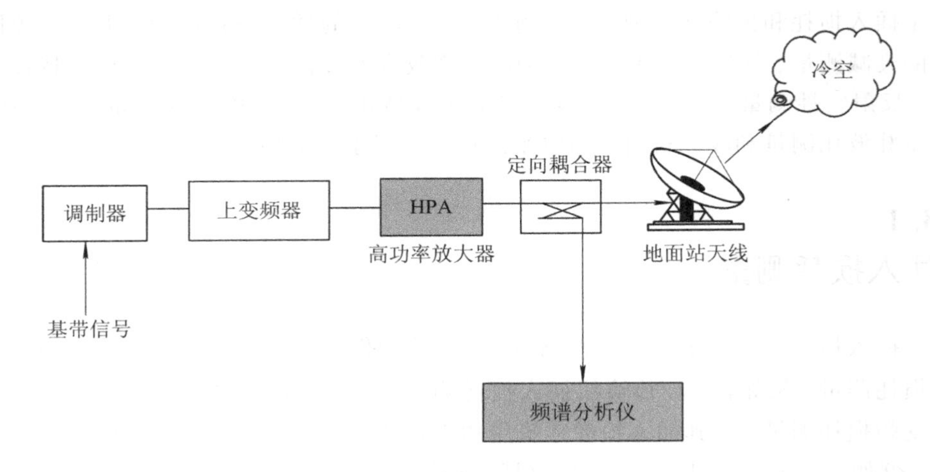


图7-28　卫星通信地面站高功率放大器输出功率测量的原理框图

# 第8章　传输与反射特性测量

频谱分析仪可用来测量待测件的传输特性和反射特性。传输特性测量一般指的是插入损耗和传输增益测量等，例如，射频电缆的插入损耗测量、天线馈源网络的衰减测量、低噪声放大器增益和高功率放大器增益测量等均属于传输特性测量；反射特性测量一般指反射系数(或电压驻波比)和反射电平的测量等，例如，电压驻波比测量和吸波材料反射电平测量等均属于反射特性测量。

## 8.1 插入损耗测量

插入损耗测量属于传输特性测量。依据待测件的端口可分为两端口待测件插入损耗测量，例如，微波传输线插入损耗测量、微波滤波器插入损耗测量、变频器变频损耗测量等，其插入损耗常采用功率比法测量；单端口待测件插入损耗测量，例如，天线插入损耗、馈源网络插入损耗测量等，其常采用短路法进行测量；无端口待测件插入损耗测量，例如，墙壁插入损耗测量、屏蔽暗室屏蔽损耗测量、频率选择面传输损耗测量、圆孔金属板的微波传输损耗测量等，其常采用空间传输法进行测量。下面分别简述不同端口待测件插入损耗的测量方法。

### 8.1.1　两端口待测件插入损耗测量

两端口待测件插入损耗测量常采用功率比法进行测量，即测量出待测件的输入和输出功率，从而计算出待测件插入损耗的大小。

这里以微波传输线插入损耗测量为例，来说明两端口插入损耗测量的原理和方法。微波传输线主要用作馈线，常用的微波传输线有：同轴传输线、矩形波导传输线、圆波导传输线和椭圆波导传输线等。传输线的主要技术指标是：插入损耗和电压驻波比。下面介绍利用频谱分析仪测量两端口待测件插入衰减的原理方法。

图8-1所示为两端口待测件插入损耗测量的原理图。

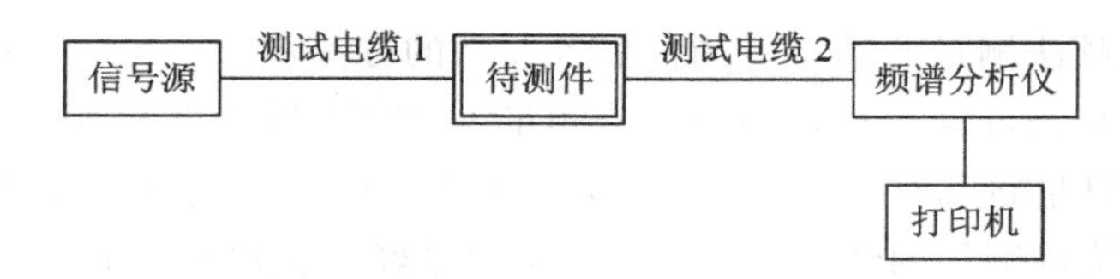


图 8－1　两端口待测件插入损耗测量的原理图

利用微波频谱分析仪测量两端口待测件插入损耗的原理是：首先在不接待测件的情况下，用频谱分析仪测量出微波信号源输出经测试电缆传输的输出功率，记为 $P_1$[dBm]；然后接入待测件，并保持信号源的输出频率和功率不变，同理用频谱分析仪测量出信号源输出经测试电缆和待测件的输出功率，记为 $P_2$[dBm]，则待测件的插入损耗 IL[dB]为

$$IL[dB] = P_1[dBm] - P_2[dBm] \tag{8-1}$$

利用功率比法测量两端口待测件的插入损耗的步骤如下：

(1) 按照图 8－1 所示建立测试系统，加电预热，使系统测试仪器设备工作正常，以保证测试精度。

(2) 在不接待测件的情况下，将测试电缆 1 和测试电缆 2 用直通连接器连接在一起，也就是将信号源的输出经测试电缆 1 和测试电缆 2 接入频谱分析仪的射频输入端口。

(3) 设置信号源的工作参数。一般按照测试计划要求，让信号源输出一单载波信号，其射频输出功率一般设置为 0 dBm 或－10 dBm，并打开信号源的射频输出开关。

(4) 设置频谱分析仪的工作参数。如频谱分析仪的中心频率、分辨带宽、视频带宽和扫描时间等。注意频谱分析仪的参数设置一定要协调合理，以保证频谱分析仪的 CRT 屏幕不出现测量不准的信息。

(5) 记录频谱分析仪测量的信号功率电平 $P_1$[dBm]，并将频谱分析仪的测量迹线存储在 B 存储器里。

(6) 关闭信号源的射频输出开关，按照图 8－1 所示接入待测件，连接完毕后，打开信号源的射频输出开关，且保持信号源的工作频率和射频输出功率不变，同理用频谱分析仪测量出信号功率电平的大小，记为 $P_2$[dBm]，并将测量迹线存储在频谱分析仪的 A 存储器里。

(7) 根据步骤(5)和(6)测量的功率电平，利用式(8－1)计算待测件插入损耗的大小。亦可以利用频谱分析仪的码刻和码刻 Δ 功能，由测量迹线 A 和迹线 B 直接测出插入损耗的大小。

(8) 用打印机或绘图仪输出测量结果。

(9) 改换测试频率，重复上述步骤，同理可以测量其他任意频率的插入损耗，从而测量出待测件插入损耗的频率特性。

以上是点频法测量两端口待测件插入损耗的方法步骤，其测量原理方法同样适用于两端口待测件插入损耗的扫频法测量。扫频法测量插入损耗的方法同点频法测量一样，只是将信号源用扫频信号源代替，并按测试计划要求发射扫频信号。首先在不接待测件的情况下，将此扫频信号经测试电缆直接接入频谱分析仪的射频输入端口，合理设置频谱分析仪的状态参数，并用频谱分析仪的最大保持功能直接测量出信号源的扫频输出响应，记为 $P_1(f)$[dBm]，并存储在频谱分析仪的 B 存储器里；然后，接上待测件，保持信号源和频谱分析仪的设置参数不变，运用频谱分析仪的最大保持功能，同理测量出信号源输出经测试电缆和待测件的输出响应曲线，记为 $P_2(f)$[dBm]，并存储在频谱分析仪的 A 存储器里；最后利用微波频谱分析仪的码刻和码刻 Δ 功能直接读出不同频率点的插入损耗 IL($f$)的大小，用公式表示为

$$\mathrm{IL}[\mathrm{dB}] = P_1(f)[\mathrm{dBm}] - P_2(f)[\mathrm{dBm}] \tag{8-2}$$

需要说明的是：当待测件插入损耗很小时，由于系统驻波和多重反射的影响，用频谱分析仪很难精确地测量出插入损耗的大小。因此该方法比较适合中等以上插入损耗的测量。

表 8-1 给出了某工程应用的 Ku 波段 5 米射频电缆典型频率的插入损耗测量结果。图 8-2 为整个测试频段内插入损耗的测量结果。

**表 8-1　Ku 波段 5 米射频电缆典型频率的插入损耗测量结果**

| 测试频率(GHz) | 插入损耗(dB) | 测试频率(GHz) | 插入损耗(dB) |
|---|---|---|---|
| 12.0 | 8.42 | 13.5 | 8.25 |
| 12.5 | 9.75 | 14.0 | 7.91 |
| 13.0 | 9.00 | 14.5 | 8.41 |

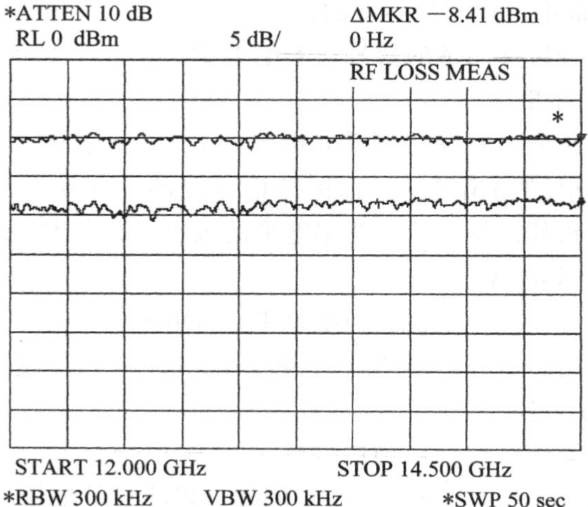


图 8-2　Ku 波段 5 米射频电缆整个频段内的插入损耗测量结果

## 8.1.2　单端口待测件插入损耗测量

8.1.1 节讨论了两端口待测件插入损耗测量的原理和方法。但是，在实际工程测量中，经常遇到像天线及馈源网络等单端口待测件，用功率比法无法实现其插入损耗测量。因此，这里以天线馈源网络为例，说明单端口待测件插入损耗测量的原理和方法。

天线馈源网络的种类很多。按照极化可分为圆极化馈源网络、线极化馈源网络和双极化馈源网络(可实现线极化与圆极化相互切换)；按照馈源网络的端口可分为单端口馈源网络、双端口馈源和四端口馈源网络等。下面讨论天线馈源网络插入损耗测量的常用方法。

**1. 短路法测量馈源网络插入损耗**

短路法适用于任意单端口待测件插入损耗的测量。馈源网络分为圆极化馈源网络和线极化馈源网络，其测量的方法有些不同，下面分别进行讨论。

1) 频谱复用圆极化馈源网络插入损耗测量

频谱复用圆极化馈源网络通常是一个四端口馈源网络，即发射两个圆极化端口(左旋圆极化端口和右旋圆极化端口)，接收两个圆极化端口(左旋圆极化端口和右旋圆极化端口)。

图 8－3 所示为频谱复用圆极化馈源网络插入损耗测量的原理图。

在图 8－3 中，TX-LHCP 表示发射左旋圆极化端口，TX-RHCP 表示发射右旋圆极化端口；RX-LHCP 表示接收左旋圆极化端口，RX-RHCP 表示接收右旋圆极化端口。测量频谱复用馈源网络插入损耗的步骤如下：

(1) 按照图 8－3 所示，建立测试系统，系统加电预热，使系统仪器设备工作正常。

(2) 系统定标测量。将测试电缆 1 的波导同轴转换和测试电缆 2 的波导同轴转换对接，如图 8－4 所示。按照测试计划要求，设置信号源输出功率和测试频率，用频谱分析仪测量信号源输出功率通过测试电缆 1、对接的波导同轴转换和测试电缆 2 后的输出功率大小，记为 $P_d$(dBm)；改变测试频率，分别测量出不同频率点的定标信号电平的大小，记为 $P_d(f)$，并将测量曲线存储在频谱分析仪的内存储器内。

(3) 关闭信号源的射频输出开关，将测试电缆 1 的波导同轴转换接图 8－3 所示的接收右旋极化端口(RX-RHCP)，将测试电缆 2 的波导同轴转换接接收左旋圆极化端口。打开信号源的射频输出开关，保持信号源射频输出功率不变，信号源的输出由 RX-RHCP 端口输入，经过测试网络和馈源喇叭，在待测的馈源喇叭口面有短路器全反射，其反射波为左旋圆极化，反射的左旋圆极化波经馈源喇

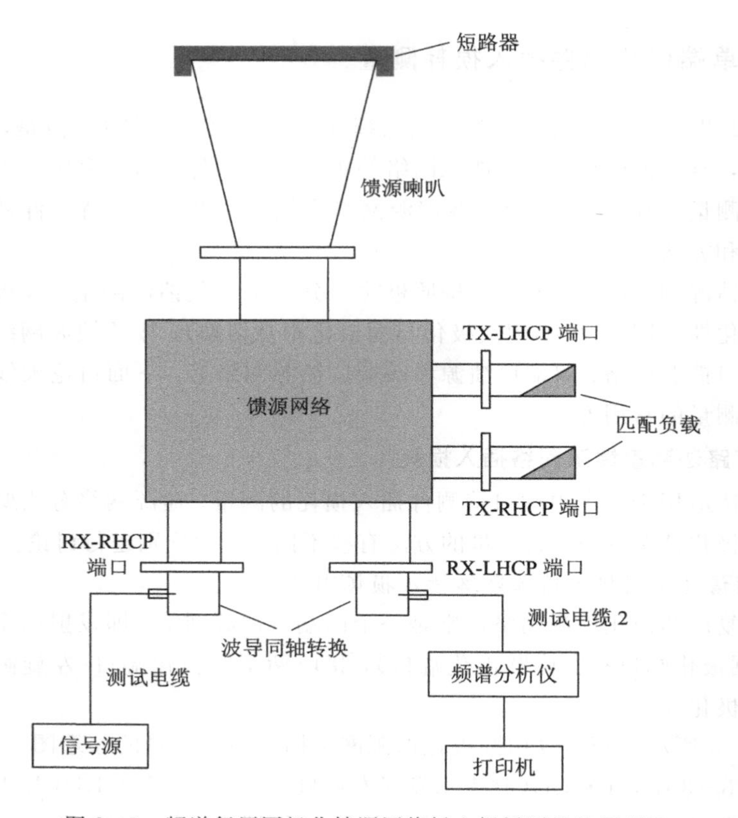


图 8－3　频谱复用圆极化馈源网络插入损耗测量的原理图

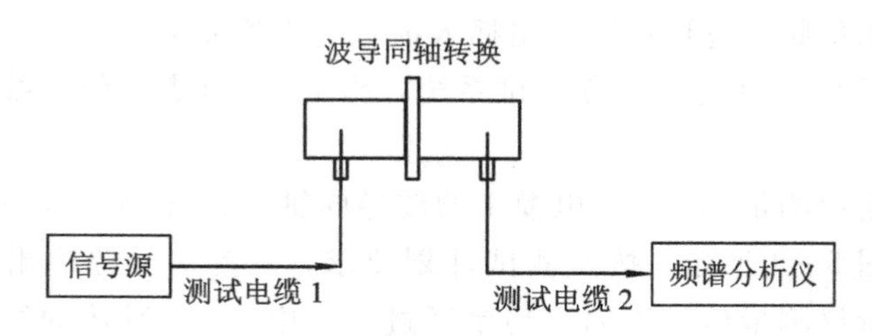


图 8－4　系统定标测量原理图

叭和网络由接收左旋圆极化端口接收，此时频谱分析仪测量的信号电平为 $P_{m}$(dBm)；改变信号源的频率，同理测量不同频率点信号电平为 $P_{m}(f)$，并将测量曲线存储在频谱分析仪的存储器内。

(4) 计算待测馈源网络的插入损耗。假设待测馈源网络的左旋圆极化通道与右旋圆极化通道插入损耗近似相等，则圆极化待测馈源网络不同频率点的插入损耗 $IL_{CP}(f)$ 为

$$IL_{CP}(f)[dB]=\frac{P_d(f)[dBm]-P_m(f)[dBm]}{2} \quad (8-3)$$

需要说明的是：前面讨论的测量方法是点频法测量馈源网络插入损耗，其测量的原理方法同样适用于扫频法测量馈源网络的插入损耗；在馈源网络插入损耗测量计算中，忽略了馈源网络端口隔离度的影响。

2）线极化馈源网络插入损耗测量

前面讨论的频谱复用圆极化馈源网络插入损耗的测量方法不仅无法测量单端口圆极化馈源网络，而且无法测量线极化馈源网络的插入损耗测量。因为单端口圆极化馈源网络无反极化端口，线极化馈源网络短路后的反射波仍为线极化。线极化馈源网络插入损耗测量可借助于定向耦合器和频谱分析仪来完成。对于单端口圆极化馈源网络，可改变移相器的位置，使其处在线极化工作状态下，从而可以测量馈源网络的插入损耗。图 8－5 所示为线极化馈源网络插入损耗测量的原理图。

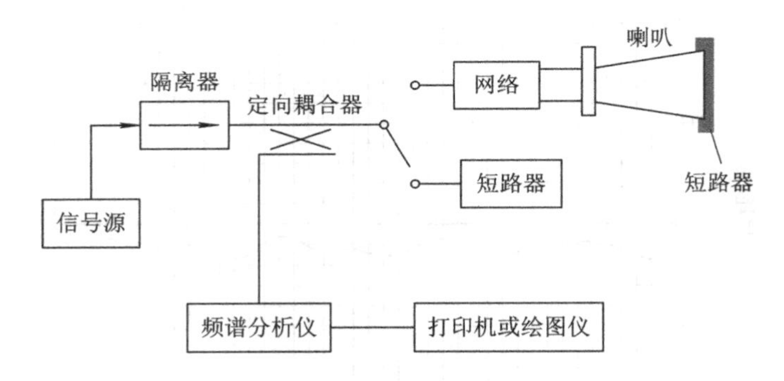


图 8－5　线极化馈源网络插入损耗测量原理图

测量线极化馈源网络插入损耗的步骤如下：

（1）按照图 8－5 所示建立测试系统，加电预热，使系统仪器设备工作正常（图 8－5 中的隔离器用来减小信号源反射对测量结果的影响）。

（2）在不接待测馈源网络的情况下，将定向耦合器的输出端口直接接短路器，信号源发射一单载波信号，经隔离器、定向耦合器和短路器全反射，频谱分析仪在定向耦合器的耦合端口测量信号电平，并记为 $P_1$[dBm]。

（3）关闭信号源的射频输出开关，去掉定向耦合器输出端口的短路器，将定向耦合器直接与待测馈源网络连接，并在馈源喇叭口处短路，打开信号源输出开关，保持信号源的输出功率和频率不变，此时频谱分析仪在定向耦合器的耦合端口测量的信号功率电平为 $P_2$[dBm]。

（4）利用下式计算待测馈源网络的插入损耗 $IL_{LP}$ 为

$$IL_{LP}[dB]=\frac{P_1[dBm]-P_2[dBm]}{2} \quad (8-4)$$

图 8－6 所示为某工程应用的 C 波段大张角波纹喇叭。图 8－7 所示为短路法测量 C 波段大张角波纹喇叭插入损耗的结果。

图 8－6　C 波段大张角波纹喇叭

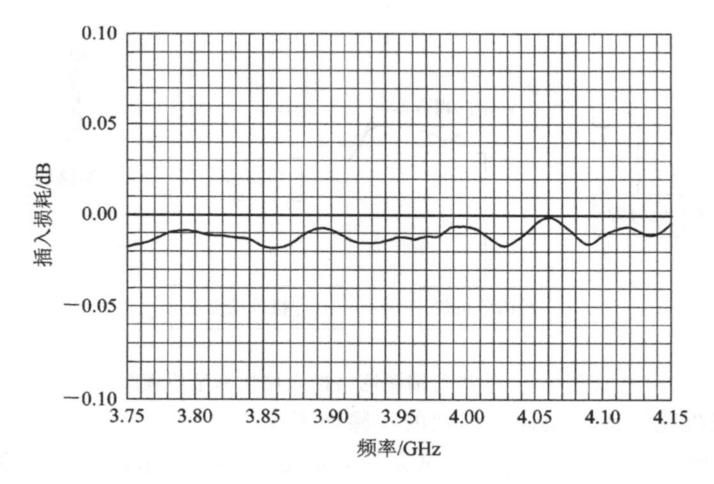


图 8－7　短路法测量 C 波段大张角波纹喇叭插入损耗的结果

**2. 标准喇叭法测量馈源网络插入损耗**

标准喇叭法测量馈源网络插入损耗的原理是：在微波暗室内，利用待测馈源网络同标准增益喇叭进行比较，测量出馈源网络的增益，然后计算或测量出馈源喇叭的增益，从而计算出馈源网络的插入损耗。图 8－8 所示为标准喇叭法测量馈源网络插入损耗的原理图。

图中 $R$ 为测试距离，$R$ 应满足远场测试距离条件。按照图 8－8 所示建立测试系统，首先将待测馈源喇叭与发射喇叭对准，且极化匹配，由功率传输方程可得频谱分析仪测量的信号功率电平为

$$P_X = P_T + G_T - L_{TX} - L_P + G_{FEED} - IL - L_{RX} \tag{8-5}$$

式中：$P_X$——待测喇叭接收的信号功率电平(dBm)；

$P_T$——信号源的输出功率(dBm)；

$G_T$——发射喇叭的增益(dBi)；

$L_{TX}$——发射电缆的插入损耗(dB)；

$L_P$——自由空间传播损耗(dB)；

$G_{FEED}$——馈源喇叭的增益(dBi)；

IL——待测馈源网络的插入损耗(dB)；

$L_{RX}$——接收电缆的插入损耗(dB)。

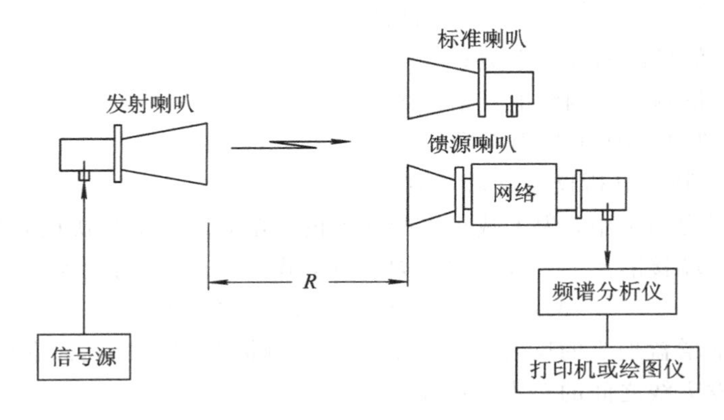


图 8-8 标准喇叭法测量馈源网络插入损耗的原理图

然后，将频谱分析仪的测试电缆接标准增益喇叭，保持测试距离不变，且发射喇叭与标准喇叭极化匹配，同理频谱分析仪测量的信号功率电平为

$$P_S = P_T + G_T - L_{TX} - L_P + G_{S\text{-}HORN} - IL_S - L_{RX} \tag{8-6}$$

式中：$P_S$——标准增益喇叭接收的信号功率电平(dBm)；

$G_{S\text{-}HORN}$——标准喇叭的增益(dBi)；

$IL_S$——标准喇叭的插入损耗(dB)。

用式(8-5)减去式(8-6)可得待测馈源网络的插入损耗为

$$IL = (G_{FEED} - G_{S\text{-}HORN}) - (P_X - P_S) + IL_S \tag{8-7}$$

式(8-7)中，$IL_S$为标准增益喇叭的插入损耗，主要是标准喇叭的热损耗，其损耗非常小，可忽略不计。标准喇叭的增益已知，而馈源喇叭的增益一般可通过计算或测量获得。因此只要测量出标准喇叭和待测馈源喇叭接收的信号电平的大小，就可以计算出待测馈源网络的插入损耗。式(8-7)可进一步简化为

$$IL = G_{FEED} - G_{S\text{-}HORN} - P_X + P_S \tag{8-8}$$

式(8-8)为待测喇叭与发射喇叭、标准喇叭与发射喇叭极化均匹配情况下，标准喇叭法测量馈源网络插入损耗的原理方法。在实际工程测量中，发射喇叭和标准喇叭一般为线极化，待测馈源网络一般工作于线极化或圆极化。当待测馈源

网络工作于圆极化时，必须考虑极化损耗的影响，假设圆极化馈源网络的轴比为AR(dB)，则圆极化馈源网络插入损耗的计算公式为

$$IL = G_{FEED} - G_{S\text{-}HORN} - P_X + P_S - 10 \times \log(1 + 10^{\frac{-AR}{10}}) \qquad (8-9)$$

式(8-8)和式(8-9)均为阻抗匹配情况下，标准喇叭法测量馈源网络插入损耗的原理公式，实际上，完全匹配是不存在的。待测馈源网络和标准增益喇叭的失配必将引起馈源网络插入损耗的测量误差。由微波失配理论可知，当待测天线和发射喇叭对准时，收发天线之间的总失配因子

$$M\mathrm{x} = \frac{(1 - |\Gamma_g|^2)(1 - |\Gamma_x|^2)(1 - |\Gamma_t|^2)(1 - |\Gamma_{rec}|^2)}{(|1 - \Gamma_g \Gamma_x|)(|1 - \Gamma_t \Gamma_{rec}|)} \qquad (8-10)$$

式中：$\Gamma_g$——信号源的反射系数；

$\Gamma_x$——待测馈源网络的反射系数；

$\Gamma_t$——发射喇叭的反射系数；

$\Gamma_{rec}$——频谱分析仪的反射系数。

在实际工程测量中，为了减小失配误差的影响，常在信号源的输出端和频谱分析仪的输入端接隔离器，这样 $\Gamma_g \approx \Gamma_{rec} \approx 0$，式(8-10)可简化为

$$M\mathrm{x} = (1 - |\Gamma_x|^2)(1 - |\Gamma_t|^2) \qquad (8-11)$$

已知标准增益喇叭的反射系数为 $\Gamma_s$，当待测馈源网络换成标准增益喇叭时，同理可得收发天线之间的总失配因子

$$M\mathrm{s} = (1 - |\Gamma_s|^2)(1 - |\Gamma_t|^2) \qquad (8-12)$$

则失配引起的馈源网络插入损耗测量误差为

$$\Delta IL_m = 10 \times \log \frac{(1 - |\Gamma_x|^2)}{(1 - |\Gamma_s|^2)} \qquad (8-13)$$

已知反射系数 $\Gamma$ 和电压驻波比 VSWR 的关系为

$$|\Gamma| = \frac{VSWR - 1}{VSWR + 1} \qquad (8-14)$$

将式(8-14)代入式(8-13)并化简可得

$$\Delta IL_m = 10 \times \log \frac{VSWR_x (VSWR_s + 1)^2}{VSWR_s (VSWR_x + 1)^2} \qquad (8-15)$$

式中：$VSWR_x$——待测馈源网络的电压驻波比；

$VSWR_s$——标准增益喇叭的电压驻波比。

图 8-9 所示给出了标准增益喇叭驻波比分别为 1.1、1.2、1.3、1.4 和 1.5 时，待测馈源网络驻波比与馈源网络插入损耗测量误差的关系曲线。计算结果表明：失配引起的测量误差是不可忽略的；当标准增益喇叭驻波与待测馈源网络驻波相等时，失配引起的插入损耗测量误差等于 0 dB；当标准增益喇叭驻波大于待测馈源网络驻波时，失配引起的插入损耗测量误差大于 0；当标准增益喇叭驻波小于待测馈源网络驻波时，失配引起的插入损耗测量误差小于 0。在馈源网络小

损耗测量中，应考虑失配误差对测量结果的影响。

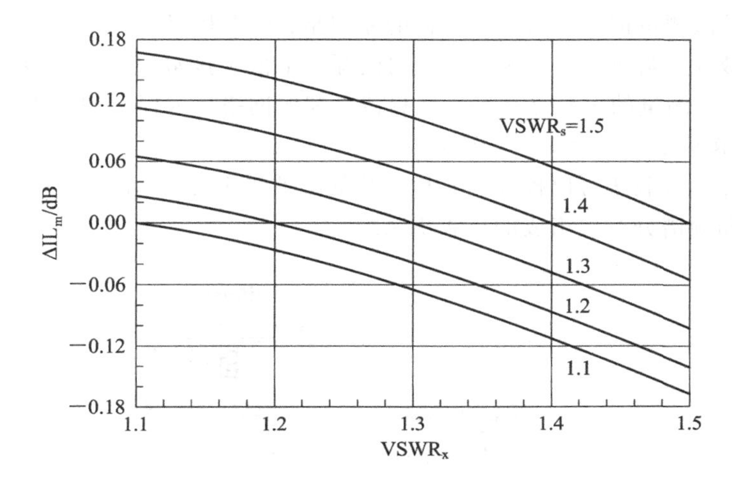


图 8-9 待测馈源网络驻波比与馈源网络插入损耗测量误差的关系曲线

图 8-10 所示为某工程应用的 Ka 波段圆极化馈源喇叭，发射工作频段为 30.0～31.0 GHz，极化为左旋圆极化；接收工作频段为 20.2～21.2 GHz，极化为右旋圆极化。表 8-2 所示为 Ka 波段圆极化馈源网络插入损耗的测量结果。

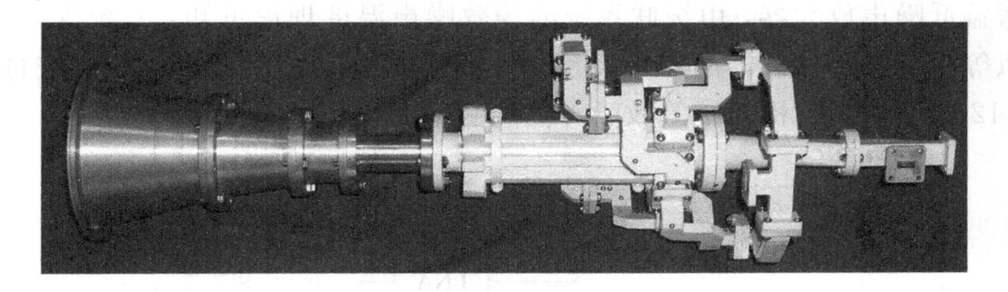

图 8-10 Ka 波段圆极化馈源喇叭

**表 8-2 Ka 波段圆极化馈源网络插入损耗测量结果**

| 频率(GHz) | 标准喇叭增益(dBi) | 波纹喇叭增益(dBi) | 轴比(dB) | 接收信号电平(dBm) | | 测量结果(dB) |
|---|---|---|---|---|---|---|
| | | | | 馈源网络 | 标准喇叭 | |
| 20.2 | 24.48 | 22.25 | 0.36 | −32.11 | −26.34 | 0.71 |
| 20.6 | 24.61 | 22.38 | 0.43 | −31.16 | −25.32 | 0.81 |
| 21.2 | 24.80 | 22.58 | 0.35 | −32.15 | −26.19 | 0.90 |
| 30.0 | 23.99 | 24.79 | 0.23 | −36.89 | −34.00 | 0.79 |
| 30.5 | 24.07 | 24.91 | 0.41 | −35.21 | −32.18 | 1.06 |
| 31.0 | 24.15 | 24.99 | 0.32 | −45.30 | −42.38 | 0.91 |

**3. $Y$ 因子法测量馈源网络插入损耗**

$Y$ 因子法测量馈源网络插入损耗的原理是：首先利用 $Y$ 因子法测量出接收机系统的等效噪声温度；然后测量出待测馈源网络依次接常温负载和冷负载时的 $Y$ 因子大小；由测量的 $Y$ 因子大小，计算待测馈源网络插入损耗的大小。

1）接收机系统等效噪声温度的校准

利用冷热负载法可以校准接收机系统的等效噪声温度。图 8－11 所示为低噪声放大器和频谱分析仪组成的接收机系统。

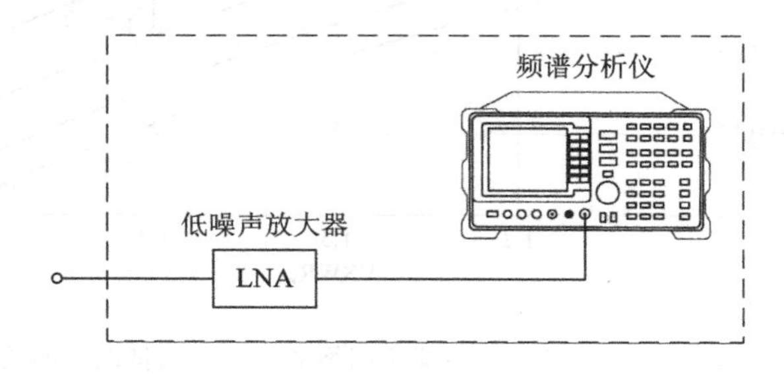


图 8－11　低噪声放大器和频谱仪组成的接收机系统

接收机系统的噪声温度包括低噪声放大器噪声温度、射频电缆损耗的贡献噪声和频谱分析仪内部噪声的贡献。等效噪声温度用 $T_e$ 表示，如果低噪声放大器采用高增益低噪声放大器，由级联系统的等效噪声温度理论可知，系统等效噪声温度近似等于低噪声放大器的噪声温度。等效噪声温度常用冷热负载法进行标定，图 8－12 所示为接收机系统等效噪声温度测量的原理图。

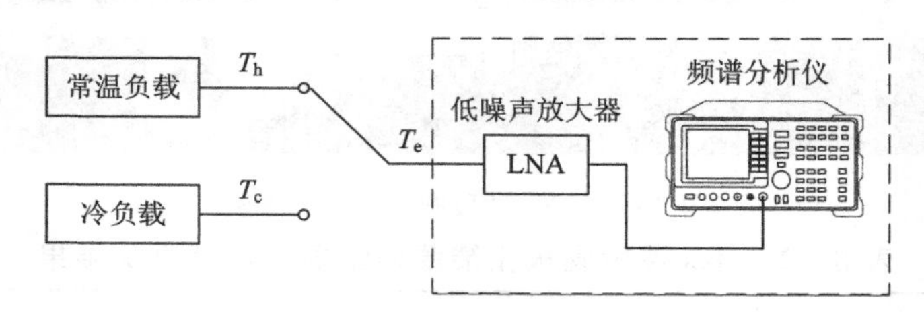


图 8－12　接收机系统等效噪声温度测量的原理图

当低噪声放大器 LNA 接常温负载时，进入频谱分析仪的噪声功率 $N_P$ 为

$$N_P = k(T_e + T_h)BG_{LNA} \tag{8-16}$$

式中：$k$——波尔兹曼常数，$k=1.38\times10^{-23}$ J/K；

$T_h$——常温负载的噪声温度(K)；

$T_e$——接收机系统的等效噪声温度(K)；

$B$——系统噪声带宽(Hz)，等于频谱分析仪分辨带宽的 1.2 倍；

$G_{LNA}$——低噪声放大器的增益。

当 LNA 接冷负载 $T_c$时，进入频谱分析仪的噪声功率 $N_c$为

$$N_c = k(T_e + T_c)BG_{LNA} \tag{8-17}$$

由式(8－16)和式(8－17)可得测量的 $Y$ 因子为

$$Y_d = \frac{T_h + T_e}{T_c + T_e} \tag{8-18}$$

由式(8－18)可得接收机的等效噪声温度为

$$T_e = \frac{T_h - Y_d T_c}{Y_d - 1} \tag{8-19}$$

在实际工程测量中，由于低噪声放大器采用高增益、低噪声放大器，由级联网络噪声系数可知，级联系统的等效噪声系数主要取决于第一级放大器的噪声系数。因此接收机系统的等效噪声温度 $T_e$近似等于低噪声放大器的噪声温度 $T_{LNA}$，即

$$T_e \approx T_{LNA} \tag{8-20}$$

2）馈源网络插入损耗测量

图 8－13 所示为冷热负载法测量馈源网络插入损耗的原理图。

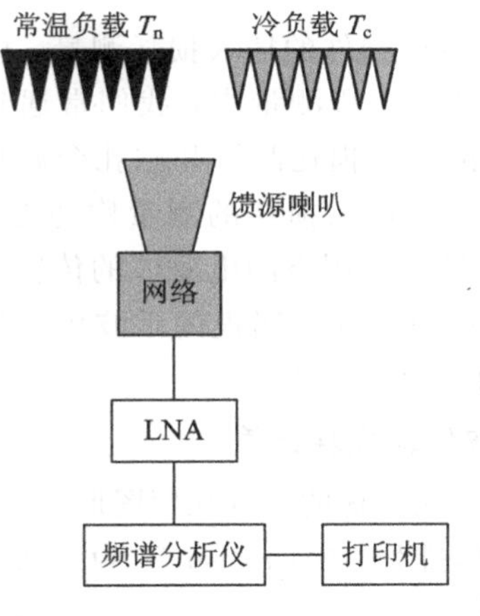


图 8－13　冷热负载法测量馈源网络插入损耗的原理图

当待测馈源网络分别接常温负载和冷负载时，频谱分析仪测量的 $Y$ 因子为

$$Y_{mea} = \frac{T_e + T_h}{T_{feed} + T_e} \tag{8-21}$$

$$T_{feed} = \frac{T_c}{IL} + \left(1 - \frac{1}{IL}\right)T_h \tag{8-22}$$

联立式(8－21)和式(8－22)可求得待测馈源网络的插入损耗 IL 为

$$IL = \frac{Y_{mea}(T_c - T_h)}{(1 - Y_{mea})(T_h + T_e)} \tag{8-23}$$

一般情况下，$T_e \approx T_{LNA}$，则式(8-23)可近似为

$$IL \approx \frac{Y_{mea}(T_c - T_h)}{(1 - Y_{mea})(T_h + T_{LNA})} \tag{8-24}$$

由式(8-24)可知，常温负载、冷负载和低噪声放大器的噪声温度均为已知，只要测量出待测馈源网络依次接常温负载和冷负载时的 $Y$ 因子的大小，即可计算出待测馈源网络的插入损耗。

一般情况下，接收机系统等效噪声温度的校准测量和馈源网络插入损耗测量所使用的常温负载和冷负载是相同的，将式(8-19)代入式(8-23)进行化简可得待测馈源网络的插入损耗为

$$IL = \frac{Y_{mea}(1 - Y_d)}{Y_d(1 - Y_{mea})} \tag{8-25}$$

式(8-25)表明：待测馈源网络的插入损耗与测量 $Y$ 因子和定标 $Y$ 因子有关，而不需要知道常温负载、冷负载和低噪声放大器的噪声温度大小，从而使测量大大简化。

### 8.1.3 无端口待测件插入损耗测量

前面讨论了常用两端口待测件的插入损耗测量，也讨论了单端口待测件插入损耗测量的原理方法。在实际工程测量中，我们常遇到墙壁插入损耗测量、天线罩传输损耗测量、介质板的插入损耗测量和圆孔金属板的传输损耗测量等，此类待测件称为无端口待测件，其插入损耗的测量称为无端口待测件插入损耗测量。此类待测件的插入损耗测量常采用空间电磁波的传输方法，通过测量传输功率的方法测量其插入损耗。下面以圆孔金属板的微波传输损耗测量为例，来说明无端口待测件插入损耗测量的原理和方法。

**1. 圆孔金属板的微波传输损耗计算**

图 8-14 所示为圆孔金属平板的二维几何图形。图 8-14(a)为圆孔三角形排列示意图($a=b$ 为等腰三角形排列，$b=a\times\sin 60°$为等边三角形排列)；图 8-14(b)为圆孔正方形排列示意图。

当 $a$，$b$，$d \ll \lambda$，且电磁波垂直入射时，传输损耗用式(8-26)近似计算

$$(T_{dB})_{\perp} = 10 \times \lg\left[1 + \left(\frac{3ab\lambda}{2\pi d^3 \cos\theta_i}\right)^2\right] + \frac{32t}{d}\sqrt{1 - \left(\frac{1.706d}{\lambda}\right)^2} \tag{8-26}$$

当 $a$，$b$，$d \ll \lambda$，且电磁波水平入射时，传输损耗用式(8-27)近似计算

$$(T_{dB})_{//} = 10 \times \lg\left[1 + \left(\frac{3ab\lambda\cos\theta_i}{2\pi d^3}\right)^2\right] + \frac{32t}{d}\sqrt{1 - \left(\frac{1.706d}{\lambda}\right)^2} \tag{8-27}$$

当入射电磁波为圆极化时，传输损耗可用式(8-28)近似计算

$$T_{CP} = \frac{1}{2}[(T_{dB})_{\perp} + (T_{dB})_{//}] \tag{8-28}$$

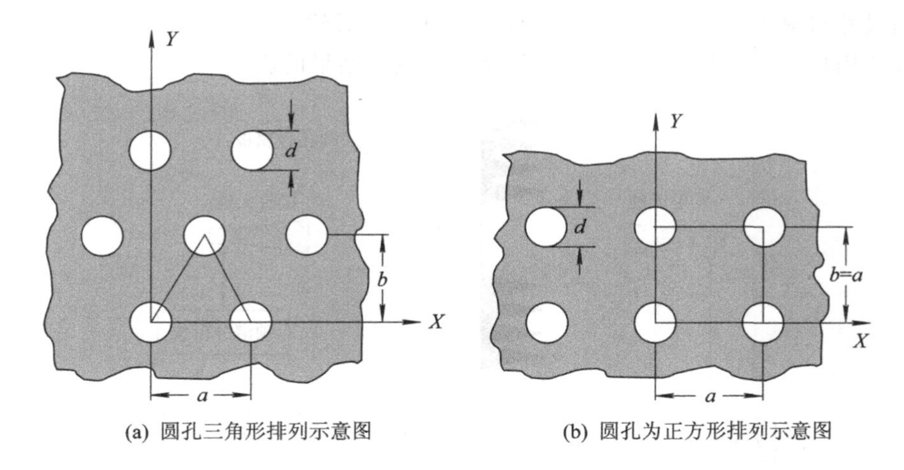


图 8-14　圆孔金属平板的二维几何图形

式中：$(T_{\mathrm{dB}})_{\perp}$——垂直电磁波入射时的传输损耗(dB)；

$(T_{\mathrm{dB}})_{//}$——水平电磁波入射时的传输损耗(dB)；

$T_{\mathrm{CP}}$——圆极化电磁波入射时的传输损耗(dB)；

$a$，$b$——圆孔的空间距离(mm)；

$d$——圆孔直径(mm)；

$t$——反射器面板厚度(mm)；

$\lambda$——工作波长(mm)；

$\theta_i$——电磁波的入射角(°)。

由式(8-26)和式(8-27)的圆孔金属平板微波传输损耗的计算可知，在电磁波入射角一定的情况下，圆孔金属板的传输损耗与金属板厚度成正比，与圆孔直径成反比，与空间距离尺寸成正比。利用这些关系，依据传输损耗的具体要求，可以合理设计金属板圆孔尺寸和空间分布。在实际工程设计中，还应注意下面两个问题：

(1) 当金属面板的圆孔阵排列为三角形时，电磁波入射角一定，在圆孔直径和面板厚度相同的情况下，圆孔为等腰三角形排列($a=b$)比等边三角形排列($b=a\times\sin60°$)的传输损耗大；

(2) 电磁波入射角一定，在圆孔直径和面板厚度相同的情况下，空间距离尺寸越大，传输损耗越大。在高频设计时，由于波长较小，孔径尺寸太小，不易加工制造，可以适当增大圆孔直径，选择较大的空间距离来获得较大传输损耗。

**2. 圆孔金属板的微波传输损耗测量**

图 8-15 所示为在微波暗室利用频谱分析仪测量圆孔金属板微波传输损耗的原理图。图中收发天线之间的距离应满足远场测试距离条件，安装圆孔金属板的

空间尺寸对喇叭天线相位中心的张角大于或等于天线的半功率波束宽度。安装金属板四周均有吸波材料，以减少边缘绕射对测量结果的影响。

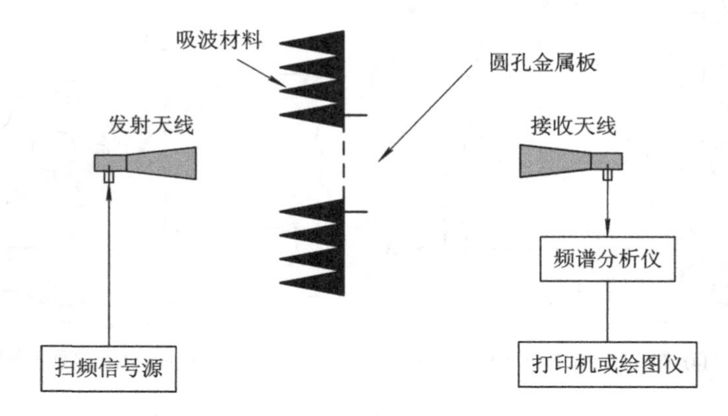


图 8－15 频谱分析仪测量圆孔金属板微波传输损耗的原理图

如图 8－15 所示，首先在不安装圆孔金属板时，用分贝表示的频谱分析仪测量的信号功率电平

$$P_1 = P_T + G_T - L_{TX} - L_P + G_R - L_{RX} \qquad (8-29)$$

式中：$P_1$——没有圆孔金属板时，接收天线接收的信号功率电平(dBm)；

$P_T$——信号源的输出功率(dBm)；

$G_T$——发射天线的增益(dBi)；

$L_{TX}$——发射电缆的损耗(dB)；

$L_P$——自由空间传播损耗(dB)；

$G_R$——接收天线的增益(dBi)；

$L_{RX}$——接收电缆的插入损耗(dB)。

然后，安装上圆孔金属板，圆孔金属板传输损耗为 $T_{LOSS}$，保持测试状态和参数设置不变，频谱分析仪测量的信号功率电平

$$P_2 = P_T + G_T - L_{TX} - L_P + G_R - L_{RX} + T_{LOSS} \qquad (8-30)$$

由式(8－29)和式(8－30)可求得用分贝表示的圆孔金属板的传输损耗为

$$T_{LOSS} = P_2 - P_1 \qquad (8-31)$$

式(8－31)就是利用频谱分析仪测量圆孔金属板微波传输损耗的原理公式。其测量的方法是：首先在没有安装圆孔铝合金样板的情况下，按图 8－15 所示建立测试系统，调整发射天线和接收天线对准，二者之间的距离满足远场测试距离条件，设置频谱分析仪的状态参数，用频谱分析仪测量定标曲线，并存储在频谱分析仪的存储器内；然后，按图 8－15 所示安装圆孔铝合金样板，并保持频谱分析仪的状态参数不变，同理可测量扫频信号曲线；最后，利用频谱分析仪的码刻功能，计算不同频率点微波传输损耗的大小。

利用 3A21 铝合金样板，设计等腰三角形排列的圆孔阵，如图 8－16 所示。

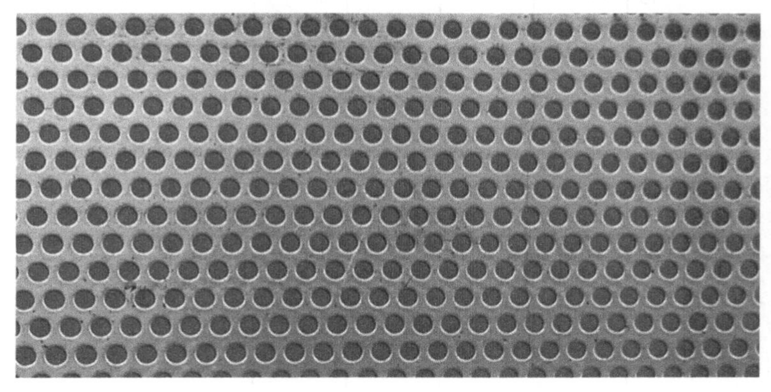

图 8－16　圆孔铝合金样板

圆孔铝合金面板的具体尺寸如下：

设计频率：$f$=9 GHz

圆孔直径：$d$=6 mm =0.18$\lambda$

圆孔空间尺寸：$a$=$b$=9 mm=0.27$\lambda$

面板厚度：$t$=1.5 mm

图 8－17 所示为圆孔铝合金板微波传输损耗测量的实验测试装置示意图。测试所用天线为加脊喇叭，以便实现宽带扫频测量。图 8－18 所示为电磁波垂直入射时，圆孔铝合金样板微波传输损耗的测量结果。由图 8－18 的测量结果和理论计算结果比较可知：在误差允许的范围内，测量结果均值同理论计算结果吻合地很好，测量曲线的起伏主要是由周围环境及收发喇叭之间多重反射引起的。

图 8－17　圆孔铝合金板微波传输损耗测量的实验测试装置示意图

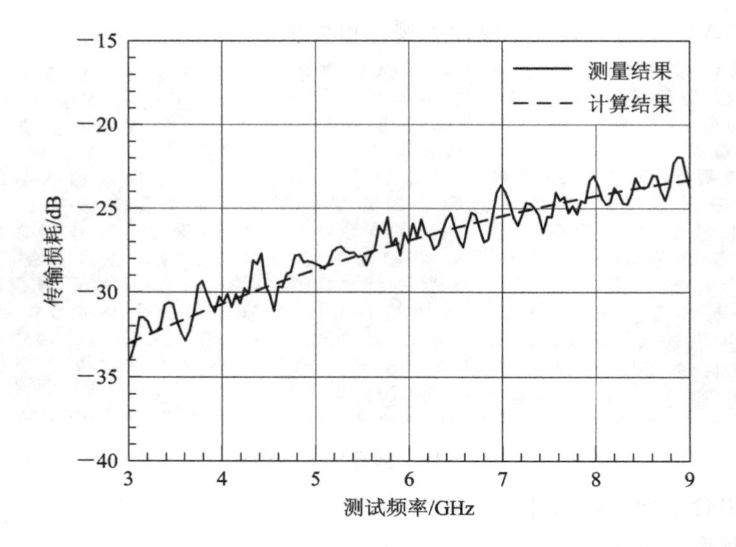


图 8-18　电磁波垂直入射时圆孔铝合金样板微波传输损耗的测量结果

## 8.2 增益测量

利用频谱分析仪测量待测件增益一般采用微波信号源，通过测量放大器输入端口和输出端口的功率，计算出放大器的增益。这里以高功率放大器和低噪声放大器增益测量为例，来说明利用频谱分析仪测量增益的方法。

### 8.2.1　高功率放大器的增益测量

如图 8-19 所示为高功率放大器增益测量的原理图。

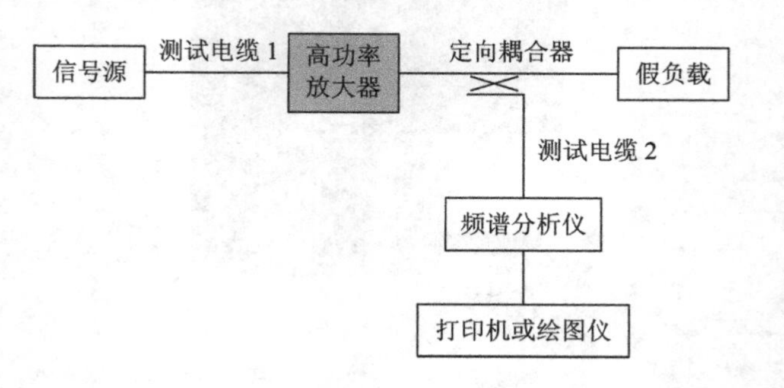


图 8-19　高功率放大器增益测量原理图

高功率放大器(HPA)的增益测量是按高功率放大器增益的定义来进行的，即增益等于高功率放大器的输出功率与输入功率之比。用分贝公式表示为

$$G_{HPA}[dB] = P_{OUTPUT}[dBm] - P_{INPUT}[dBm] \tag{8-32}$$

式中：$G_{HPA}$——高功率放大器的增益(dB)；

$P_{OUTPUT}$——高功率放大器的输出功率(dBm)；

$P_{INPUT}$——高功率放大器的输入功率(dBm)。

用频谱分析仪测量高功率放大器增益的原理方法是：按照图 8-19 所示，首先在不接高功率放大器的情况下，将测试电缆 1 直接接定向耦合器的输入口，测试电缆 2 从定向耦合器的耦合端口接频谱分析仪，频谱分析仪测量的信号功率电平为 $P_1$[dBm]；然后，接上待测高功率放大器，保持信号源输出功率不变，同理测量出定向耦合器耦合输出功率的大小，记为 $P_2$[dBm]；计算二者的差值即得高功率放大器的增益。测量步骤如下：

(1) 按照图 8-19 所示建立测试系统，系统加电预热，使系统的仪器设备工作正常，并在定向耦合器的输出口接假负载。

(2) 定标测量。在不接待测高功率放大器的情况下，信号源的输出经测试电缆 1 与定向耦合器的输入端口连接，设置信号源的输出频率和功率(信号源输出功率合适，此功率不使功率放大器饱和)，信号源工作模式为单载波输出，打开信号源的射频输出开关，频谱分析仪在定向耦合器的耦合端口测量信号电平的大小；改换测试频率，测量不同频率的信号电平大小，并记录不同频率的测量结果。

(3) 关闭信号源的射频输出开关，按照图 8-19 所示连接高功率放大器，接入高功率放大器以后，打开信号源的射频输出开关，并保持信号源的输出功率不变，同理用频谱分析仪测量出不同频率点的信号电平大小，并记录测试结果。

(4) 计算第(3)步和第(2)步测量的信号电平的差值，获得高功率放大器不同频率点增益的大小。

用频谱分析仪测量高功率放大器增益时需要注意：千万不能将高功率放大器的输出直接接入频谱分析仪的射频输入端口，避免当输出功率大于 1 W 时，烧毁频谱分析仪的射频输入电路；测量高功率放大器增益时，一定要在高功率放大器的线性工作区进行(高功率放大器是否工作在线性区的检查方法是增大或减小信号源的射频输出功率，频谱分析仪测量的信号功率按相同量级增大或减小，说明高功率放大器工作在线性区)。

### 8.2.2　低噪声放大器的增益测量

低噪声放大器的增益测量原理类似于高功率放大器的增益测量原理，但是由于低噪声放大器是用来接收放大微弱信号的，因此其输入信号电平很低，实际测量时应考虑这一因素。图 8-20 所示为低噪声放大器增益测量的原理图。

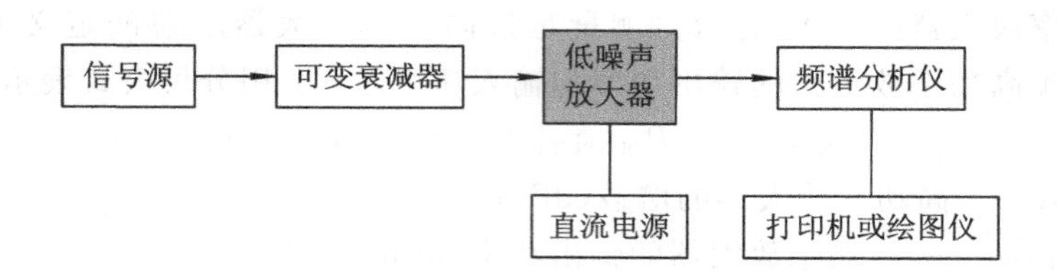


图 8-20　低噪声放大器增益测量的原理图

图中接入可变衰减器的目的是确保低噪声放大器的输入是一个小信号，从而使低噪声放大器工作在线性区。如果信号源最小输出功率比较大(如−20 dBm)，则此时需要考虑使用可变衰减器；如果信号源的射频输出可达很小(如−60 dBm以下)，则可以考虑不用可变衰减器。

低噪声放大器增益测量的原理方法是：首先在不接待测低噪声放大器的情况下，将信号源的射频输出经衰减器直接同频谱分析仪连接，此时用频谱分析仪测量的信号功率电平为 $P_1$[dBm]，衰减器的读数为 $A_1$[dB]；然后，关闭信号源的射频输出开关，按照图 8-20 所示接入低噪声放大器，合理设置衰减器的衰减，确保低噪声放大器的输入信号较小，打开信号源的射频开关，保持信号源的射频输出功率不变，同理用频谱分析仪测量的信号功率电平为 $P_2$[dBm]，衰减器的读数为 $A_2$[dB]，则低噪声放大器的增益 $G_{LNA}$ 为

$$G_{LNA}[\mathrm{dB}] = P_2[\mathrm{dBm}] - P_1[\mathrm{dBm}] + A_2[\mathrm{dB}] - A_1[\mathrm{dB}] \tag{8-33}$$

测量低噪声放大器增益的步骤如下：

(1) 按照图 8-20 所示建立低噪声放大器增益测试系统，加电预热，使系统的仪器设备工作正常。

(2) 在不接待测低噪声放大器的情况下，信号源输出的单载波射频信号经测试电缆、衰减器后接入频谱分析仪，频谱分析仪测量的信号电平为 $P_1$[dBm]，衰减器的读数为 $A_1$[dB]；保持信号源的射频输出功率不变，改变测试频率，同理测量不同频率点信号功率电平，记为 $P_1(f)$[dBm]。

(3) 关闭信号源的射频输出开关，按照图 8-20 所示接入待测低噪声放大器，打开信号源的射频输出开关，保持信号源的输出功率不变，设置合适的衰减量，衰减的大小为 $A_2$[dB]，同理在不同频率情况下，频谱分析仪测量的信号功率电平为 $P_2(f)$[dBm]。

(4) 利用式(8-34)计算低噪声放大器的增益为

$$G_{LNA}[\mathrm{dB}] = P_2(f)[\mathrm{dBm}] - P_1(f)[\mathrm{dBm}] + A_2[\mathrm{dB}] - A_1[\mathrm{dB}] \tag{8-34}$$

测量低噪声放大器增益时应注意：由于低噪声放大器是非线性器件，其增益测量应在其线性工作区内进行；当低噪声放大器的直流加电同射频输出采用同一射频电缆时，频谱分析仪的射频输入端口应接隔直流器，以免损坏频谱分析仪。

图 8－21 所示给出了应用于某工程的 X 波段低噪声放大器增益测量结果。由测量曲线可知：在工作频段内，低噪声放大器的增益波动小于或等于 0.5 dB。

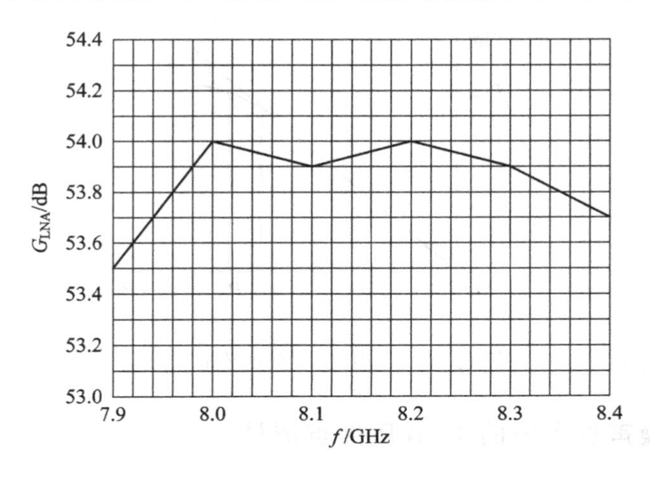


图 8－21　X 波段低噪声放大器增益测量结果

## 8.3 1 dB 压缩点测量

1 dB 压缩点是高功率放大器、低噪声放大器等非线性器件的重要性能指标。这里简述用频谱分析仪测量 1 dB 压缩点的原理方法。

### 8.3.1　1 dB 压缩点的概念

低噪声放大器、高功率放大器和微波混频器等均属于非线性微波器件。当这些器件工作于线性区时，可以认为增益是一个常数，即输出功率随输入功率的增加而增加。例如当输入功率增加 3 dB 时，输出功率亦增加 3 dB，则说明此放大器工作在线性区。但是当输入功率增加到一定程度时，输出功率不再按比例增加，甚至有所下降，这表明当输入功率达到一定程度后，其增益不再是一个常数，这是由于放大器的非线性特性造成的，这种非线性特性用 1 dB 压缩点表征。1 dB 压缩点指标是放大器线性放大能力的标志，也是放大器带负载能力的又一特征。图 8－22 所示为 1 dB 压缩点定义示意图。从图中可以看出，1 dB 压缩点的物理意义是：当输入功率逐步增加时，放大器由线性区进入非线性区，这一点定义为转折点；当输入功率继续增加时，放大器的功率增益从转折点后不再线性增加，而呈逐渐下降趋势(在放大器饱和之前，输出功率仍有所增加)。当放大器增益随输入功率电平增加而下降 1 dB 时，此时的输入功率所对应的放大器输出功率称为该放大器的 1 dB 压缩点。

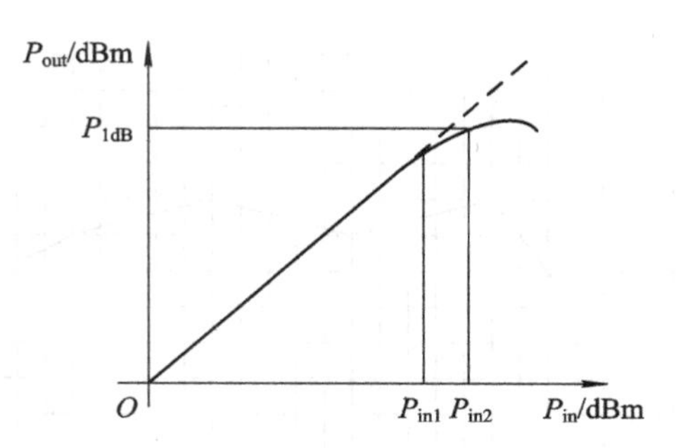


图 8-22 1 dB 压缩点定义示意图

## 8.3.2 低噪声放大器的 1 dB 压缩点测量

低噪声放大器、高功率放大器、变频器和混频器等均属于非线性器件，用频谱分析仪测量它们 1 dB 压缩点的原理和方法类似，因此这里以低噪声放大器的 1 dB 压缩点测量为例，来说明利用频谱分析仪测量 1 dB 压缩点的原理和方法。

图 8-23 所示为低噪声放大器 1 dB 压缩点测量的原理图。

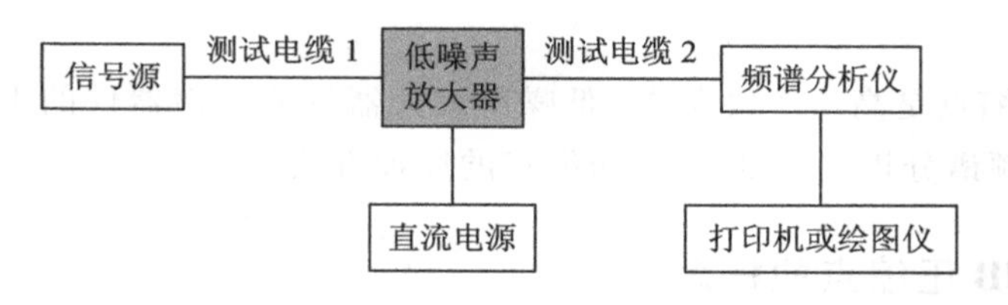


图 8-23 低噪声放大器 1 dB 压缩点测量的原理图

测量低噪声放大器 1 dB 压缩点的步骤如下：

(1) 按照图 8-23 所示建立测试系统，系统加电预热，使系统仪器设备工作正常。

(2) 电缆损耗的校准测量。利用信号源和频谱分析仪，在测试频段内，分别测量出测试电缆 1 和测试电缆 2 的插入损耗。测试电缆 1 的插入损耗记为 $L_{A1}$，测试电缆 2 的插入损耗记为 $L_{A2}$。

(3) 在测试频率范围内，信号源首先发射一单载波小信号，使低噪声放大器工作在线性区内(判断低噪声放大器是否工作在线性区的方法是增加或减少信号源输出功率的大小，当低噪声放大器输出按同样比例增大或减小输出时，低噪声放大器工作在线性区；否则工作在非线性区)。

(4) 按照 1 dB 步长逐渐增大信号源的输出功率，使低噪声放大器的射频信号电平逐渐增加 1 dB，观察频谱分析仪测量信号的大小。当低噪声放大器工作于线性区时，信号源输出功率增加 1 dB(也就是低噪声放大器输入功率增加 1 dB)，频谱分析仪测量的低噪声放大器输出功率增加 1 dB；继续增大信号源的输出功率，直到频谱分析仪测量的信号电平被压缩(即当信号源输出功率增加 1 dB 时，频谱分析仪测量的信号输出功率不是同步增加 1 dB)，此时频谱分析仪测量的绝对功率电平值就是低噪声放大器的 1 dB 压缩点(扣除测试电缆损耗)。此时低噪声放大器的输入功率和输出功率分别为

$$P_{1\ \text{dB-in}}[\text{dBm}] = P_{\text{sig-out}}[\text{dBm}] - L_{\text{A1}}[\text{dB}] \tag{8-35}$$

$$P_{1\ \text{dB-out}}[\text{dBm}] = P_{\text{mea}}[\text{dBm}] + L_{\text{A2}}[\text{dB}] \tag{8-36}$$

式中：$P_{1\ \text{dB-in}}$——1 dB 压缩点输入功率(dBm)；

$P_{\text{sig-out}}$——射频信号源的输出功率(dBm)；

$L_{\text{A1}}$——测试电缆 1 的插入损耗(dB)；

$P_{\text{1dB-out}}$——1 dB 压缩点输出功率(dBm)；

$P_{\text{mea}}$——频谱分析仪测量的信号功率电平(dBm)；

$L_{\text{A2}}$——测试电缆 2 的插入损耗(dB)。

高功率放大器、混频器和变频器等非线性设备的 1 dB 压缩点测量原理和方法同低噪声放大器 1 dB 压缩点测量类似。但是要注意：在测试过程中，要选择合适输入、输出电平，防止烧毁测试仪器设备。特别是高功率放大器测试中，接入频谱分析仪的射频信号一定要小于或等于频谱分析仪的最大安全输入电平，实际测试中，考虑使用标准衰减器或用定向耦合器，以免损坏测试仪器设备。

## 8.4 电压驻波比测量

电压驻波比测量属于反射特性测量。频谱分析仪不能直接测量出待测件电压驻波比的大小，但可以借用定向耦合器测量待测件的回波损耗(或称为反射损耗)，从而计算待测件的电压驻波比大小。若已知待测件回波损耗 RL(dB)的大小，则可以利用式(8-37)计算待测件电压驻波比 VSWR 的大小。

$$\text{VSWR} = \frac{1 + 10^{\frac{-\text{RL}}{20}}}{1 - 10^{\frac{-\text{RL}}{20}}} \tag{8-37}$$

图 8-24 所示给出了回波损耗与电压驻波比之间的关系曲线，以便实际工程测试中查阅和利用。

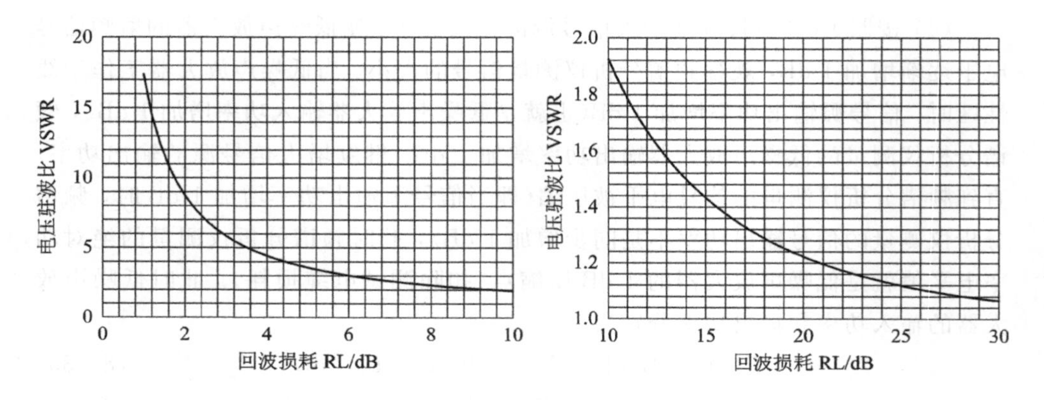


图 8-24 回波损耗与电压驻波比之间的关系

### 8.4.1 双端口待测件电压驻波比测量

图 8-25 所示为双端口待测件的电压驻波比测量原理图。

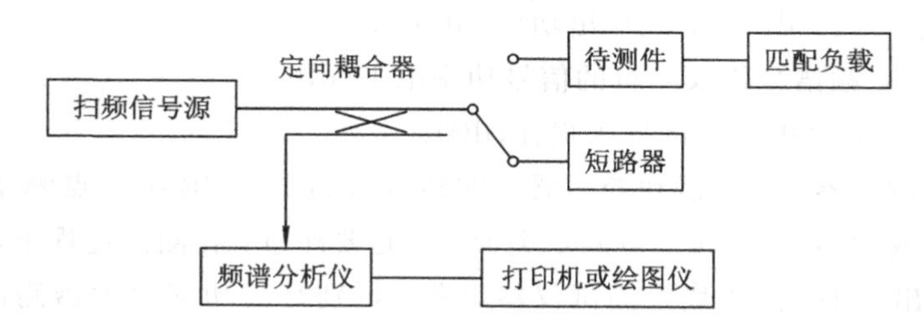


图 8-25 双端口待测件的电压驻波比测量原理图

利用频谱分析仪测量待测件电压驻波比的原理方法是：首先将定向耦合器的直通端口接短路器，按照测试频率要求，扫频信号源发射扫频信号，用频谱分析仪测量扫频定标曲线，并将扫频定标曲线存储在频谱分析仪的内存储器里；然后去掉短路器，接上待测件，同理用频谱分析仪测量扫频信号曲线，计算二者的差值，即得回波损耗，由回波损耗就可以计算出待测件的电压驻波比。需要说明的是：如果待测件的输入输出端口为波导接口，则定向耦合器利用波导定向耦合器，匹配负载为波导匹配负载；如果待测件为同轴输入输出端口，则定向耦合器利用同轴定向耦合器，匹配负载为同轴匹配负载。

利用频谱分析仪测量回波损耗的步骤如下：

(1) 按照图 8-25 所示建立测试系统，仪器设备加电预热，使测试仪器设备工作正常。

(2) 在不接待测件的情况下，将定向耦合器的输出端口接短路器，按照测试频率要求，设置扫频信号源的起始频率和停止频率，并合理设置信号源的输出功率。

(3) 将定向耦合器的耦合输出信号接入频谱分析仪的射频输入端口，合理设置频谱分析仪的状态参数，使其与信号源的参数匹配，运用频谱分析仪的最大保持功能，测量扫频定标曲线，并将测量曲线存储在频谱分析仪的内存储器里。

(4) 关闭扫频信号源的射频输出开关，去掉短路器，将定向耦合器输出端口接待测件，待测件的输出端口接匹配负载，打开信号源的射频输出开关，保持信号源的状态参数不变，同理频谱分析仪在定向耦合器的耦合端口测量扫频信号曲线，并存储在频谱分析仪的内存储器里。

(5) 利用频谱分析仪的码刻和迹线互换功能，可测量出不同频率点的回波损耗 RL($f$)，利用公式(8-37)计算出电压驻波比。在实际工程测量中，通常利用频谱分析仪的码刻功能寻找出在测试频段内，驻波最差点的回波损耗 $RL_{min}(f)$，利用式(8-38)可计算在工作频段内，待测件的最差电压驻波比。

$$VSWR_{max}=\frac{1+10^{\frac{-RL_{min}}{20}}}{1-10^{\frac{-RL_{min}}{20}}} \tag{8-38}$$

## 8.4.2 单端口待测件电压驻波比测量

在实际工程应用中，常遇到很多单端口设备，例如，天线和馈源网络等，此类待测件被称为单端口待测件。图 8-26 所示为单端口待测件的电压驻波比测量原理图。其测量原理和方法同双端口类似，在此不再重复。

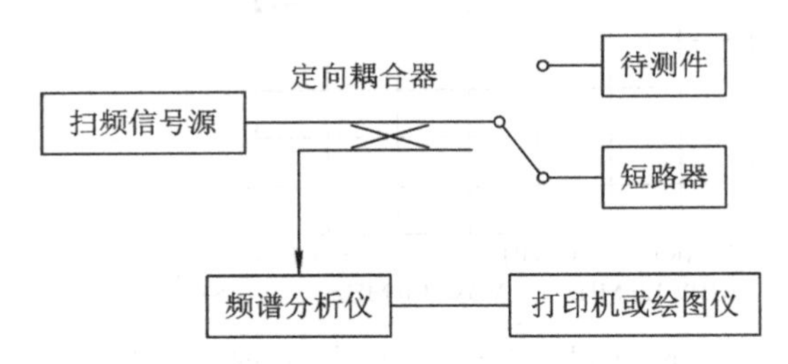


图 8-26　单端口待测件的电压驻波比测量原理图

图 8-27 所示为 Ku 波段 2.4 米天线接收频段的回波损耗测量结果，图 8-28 所示为 Ku 波段 2.4 米天线发射频段的回波损耗测量结果，表 8-3 给出了 Ku 波段 2.4 米天线电压驻波比测量结果。

**表 8-3　Ku 波段 2.4 米天线电压驻波比测量结果**

| 测量频段 | 回波损耗 | 电压驻波比 |
|---|---|---|
| 12.25～12.75 GHz | ≤22.33dB | ≤1.166 |
| 14.00～14.50 GHz | ≤19.17 dB | ≤1.247 |

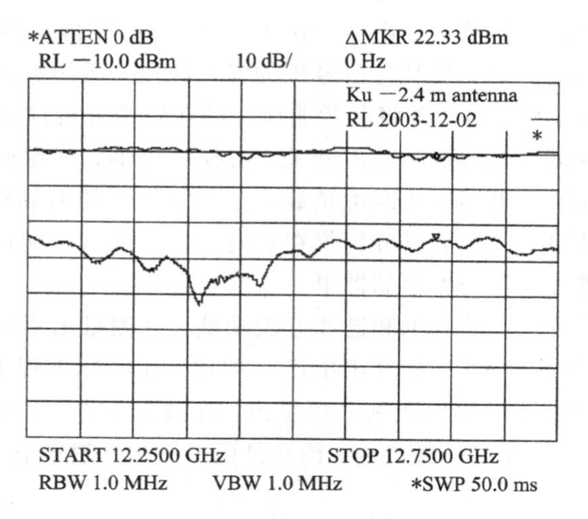


图 8－27　Ku 波段 2.4 米天线接收频段的回波损耗测量结果

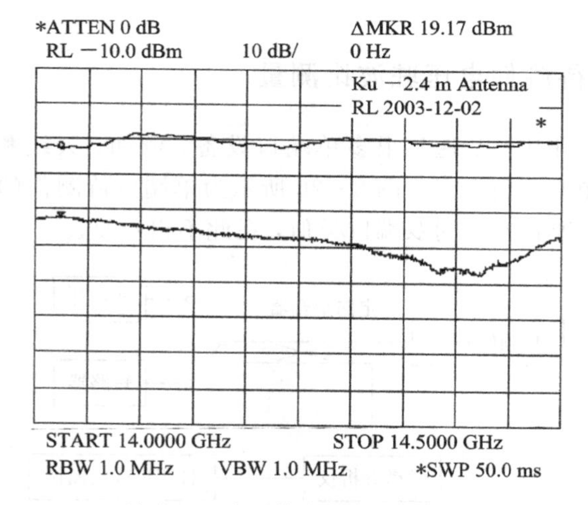


图 8－28　Ku 波段 2.4 米天线发射频段的回波损耗测量结果

## 8.5 吸波材料反射电平测量

反射电平是吸波材料最重要的性能指标之一，这里简述利用频谱分析仪测量吸波材料反射电平的原理和方法。

### 8.5.1　测量原理

图 8－29 所示为吸波材料反射电平测量的原理图。

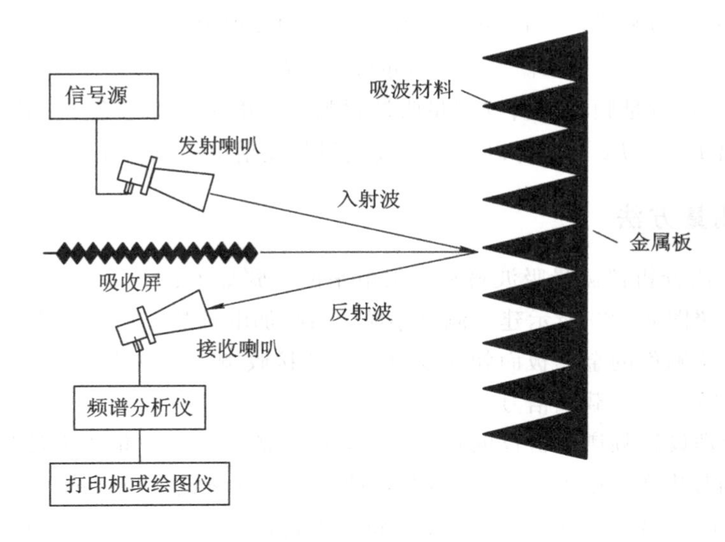


图 8-29　吸波材料反射电平测量的原理图

图 8-29 中，发射喇叭和接收喇叭之间安装吸收屏的目的是减少它们之间相互耦合的影响，且要求发射喇叭和接收喇叭对称安装，保证接收喇叭接收的发射电磁波经吸波材料反射的电磁波信号最大，发射喇叭和接收喇叭之间电磁波传播路径 $R$ 要满足远场测量距离条件，即 $R \geqslant 2D^2/\lambda$（其中 $D$ 为喇叭宽边尺寸，$\lambda$ 为工作波长）。

当待测件的金属板面朝发射喇叭和接收喇叭时，发射喇叭发射的电磁波经金属板全反射后，由接收喇叭接收，则频谱分析仪测量的信号功率电平为

$$P_{R1} = P_T - L_T + G_T - L_{P1} - L_{P2} - L_R + G_R \tag{8-39}$$

式中：$P_{R1}$——入射波全反射时，频谱分析仪测量的信号功率电平(dBm)；

$P_T$——信号源的输出功率(dBm)；

$L_T$——信号源和发射喇叭之间的射频电缆损耗(dB)；

$G_T$——发射喇叭的增益(dBi)；

$L_{P1}$——发射喇叭和待测件之间的自由空间传播损耗(dB)；

$L_{P2}$——接收喇叭和待测件之间的自由空间传播损耗(dB)；

$L_R$——接收喇叭和频谱分析仪之间的射频电缆损耗(dB)；

$G_R$——接收喇叭的增益(dBi)。

当待测件的吸波材料朝发射喇叭和接收喇叭时，发射喇叭发射的电磁波经吸波材料反射后，由接收喇叭接收，则频谱分析仪测量的信号功率电平为

$$P_{R2} = P_T - L_T + G_T - L_{P1} + 20 \times \log|\Gamma| - L_{P2} - L_R + G_R \tag{8-40}$$

式中：$P_{R2}$——入射波经吸波材料反射后，频谱分析仪测量的信号功率电平(dBm)；

$\Gamma$—— 吸波材料的反射系数。

由式(8－39)和式(8－40)可得，吸波材料的反射电平为

$$P_{re} = 20 \times \log|\Gamma| = P_{R2} - P_{R1} \tag{8-41}$$

式(8－41)就是频谱分析仪测量吸波材料反射电平的原理公式。由此式可知：只要测量出 $P_{R1}$ 和 $P_{R2}$，就可以计算出吸波材料反射电平的大小。

### 8.5.2 测量方法

利用频谱分析仪测量吸波材料反射电平的步骤如下：

(1) 按照图 8－29 所示建立测试系统，系统加电预热，使仪器设备工作正常。

(2) 使待测件的金属板面朝向发射喇叭和接收喇叭，按照测试计划要求的频率，信号源发射一单载波信号。

(3) 合理设置频谱分析仪的状态参数，用频谱分析仪测量入射波经金属面全反射后的信号电平，记为 $P_{R1}$，并将测量曲线存储在频谱分析仪的内存储器中。

(4) 关闭信号源的射频输出开关，将待测件的吸波材料面朝向发射喇叭和接收喇叭，并保证待测件的位置不变，打开信号源的射频开关，同理用频谱分析仪测量的信号电平为 $P_{R2}$，测量曲线存储在频谱分析仪的内存储器中。

(5) 由步骤(3)和步骤(4)测量的曲线，利用频谱分析仪的码刻 Δ 功能，可直接测量出吸波材料反射电平的大小。

(6) 改变测试频率，重复上述步骤，同理可测量整个频段内吸波材料反射电平的大小。

## 8.6 频率选择面的传输与反射系数测量

传输系数和反射系数是频率选择面的两个重要技术指标。在这一节里，简述频率选择面的基本概念和传输系数与反射系数的定义，介绍用频谱分析仪测量频率选择面的传输系数和反射系数的原理和方法。

### 8.6.1 频率选择面的概念和传输与反射系数的定义

频率选择面(Frequency Selective Surface，FSS)是一种周期阵列结构，由无源谐振单元(金属贴片或孔径)按一定的排列方式构成。FSS 的周期性结构与电磁波的相互作用使其具有频率选择特性，当入射波频率在贴片或孔径单元的谐振频率点附近时，FSS 表现出对入射波全反射或全透射的特性，FSS 具有空间滤波的功能。

电磁波在给定波长和极化条件下，通过频率选择面的传输能量与入射总能量之比，称为传输系数，用公式表示为

$$\mathrm{TF} = \frac{|E_t|^2}{|E_i|^2} \tag{8-42}$$

式中：TF——频率选择面的传输系数；

$E_i$——电磁波入射场；

$E_t$——电磁波透射场。

电磁波在给定波长和极化条件下，通过频率选择面的散射能量与入射总能量之比，称为反射系数，用公式表示为

$$\mathrm{RF} = \frac{|E_s|^2}{|E_i|^2} \tag{8-43}$$

式中：RF——频率选择面的反射系数；

$E_i$——电磁波入射场；

$E_s$——电磁波散射场。

## 8.6.2 传输系数测量

图 8－30 所示为利用频谱分析仪测量频率选择面的传输系数的原理框图。

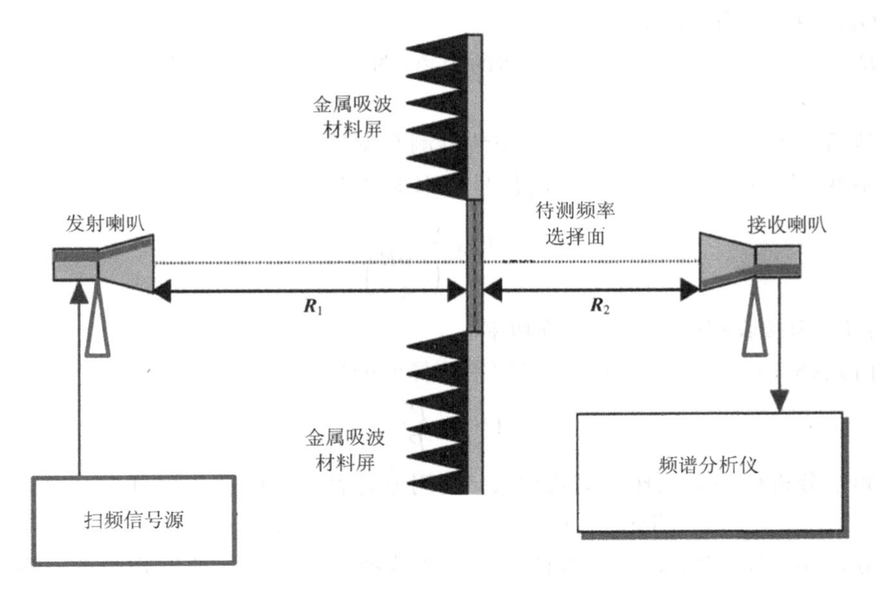


图 8－30　频率选择面传输系数测量的原理方框图

图 8－30 中 $R_1$ 为发射喇叭到频率选择面的距离，$R_2$ 为接收喇叭到频率选择面的距离。发射喇叭和接收喇叭离频率选择面的距离均满足远场测试距离条件，即发射喇叭天线和接收喇叭天线离频率选择面的距离应满足：

$$R_1 或 R_2 \geqslant \frac{2D^2}{\lambda} \tag{8-44}$$

式中：$D$—发射喇叭天线或接收喇叭天线的口径；

$\lambda$—工作波长。

图 8-30 中，安装待测频率选择面的金属吸波材料屏应足够大，以确保发射喇叭和接收喇叭之间屏蔽，提高测量精度。

频率选择面传输系数常用远场传输法进行测量，可采用微波暗室远场传输法或自由空间远场传输法进行测量。频率选择面传输系数测量原理是：按照图 8-30 所示原理框图，建立测试系统，首先在金属吸波材料屏中间没有安装待测频率选择面时，将发射喇叭和接收喇叭对准，且极化匹配，由功率传输方程可得接收喇叭接收的信号功率电平为

$$P_{\mathrm{RX}} = P_{\mathrm{TX}} \frac{G_{\mathrm{TX}} G_{\mathrm{RX}}}{\left(\frac{4\pi R}{\lambda}\right)^2} \tag{8-45}$$

式中：$P_{\mathrm{RX}}$—接收喇叭天线的接收功率；

$P_{\mathrm{TX}}$—发射喇叭天线的发射功率；

$G_{\mathrm{TX}}$—发射喇叭增益；

$G_{\mathrm{RX}}$—接收喇叭增益；

$R$——发射喇叭与接收喇叭之间的距离（图 8-30 中 $R_1$ 与 $R_2$ 之和）；

$\lambda$——工作波长。

然后，在金属吸波材料屏中间安装待测频率选择面，保持信号源输出频率和功率不变，同理，接收喇叭接收的信号功率电平为

$$P'_{\mathrm{RX}} = P_{\mathrm{TX}} \frac{G_{\mathrm{TX}} G_{\mathrm{RX}}}{\left(\frac{4\pi R}{\lambda}\right)^2} \mathrm{TF} \tag{8-46}$$

式中：$P'_{\mathrm{RX}}$为接收喇叭天线的接收功率。

由式(8-46)和式(8-45)可得频率选择面的传输系数为

$$\mathrm{TF} = \frac{P'_{\mathrm{RX}}}{P_{\mathrm{RX}}} \tag{8-47}$$

频谱分析仪一般工作于对数模式，则用分贝表述的传输系数为

$$\mathrm{TF}[\mathrm{dB}] = P'_{\mathrm{RX}}[\mathrm{dBm}] - P_{\mathrm{RX}}[\mathrm{dBm}] \tag{8-48}$$

方程(8-48)就是频谱分析仪测量频率选择面传输系数的原理公式。测量方法步骤如下：

(1) 安装架设。按照图 8-30 所示原理框图安装测试系统，保证发射喇叭和接收喇叭等高，轴线重合，且喇叭口面中心的连线通过金属吸波材料屏窗口的中心，发射喇叭和接收喇叭到金属吸波材料屏的距离满足远场测试距离条件，发射喇叭极化与接收喇叭的极化匹配；最后连接好射频测试电缆。

(2) 系统加电预热。连接测试仪器设备的电源，打开扫频信号源和频谱分析

仪的电源开关，预热测试系统仪器设备，使系统仪器设备工作正常。

(3) 设置扫频信号源和频谱分析仪状态参数。依据频率选择面工作频段，设置信号源的起始频率、停止频率和射频功率输出等参数，设置频谱分析仪起始频率、停止频率、分辨带宽和扫描时间等状态参数，并打开信号源射频输出开关。

(4) 测量系统定标曲线。在没有安装频率选择面的情况下，由扫频信号源发射扫频信号经发射喇叭辐射，通过自由空间传播，由接收喇叭接收至频谱分析仪，形成闭环链路，实现对测试系统的直通定标，利用频谱分析仪迹线最大保持功能记录定标曲线，并存储测试迹线。

(5) 测量系统信号传输曲线。关闭扫频信号源的射频信号输出，安装频率选择面，保持频谱分析仪的状态参数不变，打开信号源射频信号输出，频谱分析仪最大保持功能记录信号迹线，并存储在频谱分析仪内存储器中。

(6) 计算频率选择面的传输系数。根据由步骤(4)和步骤(5)测量的曲线，利用频谱分析仪的码刻 Δ 功能，直接测量出用分贝表示的频率选择面的传输系数的大小。

### 8.6.3　反射系数测量

频率选择面反射系数测量可采用传输法和反射法两种测量方法。传输法测量反射系数的原理和方法程序基本同 8.6.2 节，但测量结果不叫传输系数，而称作频率选择面的抑制度。例如测量频率选择面的抑制度为 15 dB，表明频率选择面的反射能量为 96.84%。下面简述反射法测量频率选择面反射系数的原理方法。

图 8-31 所示为利用频谱分析仪测量频率选择面反射系数的原理框图。图中 $\theta$ 为电磁波的入射角，发射喇叭和接收喇叭至金属吸波材料屏的距离相等，且满足远场测试距离条件。

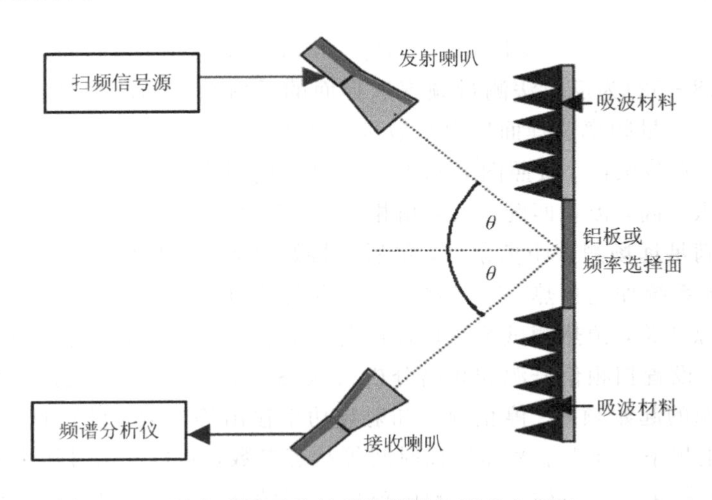


图 8-31　频率选择面反射系数测量的原理方框图

频率选择面反射系数测量的原理方法是：按照图 8-31 所示原理框图，建立测试系统，首先在吸波材料屏中间安装金属铝板，发射喇叭和接收喇叭对准金属铝板，入射角相等，极化匹配，由功率传输方程可得接收喇叭接收的信号功率电平为

$$P_{RX0}=P_{TX}\frac{G_{TX}G_{RX}}{\left(\frac{4\pi R}{\lambda}\right)^{4}}RF_{0} \tag{8-49}$$

式中：$P_{RX0}$——接收喇叭天线的接收功率；

$P_{TX}$——发射喇叭天线的发射功率；

$G_{TX}$——发射喇叭增益；

$G_{RX}$——接收喇叭增益；

$RF_0$——金属铝板的反射系数；

$R$——发射喇叭或接收喇叭到吸波材料屏的距离；

$\lambda$——工作波长。

然后去掉金属铝板，安装待测频率选择面，保持信号源输出频率和功率不变，同理，接收喇叭接收的信号功率电平 $P_{RX}$ 为：

$$P_{RX}=P_{TX}\frac{G_{TX}G_{RX}}{\left(\frac{4\pi R}{\lambda}\right)^{4}}RF \tag{8-50}$$

式中：RF 为频率选择面的反射系数。

由式(8-49)和式(8-50)可得频率选择面的反射系数为

$$RF=\frac{P_{RX}}{P_{RX0}}RF_{0} \tag{8-51}$$

在实际工程测量中，通常认为金属面的反射系数近似为 1，则式(8-51)用分贝表示为

$$RF[dB]=P_{RX}[dBm]-P_{RX0}[dBm] \tag{8-52}$$

式(8-52)为反射法测量频率选择面的反射系数的原理公式。用频谱分析仪的反射法测量频率选择面反射系数步骤如下：

(1) 安装架设。按照图 8-31 所示原理框图安装测试系统，保证发射喇叭和接收喇叭等高，极化匹配，入射角相等，发射喇叭和接收喇叭到金属吸波材料屏的距离满足远场测试距离条件，最后连接好射频测试电缆。

(2) 系统加电预热。连接测试仪器设备的电源，打开扫频信号源和频谱分析仪的电源开关，预热测试系统仪器设备，使系统仪器设备工作正常。

(3) 设置扫频信号源和频谱分析仪状态参数。依据频率选择面工作频段，设置信号源的起始频率、停止频率和射频功率输出等参数，设置频谱分析仪起始频率、停止频率、分辨带宽和扫描时间等状态参数，并打开信号源射频输出开关。

(4) 测量系统定标曲线。测试窗口在安装频率金属铝板情况下，由扫频信号

源发射扫频信号经发射喇叭辐射，通过自由空间传播至金属铝板全反射，由接收喇叭接收至频谱分析仪，形成闭环链路，实现对测试系统的定标，运用频谱分析仪迹线最大保持功能记录定标曲线，并存储定标测试迹线。

(5) 测量系统信号传输曲线。关闭扫频信号源的射频信号输出，去掉金属铝板，安装频率选择面，保持频谱分析仪的状态参数不变，打开信号源射频信号输出，用频谱分析仪最大保持功能记录测量信号迹线，并存储在频谱分析仪内存储器中。

(6) 计算频率选择面的传输系数。由步骤(4)和步骤(5)测量曲线，利用频谱分析仪的码刻 Δ 功能，直接测量出用分贝表示的频率选择面的反射系数的大小。

### 8.6.4　工程测量实例

这里以频率选择面 FSS 作为抛物面天线副反射面为例，说明 FSS 副反射面的工作原理，并给出了频率选择面的插入损耗(表征了其传输性能)和阻带抑制度(表征了其反射性能)的测量结果。

本例中利用频率选择面作为副反射面实现同一部反射面天线多馈源、多频段工作。系统的主反射抛物面和副反射双曲面的焦点重合，并且轴向位置也相同。图 8-32 所示为 S/X 波段 FSS 副反射面的抛物面天线工作原理图。天线的副反射面为频率选择表面，对 X 波段馈源来说，FSS 副反射面是完全反射或近似全反射，FSS 副反向面可与金属副面相比拟；对于 S 波段，馈源 FSS 副反射面是全透射或近似全透射。

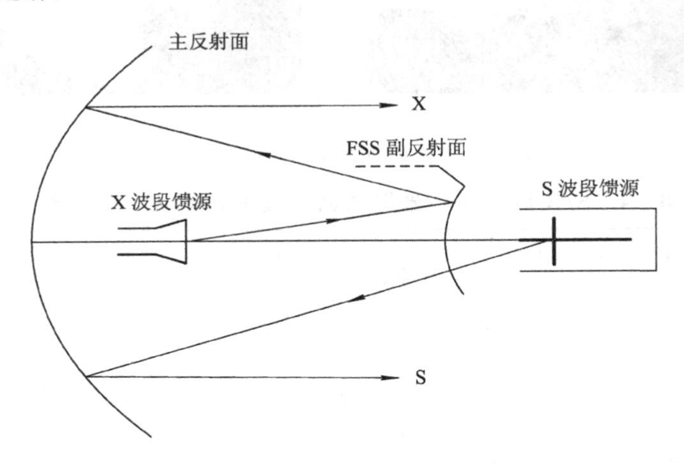


图 8-32　S/X 频段 FSS 副反射面的抛物面天线工作原理示意图

S/X 波段抛物面天线的工作原理是：X 波段馈源喇叭发射电磁波信号至 FSS 副反射面，由于 FSS 对 X 波段的信号是全反射的，经过 FSS 反射作用，反射波传播方向正好与从抛物面焦点发出的电磁波传播方向一致。再经过抛物面天线主反射面反射，沿抛物面的轴向平行方向发射。而 FSS 对于 S 波段馈源的信号是全透射的，S 波段的信号到达 FSS 时全部透射出来，并沿着原来的路径传播。这样当处于抛物面焦点的 S 波段馈源发出的信号透过 FSS 并射向天线主反射面时，在主反射面处信号发生反向传播，沿与轴向平行的方向发射。这样就实现了双频信号共用一部抛物面天线的目的，实现了反射面天线的频率复用，大大提高了抛物面天线的利用率。

已知 S 波段的工作频率为 2.2 GHz～2.3 GHz，X 波段的工作频率为 7.9 GHz～9.0 GHz。抛物面天线副反射面采用十字周期结构的频率选择表面。图8－33 所示为 4.2 米抛物面天线及 FSS 副反射面实物图片。

频率选择副面的插入损耗和阻带抑制度采用远场传输法进行测量。表 8－4 给出了 S/X 波段 4.2 米抛物面天线的 FSS 副面的性能测试结果。测试结果表明：频率选择副反射面传输系数和反射系数满足工程设计要求。

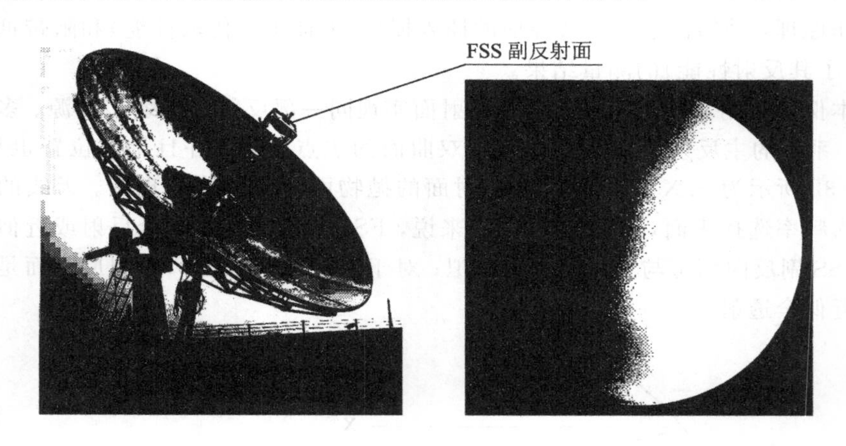


图 8－33　4.2 米抛物面天线及 FSS 副反射面实物图

**表 8－4　S/X 波段 4.2 米抛物面天线 FSS 副面性能测试结果**

| 测试频率(GHz) | 插入损耗(dB) | 传输系数 | 测试频率(GHz) | 阻带抑制度(dB) | 反射系数 |
|---|---|---|---|---|---|
| 2.20 | 0.36 | 0.920 | 7.90 | 14.61 | 0.965 |
| 2.22 | 0.38 | 0.916 | 8.00 | 15.40 | 0.971 |
| 2.24 | 0.40 | 0.912 | 8.30 | 23.81 | 0.996 |
| 2.26 | 0.42 | 0.908 | 8.50 | 45.84 | 1.000 |
| 2.28 | 0.35 | 0.923 | 8.70 | 29.10 | 0.999 |
| 2.30 | 0.45 | 0.902 | 9.00 | 16.92 | 0.980 |

# 第 9 章　调制特性测量

调制就是将低频或基带信号(如声音、音乐和数据等)转换成高频信号。在调制过程中，载波信号的某些特征(通常是频率或幅度)随基带信号幅度的瞬时变化作相应比例变化。调制技术在无线电通信技术中应用十分广泛，因此测量调制信号的参数是非常重要的。本章将讨论利用频谱分析仪测量调制信号的方法。目前信号调制的方式有：幅度调制、频率调制和脉冲调制。

## 9.1 幅度调制特性测量

### 9.1.1　幅度调制信号分析

幅度调制(AM)是传输信号控制载波的一种方式，其调制体制比较简单。一个具有幅度调制的载波可表示为

$$V(t)=U_c[1+ma(t)]\cos(2\pi f_c t) \tag{9-1}$$

式中：$V(t)$——幅度调制信号；

$U_c$——载波信号的幅度；

$m$——调制指数($0\leqslant m\leqslant 1$)；

$a(t)$——归一化调制信号；

$f_c$——载波频率。

正弦调制是最常用的一种调制方式，其调制信号可表示为

$$a(t)=\cos(2\pi f_m t) \tag{9-2}$$

式中：$f_m$——调制频率。

将式(9-2)代入式(9-1)进行整理化简可得

$$V(t)=U_c\cos(2\pi f_c t)+\frac{mU_c}{2}[\cos 2\pi(f_c-f_m)+\cos 2\pi(f_c+f_m)] \tag{9-3}$$

由上面的分析可知，幅度调制信号 $V(t)$ 由幅度为 $U_c$、频率为 $f_c$ 的载波和两

个边带组成。幅度调制的两个边带中，一个处在 $f_c - f_m$ 处，一个处在 $f_c + f_m$ 处，且上下边带的幅度均为 $\frac{mU_c}{2}$。图 9-1 所示为正弦调制的调幅信号频谱。

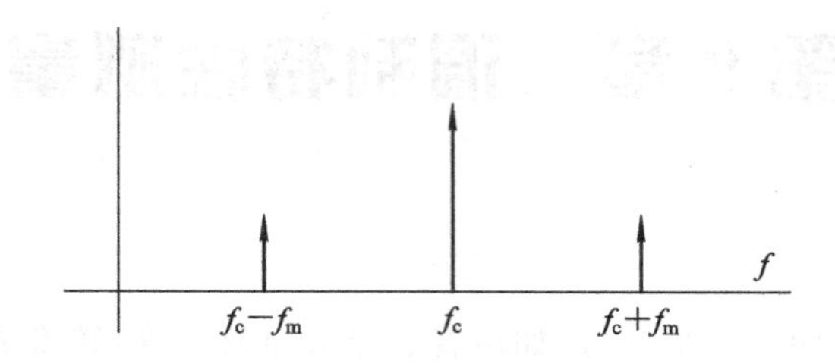


图 9-1 正弦调制的调幅信号频谱

边频幅度 $U_s$ 和调制系数的关系为

$$\frac{mU_c}{2} = U_s \tag{9-4}$$

由式(9-4)可得：

$$m = \frac{2U_s}{U_c} \tag{9-5}$$

在对数模式情况下，调制信号电平与载波信号的电平差值为 $A[\mathrm{dB}]$，则

$$A[\mathrm{dB}] = 20\log\frac{U_s}{U_c} = 20\log\frac{m}{2} \tag{9-6}$$

$$m = 2 \times 10^{\frac{A}{20}} \tag{9-7}$$

观察或测量幅度调制信号的方法有：时域法和频域法。在时域内，可用示波器观察和测量时域信号。图 9-2 所示为正弦幅度调制信号的时域波形。

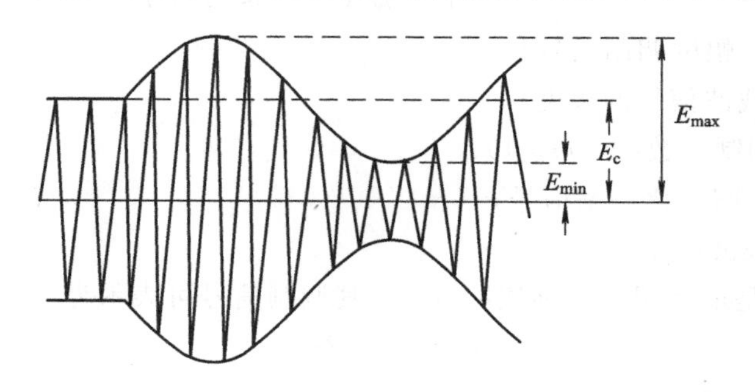


图 9-2 正弦幅度调制信号的时域波形

图 9-2 中，$E_{max}$ 为调制信号包络的最大电压值，$E_{min}$ 为调制信号包络的最小电压值，$E_c$ 为调制信号包络的最大电压值与最小电压值的平均值，用公式表示为

$$E_c = \frac{E_{max} + E_{min}}{2} \tag{9-8}$$

幅度调制信号的调制指数为

$$m=\frac{E_{\max}-E_{\min}}{E_{\max}+E_{\min}} \tag{9-9}$$

在频域中，可用频谱分析仪观察和测量幅度调制信号。用频谱分析仪可测量幅度调制信号的载波频率、幅度、调制频率和调制指数等特性。

图 9-3 所示为利用频谱分析仪测量的幅度调制信号。

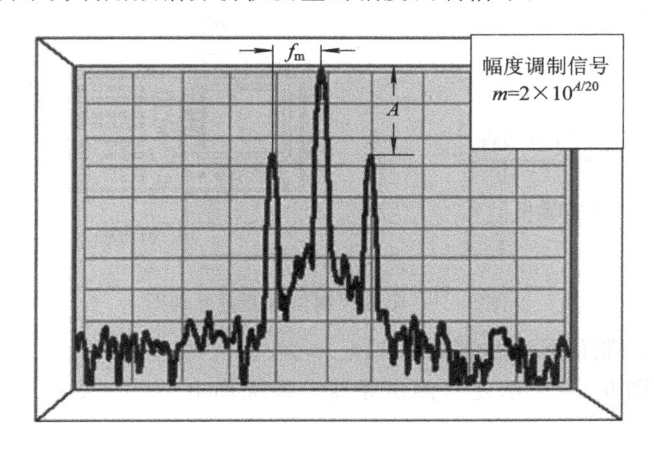


图 9-3 利用频谱分析仪测量的幅度调制信号

图中 $A$ 为相对于载波的边带幅度，$f_{\mathrm{m}}$ 为调制频率。幅度调制信号的载波频率和幅度可用频谱分析仪的码刻和码刻 Δ 功能直接进行测量。将频谱分析仪的码刻调到调制信号的最大值处，可直接测出(或读出)调制信号的幅度和频率，调制频率是载波频率与其中一个边带频率的差(边带相对载波呈对称性)，可用频谱分析仪的码刻 Δ 直接测量。用频谱分析仪的码刻 Δ 测量出相对载波的边带幅度 $A$，则调制系数百分比可用式(9-10)进行计算。

$$m\%=2\times 10^{\frac{A}{20}}\times 100\% \tag{9-10}$$

表 9-1 给出了调制系数与相对载波的边带幅度。

**表 9-1 调制系数与相对载波的边带幅度**

| 调制系数(%) | 相对载波的边带幅度(dB) | 调制系数(%) | 相对载波的边带幅度(dB) |
|---|---|---|---|
| 1 | −46.02 | 50 | −12.04 |
| 2 | −40.00 | 60 | −10.46 |
| 10 | −26.02 | 70 | −9.12 |
| 20 | −20.00 | 80 | −7.96 |
| 30 | −16.48 | 90 | −6.94 |
| 40 | −13.98 | 100 | −6.02 |

### 9.1.2　幅度调制信号测量

要获得一个幅度调制信号，可以通过一台信号源来产生幅度调制信号，也可以用一个天线接收幅度调制广播信号，输入给频谱分析仪。图 9-4 所示为利用一个信号源输出一个幅度调制信号，用频谱分析仪测量幅度调制信号的原理图。

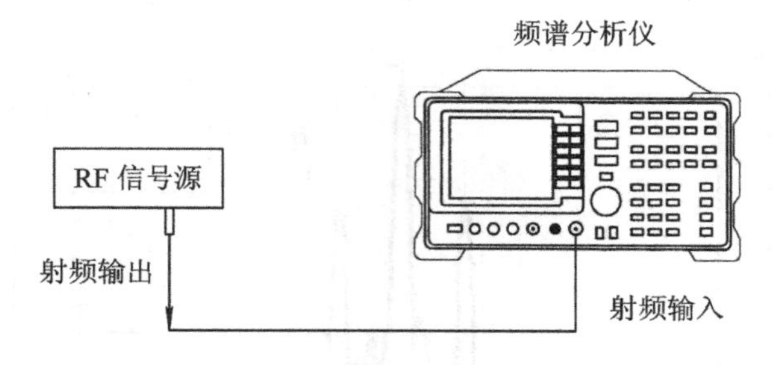


图 9-4　幅度调制信号测量原理图

测量幅度调制信号的步骤如下：

(1) 按照图 9-4 所示建立测试系统，系统加电预热，使系统仪器设备工作正常。

(2) 将信号源的射频输出端口用测试电缆与频谱分析仪的射频输入端口连接，设置信号源的状态参数，如输出载波频率为 100 MHz，幅度为 −15 dBm，调制系数为 10%，调制频率为 1 kHz。打开信号源射频输出开关，这样信号源输出一幅度调制信号。

(3) 合理设置频谱分析仪的状态参数。例如，频谱分析仪的中心频率设置为 100 MHz，扫频带宽设置为 10 kHz 等。

(4) 测量幅度调制信号参数。图 9-5 所示为在频谱分析仪 CRT 屏幕上观测的幅度调制信号波形。利用频谱分析仪的峰值码刻功能可直接测量出载波信号的幅度和频率，利用码刻 Δ 可直接测量出调制频率和相对于载波的边带幅度。图 9-5 中测量的调制频率为 1 kHz，边带幅度为 −26 dB，则调制系数为

$$m\% = 2 \times 10^{\frac{-26}{10}} \times 100\% \approx 10.02\%$$

利用频谱分析仪测量幅度调制信号时，应注意以下问题：为了区分幅度调制信号的载波信号和边带信号，频谱分析仪的分辨带宽应小于幅度调制信号的调制频率，因此应采用高分辨率的频谱分析仪测量调制信号。用频谱分析仪测量幅度调制信号时，频谱分析仪分辨带宽的设置应满足以下条件：

$$\mathrm{RBW} \leqslant \frac{2f_{\mathrm{m}}}{\mathrm{SF}} \tag{9-11}$$

式中：RBW——频谱分析仪的分辨带宽；

$f_m$——幅度调制信号的调制频率；

SF——频谱分析仪的形状因子。

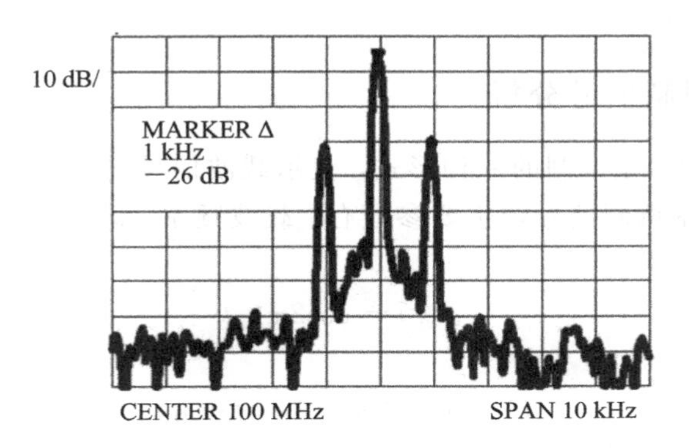


图 9-5　幅度调制信号波形

因此，当测量的幅度调制信号频率小于频谱分析仪的最小分辨带宽时，频谱分析仪将无法区分附加的调制，也就无法实现调制参数的测量。

频谱分析仪的显示动态范围一般大于 70 dB，测量的调制系数小到0.0632%，并可得到较高的绝对和相对频率测量精度。利用频谱分析仪亦可以方便地测量出调制失真。幅度调制信号的载波失真是由于调制信号二阶以上的后续谐波和过调制($m\%>100\%$)引起的，同理用频谱分析仪在频域内可直接测量调制失真。如图 9-6 所示，利用频谱分析仪的码刻 Δ 测量的第一边带与第二边带幅度的差值为 −30.73 dB，称为该波形的二阶谐波失真，同理亦可测量三阶谐波失真。

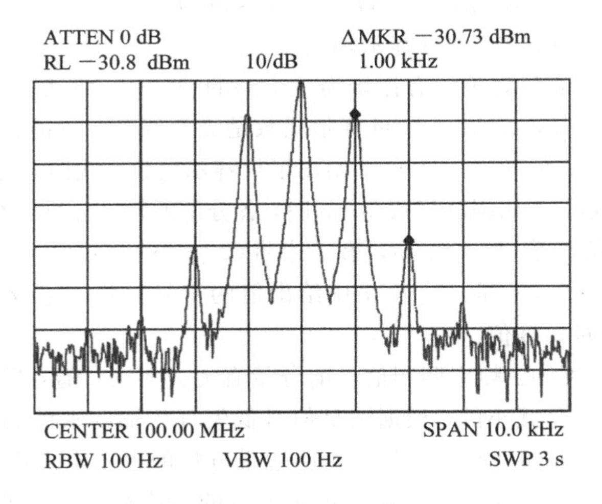


图 9-6　幅度调制信号的调制失真测量

# 9.2 频率调制特性测量

## 9.2.1 频率调制信号分析

频率调制(FM)是调制的一种形式，表示载波信号的频率随调制信号的幅度而变化。表征频率调制信号的主要参数有：载波频率、调制频率、调制指数和调频频偏。设调制信号为

$$a(t)=\cos 2\pi f_{\mathrm{m}} t \tag{9-12}$$

载波信号为

$$U_{\mathrm{c}}(t)=A\cos(2\pi f_{\mathrm{c}} t+\phi) \tag{9-13}$$

频率调制信号可表示为

$$U(t)=A[\cos(2\pi f_{\mathrm{c}} t)+m\cos(2\pi f_{\mathrm{m}} t)] \tag{9-14}$$

式中：$A$——载波信号幅度；

$m$——调制指数，$m=\Delta f_{\mathrm{peak}}/f_{\mathrm{m}}$；

$\Delta f_{\mathrm{peak}}$——最大调制频偏；

$f_{\mathrm{m}}$——调制频率。

利用傅里叶级数对式(9-14)进行展开可得：

$$\begin{aligned} U(t)=&J_0(m)\cos(2\pi f_{\mathrm{c}} t)-J_1(m)[\cos 2\pi(f_{\mathrm{c}}-f_{\mathrm{m}})t-\cos 2\pi(f_{\mathrm{c}}+f_{\mathrm{m}})t] \\ &+J_2(m)[\cos 2\pi(f_{\mathrm{c}}-2f_{\mathrm{m}})t+\cos 2\pi(f_{\mathrm{c}}+2f_{\mathrm{m}})t] \\ &-J_3(m)[\cos 2\pi(f_{\mathrm{c}}-3f_{\mathrm{m}})t-\cos 2\pi(f_{\mathrm{c}}+3f_{\mathrm{m}})t]+\cdots \end{aligned} \tag{9-15}$$

式中：$J_n(m)$——$n$ 阶第一类贝赛尔函数。

可见，调频波的频谱中含有振幅为 $J_0(m)$的载波 $f_{\mathrm{c}}$，振幅为 $J_n(m)$的边带分量($f_{\mathrm{c}}\pm n f_{\mathrm{m}}$)，$n=1, 2, 3, \cdots$。贝赛尔函数是无穷级数，只能作近似计算，项数愈多愈精确。为了方便起见，图 9-7 给出了贝赛尔函数曲线图，由曲线图可以确定边带分量的幅度值。例如调制指数 $m=3$ 时，各分量的幅度分别为载波 $J_0=-0.27$，第一边带(1 st)的幅度 $J_1=0.33$，第二边带(2 nd)的幅度 $J_2=0.48$，第三边带(3 rd)的幅度 $J_3=0.33$ 等。图 9-7 中给出值的符号是没有意义的，因为频谱分析仪显示的是绝对幅度值。

由式(9-15)可知：频率调制信号的分量有无穷多项，随着阶数的增加，贝赛尔函数值总的趋势是减小的。根据满足信号低失真传输要求的有效边带项数，可以得到调制信号的带宽。有效边带项是指边带分量的电压至少占未调制载波电压的 1%，即-40 dB。常取包含调频波能量 99%的频段宽度作为传输带宽。通常分为以下几种情况：

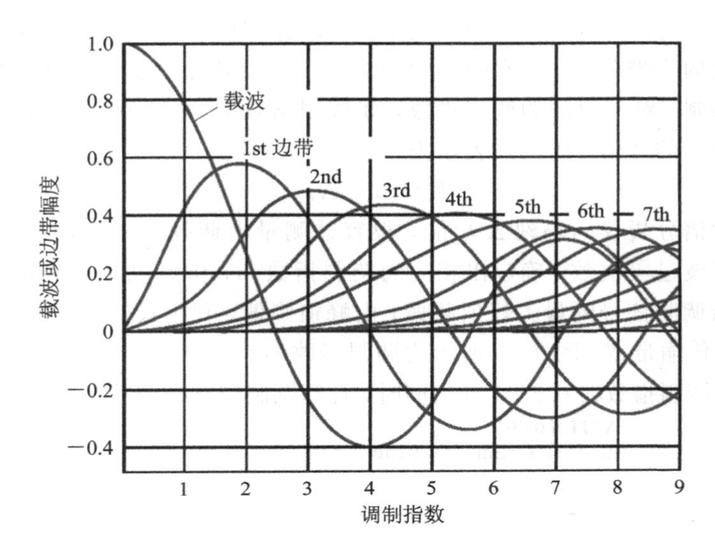


图 9－7　贝赛尔函数曲线图

(1) 对于很低调制的调频波，其调制指数 $m<0.2$，其频谱和幅度调制频谱一样，有一对有效的边带分量。由于其所占带宽很窄，故称为窄带调制。在这种情况下，调制带宽 $B$(或称为传输带宽)是调制频率的 2 倍，用公式表示为

$$B = 2 \times f_{m} \tag{9-16}$$

图 9－8 所示为频谱分析仪测量的调制指数等于 0.2 的调制信号频谱。由图可知：利用频谱分析仪的码刻 Δ 功能，很容易测量出频率调制信号的调制频率，由此即可求出调频信号的调制带宽。

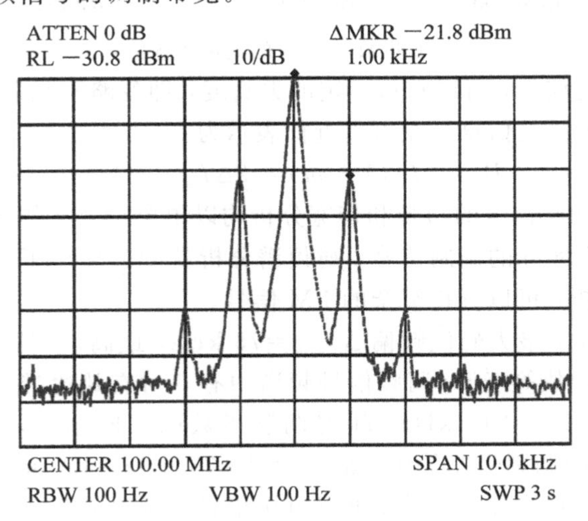


图 9－8　调制指数等于 0.2 的调频信号频谱

(2) 随着调频信号的调制指数的增大，起作用的高阶项愈来愈多，这时就必须考虑有效的边带分量。与窄带调频相对应，把调制指数大于 1 的频率调制信号称为宽带调制。对于很高的调制指数，如调制指数 $m$ 大于 100，其传输带宽等于最大峰值频偏的 2 倍，用公式表示为

$$B = 2 \times \Delta f_{\text{peak}} \tag{9-17}$$

利用频谱分析仪的码刻 Δ 功能，很容易测量出调频信号的调制频率 $f_{\text{m}}$，并观察调制载波过零次数，确定出相应的调制指数 $m$；由调制频率和调制指数，就可以计算出调制信号的最大峰值频偏；由峰值频偏，利用式(9-17)很容易计算出调频信号的传输带宽。图 9-9 所示为调制指数 $m$=95 的宽带调频信号的频谱。当调频信号的调制指数在 0.2～100 之间时，计算调制带宽必须考虑边带的影响。

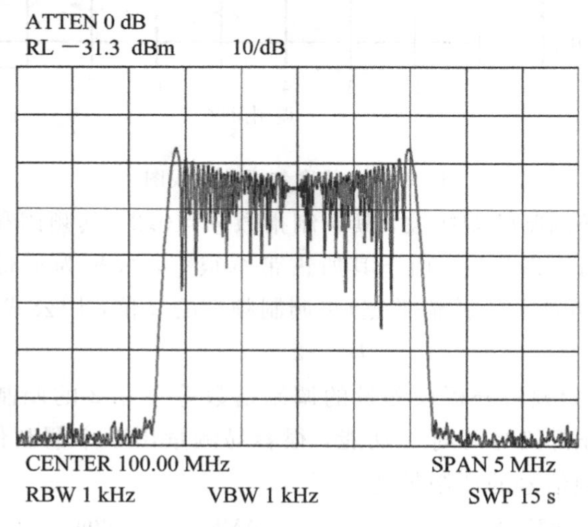


图 9-9　调制指数 $m$=95 的宽带调频信号的频谱

(3) 在语言通信中，可以默认一定的失真度，即忽略不足载波电压的 10%的边带分量，此时所需的信息带宽可以近似表示为

$$B = 2f_{\text{m}}(1 + m) = 2\Delta f_{\text{peak}} + 2f_{\text{m}} \tag{9-18}$$

上面对频率调制信号的边带和带宽分析均以单个正弦波作为调制信号。如果扩展到更复杂、更实际的调制信号，则频谱分析就十分繁琐了。但是通过单音调制 FM 信号的分析，可以分析复杂的 FM 信号。

在调频广播中，最大峰值频偏 $\Delta f_{\text{peak}}$=75 kHz，最高调制频率为 15 kHz，由此可计算出调制指数等于 5，调频信号频谱中有八对有效边带分量，则要求的传输带宽为 2×8×15=240 kHz。随着调制指数的不断增大，当调制频率低于 15 kHz 时，最终的调制带宽等于 $2\Delta f_{\text{peak}}$=2×75 kHz=150 kHz。对于复杂信号的调制，调频波占有的有效频谱宽度仍可用单音调制时的公式表示，利用最高调制频率和最大峰值频偏来计算调制宽度。

## 9.2.2　频率调制信号测量

利用频谱分析仪不仅能测量 FM 信号的频偏、调制度和调制指数等指标，而且也可以利用频谱分析仪快速准确地校准 FM 发射机或设置调制信号源，也常用于检验频偏仪的准确度。

借助于频谱分析仪，采用贝塞尔零点法，根据调制频率和载波幅度过零次数，可准确设置信号发生器或 FM 发射机的频偏值。图 9-10 所示为调制频率为 1 kHz，调制指数为 2.4(载波第一次过零)的 FM 信号频谱，则载波峰值频偏为

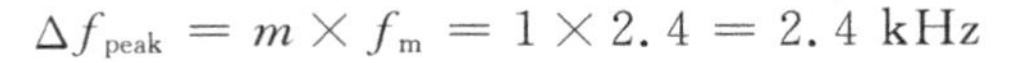

$$\Delta f_{\text{peak}} = m \times f_{\text{m}} = 1 \times 2.4 = 2.4\ \text{kHz}$$

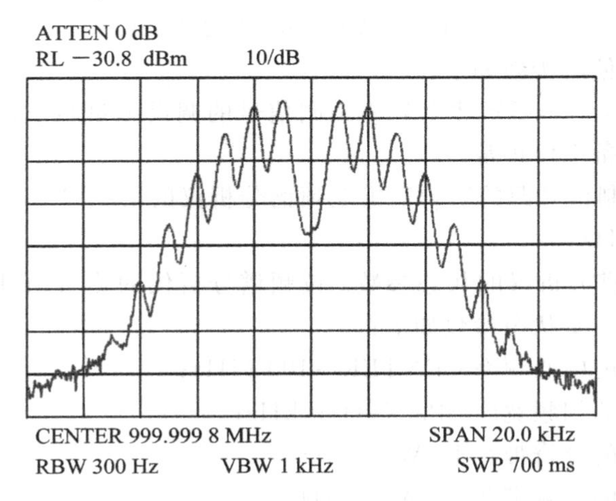


图 9-10　FM 信号频谱(调制频率为 1 kHz，调制指数为 2.4)

由频率调制信号频谱，利用频谱分析仪的码刻 Δ 功能很容易准确测量调制频率的大小，调制指数是已知的，这样就可以计算调制信号的频偏。表 9-2 给出了各次零载波的调制指数和峰值频偏。

**表 9-2　各次零载波的调制指数和峰值频偏**

| 载波过零次数 | 调制指数 | 峰值频偏(kHz) | | | | | | | | |
|---|---|---|---|---|---|---|---|---|---|---|
| | | 7.5 | 10 | 15 | 25 | 30 | 50 | 75 | 100 | 150 |
| 1 | 2.40 | 3.12 | 4.16 | 6.25 | 10.42 | 12.50 | 20.83 | 31.25 | 41.67 | 62.50 |
| 2 | 5.52 | 1.36 | 1.81 | 2.72 | 4.53 | 5.43 | 9.06 | 13.59 | 18.12 | 27.17 |
| 3 | 8.65 | 0.87 | 1.16 | 1.73 | 2.89 | 3.47 | 5.78 | 8.67 | 11.56 | 17.34 |
| 4 | 11.79 | 0.66 | 0.85 | 1.27 | 2.12 | 2.54 | 4.24 | 6.36 | 8.48 | 12.72 |
| 5 | 14.93 | 0.50 | 0.67 | 1.00 | 1.67 | 2.01 | 3.35 | 5.02 | 6.70 | 10.05 |
| 6 | 18.07 | 0.42 | 0.55 | 0.83 | 1.38 | 1.66 | 2.77 | 4.15 | 5.53 | 8.30 |

下面以调制信号源输出为例，说明用频谱分析仪调设 FM 信号的方法。图 9-11 所示为调设频率调制信号的原理图。

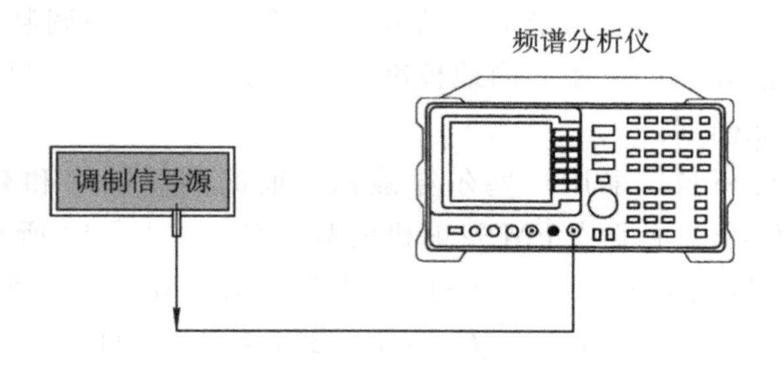


图 9-11 调设频率调制信号的原理图

测量 FM 频偏的步骤如下：

(1) 按照图 9-11 所示建立频率调制信号的调设测量系统，并加电预热，使测试系统仪器设备工作正常。

(2) 连接调制信号源的射频输出至频谱分析仪的射频输入，设置信号源的输出频率为 100 MHz。

(3) 设置频谱分析仪的状态参数。按频谱分析仪的热启动键【PRESET】，设置频谱分析仪的主要状态参数如下：

频谱分析仪的中心频率 CENTER＝100 MHz；

频谱分析仪的扫频宽度 SPAN＝100 kHz；

频谱分析仪的分辨带宽 RBW＝1 kHz；

频谱分析仪的视频带宽 VBW＝1 kHz。

(4) 计算调制频率。假设希望获得的频率调制信号的最大峰值频偏为 25 kHz，选择一阶载波过零，其调制指数为 2.4，则可以计算出调制频率为

$$f_{\mathrm{m}}=\frac{\Delta f_{\mathrm{peak}}}{m}=\frac{25}{2.4}=10.417\ \mathrm{kHz}$$

(5) 设置调制信号源的调制频率为 10.417 kHz，即可获得载波频率为 100 MHz，调制频率 10.417 kHz 的频率调制信号。图 9-12 所示为频率调制信号一阶载波过零，图中码刻 Δ 即为调制频率。

(6) 逐渐改变调制信号源的调制频率，观察调制信号波形及载波过零所显示的频谱。图 9-13 所示为调制指数约为 0.2 时的调制信号频谱。显然，利用频谱分析仪的码刻和码刻 Δ 功能很容易测量载波频率、调制度和调制频率。图 9-14 和图 9-15 为调制指数比较大的频率调制信号频谱。其中，图 9-14 为 FM 调制信号载波过零的频谱，图 9-15 为 FM 调制信号第一边带过零的频谱。

前面详细讨论了如何利用频谱分析仪建立已知频偏的频率调制信号，下面简述一下利用频谱分析仪测量频偏的方法。

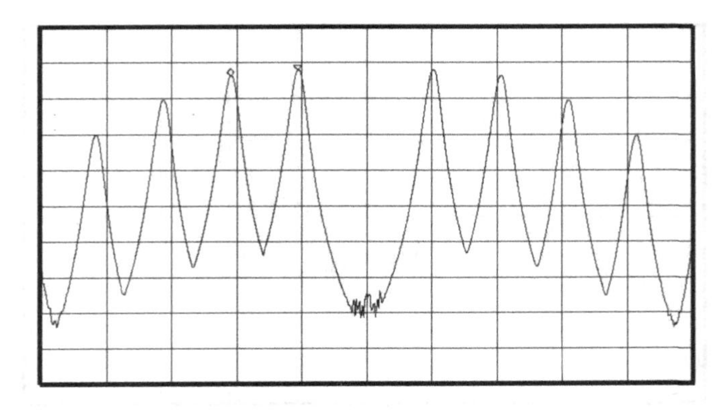

图 9-12　频率调制信号一阶载波过零

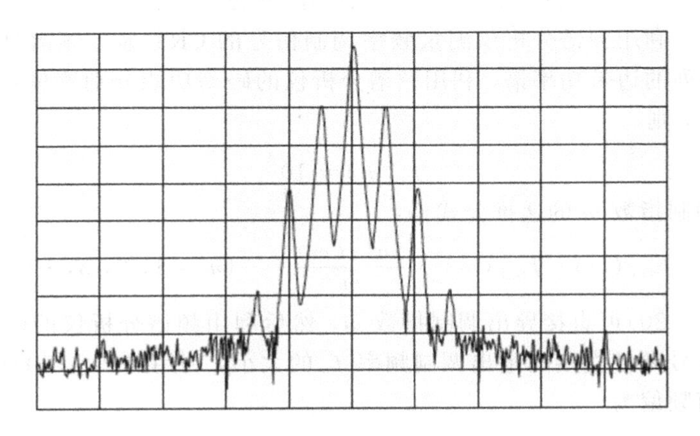

图 9-13　调制指数约为 0.2 时的调制信号频谱

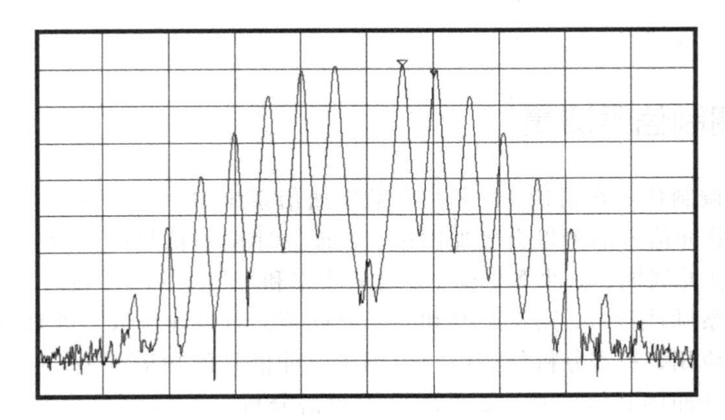

图 9-14　频率调制信号载波过零的频谱

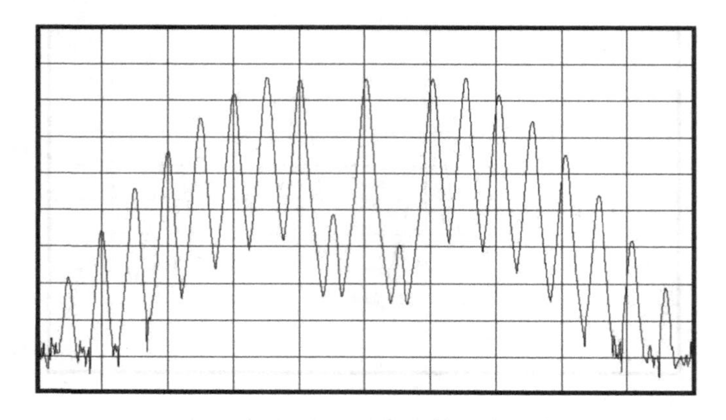

图 9-15　频率调制信号第一边带过零的频谱

实际上，利用频谱分析仪测量频率调制信号的 CRT 显示频谱是以载波为中心，对称排列的边带功率谱，利用频谱分析仪的码刻功能分别测量各边带的幅度值 $A$(dBm)，则

$$J_n(m)=10^{\frac{A}{20}} \tag{9-19}$$

利用调制指数 $m$ 的递推公式得：

$$J_{n+1}(m)+J_{n-1}(m)=\frac{2nJ_n(m)}{m}\qquad (n=1,2,3,\cdots) \tag{9-20}$$

由式(9-20)可直接导出调制指数 $m$，然后利用频谱分析仪的码刻 Δ 功能从频率调制信号频谱直接测量出调制频率 $f_m$ 的大小，利用式(9-21)计算频率调制信号的峰值频偏为

$$\Delta f_{\text{peak}}=\frac{2n\times J_n(m)}{[J_{n+1}(m)+J_{n-1}(m)]}f_m \tag{9-21}$$

## 9.3 脉冲调制信号测量

脉冲调制技术在雷达、电子战和数字通信系统中应用十分广泛。与连续波信号相比，脉冲信号的测量会更加困难。表征脉冲调制信号的主要特性参数有：脉冲宽度、脉冲周期、脉冲重复频率、峰值功率和平均功率等。在时域里，用示波器很容易观察脉冲信号，测量上升和下降时间等。随着现代数字处理技术在频谱分析仪中的应用，频谱分析仪亦广泛应用于脉冲信号的频谱测量。但是利用频谱分析仪测量脉冲调制信号时，要合理设置频谱分析仪的分辨带宽 RBW、扫频宽度 SPAN 和扫描时间 SWEEP TIME 等状态参数，这些是获得真实脉冲信号的关键。因此本节将简述脉冲调制信号的基础及其简单的测量方法。

### 9.3.1　脉冲调制信号频谱

脉冲频谱表示的是时域脉冲信号转换到频域上的频谱。对于周期脉冲信号，可展开成傅里叶级数的形式表示，傅里叶级数的各项代表信号中各次谐波，因此周期性脉冲信号可视为各次谐波之和。

为了便于讨论分析，假设脉冲信号是一个理想的矩形脉冲，其上升时间为 0。图 9-16 所示为理想矩形脉冲的时域和频域波形图，图(a)为时域波形，图(b)为频域波形(图中 $\tau$ 为脉冲宽度，$T$ 为脉冲周期)。矩形脉冲信号频率包络函数为

$$y = \frac{\sin x}{x} \tag{9-22}$$

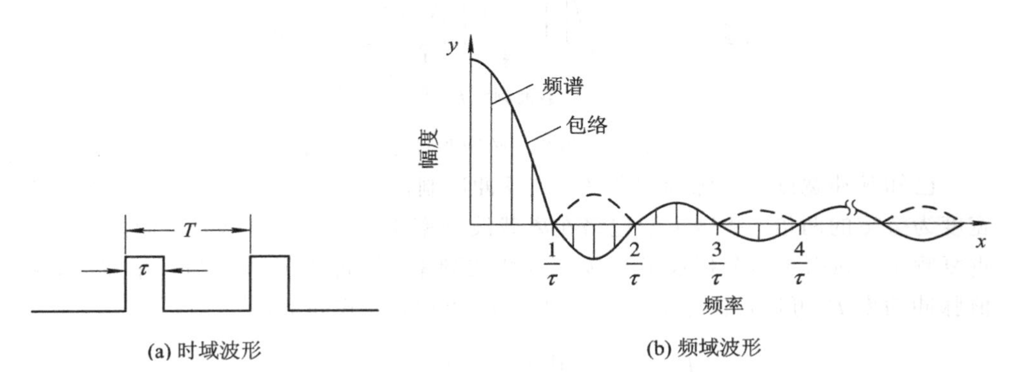


图 9-16　理想矩形脉冲的时域和频域波形图

脉冲调制信号就是脉冲信号对连续波的幅度调制，可以看做单载波信号与脉冲信号的乘积，如图 9-17 所示。

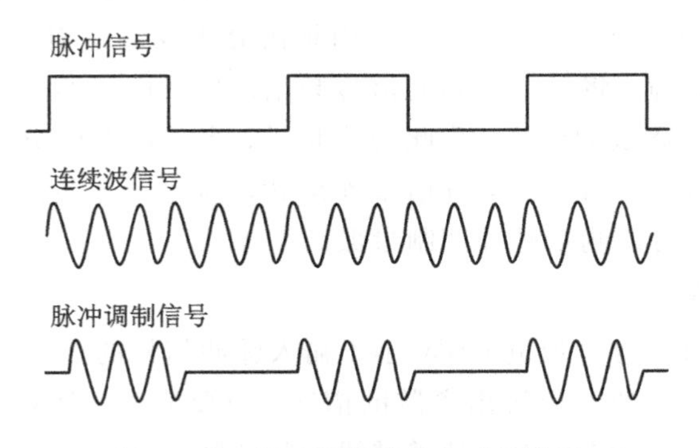


图 9-17　脉冲调制信号的时域波形

由图可知：当脉冲信号为开状态时，幅度不为零，就有相应的载波信号；当脉冲信号为关状态时，幅度为零，也就没有相应的载波。图 9-18 所示为射频载

波脉冲调制的频谱波形。由图可以看出，边带频谱对称地分布在载波频率 $f_c$的两旁，脉冲信号波形周期称为脉冲重复频率，用 PRF 表示，它与脉冲周期的关系为

$$\mathrm{PRF} = \frac{1}{T} \tag{9-23}$$

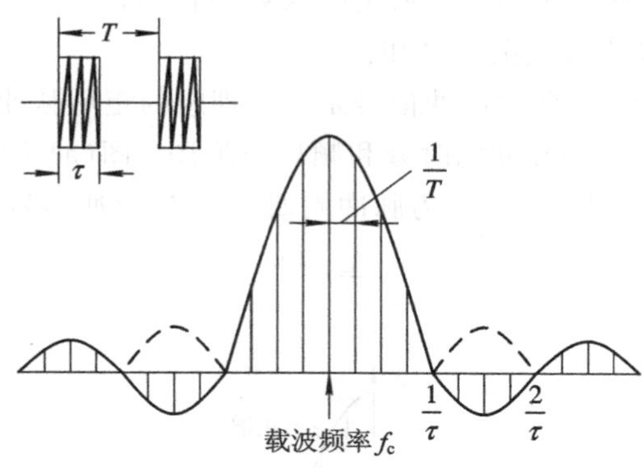


图 9-18 射频载波脉冲调制的频谱波形

已知脉冲宽度 $\tau$ 和脉冲周期 $T$，则脉冲调制占空比为 $\tau/T$。脉冲调制的主瓣宽度为旁瓣的两倍，频谱主瓣包络在离载波频率 $1/\tau$ 处过零，谱分量间隔是脉冲重复频率。利用频谱分析仪可直接测量载波频率、脉冲重复频率和频率宽度。峰值脉冲功率 $P_P$可通过测量载波分量功率 $P_C$求得，公式如下：

$$P_P = P_C[\mathrm{dBm}] - 20 \times \log\left(\frac{\tau}{T}\right) \tag{9-24}$$

## 9.3.2 脉冲调制信号参数测量

频谱分析仪只能测量幅度信息，而不能测量相位信息，因此频谱分析仪观察的脉冲调制信号频谱全部是正向的。采用频谱分析仪测量射频脉冲调制信号时，选择不同的分辨带宽，将显示不同的信号频谱。当采用窄的分辨带宽时，频谱分析仪显示频谱呈现离散的谱线，称此为线状谱；当采用宽的分辨带宽时，频谱分析仪显示的谱线便融合在一起，频谱呈连续状，称此为脉冲谱。利用线状谱和脉冲谱的频谱特性，可以测量脉冲调制参数。

**1. 线状谱测量**

当频谱分析仪的分辨带宽 RBW 小于输入脉冲信号的重复频率 PRF 时，频谱分析仪显示器上能清楚地分辨出离散的谱线。只要满足 RBW＜PRF 的条件，改变频谱分析仪的其他状态参数，频谱谱线之间的间距将不发生变化。利用线状谱的这个特点，使用频谱分析仪的码刻和码刻 Δ 可以很方便地测量各种调制参数指标。下面以频谱分析仪测量的脉冲频谱为例，说明测量各种调制参数的方法。

图 9-19 所示为频谱分析仪测量的脉冲调制信号的频谱图。

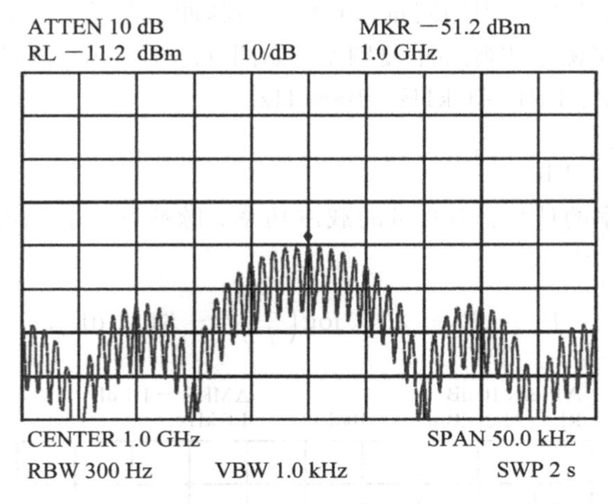


图 9-19　频谱分析仪测量的脉冲调制信号频谱图

载波频率和载波功率测量：利用脉冲调制信号频谱，激活频谱分析仪的码刻功能，然后利用频谱分析仪的峰值搜索功能，自动将码刻移动至载波信号最大值处，如图 9-19 所示，从而可以直接读出载波频率和功率。

载波频率：$f_C = 1$ GHz；

载波功率：$P_C = -51.2$ dBm。

脉冲宽度测量：如图 9-20 所示，利用频谱分析仪的码刻 Δ 功能，测量脉冲调制信号的主瓣宽度为 20 kHz，则脉冲调制宽度为

$$\tau = \frac{2}{20\ 000} = 100\ \mu\text{s}$$

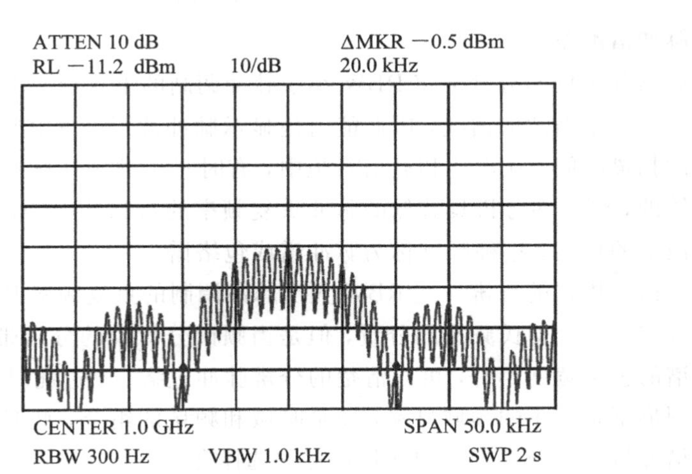


图 9-20　脉冲宽度测量

脉冲重复频率和脉冲周期测量：由测量的脉冲调制信号频谱，利用频谱分析仪的码刻 Δ 可直接测量出脉冲重复频率，如图 9-21 所示。测量结果如下：

脉冲重复频率：PRF=1 kHz=1000 Hz；

脉冲周期：$T=\frac{1}{\text{PRF}}=1000\ \mu\text{s}$。

脉冲峰值功率的计算：由测量的载波功率、脉冲宽度和脉冲周期，就可以计算脉冲峰值功率的大小。

$$P_{\text{P}}=P_{\text{C}}-20\times\log\left(\frac{\tau}{T}\right)=-31.2\ \text{dBm}$$

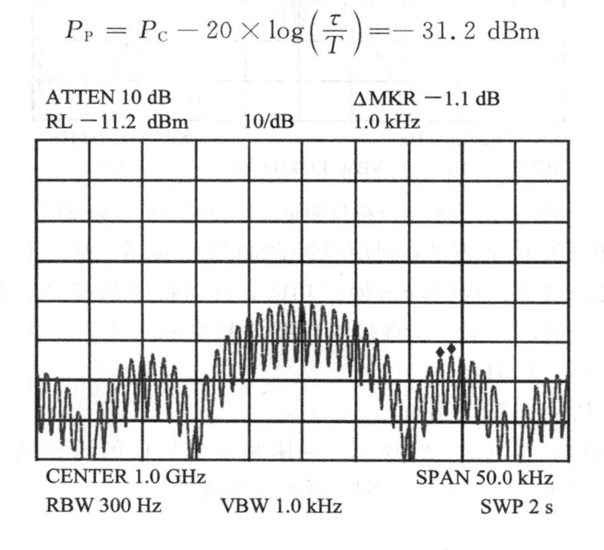


图 9-21　脉冲重复频率测量

**2. 脉冲谱测量**

当频谱分析仪的分辨带宽 RBW 小于脉冲调制的重复频率 PRF 时，频谱分析仪能区分每一个谐波的谱线，因此能清楚显示脉冲波形的线状谱，测量线状谱需要较长的扫描时间。在雷达和通信系统中，有时只单独关注脉冲调制信号的线状谱是不够的，例如在分析具有低的脉冲重复频率的短脉冲串的信号时，往往更关注脉冲波形的包络，这种频谱称为脉冲谱或包络谱。

当频谱分析仪的分辨带宽 RBW 大于脉冲调制的重复频率 PRF 时，频谱分析仪不能分辨出每个傅氏频率的分量，但是当频谱分析仪的分辨带宽 RBW 比待测信号频谱的包络宽度小时，可以清楚的分辨脉冲包络，不过此时频谱分析仪 CRT 显示的图形不是真正的频域显示，而是时域和频域的组合，此时脉冲包络的幅度值与频谱分析仪的分辨带宽和视频带宽的选择有关，当分辨带宽和视频带宽增大到一定程度时，包络的幅度值将以每倍带宽 6 dB 的斜率线性增加，直至带宽增大到约等于主瓣宽度一半时，其包络幅度才随带宽的增加而变化不大。因此对于脉冲谱的测量，应选择合适的分辨带宽，并使视频带宽远大于分辨带宽。同理利用频谱分析仪的码刻功能可测量载波频率和载波功率；利用频谱分析仪的码刻 Δ 功能可测量主瓣宽度和脉冲宽度，但是无法测量脉冲周期或脉冲重复频率(可在频谱分析仪时域模式下，即频谱分析仪的扫频宽度 SPAN 等于零情况下进行测量)。峰值脉冲功率可由式(9－25)计算：

$$P_P = P_C[\mathrm{dBm}] - 20 \times \log(\tau B_{mc}) \tag{9-25}$$

式中：$B_{mc}$——脉冲带宽。

对于采用同步调谐高斯型滤波器，$B_{mc}$等于 1.5 倍的频谱分析仪的分辨带宽。

# 第10章 失真特性测量

电子系统中所采用的许多电路都被认为是线性电路，这意味着对于正弦波输入，其输出也是正弦波。实质上，理想的线性电路是不存在的。当信号通过非线性设备、电路或器件时，其输出不仅具有与输入相同频率的信号，而且由输入信号产生了其他任何频率的信号，此信号称为失真。若输入信号是单一频率的信号(如单一正弦波)，输出信号中除了基波分量外，还产生了直流、谐波及幅度失真分量；如果输入信号是两个不同频率的正弦信号，输出信号除了两个基波频率外，还出现了互调和交调失真分量；如果输入信号是3个以上频率的信号，输出信号中还会出现3次差拍失真分量。本章主要讨论利用频谱分析仪如何测量谐波失真和互调失真。

## 10.1 失真信号分析

### 10.1.1 失真信号模型

理想的线性电路、器件或设备是不存在的，它们实际上或多或少地存在非线性失真。这种非线性属于弱非线性，其信号失真电平通常很低，这种弱非线性的输入与输出可用幂级数来近似表示为

$$U_{out}=k_0+k_1U_{in}+k_2U_{in}^2+k_3U_{in}^3+k_4U_{in}^4+\cdots \tag{10-1}$$

式中：$U_{in}$——输入信号；

$U_{out}$——输出信号；

$k_0$——系统中的直流偏置；

$k_1$——线性电路的增益或衰减；

$k_2$——失真模型的非线性二次系数，其余依此类推。若电路是完全线性的，则除了$k_1$之外所有的系数都为0。

忽略$k_3$以后的各项，该模型可以大大简化。实际上，对于渐变形式的非线性，$k_n$的大小随$n$的变大而迅速减小。对于许多实际应用来说，这种简化模型已足够

准确了，因为二次效应和三次效应起支配作用。忽略 $k_3$ 以后的各项，失真模型可简化为

$$U_{\text{out}} = k_0 + k_1 U_{\text{in}} + k_2 U_{\text{in}}^2 + k_3 U_{\text{in}}^3 \tag{10-2}$$

### 10.1.2　谐波失真信号分析

如图 10-1 所示，当一个纯单音频信号输入非线性待测器件时，其输出不仅有基波信号，还存在谐波失真信号。

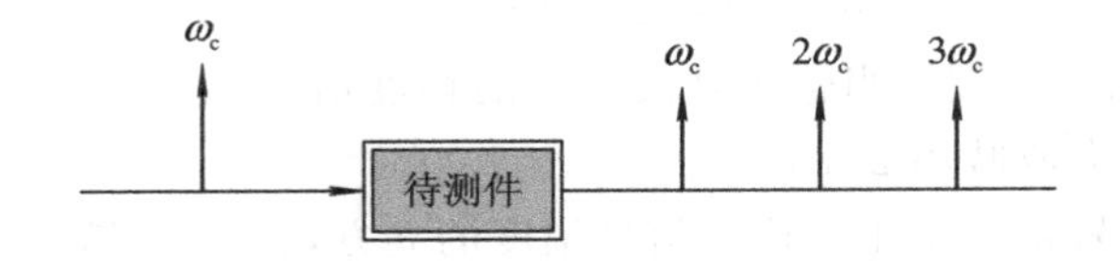


图 10-1　谐波频率分布

假设输入信号是一个纯正弦波，表示为

$$U_{\text{in}} = U\cos\omega_c t \tag{10-3}$$

式中：$U$——输入信号的幅度；

$\omega_c$——载波角频率，$\omega_c = 2\pi f_c$；

$f_c$——载波的频率。

将式(10-3)代入式(10-2)的非线性失真模型，可得输出信号为

$$U_{\text{out}} = k_0 + k_1 U\cos\omega_c t + k_2 U^2\cos^2\omega_c t + k_3 U^3\cos^3\omega_c t \tag{10-4}$$

将式(10-4)进行分解，并化简可得

$$U_{\text{out}} = k_0 + \frac{k_2 U^2}{2} + \left(k_1 U + \frac{3}{4}k_3 U^3\right)\cos\omega_c t + \frac{k_2 U^2}{2}\cos 2\omega_c t + \frac{k_3 U^3}{4}\cos 3\omega_c t \tag{10-5}$$

由式(10-5)可知：输出电压包含直流分量、基波频率、二次谐波和三次谐波。如果采用高次谐波失真模型，则其输出将存在更高次谐波。输出信号幅度如下：

直流成分：$k_0 + \dfrac{k_2 U^2}{2}$

基波信号幅度：$k_1 U + \dfrac{3}{4}k_3 U^3$

二次谐波信号幅度：$\dfrac{k_2 U^2}{2}$

三次谐波信号幅度：$\dfrac{1}{4}k_3 U^3$

由上面分析可知：基波信号的幅度受失真模型的非线性三次系数 $k_3$ 的影响；直流分量受失真模型的非线性二次系数的影响。基波信号的幅度主要同 $U$ 成正比；二次谐波信号的幅度同 $U^2$ 成正比；三次谐波同 $U^3$ 成正比。

对于一个特定的非线性系统、电路或一个器件，由于失真模型中的系数 $k_0$、$k_1$、$k_2$和 $k_3$的值一般是不知道的，故这种失真模型的应用受到限制。但是从失真模型信号分析中，可以研究基波信号和谐波信号幅度的变化规律。

当输入信号的幅度增加或减小时，基波信号的幅度几乎与输入信号幅度成正比增加或减小。例如输入信号幅度增加 1 dB，则基波信号幅度将增加 1 dB。

二次谐波信号幅度正比于输入信号幅度的平方，即二次谐波信号的幅度随输入信号幅度的平方而改变。用分贝表示为

$$20\log(U^2) = 2\times(20\log U) = 2U_{\mathrm{dB}} \tag{10-6}$$

式(10－6)的物理意义是：当输入基波信号的幅度增加或减小 1 dB 时，二次谐波信号的幅度将增大或减小 2 dB。

三次谐波信号幅度正比于输入信号幅度的立方，即三次谐波信号的幅度随输入信号幅度的立方而改变。用分贝表示为

$$20\log(U^3) = 3\times(20\log U) = 3U_{\mathrm{dB}} \tag{10-7}$$

式(10－7)的物理意义是：当输入基波信号的幅度增加或减小 1 dB 时，三次谐波信号的幅度将增大或减小 3 dB。

表征谐波失真的参数有谐波失真和总谐波失真。谐波失真定义为谐波信号功率电平与基波信号功率电平的比值，用分贝表示为

$$H[\mathrm{dBc}] = P_{\mathrm{H}}[\mathrm{dBm}] - P_{\mathrm{C}}[\mathrm{dBm}] \tag{10-8}$$

式中：$H$——谐波失真值(dBc)；

$P_{\mathrm{H}}$——谐波失真信号电平(dBm)；

$P_{\mathrm{C}}$——基波信号电平(dBm)。

利用频谱分析仪的码刻功能很容易测量基波和谐波信号的幅度和频率。利用频谱分析仪的码刻 Δ 功能可直接测量谐波相对于基波的失真大小。

总谐波失真定义为全部谐波能量与基波能量之比的平方根，或定义为全部谐波电压或电流的有效值与基波电压或电流有效值之比的百分数。用公式表示为

$$\mathrm{THD} = \sqrt{\frac{P_2 + P_3 + P_4 + \cdots}{P_1}} \times 100\% \tag{10-9}$$

或

$$\mathrm{THD} = \frac{\sqrt{{U_2}^2 + {U_3}^2 + {U_4}^2 + \cdots}}{U_1} \times 100\% \tag{10-10}$$

式中：$P_1$——基波信号功率；

$P_2$、$P_3$、$P_4$——各次谐波信号的功率；

$U_1$——基波信号电压的有效值；

$U_2$、$U_3$、$U_4$——各次谐波信号的电压有效值。

在测量总谐波失真时，不可能测量无限个谐波，故实际上测量有限个谐波就

可以了。随着谐波次数的增大，谐波幅度趋于减小。

### 10.1.3 互调失真信号分析

非线性器件输入双音频信号，会将产生互调失真。假设输入信号可表示为

$$U_{in}=U_1\cos\omega_1 t+U_2\cos\omega_2 t \tag{10-11}$$

将式(10-11)代入式(10-2)的失真分析模型可得

$$\begin{aligned}U_{out}=&k_0+k_1(U_1\cos\omega_1 t+U_2\cos\omega_2 t)+k_2(U_1\cos\omega_1 t+U_2\cos\omega_2 t)^2\\&+k_3(U_1\cos\omega_1 t+U_2\cos\omega_2 t)^3\end{aligned} \tag{10-12}$$

将式(10-12)进行化简整理可得

$$\begin{aligned}U_{out}=&k_0+\frac{1}{2}k_2(U_1{}^2+U_2{}^2)+\left(k_1U_1+\frac{3}{4}k_3U_1{}^3+\frac{3}{2}k_3U_1U_2{}^2\right)\cos\omega_1 t+\\&\left(k_1U_2+\frac{3}{4}k_3U_2{}^3+\frac{3}{2}k_3U_1^2U_2\right)\cos\omega_2 t+\frac{1}{2}k_2U_1^2\cos2\omega_1 t+\\&\frac{1}{2}k_2U_2^2\cos2\omega_2 t+\frac{1}{4}k_3U_1^3\cos3\omega_1 t+\frac{1}{4}k_3U_3^3\cos3\omega_2 t+\\&k_2U_1U_2\cos(\omega_1+\omega_2)t+k_2U_1U_2\cos(\omega_1-\omega_2)t+\\&\frac{3}{4}k_3U_1^2U_2[\cos(2\omega_1+\omega_2)t+\cos(2\omega_1-\omega_2)t]+\\&\frac{3}{4}k_3U_1U_2{}^2[\cos(2\omega_1+\omega_2)t+\cos(2\omega_1-\omega_2)t]\end{aligned} \tag{10-13}$$

由式(10-13)可知：当双音频信号输入给非线性待测器件时，其输出除了基波、直流和谐波外，还包含了多个频率的互调分量。对于频率($f_1$和$f_2$)接近的两个输入信号，其输出端所出现频率满足下列判据

$$f_{nm}=|nf_1+mf_2| \tag{10-14}$$

式中$n$和$m$是正整数，且$n+m\leqslant3$。若分析信号的失真模型扩大到高阶模型，则对$n+m$之和的限制也要相应地增加。

图10-2所示为双波互调失真频率分布图。

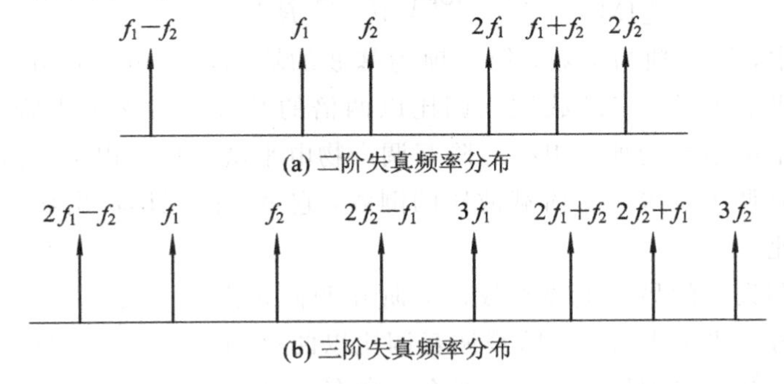


图10-2 双波互调失真频率分布

由图 10-2 可知：二阶、三阶分量同谐波一样，一般不会对接收通道造成干扰，可以通过滤波器进行滤波；而 $2f_1-f_2$ 和 $2f_2-f_1$ 非常接近基波信号，在工作频段内不易滤除此三阶互调分量。因此，互调失真测量一般指的是对频率为 $2f_1-f_2$ 和 $2f_2-f_1$ 的三阶互调失真的测量。一个特定频率的阶数等于获得该频率的 $n$ 和 $m$ 之和，例如 $f_{12}$ 和 $f_{21}$ 是三阶项，而 $f_{20}$ 和 $f_{11}$ 是二阶项。如同单音频情况一样，当输入信号幅度减小 1 dB 时，二阶项的幅度亦减小 2 dB，而三阶项的幅度减小 3 dB，其他高阶项依此类推。

在实际工程应用中，研究非线性系统或器件时，我们只考虑三阶互调失真。表征互调失真的特性参数有：三阶载波互调比和三阶互调截止点。

由前面的互调失真理论分析可知：当负载阻抗为 $R$，且 $U_1=U_2=U$ 时，基波的输出功率 $P_0$ 为

$$P_0=\frac{(k_1U)^2}{R} \tag{10-15}$$

三阶互调的输出功率为

$$P_{\mathrm{IM}}=\frac{\left(\frac{3}{4}k_3U^3\right)^2}{R} \tag{10-16}$$

三阶载波互调比定义为基波输出功率与三阶互调产物输出功率之比。用公式表示为

$$\left[\frac{C}{\mathrm{IM}}\right]=10\times\log\frac{P_0}{P_{\mathrm{IM}}} \tag{10-17}$$

式中：$\left[\frac{C}{\mathrm{IM}}\right]$——互调失真三阶互调比；

$P_0$——基波输出功率；

$P_{\mathrm{IM}}$——三阶互调产物输出功率。

将式(10-15)和式(10-16)代入式(10-17)化简并整理可得

$$\left[\frac{C}{\mathrm{IM}}\right]=20\times\log\left(\frac{4k_1^3}{3k_3}\times\frac{1}{R}\right)-2[P_0] \tag{10-18}$$

式(10-18)中，第一项为常数，第二项为基波的输出功率电平。由此可见，随着基波信号电平的上升，三阶载波互调比以两倍的基波信号速度下降。换句话说，基波信号功率电平每增加 1 dB，三阶互调产物电平就增加 3 dB，三阶载波互调比下降 2 dB。互调失真等于三阶载波比的倒数，它是三阶互调输出功率与基波信号输出功率之比。

表征互调失真的另一重要参数是三阶互调截止点。由式(10-18)可以看出，随着基波信号电平的上升，三阶载波互调比以两倍的基波信号速度下降。假设非线性器件或系统不出现增益压缩，那么总会有一点使得输出信号电平与三阶互调

电平相等，此时的基波输出功率电平定义为三阶互调截止点，即放大器件输出电平与三阶互调产物相交的那一点。用 $I$ 表示三阶互调截止点的输出电平，则

$$I = 0.5\left[\frac{C}{\mathrm{IM}}\right] + [P_0] \tag{10-19}$$

或

$$\left[\frac{C}{\mathrm{IM}}\right] = 2I - 2[P_0] \tag{10-20}$$

## 10.2 谐波失真测量

### 10.2.1 谐波失真测量原理

谐波失真测量很容易用频谱纯净的信号源和频谱分析仪组成。图 10-3 所示为频谱分析仪测量待测件谐波失真的原理图。

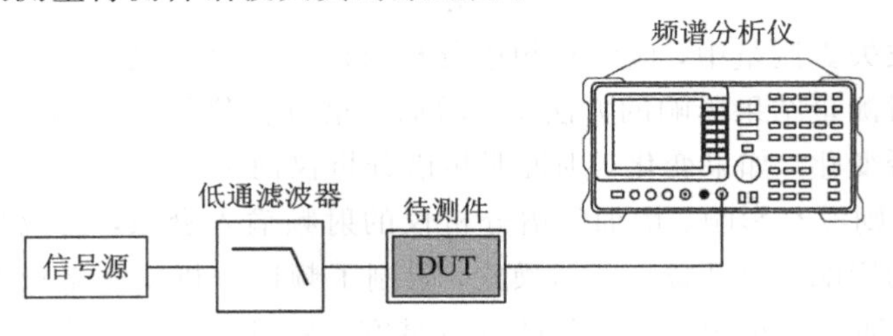


图 10-3　谐波失真测量的原理图

频谱分析仪测量谐波失真的原理是：首先按照图 10-3 所示建立测试系统，让信号源向待测件发射信号，通过低通滤波器减小信号源输出信号谐波的影响；然后设置频谱分析仪的状态参数，如设置频谱分析仪的起始频率、停止频率、分辨带宽和视频带宽等，用频谱分析仪观察信号频谱；最后用频谱分析仪的码刻功能测量谐波失真的大小。图 10-4 所示为一个典型的谐波失真测量结果。

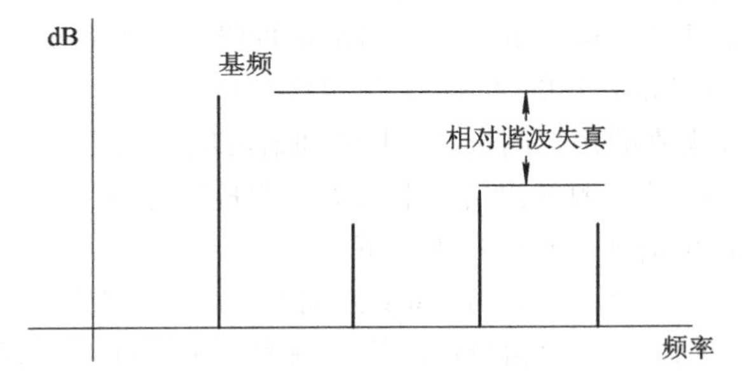


图 10-4　典型的谐波失真测量结果

利用频谱分析仪的码刻功能可以直接测量基波和谐波的功率电平，利用频谱分析仪的码刻Δ功能可直接测量相对谐波失真的大小。注意：用频谱分析仪测量总谐波失真时，选择频谱分析仪的幅度单位为电压值，然后用频谱分析仪的码刻直接测量基波和谐波的电压值，用下式计算总谐波失真的大小。

$$\text{THD} = \frac{\sqrt{U_2^2 + U_3^2 + U_4^2 + \cdots}}{U_1} \times 100\%$$

例如，利用频谱分析仪测量频率为 1 MHz 的基波信号电压为 3.5 V，二次谐波电压为 0.1 V，三次谐波为 0.2 V，四次谐波为 0.05 V，则可计算总谐波失真和最大谐波失真的大小。

总谐波失真为

$$\text{THD} = \frac{\sqrt{0.1^2 + 0.2^2 + 0.05^2}}{3.5} \times 100\% = 6.55\%$$

由已知条件可知：其最大谐波是三次谐波，用分贝表示的谐波失真为

$$H = 20 \times \log \frac{0.2}{3.5} = -24.86\ \text{dB}$$

在低谐波失真测量中，应注意频谱分析仪内部失真对测量结果的影响。检查频谱分析仪对测量结果影响的方法是：增加频谱分析仪的射频输入衰减，看谐波失真信号是否变化，如果变化，则说明频谱分析仪内部失真对测量的谐波失真是有影响的；否则没有影响。增加频谱分析仪的射频输入衰减，会减小频谱分析仪对测量失真的影响，但是减小了信噪比，限制了频谱分析仪测量低谐波失真的能力，但是可以通过减小频谱分析仪的分辨带宽，采用视频平均技术来提高接近系统噪声的低谐波失真信号的测量能力。

### 10.2.2 谐波失真测量方法

利用频谱分析仪很容易测量谐波失真，其测量方法有两种：其一是快速测量方法，即利用频谱分析仪的 CRT 同时观测基波和谐波，利用频谱分析仪的码刻直接测量基波和谐波的大小；方法二是基波和谐波分开测量，这样通过合理设置频谱分析仪的状态参数，可以更精确地测量接近噪声底的谐波失真信号。下面以 Agilent 8560EC 系列频谱分析仪为例，说明这两种测量方法。

方法一：谐波失真的快速测量，即基波和谐波同时测量。

图 10－5 所示为信号源输出信号谐波失真测量原理图。

测量信号源输出谐波失真的步骤如下：

(1) 按照图 10－5 所示建立测试系统，将信号源的射频输出用射频电缆连接频谱分析仪的射频输入，设置信号源的输出频率为 1 MHz，单载波工作方式，按频谱分析仪的热启动键。

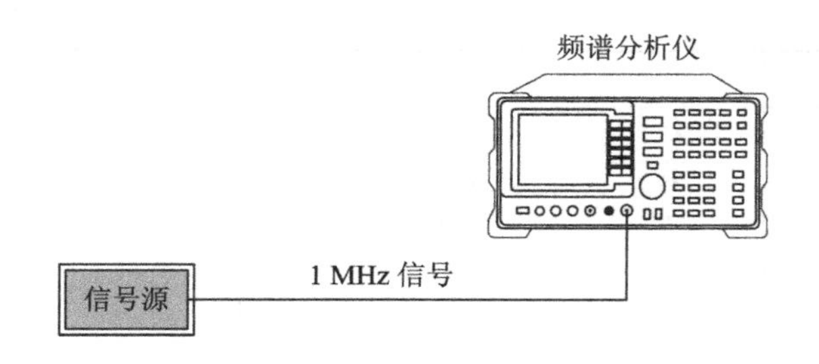


图 10－5　信号源输出信号谐波失真测量原理图

(2) 合理设置频谱分析仪的状态参数，观察谐波失真波形。例如设置频谱分析仪的起始频率为 450 kHz，停止频率为 3.5 MHz，这样频谱分析仪就可以测量 1 MHz 的基波信号，2 MHz 的二次谐波信号，3 MHz 的三次谐波信号；然后合理设置频谱分析仪的分辨带宽、视频带宽和扫描时间等，使谐波失真更易测量。图 10－6 所示为信号源输入信号及其谐波失真信号频谱图。

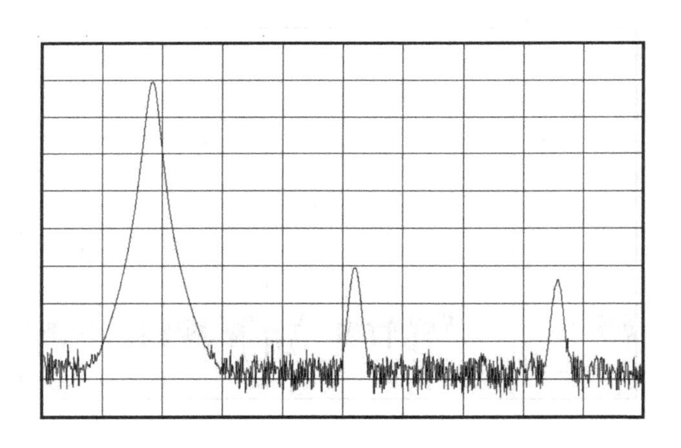

图 10－6　信号源输入信号及其谐波失真信号频谱图

(3) 测量谐波失真。为了改善测量精度，我们将基波信号移到频谱分析仪的参考电平处。设置方法是：按频谱分析仪的峰值搜索硬键，然后按码刻至参考电平，这样频谱分析仪显示的最大基波信号就移到了参考电平处，如图 10－7 所示。

图 10－7 中的码刻显示出基波信号的频率和幅度。利用频谱分析仪的旋钮键移动码刻至二次或三次谐波失真信号处，同理可测量出二次和三次谐波失真信号的幅度和频率。利用频谱分析仪的码刻 Δ 功能可直接测量相对谐波失真的大小。图 10－8 中码刻 Δ 显示二次谐波失真的相对值。

(4) 输出测量结果。利用 HP-IB 接口转换器连接频谱分析仪和打印机，利用频谱分析仪的拷贝【COPY】功能，直接打印出测量结果。

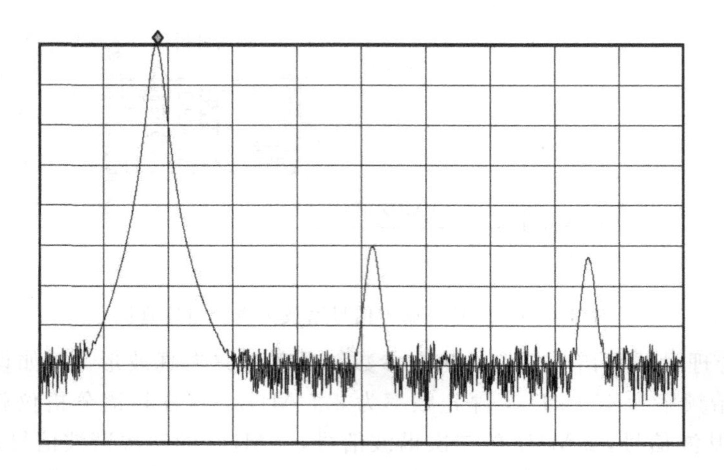

图 10－7　基波信号移到参考电平处

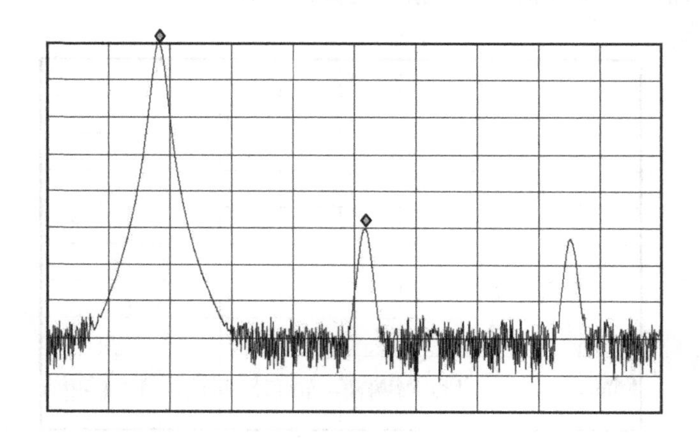

图 10－8　利用码刻 Δ 直接测量二次谐波失真

方法二：基波和谐波单独测量的方法。为了改善信号测量精度，提高测量信噪比，我们常采用比较窄的分辨带宽 RBW 和扫频宽度 SPAN，分别测量基波和谐波的大小。其测量步骤如下：

(1) 按照图 10－5 所示，将信号源的 1 MHz 输出信号接入频谱分析仪的射频输入端口，并按频谱分析仪的热启动键。

(2) 测量 1 MHz 的基波信号。设置频谱分析仪的中心频率为 1 MHz，减小频谱分析仪的扫频宽度 SPAN，使频谱分析仪观测不到谐波失真信号，合理设置频谱分析仪的分辨带宽、视频带宽和扫描时间，并将基波信号峰值移到参考电平处，图 10－9 所示为基波信号测量的频谱图。

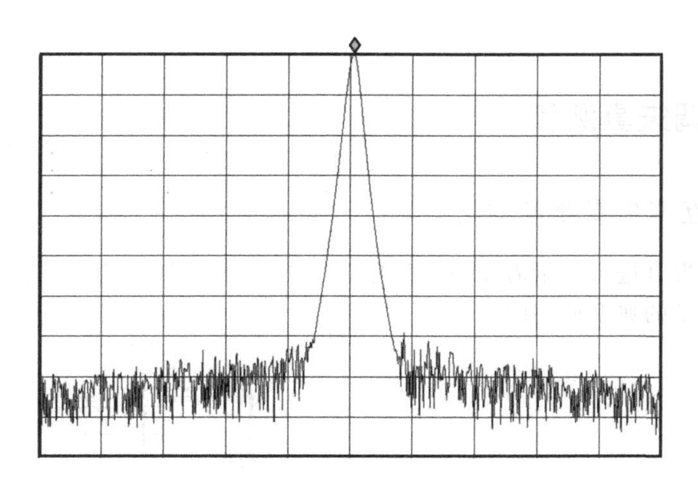

图 10－9　基波信号测量的频谱图

(3) 二次谐波失真信号测量。利用频谱分析仪的中心频率键或中心频率步长键，设置频谱分析仪的中心频率为二次谐波失真频率，合理设置频谱分析仪的分辨带宽、视频带宽和扫描时间等状态参数，并将二次谐波信号移到参考电平处，用频谱分析仪的码刻，可直接测量二次谐波信号的幅度和频率(亦可用频谱分析仪的码刻 Δ 功能测量出相对谐波失真的大小)。图 10－10 所示为二次谐波失真测量的频谱图。

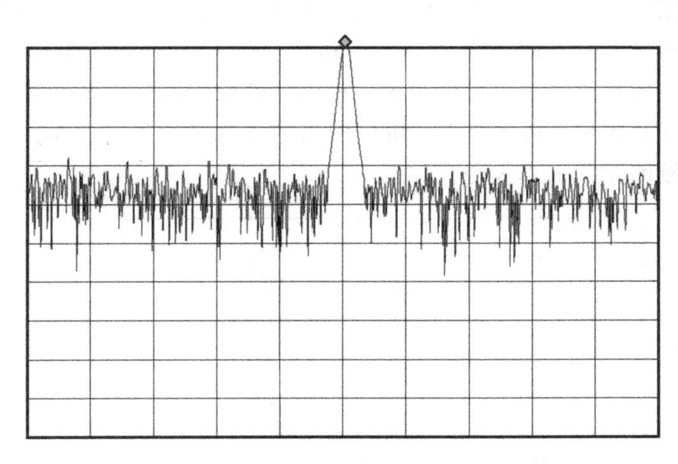

图 10－10　二次谐波失真测量的频谱图

(4) 重复步骤(3)，同理可测量其他谐波失真信号的大小。

(5) 输出测量结果。利用 HP-IB 接口转换器连接频谱分析仪和打印机，利用频谱分析仪的拷贝【COPY】功能，直接打印出测量结果。

# 10.3 三阶互调失真测量

## 10.3.1 互调失真测量方法

对互调失真进行测量需要两个信号源。图 10－11 所示为任意两端口待测件互调失真测量的典型原理图。

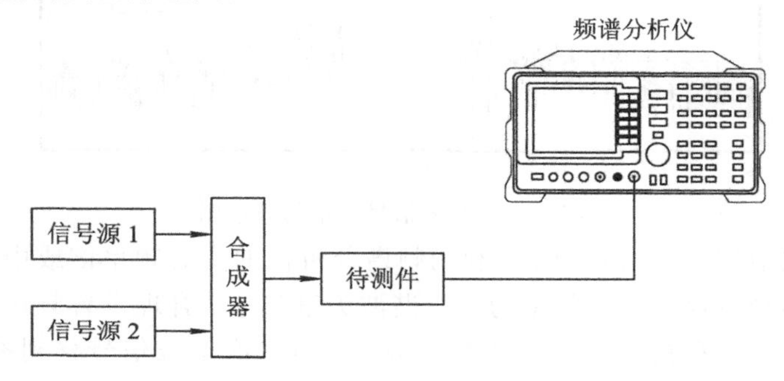


图 10－11　任意两端口待测件互调失真测量的典型原理图

如图 10－11 所示，设信号源 1 的输出信号频率为 $f_1$，信号源 2 的输出信号频率为 $f_2$，两路信号通过合成器，输入给待测件，待测件的输出接频谱分析仪，则频谱分析仪测量三阶互调产物 $2f_1-f_2$ 和 $2f_2-f_1$ 的大小。图 10－12 所示为典型的三阶互调失真测量结果的频谱图。利用频谱分析仪的码刻功能很容易测量基波信号的幅度和频率，利用频谱分析仪的码刻 Δ 功能很容易测量三阶互调失真相对于基波信号的互调失真大小。

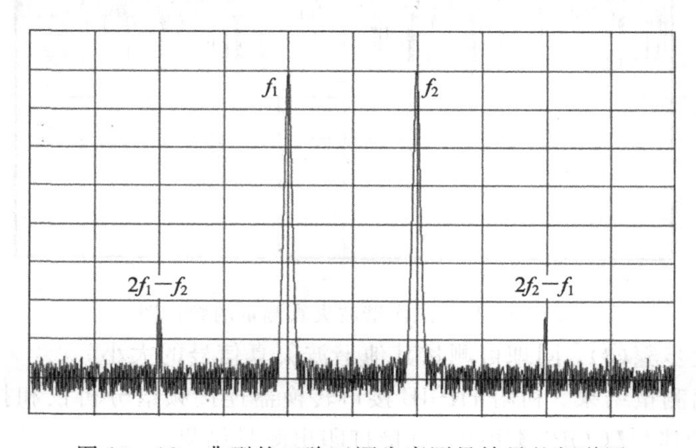


图 10－12　典型的三阶互调失真测量结果的频谱图

互调失真的测量精度不仅与输入信号的频率和幅度有关，而且还与信号的合成、测试仪器设备的正确使用等问题相关。下面简述测试仪器设备对互调失真测量的影响。

使用高频谱纯度的信号源，或在合成器与信号源之间加低通滤波器，以避免信号源输出信号的谐波分量引起测量的不确定度。因为信号源 $f_1(f_2)$的二次谐波 $2f_1(2f_2)$与信号 $f_2(f_1)$通过待测件产生的二阶互调 $2f_1\pm f_2(2f_2\pm f_1)$与 $f_1$、$f_2$的三阶互调频率相同，所以频谱分析仪显示的互调分量为两者的叠加。

功率合成器的功能是实现两路信号的合成，双波信号合成后比单波信号强3 dB。但是往往由于合成器的隔离不够，而引起信号源之间的串扰，形成互调失真。这个现象可以用频谱分析仪检测，且可以将固定衰减器接在信号源的输出端来消除。这些固定衰减器提高了信号源之间的隔离度，防止了内部产生的互调失真。但是信号源的输出功率电平应增大，以补偿固定衰减器的损失。

频谱分析仪的内部电路不是理想的线性电路，也会产生失真。如利用频谱分析仪测量双波信号时，由于频谱分析仪混频器的非线性，测量会产生互调失真。要实现频谱分析仪的最佳工作性能，就要满足频谱分析仪混频器的最佳工作电平范围－30 dBm～－40 dBm。频谱分析仪是否工作在线性区，可靠的检测方法是衰减法，对于0 dBm输入信号(双波信号通过功率合成器后电平比单波信号强3 dB)，频谱分析仪的射频衰减至少设置为30 dB，以保证频谱分析仪混频器的输入电平小于－30 dBm，这样可以提高频谱分析仪的互调截止点。目前广泛使用的Agilent频谱分析仪，其技术特性均给出了三阶互调动态范围技术指标，这是频谱分析仪测量互调失真适应性和有效性所必须考虑的一个重要因素。判断频谱分析仪内部失真是否对测量结果产生影响的简单方法是：通过改变频谱分析仪的射频衰减，来观察互调失真信号电平的变化。如果增加频谱分析仪的射频衰减，互调失真信号发生变化，则说明频谱分析仪互调对测量结果有影响。通过减小信号输入电平或增加频谱分析仪的射频衰减，可以减小频谱分析仪内部非线性失真对测量结果的影响。但是降低输入信号电平或增加频谱分析仪的射频衰减，也就降低了测量信噪比，低电平失真信号可能被淹没在噪声中，此时可以通过减小频谱分析仪的分辨带宽，以降低频谱分析仪的本底噪声，来提高低电平信号的测量能力。

除以上影响失真准确测量的因素外，信号的输入功率和输出信号功率的调整，以及测试信号的频率间隔选择等，均影响失真测量精度。

上面论述的是利用频谱分析仪测量互调失真的通用测量方法以及应注意的具体问题。但对于具体的测试设备或器件(如高功率放大器、低噪声放大器等)，互调失真测量各具特点。因此下面简述高功率放大器的互调失真测量、低噪声放大器的互调失真测量和无源互调失真测量。

### 10.3.2 高功率放大器的互调失真测量

互调失真是高功率放大器的一个重要特性，它是由于功放管子的非线性引起的。当一个高功率放大器同时发送多载波，且总输出功率接近饱和输出功率时，管子的非线性将产生互调，形成干扰。因此必须严格控制其互调产物。

高功率互调特性通常用两个等幅输入载波产生的三阶互调产物的电平值来表示，即测量高功率放大器的三阶互调失真的大小。不同的功率放大器，其三阶互调失真指标要求是不一样的。例如某 3 kW 速调管功率放大器三阶互调指标是：对于两个相等的载波，在其总的输出功率低于额定单载波输出功率 7 dB 时，三阶互调失真不大于－29 dBc。设一个载波的输出功率为 $P_0$，两个载波的总输出功率为 $2P_0$，已知单载波额定输出功率为 3 kW，输出补偿为 7 dB，则：

$$10 \times \log(2P_0) = 10 \times \log(3000) - 7$$

$$P_0 \approx 300\ \text{W}$$

以上分析表明：在两个相等载波情况下，当每个载波的输出功率为 300 W 时，三阶互调失真不超过－29 dBc。

在用频谱分析仪测量高功率放大器的互调失真时，由于高功率放大器输出功率往往大于频谱分析仪的安全输入电平，因此一定要注意不能将功率放大器的输出直接接频谱分析仪的射频输入端口，一定要加衰减器或定向耦合器，以确保输入频谱分析仪的最大功率不大于频谱分析仪的安全输入电平。

图 10－13 所示为高功率放大器互调失真测量的原理图。

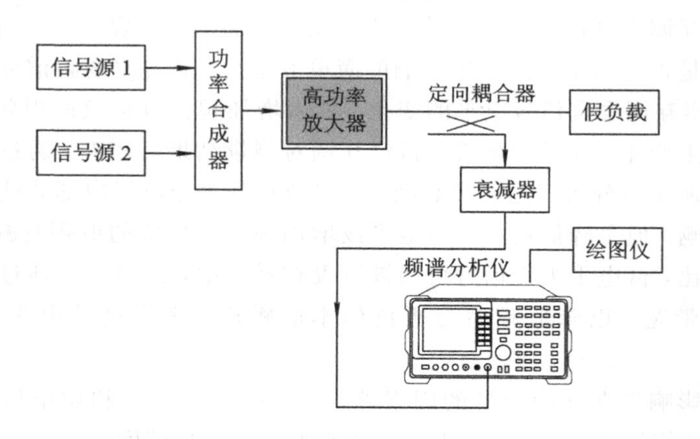


图 10－13 高功率放大器互调失真测量的原理图

由图 10－13 可知：用一个功率合成器将两个幅度相等、频率相差为 10 MHz 的单载波信号合成在一起，输入给高功率放大器，在高功率放大器输出端接定向耦合器，定向耦合器的直通口接假负载，耦合口接衰减器，再接频谱分析仪；然后用频谱分析仪测量三阶互调产物 $2f_1-f_2$ 和 $2f_2-f_1$ 相对于基波信号的电平值。需要说明的是：功率放大器的互调失真测量是在一定条件下进行的，通常是给定基波的输出功率，且两个基波信号的幅度相等。保证二者相等的方法是：关闭其中一路载波，用频谱分析仪在定向耦合器的耦合口测量信号输出功率，调整信号源的输出功率电平，确保两个基波信号的输出功率相等。

测量高功率放大器互调失真的步骤如下：

(1) 按照图 10-13 所示建立功率放大器互调失真测量系统。功率放大器的输出端口接定向耦合器，定向耦合器的直通口接假负载，耦合口接衰减器，再接频谱分析仪(如果高功率放大器有功率监测口的话，可不需要定向耦合器，在功率放大器的输出口接假负载，监测口直接接频谱分析仪)，系统加电，使系统仪器设备工作正常。

(2) 按照测试计划要求，设置信号源的工作参数。例如设置信号源 1 和信号源 2 均为单载波工作模式，且信号源 1 的输出频率为 $f_1$，信号源 2 输出频率为 $f_2$。

(3) 调整信号源的输出功率，使信号源 1 和信号源 2 的输出功率相等。调整方法是：信号源 1 的射频输出开关置开的状态，信号源 2 的射频输出开关设置为关的状态，调整信号源 1 的功率输出电平，用频谱分析仪测量信号功率电平的大小，并通过计算的方法确定高功率放大器的输出功率满足要求；然后，关闭信号源 1 的开关，打开信号源 2 的射频输出开关，同理调整信号源 2 的信号输出功率电平，确保功率放大器的输出功率满足要求，且两个载波输出功率相等。

(4) 打开信号源 1 和信号源 2 的射频输出开关，合理设置频谱分析仪的状态参数，观察信号频谱，用频谱分析仪的码刻 Δ 功能测量互调失真的大小。

(5) 输出测量结果。用绘图仪打印测量信号频谱图。

### 10.3.3　低噪声放大器的互调失真测量

低噪声放大器是一个具有较宽工作频段的小信号放大器，它对输入低噪声放大器的所有载波信号进行放大。由于低噪声放大器是非线性器件，在多载波输入的情况下，它将产生互调失真。我们常用三阶互调截止点来表征低噪声放大器的互调失真特性。例如某 C 波段低噪声放大器的三阶互调失真的指标如下：

工作频段：3700～4200 MHz

增　益：60 dB

三阶互调截止点：+26 dBm

该指标的物理意义是：假定低噪声放大器输入两个幅度相等的单载波，且每个载波的幅度为 −70 dBm，由于低噪声放大器增益为 60 dB，每个载波的输出幅度为 −10 dBm，由三阶互调截止点电平可计算出互调失真为

$$\left[\frac{C}{IM}\right]=2I-2[P_0]=2\times26-2\times(-10)=72\ \mathrm{dBc}$$

计算结果表明：低噪声放大器的三阶互调产物应低于每个载波 72 dBc，或三阶互调失真小于－72 dBc。

下面以 C 波段放大器互调失真测量为例，说明三阶互调截止点测量的方法。

图 10－14 所示为低噪声放大器互调失真测量的原理图。

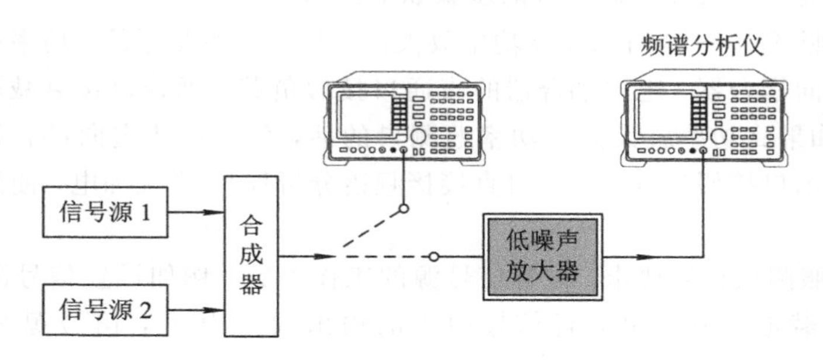


图 10－14 低噪声放大器互调失真测量的原理图

测量低噪声放大器互调失真的步骤如下：

(1) 按照图 10－14 所示建立测试系统，加电预热，使系统仪器设备工作正常。

(2) 校准信号源的输出电平，使两个信号源输出信号幅度相等。按照图 10－14 所示，首先断开低噪声放大器的输入，按照图中虚线连接频谱分析仪，将信号源 1 的射频开关置开，信号源 2 关，设置信号源 1 的工作模式为单载波，频率为 3900 MHz，调整信号源 1 的射频输出，用频谱分析仪测量信号源 1 的输出功率电平为－70 dBm；然后关闭信号源 1 的射频开关，打开信号源 2 的射频开关，设置信号源为单载波工作模式，载波频率为 4000 MHz，调整信号源 2 射频输出，使频谱分析仪测量的信号电平仍为－70 dBm。

(3) 关闭信号源 1 和信号源 2 的射频输出开关，将合成器输出直接接低噪声放大器的输入端口，频谱分析仪移至低噪声放大器的输出口。

(4) 打开信号源 1 和信号源 2 的射频输出开关，合理设置频谱分析仪的状态参数。例如设置频谱分析仪的起始频率为 3700 MHz，停止频率为 4200 MHz，并合理设置分辨带宽、视频带宽和扫描时间等。

(5) 用频谱分析仪观察信号频谱，测量互调失真的大小。在频谱分析仪 CRT 上观测基波 3900 MHz 和 4000 MHz 信号，以及三阶互调产物 3800 MHz 和 4100 MHz 这几个频率点信号电平的大小，用频谱分析仪的码刻功能直接测量基波和失真信号绝对电平的大小，用频谱分析仪的码刻 Δ 直接测量三阶互调失真，并确认三阶互调产物是否满足－72 dBc 的指标要求。

(6) 输出测量结果。频谱仪接打印机或绘图仪，直接输出测量结果。

### 10.3.4 无源互调失真测量

所谓的无源互调是由发射系统中各种无源器件的非线性特性引起的。在大功率、多信道系统中，这些无源器件的非线性会产生相对于工作频率更高次的谐波，这些谐波与工作频率混合会产生一组新的频率，其最终结果就是在空中产生一组无用的频谱，从而影响正常的通信。

在通信系统中，常见的无源器件有：天线、射频电缆、滤波器和波导元器件等。当多个频率的载波信号通过这些无源器件时，都会产生互调失真，其原因有机械连接得不可靠、使用具有磁带特性材料、虚焊和表面氧化等。

无源互调有绝对值和相对值两种表达方式。绝对值表达式以 dBm 为单位；相对值表达方式是无源互调值与其中一个基波的比值(这是因为无源器件的互调失真与载波功率的大小有关)，用对数表示，其单位为 dBc。

无源互调失真非常小，互调测量比较困难，因此通常需要用高灵敏度的频谱分析仪来测量它。图 10-15 所示为任意两端口无源器件互调失真测量的原理图。其测量方法类似于有源器件互调失真测量，在此不一一重述。

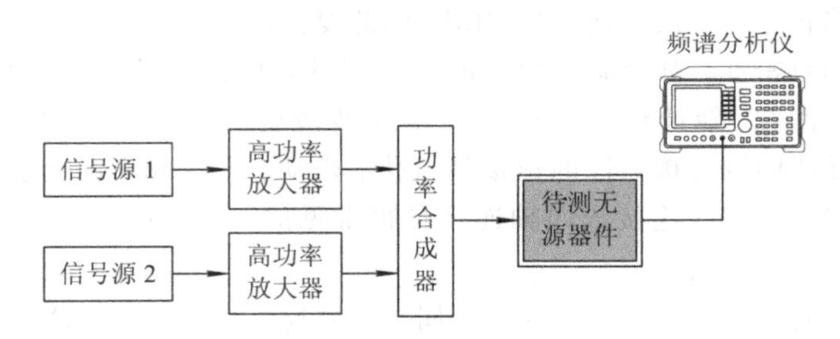


图 10-15 任意两端口无源器件互调失真测量的原理图

### 10.3.5 天线无源互调测量

天线的无源互调(Passive Inter-Modulation ，PIM)是指当两个或多个发射频率信号经过天线时，由于天线的非线性而产生的与原信号频率及倍频有和差关系的干扰信号。

#### 1. 天线无源互调的产生与预防

天线无源互调产生的原因与相应的预防措施如下：

(1) 天线结构设计中使用的金属材料纯度不够、金属材料表面连接氧化等原因会造成 PIM。针对这种情况，应提高天线金属材料纯度，加大金属接触点压力，减少 PIM。

(2) 天线部件连接区域应力接触不均匀导致电流密度分布改变，引起 PIM。

针对这种情况，应保持天线部件有良好的接触。

(3) 天线工艺处理引起的非线性，如碳纤维和金属表面的电镀层不均匀等。针对这种情况，应改善金属表面处理工艺。

(4) 天线设计中使用铁磁材料引起的非线性。天线和馈源网络设计中尽量避免使用铁磁性材料和器件，如隔离器、环形器、负载和定向耦合器等，如必须使用，需要用高导电率材料进行涂覆，以减少 PIM。

(5) 在天线馈源网络设计中，驻波调配螺丝、移相器和滤波器等调谐螺丝松动或污染也会引起 PIM。因此，应尽量减少调谐螺丝的使用，避免松动或污染或馈源网络一体化设计等。

(6) 天线本体与某些部件边缘的处理过程、天线结构的铆接工艺等因素也会导致 PIM。如反射面面板经过铆钉铆接加固而成，连接到主天线结构上形成抛物反射面，其主要组成部分是金属—绝缘体—金属结，它暴露在天线面电流中，当大功率照射时，会产生 PIM。因此应改善天线面铆接工艺，减少 PIM，如天线制造中采用胶粘方法等。

(7) 天线馈源网络使用成型波导器件，器件采用压铸工艺成型，压铸工艺本身会导致器件的微小裂缝、缩孔、砂眼、气泡、微小细丝和金属结构中的洞等缺陷，这些缺陷将引起微放电而产生 PIM。因此要提高压铸工艺质量，减少器件中的砂眼，增加致密性。对于需要焊接的微波器件，其表面粗糙度需要满足要求，不得有斑点、凹坑、锈蚀和碎屑等杂物，以减少成型工艺对 PIM 的影响。

(8) 波导或同轴连接器件的连接处氧化、松动、生锈或腐蚀会引起 PIM。在馈源网络设计中，波导连接或同轴连接是很常见的，应避免连接处氧化、松动、生锈或腐蚀。

(9) 天线副反射面及其支撑结构金属与金属连接也会导致 PIM。针对这种情况，应尽量减少金属连接。

(10) 天线和馈源网络螺钉紧固程度对 PIM 也有影响，如螺钉连接不紧固，造成金属表面接触不良，导致信号电流不连续；金属连接处有污染，因涂覆形成“电容现象”等。因此馈源网络波导法兰螺钉一定要紧固、受力均匀，以减少 PIM。

**2. 天线无源互调的案例分析**

1) 基站天线无源互调

无源互调是移动基站天线的一个重要参数，无源互调干扰信号使得移动通信基站的覆盖范围减小、通信信号丢失、语音质量下降、系统容量受限等。行业标准要求基站天线 3 阶无源互调小于等于 −107 dBm。例如 GSM900 MHz，发射频段 925 MHz～960 MHz，接收频段 880 MHz～915MHz，如图 10－16 所示。

例如，当基站天线载波频率 $f_1$ 为 925 MHz，发射载波频率 $f_2$ 为 960 MHz，则产生的 3 阶互调频率为

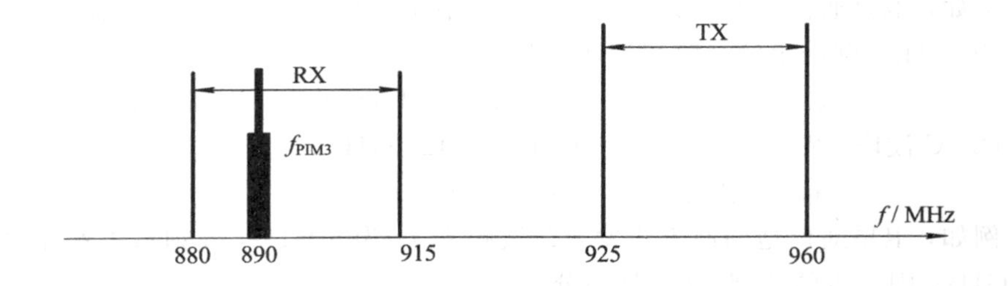


图 10-16　GSM 基站天线的工作频段

$$f_{PIM3} = 2f_1 - f_2 = 2 \times 925 - 960 = 890\ \text{MHz}$$

显然发射载波 1 和 2 产生的 3 阶互调频率在接收频段内，从而影响接收信道的性能。

2）卫星天线无源互调

无源互调是卫星有效载荷研究的重要课题，是卫星天线的重要技术指标。卫星天线无源互调发射信道中，由于无源互调产物幅度远低于发射信号的幅度，不会影响发射信号的质量，但是这些微弱互调产物进入高灵敏度的卫星接收机，极可能超过接收机的热噪声底带，从而影响卫星系统的正常工作，严重时使卫星系统处于瘫痪状态。如美国舰队通信卫星 FLTSATCOM 的 3 阶互调产物、美国海事卫星 MARISAT 的 13 阶互调产物、欧洲海事卫星 MARECS 的 43 阶互调产物、国际通信卫星 INTELSAT 的 27 阶互调产物等都曾引起了卫星接收频带的严重干扰，拖延了卫星系统的正常工作进度甚至影响了卫星系统的发展。

这里以某 L 波段星载反射面天线为例，分析无源互调现象。已知星载天线发射频段 1525 MHz～1560 MHz，接收频段 1610 MHz～1660 MHz。假设卫星天线发射载波频率 $f_1$ 为 1530 MHz，发射载波频率 $f_2$ 为 1560 MHz，则产生的 5 阶和 7 阶互调频率分别为

$$f_{PIM5} = 3f_2 - 2f_1 = 3 \times 1560 - 2 \times 1530 = 1620\ \text{MHz}$$

$$f_{PIM7} = 4f_2 - 3f_1 = 4 \times 1560 - 3 \times 1530 = 1650\ \text{MHz}$$

显然发射载波 1 和 2 产生的 5 阶互调和 7 阶互调频率落在卫星天线的接收频段内，从而影响接收信道的性能。

3）卫星通信地面站天线无源互调

卫星通信地面站天线一般采用收发共用馈源网络或频谱复用馈源网络，当地面站发射多载波时，由于天线无源器件的弱非线性会导致无源互调，若无源互调频率落入卫星通信接收通道内，将引起干扰。卫星通信常用频段有：L 波段、C 波段、X 波段、Ku 波段和 Ka 波段。下面分别对各频段的无源互调进行分析。

（1）L 波段。发射频段：1.61 GHz～1.66 GHz

接收频段：1.51 GHz～1.56G Hz

例如，卫星通信地面站天线发射载波频率 $f_1$ 为 1.61 GHz，发射载波频率 $f_2$ 为 1.66 GHz，则产生的 3 阶互调频率分别为

$$f_{PIM3} = 2f_1 - f_2 = 2 \times 1.62 - 1.66 = 1.56\ \text{GHz}$$

(2) C 波段。发射频段：5.925 GHz～6.425 GHz

接收频段：3.7 GHz～4.2 GHz

例如，卫星通信地面站天线发射载波频率 $f_1$ 为 6 GHz，发射载波频率 $f_2$ 为 6.1 GHz，则产生的 37 阶互调频率分别为

$$f_{PIM37} = 19f_1 - 18f_2 = 19 \times 6 - 18 \times 6.1 = 4.2\ \text{GHz}$$

(3) X 波段。发射频段：7.9 GHz～8.4 GHz

接收频段：7.25 GHz～7.75 GHz

例如，卫星通信地面站天线发射载波频率 $f_1$ 为 7.9 GHz，发射载波频率 $f_2$ 为 8.4 GHz，则产生的 3 阶互调频率分别为

$$f_{PIM3} = 2f_1 - f_2 = 2 \times 7.9 - 8.4 = 7.4\ \text{GHz}$$

(4) Ku 波段。发射频段：14 GHz～14.25 GHz

接收频段：12.25 GHz～12.75 GHz

例如，卫星通信地面站天线发射载波频率 $f_1$ 为 14 GHz，发射载波频率 $f_2$ 为 14.1 GHz，则产生的 35 阶互调频率分别为

$$f_{PIM35} = 18f_1 - 17f_2 = 18 \times 14 - 17 \times 14.1 = 12.3\ \text{GHz}$$

(5) Ka 波段。发射频段：30 GHz～31 GHz

接收频段：20.2 GHz～21.2 GHz

例如，卫星通信地面站天线发射载波频率 $f_1$ 为 30 GHz，发射载波频率 $f_2$ 为 30.2 GHz，则产生的 91 阶互调频率分别为

$$f_{PIM91} = 46f_1 - 45f_2 = 46 \times 30 - 45 \times 30.2 = 21\ \text{GHz}$$

从卫星通信地面站无源互调分析可知：L 波段和 X 波段发射频段和接收频段频率离得较近，产生 3 阶无源互调；而 C 波段、Ku 波段和 Ka 波段收发频率离得较远，产生高阶互调。

**3. 天线无源互调测量**

天线无源互调的测量方法可分为反射法无源互调测量、辐射法无源互调测量和再辐射法无源互调测量。

1) *反射法*

反射法 PIM 测量适用于测量非辐射型收发单端口馈源网络、频谱复用四端口馈源网络和收发多端口天线馈源网络。该方法同样适用于反射面天线无源互调的测量。天线馈源网络一般包括微波网络和馈源喇叭。图 10－17 所示为反射法测量天线馈源网络无源互调的原理框图。图中 TX 表示天线馈源网络的发射端口，RX 表示天线馈源网络的接收端口。使用 TX/RX 双工器的目的是在测量天线馈

源网络无源互调之前，用收发双工器检测测量系统本身的无源互调。

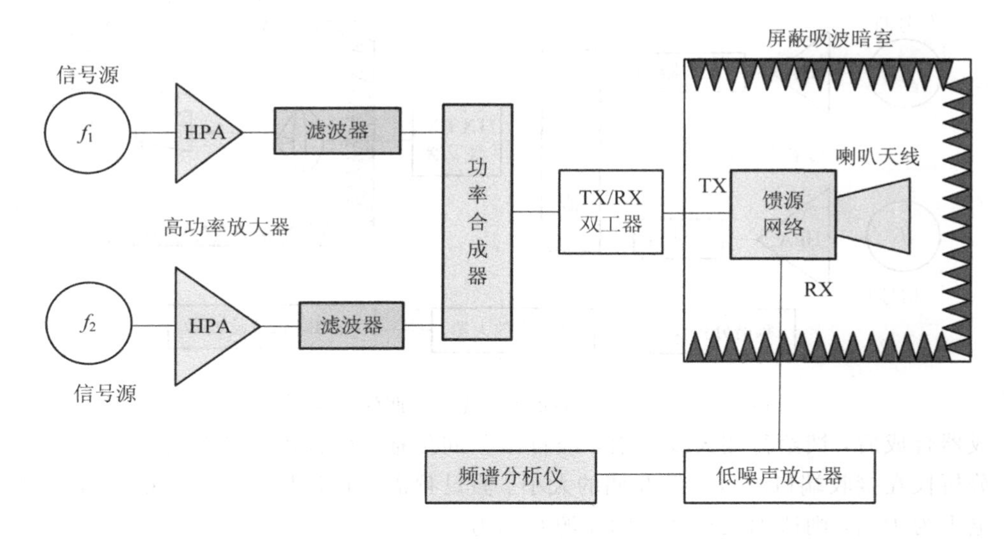


图10-17 反射法测量天线馈源网络无源互调原理方框图

反射法测量天线馈源网络无源互调的原理方法是：首先按照图10-17建立测试系统，按照测试功率要求，调整好功率放大器的输出功率；然后将两路功率通过功率合成器合成后，馈给天线馈源网络的发射端口，利用频谱分析仪在接收端口测量无源互调的大小。假设频谱分析仪显示器测量的无源互调电平为 $P_{mea}$，则天线馈源网络产生的无源互调为

$$P_{PIM} = P_{mea} + L_{RF1} - G_{LNA} + L_{RF2} \tag{10-21}$$

式中：

$P_{PIM}$——天线馈源网络产生的无源互调；

$P_{mea}$——频谱分析仪测量无源互调电平；

$L_{RF1}$——天线馈源网络与低噪声放大器之间的射频电缆损耗；

$G_{LNA}$——低噪声放大器的增益；

$L_{RF2}$——低噪声放大器与频谱分析仪之间的射频电缆损耗。

2）辐射法

辐射法无源互调测量适用于各种天线辐射产生的无源互调，如喇叭天线、偶极子天线、微带天线、螺旋天线、反射面天线和相控阵天线等。图10-18所示为辐射法测量天线无源互调的原理框图。图中TX/RX双工器的作用是在测量天线馈源网络无源互调之前，用收发双工器检测测量系统本身的无源互调；低PIM接收滤波器用于滤出无源互调以外的频率成分。

辐射法测量天线无源互调的原理方法是：首先按照图10-18建立测试系统，按照测试功率要求，调整好功率放大器的输出功率；然后将两路功率通过功率合

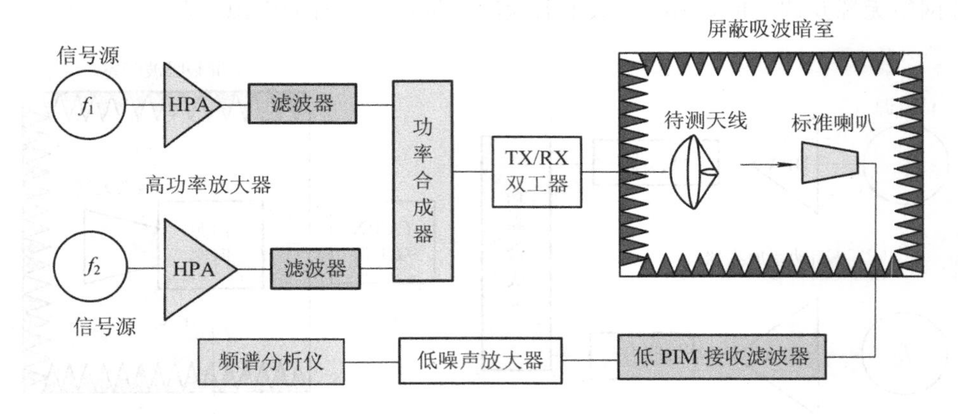


图 10-18　辐射法测量天线无源互调的原理方框图

成器合成后，馈给待测天线发射，经自由空间传播，由标准喇叭接收，利用频谱分析仪在接收端口测量无源互调的大小。假设频谱分析仪显示器测量的无源互调电平为 $P_{\mathrm{mea}}$，则待测天线产生的无源互调为

$$P_{\mathrm{PIM}} = P_{\mathrm{mea}} + L_{\mathrm{P}} - G_{\mathrm{S}} + L_{\mathrm{RF1}} + L_{\mathrm{LBQ}} + L_{\mathrm{RF2}} - G_{\mathrm{LNA}} + L_{\mathrm{RF3}} \quad (10-22)$$

式中：

$P_{\mathrm{PIM}}$——待测天线产生的无源互调；

$L_{\mathrm{P}}$——待测天线与标准喇叭之间自由空间的传播损耗；

$G_{\mathrm{S}}$——标准喇叭的增益；

$L_{\mathrm{RF1}}$——标准喇叭与低 PIM 滤波器之间的射频电缆损耗；

$L_{\mathrm{LBQ}}$——低 PIM 滤波器的损耗；

$L_{\mathrm{RF2}}$——低 PIM 滤波器与低噪声放大器之间的射频电缆损耗；

$G_{\mathrm{LNA}}$——低噪声放大器的增益；

$L_{\mathrm{RF3}}$——低噪声放大器与频谱分析仪之间的射频电缆损耗。

3）再辐射法

再辐射法无源互调测量适用于暴露在发射射频信号电磁场的天线反射面、反射面测试样品、天线支撑结构和反射面支撑臂等天线部件的 PIM 测量。图 10-19 所示为再辐射法测量天线部件无源互调测量的原理方框图。

再辐射法测量天线部件无源互调的原理方法是：首先按照图 10-19 建立测试系统，按照测试功率要求，调整好功率放大器的输出功率；然后将两路功率分别通过发射天线对准待测天线部件，由天线部件产生的无源互调经待测天线部件辐射，经自由空间传播，由接收天线接收，经过低 PIM 滤波器、低噪声放大器放大到频谱分析仪，由频谱分析仪测量无源互调的大小。由频谱分析仪测量的无源互调电平可计算出待测天线部件产生的无源互调大小。

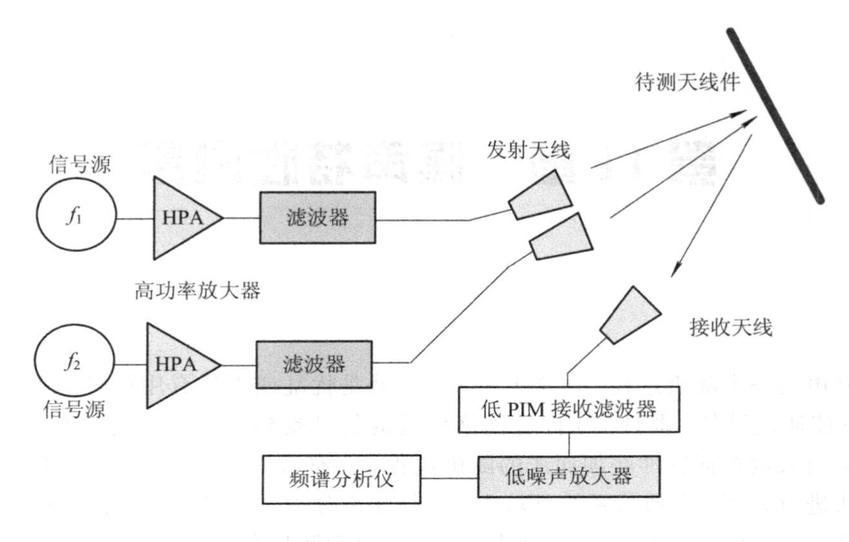


图 10－19　再辐射法测量天线部件无源互调测量的原理方框图

上面系统介绍了天线无源互调的测量方法。在天线无源互调测量中，应注意的两个问题是：一是无源互调测试系统为高功率测量系统，不能用频谱分析仪直接测量高功率放大器的输出功率，测量之前要分析无源互调频率，时刻注意频谱分析仪的输入功率不能大于其安全输入电平；二是测试系统本身和测试环境所产生的无源互调应小于待测天线的无源互调，因此测试之前应对系统本身的无源互调进行校准。

# 第11章　噪声特性测量

噪声是一个随机过程。广义上讲，噪声就是扰乱或干扰有用信号的不期望扰动，它使通过设备、器件、元件等网络传输的信号受到干扰或使之失真。常见的噪声是由大量短促脉冲叠加而成的随机过程，它符合概率论的规律，可以用统计的方法进行处理。在通信系统领域中，常把噪声分为自然噪声(如大气噪声、宇宙背景噪声和太阳噪声等)、人为噪声、电路噪声和散弹噪声等。

一般地说，噪声是有害信号，是人们所不希望的。它的存在会淹没有用信号，限制接收设备检测微弱信号的能力，降低通信质量等；但另一方面在某些专门研究噪声问题的场合，噪声是研究的对象，是观察者所需要的。例如射电天文领域是利用射电源微波噪声来进行各种研究的。因此，研究噪声特性测量在无线电领域是一个十分重要的课题。本章将简述利用频谱分析仪测量噪声的相关问题。频谱分析仪测量的噪声功率可能来自待测件的噪声，亦可能是频谱分析仪内部产生的噪声。为了保证测量精度，频谱分析仪内部噪声必须显著小于待测件的噪声。

## 11.1 噪声特性参数的表征

### 11.1.1　噪声系数

噪声系数是衡量接收机或低噪声放大器内部噪声特性的重要指标，它表征了射频系统噪声性能或接收机灵敏度。图 11－1 所示为任意两端口器件或设备噪声系数定义示意图。

图 11－1　任意两端口器件或设备噪声系数定义示意图

噪声系数 NF 定义为输入端信噪比与输出端信噪比的比值，用公式表示为

$$NF=\frac{SNR_{in}}{SNR_{out}} \tag{11-1}$$

$$SNR_{in}=\frac{P_{in}}{N_{in}} \tag{11-2}$$

$$SNR_{out}=\frac{P_{out}}{N_{out}} \tag{11-3}$$

式中：NF——噪声系数；

$SNR_{in}$——输入端的信噪比；

$SNR_{out}$——输出端的信噪比；

$P_{in}$——输入端的信号功率；

$N_{in}$——输入端的噪声功率；

$P_{out}$——输出端的信号功率；

$N_{out}$——输出端的噪声功率。

假设待测接收机或低噪声放大器的增益为 $G$，则

$$G=\frac{P_{out}}{P_{in}} \tag{11-4}$$

假设待测接收机或低噪声放大器的环境温度为 $T_0$，噪声带宽为 $B$，则待测件的输入噪声功率为

$$N_{in}=kT_0B \tag{11-5}$$

式中：$k$——波尔兹曼常数。

待测件的输出噪声功率为

$$N_{out}=kT_0BG+N_a \tag{11-6}$$

式中：$N_a$——待测件内部产生的噪声功率。

将式(11-2)～(11-6)代入式(11-1)并化简可得

$$NF=\frac{kT_0BG+N_a}{kT_0BG}=1+\frac{N_a}{kT_0BG} \tag{11-7}$$

用分贝表示的噪声系数为

$$NF[dB]=10\times\log\left(1+\frac{N_a}{kT_0BG}\right) \tag{11-8}$$

### 11.1.2　等效噪声温度

当接收机或低噪声放大器等待测器件的噪声系数很小时，用噪声系数表征待测器件的噪声性能不方便，而常用等效噪声温度来表示。等效噪声温度 $T_e$ 定义为：假定在一个无噪声等效网络中，所有频率上输入端的源阻抗处于同一个 $T_e$，与一个实际网络的输入源阻抗均处于温度零时，两个网络输出的资用噪声功率相

等，那么无噪声等效网络输入端的噪声温度 $T_e$ 称为等效输入噪声温度。由图 11-1 所示，假设待测件的增益为 $G$，等效噪声温度为 $T_e$，则待测件内部产生的噪声功率为

$$N_a = kT_eBG \tag{11-9}$$

将式(11-9)代入式(11-8)可得噪声系数与等效噪声温度的关系为

$$\text{NF} = 10 \times \log\left(1 + \frac{T_e}{T_0}\right) \tag{11-10}$$

通常情况下，室内环境温度 $T_0 = 290\text{K}$，图 11-2 给出了噪声系数与等效噪声温度的关系曲线。由图可知：两个噪声系数相近的待测器件，其等效噪声温度可能相差很大，这样就能从它们的等效噪声温度明显地判断其噪声性能的好坏。

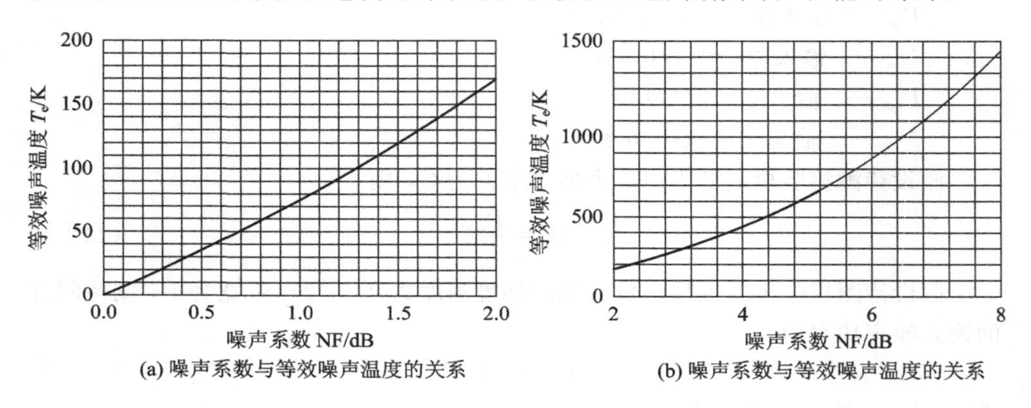

(a) 噪声系数与等效噪声温度的关系　　(b) 噪声系数与等效噪声温度的关系

图 11-2　噪声系数与等效噪声温度的关系曲线

## 11.1.3　工作噪声温度

噪声系数和等效噪声温度从本质上均表征待测器件内部的噪声特性。但像地面站系统、雷达天线系统、射电天文系统和深空探测系统等，系统噪声温度不仅受内部噪声的影响，同时也受到外部噪声的影响。这时噪声系数和等效噪声温度不足以描述系统的噪声性能，为此引入工作噪声温度的概念，它表征了内部噪声和外部噪声共同作用下，待测系统工作时的噪声特性，其定义为

$$T_{OP} = \frac{N_0}{kG_S} \tag{11-11}$$

式中：$T_{OP}$——系统工作噪声温度；

$N_0$——工作条件下输出端的噪声功率；

$G_S$——系统增益，定义在工作条件下，输出端信号功率与输入端信号功率之比。

# 11.2 接收机噪声系数测量

## 11.2.1 测量原理

噪声系数是接收机的重要性能指标，它决定了接收机的灵敏度，影响着模拟通信系统的信噪比和数字通信系统的误码率。因此，测量接收机的噪声系数是非常重要的。测量噪声系数的方法和测试仪器很多，噪声系数的测试方法有：增益法(或称为连续波法)和 Y 因子法等；常用测试仪器有：噪声系数分析仪、网络分析仪、频谱分析仪和功率计等。在此讨论利用频谱分析仪测量噪声系数的原理和方法。

图 11-3 所示为接收机噪声系数测量的原理图。图中衰减器用于衰减信号源的射频输入信号电平(当信号源有内置衰减器，可以输出小信号时，如小于 -60 dBm的信号，则可不用衰减器)。

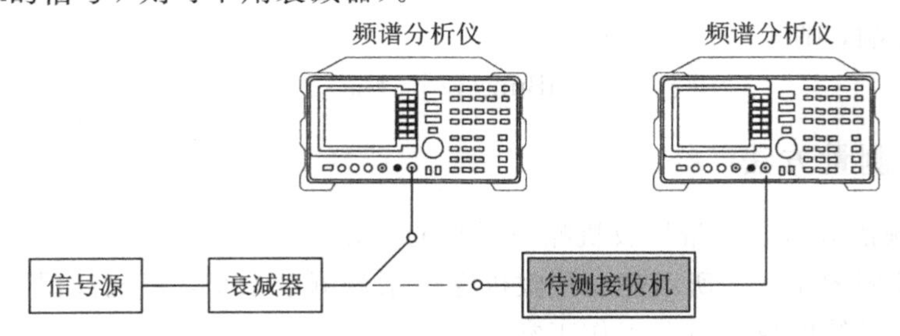


图 11-3　接收机噪声系数测量的原理图

若信号源输出一个单载波，经衰减器进入测试接收机，则频谱分析仪测量的噪声功率电平为

$$N_P = k(T_0 + T_e)BG_{rec} = kT_0\left(1 + \frac{T_e}{T_0}\right)BG_{rec} \tag{11-12}$$

式中：$N_P$——频谱分析仪测量的噪声功率；

$k$——波尔兹曼常数；

$T_0$——接收机的环境温度；

$T_e$——接收机的等效噪声温度；

$B$——接收机的噪声带宽；

$G_{rec}$——接收机的增益。

将式(11-10)代入式(11-12)化简，并用分贝表示为

$$N_P = 10 \times \log(kT_0) + \mathrm{NF} + 10 \times \log(B) + G_{rec} \tag{11-13}$$

当用频谱分析仪测量噪声功率时，噪声带宽近似等于频谱分析仪 1.2 倍的分

辨带宽。当频谱分析仪工作于对数模式下时，频谱分析仪测量的噪声功率比实际噪声功率高 2.5 dB，应考虑此修正。则式(11-13)可进一步写为

$$N_P = 10 \times \log(kT_0) + NF + 10 \times \log(1.2 \times RBW) + G_{rec} - 2.5 \quad (11-14)$$

在室温条件下，$T_0=290K$，由式(11-14)可求出待测接收机的噪声系数为

$$NF = 174[dBm/Hz] - G_{rec} + N_P - 10 \times \log(1.2 \times RBW) + 2.5[dB] \quad (11-15)$$

式(11-15)就是频谱分析仪测量接收机噪声系数的原理公式。在现代频谱分析仪中，均可以利用码刻噪声的功能直接测量归一化噪声功率 $N_{P0}$，测量的噪声功率与归一化噪声功率之间的关系为

$$N_{P0} = N_P - 10 \times \log(1.2 \times RBW) + 2.5 \quad (11-16)$$

将式(11-16)代入式(11-15)可得：

$$NF = 174[dBm/Hz] - G_{rec} + N_{P0} \quad (11-17)$$

由式(11-17)可知：只要测量出接收机增益和归一化噪声功率，就很容易计算出接收机的噪声系数。式(11-17)忽略了频谱分析仪的噪声系数和接收机至频谱分析仪之间电缆损耗的影响。如果考虑接收机与频谱分析仪之间测试电缆损耗 $L$(dB)的影响，则式(11-17)为

$$NF = 174[dBm/Hz] - G_{rec} + N_{P0} + L \quad (11-18)$$

### 11.2.2 测量方法

利用频谱分析仪测量接收机噪声系数的步骤如下：

(1) 按照图 11-3 所示建立接收机噪声系数测量系统，系统仪器设备加电预热，使测试系统的仪器设备工作正常。

(2) 测量接收机增益。按照图 11-3 所示，首先把频谱分析仪接衰减器的输出端，按照测试计划要求，设置信号源的频率，工作模式为单载波，输出功率为小信号，用频谱分析仪测量的信号功率为 $P_1$[dBm]；然后去掉频谱分析仪，将信号源的输出经衰减器接接收机的输入端口，频谱分析仪移至接收机的输出端口，保持信号源的输出功率不变，同理用频谱分析仪测量的信号功率电平为 $P_2$[dBm]，则接收机的增益为

$$G_{rec} = P_2[dBm] - P_1[dBm]$$

(3) 测量归一化噪声功率电平。合理设置频谱分析仪的分辨带宽和视频带宽，设置其射频输入衰减为 0dB，观察信号频谱；利用减小视频带宽和视频平均技术，提高噪声功率测量精度；利用频谱分析仪的码刻噪声功能，直接测量归一化噪声功率电平 $N_{P0}$ 的大小。

(4) 由测量的接收机增益和归一化噪声功率，利用下式计算接收机的噪声系数

$$NF = 174[dBm/Hz] - G_{rec} + N_{P0} + L$$

(5) 改变测试频率，重复上述步骤，同理测量其他频率的噪声系数。

该方法测量接收机的噪声系数比较简单，但该方法测量易受频谱分析仪本底噪声的影响。在一般情况下，当接收机接入频谱分析仪，其噪声功率电平比频谱分析仪的本底噪声抬高 20dB 时，可忽略频谱分析仪本底噪声对测量结果的影响；否则应考虑频谱分析仪本底噪声对测量结果的影响。

## 11.3 低噪声放大器的噪声温度测量

### 11.3.1 测量原理

低噪声放大器的噪声温度常采用 Y 因子法进行测量。图 11-4 所示为低噪声放大器噪声温度测量的原理图。

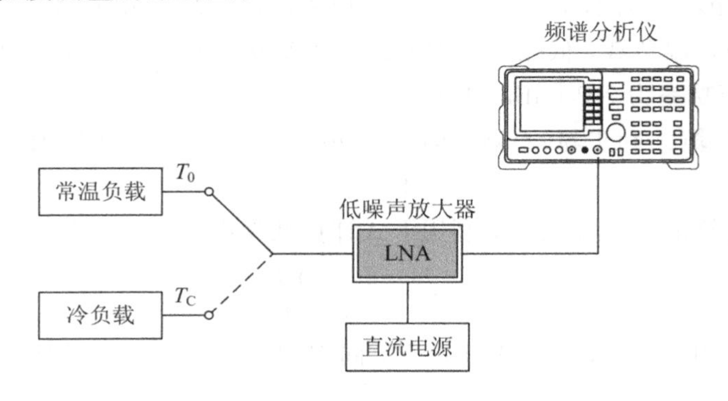


图 11-4　低噪声放大器噪声温度测量的原理图

当低噪声放大器的输入端接常温负载时，频谱仪测量的噪声功率 $NP_1$ 为

$$NP_1 = k(T_{LNA} + T_0)G_{LNA}B \tag{11-19}$$

式中：$NP_1$——频谱分析仪测量的噪声功率电平(dBm)；

$T_{LNA}$——低噪声放大器的噪声温度(K)；

$G_{LNA}$——低噪声放大器的增益(dB)；

$T_0$——常温负载噪声温度(K)；

$B$——噪声带宽(Hz)。

同理，当低噪声放大器接噪声温度为 $T_C$ 的冷负载时，频谱分析仪测量的噪声功率电平 $NP_2$ 为

$$NP_2 = k(T_{LNA} + T_C)G_{LNA}B \tag{11-20}$$

由 $Y$ 因子定义可得

$$Y = \frac{NP_1}{NP_2} = \frac{T_{LNA} + T_0}{T_{LNA} + T_C} \tag{11-21}$$

由式(11-21)可解得低噪声放大器的噪声温度为

$$T_{LNA} = \frac{T_0 - YT_C}{Y - 1} \tag{11-22}$$

式(11-22)就是低噪声放大器噪声温度测量的原理公式。只要测量出低噪声放大器分别接常温负载和冷负载的噪声功率，计算二者的差值得到Y因子的大小，就可以利用Y因子计算出低噪声放大器的噪声温度。

### 11.3.2 测量方法

测量低噪声放大器噪声温度的步骤如下：

(1) 按照图11-4所示建立低噪声放大器噪声温度的测量系统，系统仪器设备加电预热，使测试系统的仪器设备工作正常。

(2) 低噪声放大器接常温负载，合理设置频谱分析仪的状态参数，激活频谱分析仪的码刻噪声功能，测量归一化噪声功率，记为$NP_1$[dBm/Hz]。

(3) 去掉常温负载，低噪声放大器的输入端接冷负载，同理用频谱分析仪测量归一化噪声功率为$NP_2$[dBm/Hz]。

(4) 由步骤(2)和步骤(3)测量的噪声功率，利用下式计算Y因子的大小。

$$Y = 10^{(NP_1 - NP_2)/10}$$

(5) 由计算的Y因子大小，利用下式计算低噪声放大器的噪声温度。

$$T_{LNA} = \frac{T_0 - YT_C}{Y - 1}$$

(6) 改变测试频率，重复上述步骤，同理测量其他频率点的低噪声放大器噪声温度。

注意：当利用频谱分析仪测量低噪声放大器的噪声温度时，频谱分析仪的射频输入衰减一般设置为0 dB，以减少频谱分析仪的本底噪声对测量结果的影响。一般情况下，当低噪声放大器的输出接频谱分析仪，其噪声功率电平远比频谱分析仪的本底噪声高时(一般要大于或等于20 dB)，可忽略频谱分析仪本底噪声对测量结果的影响；否则应考虑频谱分析仪本底噪声对测量结果的影响。

## 11.4 天线噪声温度测量

### 11.4.1 天线噪声温度的概念及组成

天线从周围环境接收到的噪声功率的大小，通常用噪声温度来度量。天线噪声可以用给定频带内与噪声功率有关的等效噪声温度表示，即 $N=kBT_a$（$k$ 为玻尔兹曼常数；$B$ 为接收机带宽；$T_a$ 为天线等效噪声温度）。天线噪声可分为内部噪声和外部噪声。内部噪声主要包括天线传输损耗和欧姆损耗等产生的热噪声；外部噪声是由天线所处环境中的噪声源产生的噪声，如大气衰减噪声、宇宙噪声和地面热辐射噪声等。天空噪声温度由大气衰减噪声和宇宙噪声组成。地面噪声由地面辐射引起。由于天线辐射方向图的旁瓣特性，此影响随天线仰角的变化而略有变化。图 11-5 所示为天线噪声温度组成图。

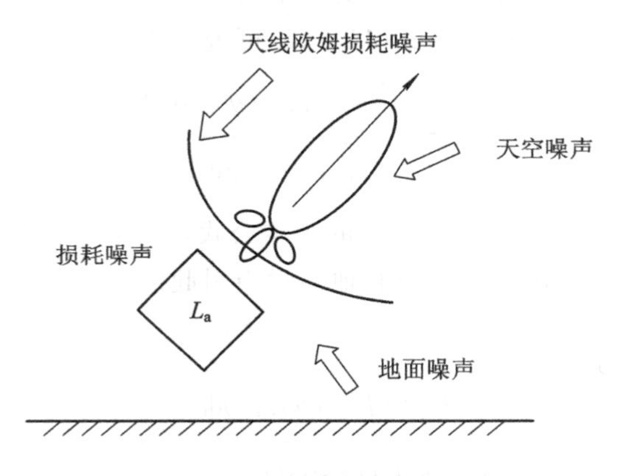


图 11-5　天线噪声温度的组成

若已知天线系统总损耗为 $L_a$，天线接收环境的噪声温度为 $T_a$，则天线系统的噪声温度 $T_A$ 为

$$T_A=\frac{T_a}{L_a}+\left(1-\frac{1}{L_a}\right)T_0 \tag{11-23}$$

式中：$T_0$——环境温度(K)。

## 11.4.2　天线噪声温度的计算

由天线理论可知：在球坐标系中，天线噪声温度 $T_a$ 可用下式进行计算。

$$T_a=\frac{\int_0^{2\pi}\int_0^{\pi}[P_C(\theta,\phi)T_{bc}(\theta,\phi)+P_X(\theta,\phi)T_{bx}(\theta,\varphi)]\sin\theta\mathrm{d}\theta\mathrm{d}\phi}{\int_0^{2\pi}\int_0^{\pi}[P_C(\theta,\phi)+P_X(\theta,\phi)]\sin\theta\mathrm{d}\theta\mathrm{d}\phi} \tag{11-24}$$

式中：$P_C(\theta,\phi)$——天线主极化归一化功率方向；

$P_X(\theta,\phi)$——天线交叉极化归一化功率方向；

$T_{bc}(\theta,\phi)$——天线主极化方向背景噪声温度分布函数；

$T_{bx}(\theta,\phi)$——天线交叉极化方向背景噪声温度分布函数。

天线交叉极化场相对于主极化来说是很小的，由此引起的噪声温度可忽略不计，因此式(11－24)可进一步简化为

$$T_a = \frac{\int_0^{2\pi}\int_0^{\pi} P(\theta, \phi) T_b(\theta, \phi) \sin\theta d\theta d\phi}{\int_0^{2\pi}\int_0^{\pi} P(\theta, \phi) \sin\theta d\theta d\phi} \tag{11-25}$$

式中：$P(\theta, \phi)$——天线归一化功率方向图；

$T_b(\theta, \phi)$——天线背景噪声温度分布函数。

若天线为圆口径对称的，则式(11－25)可进一步简化为

$$T_a = \frac{\int_0^{\pi} P(\theta) T_b(\theta) \sin\theta d\theta}{\int_0^{\pi} P(\theta) \sin\theta d\theta} \tag{11-26}$$

式(11－26)为计算天线噪声温度的基本公式，该噪声温度计算结果不包括损耗引起的噪声温度，是由天空噪声和地面噪声引起的，则式(11－26)可表示为

$$T_a = (T_a)_{sky} + (T_a)_{ground} \tag{11-27}$$

$$(T_a)_{sky} = \frac{\int_0^{\frac{\pi}{2}} P(\theta) T_{sky}(\theta) \sin\theta d\theta}{\int_0^{\pi} P(\theta) \sin\theta d\theta} \quad (0 \leqslant \theta < \frac{\pi}{2}) \tag{11-28}$$

$$(T_a)_{ground} = \frac{\int_{\pi/2}^{\pi} P(\theta) T_{ground}(\theta) \sin\theta d\theta}{\int_0^{\pi} P(\theta) \sin\theta d\theta} \quad (\frac{\pi}{2} \leqslant \theta \leqslant \pi) \tag{11-29}$$

式中：$T_{sky}(\theta)$——天空噪声温度分布函数；

$T_{ground}(\theta)$——地面噪声温度分布函数。

由式(11－27)、(11－28)和式(11－29)可知：只要知道天空和地面噪声温度分布函数，以及天线功率方向图，就可精确计算天线噪声温度的大小。

### 11.4.3 天线噪声温度的测量方法

天线噪声温度采用经典的 $Y$ 因子法进行测量。图 11－6 所示为 $Y$ 因子法测量天线噪声温度的原理图。

由 $Y$ 因子法测量天线噪声温度原理方法是：首先将波导开关接在常温负载上，频谱分析仪测量的噪声功率为 $N_1$(dBm)；然后将波导开关切换到待测天线上，频谱分析仪测量的噪声功率为 $N_2$(dBm)；计算二者的差值即得 $Y$ 因子为

$$Y = 10^{(N_1 - N_2)/10} \tag{11-30}$$

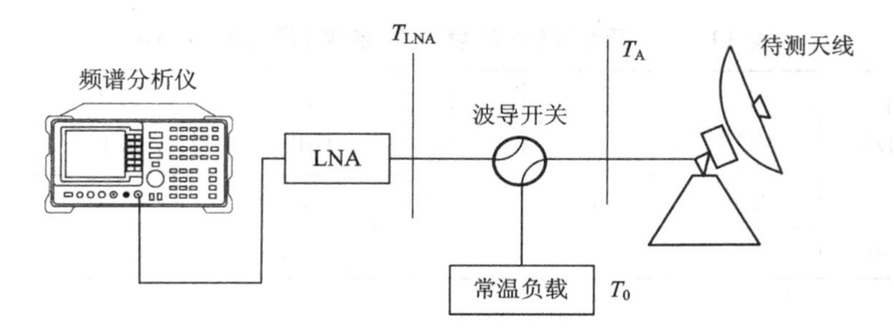


图 11-6　Y 因子法测量天线噪声温度的原理图

由 Y 因子的定义得

$$Y=\frac{T_{LNA}+T_0}{T_{LNA}+T_A} \tag{11-31}$$

则天馈系统噪声温度为

$$T_A=\frac{T_{LNA}+T_0}{Y}-T_{LNA} \tag{11-32}$$

式中：$T_0$——常温负载的噪声温度(K)；

$T_{LNA}$——接收机系统的噪声温度(K)；

$T_A$——天馈系统的噪声温度(K)。

若扣除天线馈源网络、双工器等插入损耗 $L_a$ 引起的噪声温度，则天线接收环境噪声温度 $T_a$ 为

$$T_a=L_aT_A-(L_a-1)T_0 \tag{11-33}$$

其测量步骤如下：

(1) 按图 11-6 连接好测试系统，加电预热，使测试系统仪器设备工作正常，将待测天线转动到技术要求规定的仰角上。

(2) 将波导开关打到常温负载上，调整好频谱分析仪的工作状态，测量并记录此时频谱仪测量的噪声功率 $N_1$(dBm)。

(3) 在测试条件相同的情况下，将波导开关打到待测天线上，测量并记录此时频谱分析仪测量的噪声功率 $N_2$(dBm)。

(4) 由步骤(2)和(3)测量的噪声功率，利用下式计算 Y 因子的大小。

$$Y=10^{(N_1-N_2)/10}$$

(5) 由测量的 Y 因子，利用下式计算天馈系统的噪声温度。

$$T_A=\frac{T_{LNA}+T_0}{Y}-T_{LNA}$$

(6) 改换测试频率，重复上述步骤，同理测量其他频率的噪声温度。

表 11-1 给出了某工程 C 波段 15 天线在 10 度仰角时的天线噪声温度测量结果。

**表 11-1 天线噪声温度测量结果(仰角等于 10°)**

| 频率 (GHz) | $T_0$ (K) | $T_{LNA}$ (K) | $Y$ (dB) | $L_a$ (dB) | $T_a$ (K) | |
|---|---|---|---|---|---|---|
| | | | | | 技术要求 | 实测结果 |
| 3.700 | 276 | 35 | 6.60 | 0.2 | ≤40 | 33.04 |
| 4.200 | 276 | 35 | 6.50 | 0.2 | | 34.62 |

## 11.5 地球站 G/T 值测量

地球站 $G/T$ 值(或称为品质因数)是衡量地球站接收系统性能的重要指标，定义为天线接收增益与系统噪声温度之比。用分贝表示为

$$\frac{G}{T}[\text{dB/K}] = 10 \times \log \frac{G_R}{T_{sys}} \tag{11-34}$$

式中：$G/T$——地球站的品质因数(dB/K)；

$G_R$——地球站天线接收增益(dBi)；

$T_{sys}$——地球站系统噪声温度(K)。

目前，$G/T$ 值测量常用的方法有：直接法和间接法。直接法又分为射电源法和卫星载噪比法。射电源法是通过测量地球站天线分别指向射电源和冷空时，测量相应的噪声功率，计算二者的差值即得 $Y$ 因子的大小，再由测量的 $Y$ 因子计算地球站 $G/T$ 值；卫星载噪比法是通过测量卫星下行载噪比，从而确定 $G/T$ 值的方法。间接法是分别测量出天线增益和系统噪声温度，从而计算地球站 $G/T$ 值。前一节讨论了天线噪声的温度测量，在此简述频谱分析仪直接法测量地球站 $G/T$ 值的原理和方法。

### 11.5.1 射电源法测量地球站 G/T 值

射电源是一种宽带微波噪声源，利用射电源的噪声可以测量天线特性。但由于各射电源的辐射强度和角径不尽相同，因此必须选择合适的射电源。选择射电源测量地球站 $G/T$ 值的首要条件是：地球站能够看得见射电源，且在天线转动范围内，否则地球站天线无法捕捉到射电源；其次射电源位置应精确知道，角尺寸很小，满足点源条件(射电源的角直径与天线半功率波束宽度比小于 0.2)，且射电源的流量密度比较稳定，辐射强度合适。常用于地球站 $G/T$ 值测量的射电源有：标准宇宙源(如仙后座 A、金牛座 A 等)、月亮、太阳和行星等。

图 11-7 所示为射电源法测量地面站 $G/T$ 值的原理图。

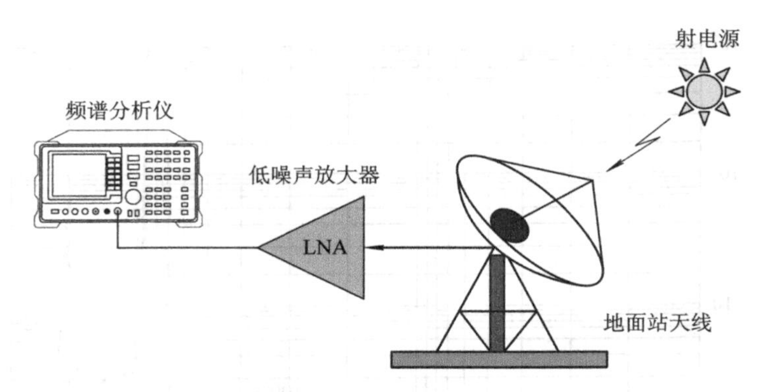


图 11-7　射电源法测量地面站 $G/T$ 值的原理图

利用射电源测量地面站 $G/T$ 值的原理方法是：分别测量出地面站天线指向射电源和冷空背景时的噪声功率电平，计算二者的差值得到 $Y$ 因子的大小，利用测量的 $Y$ 因子，由式(11-35)计算地面站 $G/T$ 值。

$$\frac{G}{T}=\frac{8\pi k}{\lambda^2 S}(Y-1)K_1K_2 \tag{11-35}$$

式(11-35)用分贝表示为

$$\frac{G}{T}=10\times\log\left[\frac{8\pi k}{\lambda^2 S}(Y-1)K_2\right]+K_1 \tag{11-36}$$

式中：$G/T$——地面站 $G/T$ 值(dB/K)；

$k$——波尔兹曼常数，$k=1.38\times10^{-23}$ J/K；

$\lambda$——工作波长(m)；

$S$——射电源的通量密度($\mathrm{Wm^{-2}Hz^{-1}}$)；

$K_1$——大气吸收衰减因子(dB)；

$K_2$——波束展宽修正因子。

下面讨论式(11-36)中各项因子的计算方法。

波长的计算：由实际测量的频率 $f$(GHz)，用式(11-37)计算工作波长 $\lambda$(m)为

$$\lambda=\frac{0.3}{f} \tag{11-37}$$

大气吸收衰减修正因子 $K_1$ 的计算：大气吸收衰减修正因子 $K_1$ 是频率、天线仰角和大气层的函数。它随频率的增加而增加，随天线仰角增大而减小。大气吸收衰减的计算是比较复杂的，一般可用式(11-38)简单计算大气吸收衰减。

$$K_1=\frac{\mathrm{V}}{\sin\mathrm{EL}}\quad(\mathrm{dB}) \tag{11-38}$$

式中：EL——地球站天线的仰角；

V——常数，可由图 11-8 所示的天顶方向大气吸收衰减曲线查得。

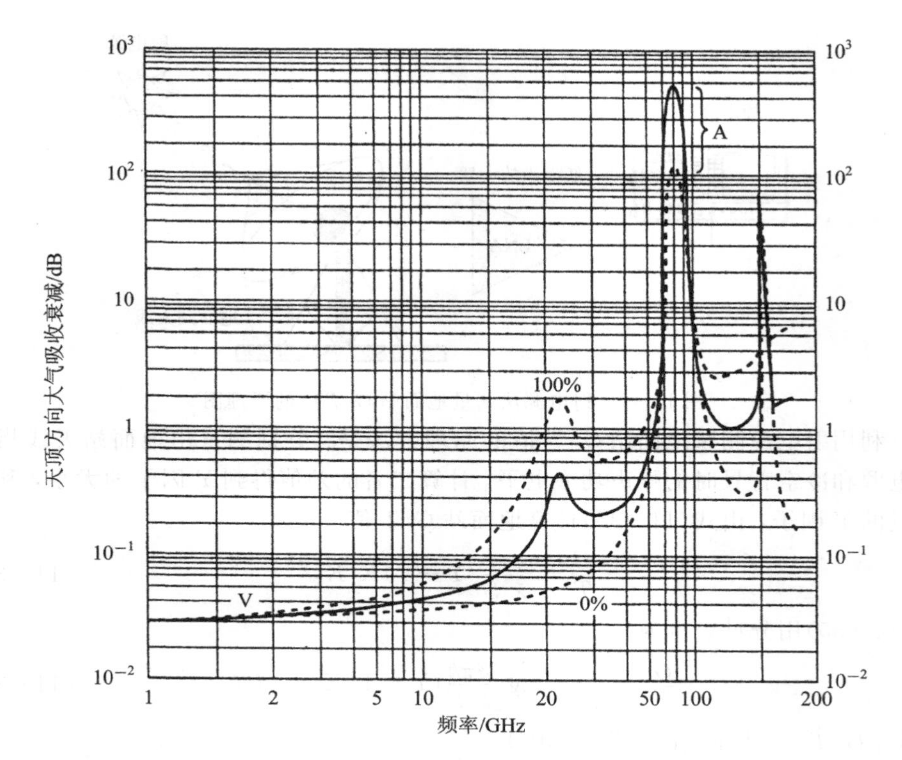


注：图中实线表示中等大气相对湿度和衰减曲线，虚线表示大气相对湿度分别为 0％和 100％的衰减曲线

图 11－8　天顶方向大气吸收衰减曲线

波束展宽修正因子 $K_2$的计算：波束展宽修正因子与射电源的亮温度分布和天线方向图的形状有关。其计算公式如下：

$$K_2=\frac{\iint_{\Omega} B(\theta,\ \phi)\,\mathrm{d}\Omega}{\iint_{\Omega} B(\theta,\ \phi)P(\theta,\ \phi)\,\mathrm{d}\Omega} \qquad (11-39)$$

式中：$B(\theta,\ \phi)$——射电源的亮温度分布；

$P(\theta,\ \phi)$——天线归一化功率方向图。

当射电源的角直径近似等于或小于天线半功率波束宽度 HPBW 的 1/5 时，$K_2$近似等于 1。对于较大的射电源，波束展宽修正因子必须按公式(11－39)进行精确计算。当天线的半功率波束宽度大于射电源的角直径时，波束展宽修正因子可用近似公式计算。

对于太阳源，当天线的半功率波束宽度 HPBW 大于太阳的最大角直径(0.542°)时，波束展宽修正因子 $K_2$由式(11－40)计算。

$$K_2 = 10 \times \log \frac{x}{1 - e^{-x}} \tag{11-40}$$

$$x = \frac{0.2106}{\text{HPBW}^2}$$

对于月亮源，当天线的半功率波束宽度 HPBW 大于月亮的角直径时，波束展宽修正因子 $K_2$ 由式(11-41)计算。

$$K_2 = 10 \times \log \frac{x}{1 - e^{-x}} \tag{11-41}$$

$$x = 0.6441\left(\frac{d_m}{\text{HPBW}}\right)^2$$

式中：$d_m$——月亮源的角直径；

HPBW——天线的半功率波束宽度。

对于标准的离散射电源，其波束展宽修正因子可用式(11-42)进行计算。

$$K_2 \approx -10 \times \log\left[\frac{\left|1 - e^{-x^2}\right|}{x^2}\right] \tag{11-42}$$

$$x_{\text{CasA}} \approx x_{\text{TauA}} \approx x_{\text{VirA}} \approx \frac{4.6}{1.2012 \times \text{HPBW} \times 60}$$

$$x_{\text{CygA}} \approx \frac{2.5}{1.2012 \times \text{HPBW} \times 60}$$

$$\text{HPBW} = 65 \times \frac{\lambda}{D}$$

将各种常数和射电星的通量密度代入公式(11-36)，化简可得用仙后座 A 测量 $G/T$ 值的公式为

$$\frac{G}{T} = 21.3822 + 27.92\log f + n(0.042 - 0.0126\log f) + (Y - 1) + K_1 + K_2 \tag{11-43}$$

式中：$n$——常数，$n = \text{year} - 1965 + \frac{\text{month}(0-12)}{12}$。

用金牛座 A 测量 $G/T$ 值的简化公式为

$$\frac{G}{T} = 26.211 + 22.87\log f + (Y - 1) + K_1 + K_2 \tag{11-44}$$

用天鹅座 A 测量 $G/T$ 值的简化公式为

$$\frac{G}{T} = 22.161 + 31.98\log f + (Y - 1) + K_1 + K_2 \tag{11-45}$$

由式(11-43)、(11-44)和式(11-45)可知，只要测量出 $Y$ 因子的大小，就很容易计算出地球站 $G/T$ 值的大小。

利用射电源噪声测量地面站 $G/T$ 值的步骤如下：

(1) 按照图 11-7 所示建立测试系统，加电预热，使仪器设备工作正常(注意：$G/T$ 值测量时，应在晴空天气条件下进行)。

(2) 依据测试利用的射电源，计算地面站天线指向射电源的方位角和俯仰角，驱动地面站天线的方位和俯仰，使天线对准射电源，此时频谱分析仪测量的噪声功率最大，记录噪声功率电平为 $N_1$[dBm]。

(3) 驱动天线的方位偏离射电源，使天线接收不到射电源噪声，此时用频谱分析仪测量天线指向冷空背景时的噪声功率为 $N_2$[dBm]。

(4) 由步骤(2)和步骤(3)测量的噪声功率，计算二者的差值，获得测量 $Y$ 因子的大小。

(5) 将测量的 $Y$ 因子代入式(11-36)，计算地面站 $G/T$ 值的大小。

(6) 改换测试频率，重复步骤(2)～(5)，同理测量其他频率点的 $G/T$ 值。

2007 年 3 月 26 日，在某 C 波段 15 米测控站天线的安装现场，利用金牛座 A 测量地球站 $G/T$ 值，测试频率分别为 3.7 GHz、4.0 GHz 和 4.2 GHz，$G/T$ 值测量结果如表 11-2 所示。

**表 11-2 C 波段 15 米测控站 *G/T* 值测量结果**

| 频率(GHz) | 次数 | 天线指向 | | Y(dB) | G/T(dB/K) |
|---|---|---|---|---|---|
| | | AZ(°) | EL(°) | | |
| 3.7 | 1 | 118.20 | 59.86 | 1.64 | 35.95 |
| | 2 | 121.90 | 61.83 | 1.62 | 35.88 |
| | 3 | 127.35 | 64.14 | 1.65 | 35.98 |
| 4.0 | 1 | 119.16 | 60.55 | 1.62 | 36.77 |
| | 2 | 122.71 | 62.17 | 1.63 | 36.80 |
| | 3 | 145.90 | 69.09 | 1.65 | 36.86 |
| 4.2 | 1 | 120.51 | 61.54 | 1.48 | 36.70 |
| | 2 | 131.45 | 65.50 | 1.45 | 36.59 |
| | 3 | 148.63 | 69.51 | 1.48 | 36.70 |

### 11.5.2 载噪比法测量地球站 *G/T* 值

图 11-9 所示为利用载噪比直接法测量地面站 $G/T$ 值的原理图。

载噪比直接法测量地面站 $G/T$ 值的原理方法是：利用卫星信标或未调制的测试载波，用频谱分析仪测量出载波功率与噪声功率比，从而计算地面站的 $G/T$ 值。

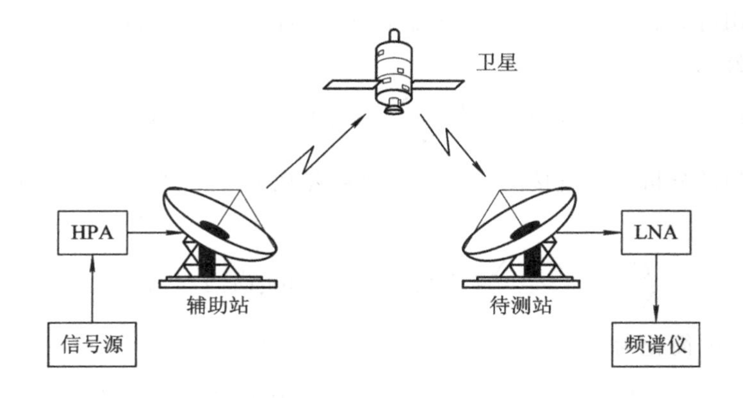


图 11-9　载噪比直接法测量地面站 $G/T$ 值的原理图

首先将地面站天线对准卫星，且极化匹配，频谱分析仪测量的载波加噪声功率($C+N$)可表示为

$$(C+N)=\frac{G\times \mathrm{EIRP}}{L_{\mathrm{P}}} \tag{11-46}$$

式中：EIRP——卫星等效各向同性辐射功率；

$G$——待测地面站天线接收增益；

$L_{\mathrm{P}}$——自由空间传播损耗。

然后将待测地面站天线方位偏离卫星方向至少 5°，使频谱分析仪接收不到卫星信号，保证卫星噪声不影响测量结果。此时频谱分析仪测量的总噪声功率为

$$N=kTB \tag{11-47}$$

式中：$k$——波尔兹曼常数，$k=1.38\times10^{-23}$ J/K；

$T$——地面站系统噪声温度；

$B$——噪声带宽，利用频谱仪作为测试接收机，噪声带宽近似等于频谱分析仪 1.2 倍的分辨带宽 RBW。

联立式(11-46)和式(11-47)可获得测量载噪比为

$$\frac{(C+N)}{N}=\frac{G\times \mathrm{EIRP}}{kTBL_{\mathrm{P}}} \tag{11-48}$$

由式(11-48)可导出用分贝表示的地面站 $G/T$ 值为

$$\frac{G}{T}=-228.6+L_{\mathrm{P}}+B+\frac{(C+N)}{N}-\mathrm{EIRP} \tag{11-49}$$

显然式(11-49)就是利用卫星载噪比直接法测量地面站 $G/T$ 值的基本原理公式。为了精确测量地面站 $G/T$ 值，还要考虑各种修正对测量结果的影响。主要包括大气吸收衰减 $K_1$，地理增益修正因子 $A_{\mathrm{S}}$(此值一般通过测量获得，由卫星组织给出此值的大小)；另外用频谱分析仪测量噪声功率时，频谱分析仪对数检波

引起 2.5 dB 的噪声测量误差，应考虑进去。因此，频谱分析仪测量地面站 $G/T$ 值的精确公式为

$$\frac{G}{T}=-228.6+L_{P}+B+\frac{(C+N)}{N}-\mathrm{EIRP}+K_{1}+A_{S}-2.5 \qquad (11-50)$$

现代频谱分析仪可直接测量出归一化载噪比 $C/N_0$，归一化载噪比与载噪比的关系为

$$\frac{C}{N_0}=\frac{(C+N)}{N}-2.5+10\times\log(1.2\times\mathrm{RBW}) \qquad (11-51)$$

则式(11-50)简化为

$$\frac{G}{T}=-228.6+L_{P}+\frac{C}{N_0}-\mathrm{EIRP}+K_{1}+A_{S} \qquad (11-52)$$

利用载噪比法测量地面站 $G/T$ 值的步骤如下：

(1) 按照图 11-9 所示的测试原理图建立测试系统，系统仪器设备加电预热，使系统仪器设备工作正常。

(2) 按照测试计划的要求，由辅助站按照给定的测试频率、极化和 EIRP 发射一个单载波(若利用卫星信标，无需辅助站提供测试单载波)。

(3) 利用待测站天线伺服控制系统，驱动天线的方位和俯仰，使地面站天线对准卫星，并调整待测接收天线极化与卫星极化匹配，此时频谱分析仪测量的载波信号最大。

(4) 设置频谱分析仪的分辨带宽为 1 kHz，射频衰减为 0 dB，调整频谱分析仪参考电平，使测试信号的峰值有一个合适的位置，调整频谱分析仪的视频带宽，抑制噪声电平的不稳定。利用频谱分析仪的码刻功能测量载波加噪声的最大功率电平为$(C+N)$dBm。

(5) 在方位上转动待测天线，使其偏离卫星，保证地面站天线接收不到卫星信号。采用视频平均技术，减少噪声功率测量误差。用频谱分析仪的码刻功能测量出噪声功率电平的大小，记为 $N$；或用频谱分析仪的码刻噪声功能，直接测量出以 dBm/Hz 为单位的归一化噪声功率电平 $N_0$。

(6) 由步骤(4)测量的载波功率和步骤(5)测量的噪声功率，可直接计算出载噪比或归一化载噪比。

(7) 由测量的载噪比，利用式(11-52)计算地球站的 $G/T$ 值。

这里给出了某工程 C 波段 5 米地球站天线，在入国际卫星通信网的验证测试中，系统 $G/T$ 值强制要求利用载噪比直接法进行测量。从国际卫星组织测试传真中获得主要测试信息如下：

INTELSAT 卫星的轨道位置：　　174°E

下行测试频率：　　4116 MHz

待测地面站天线的极化：　　RHCP

下行路径损耗(含大气吸收衰减)：　　196.75 dB

下行地理增益修正因子 $A_S$：　　2.6 dB

卫星下行载波的 EIRP：　　14.6 dBW

地面站天线对准卫星的俯仰角：　　15.2°

图 11-10 所示为卫星下行载波信号电平测量结果，由图可知：测量的载波电平为 −57 dBm；图 11-11 所示为归一化噪声功率电平测量结果，由图可知测量的归一化噪声功率电平为 −126.07dBm/Hz，则归一化载噪比为

$$\frac{C}{N_0} = -57.0 - (-126.07) = 69.07\ \text{dB/Hz}$$

地面站的 $G/T$ 为

$$\begin{aligned}\frac{G}{T} &= -228.6 + 196.75 + 69.07 - 14.6 + 2.5 \\ &= 25.22\ \text{dB/K}\end{aligned}$$

该测试结果获得了国际卫星组织的入网认可，满足国际卫星组织的入网验证测试要求。

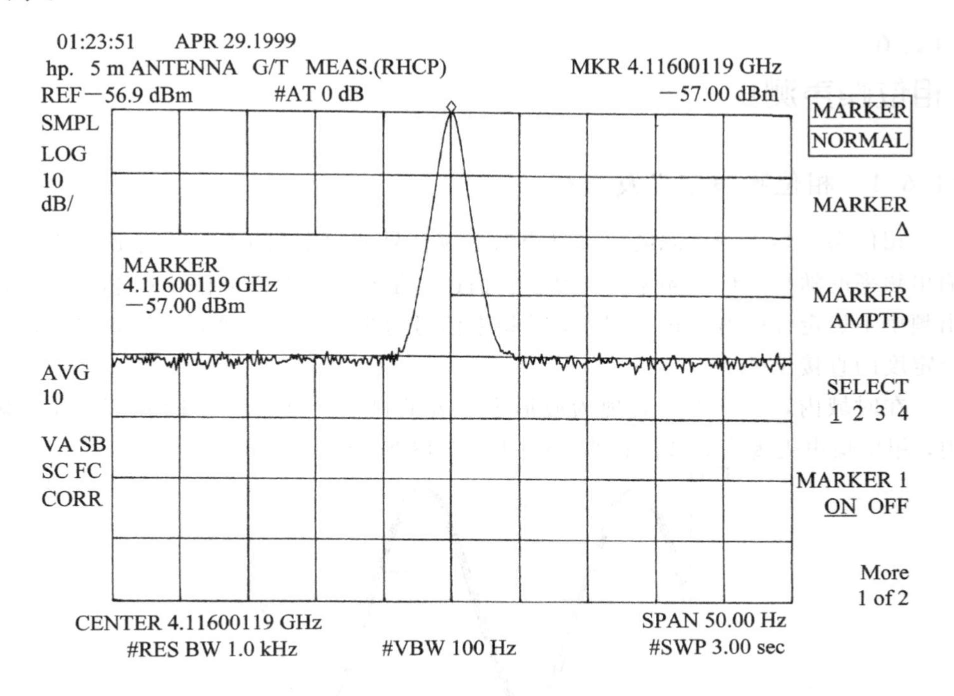


图 11-10　卫星下行载波信号电平测量结果

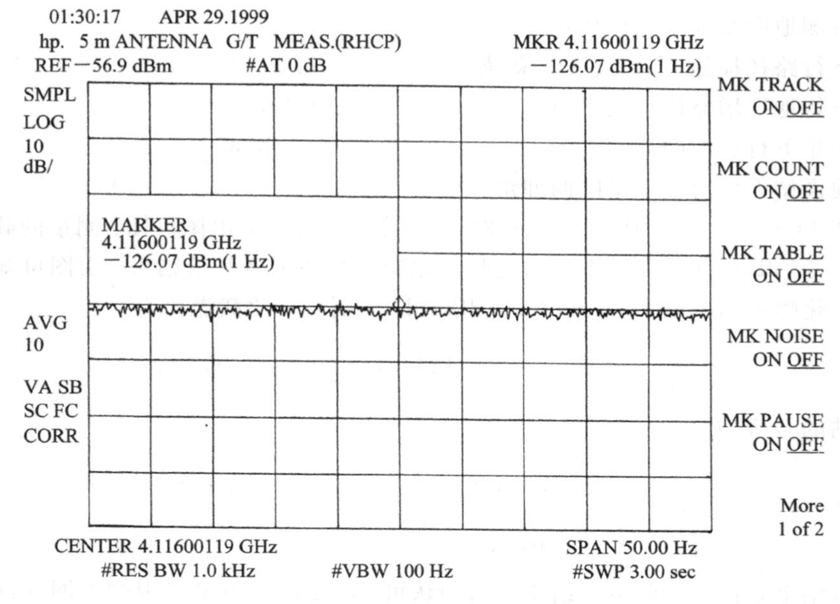


图 11－11 归一化噪声功率电平测量结果

# 11.6 相位噪声测量

## 11.6.1 相位噪声定义及表征

相位噪声是由频率源的内部噪声对振荡信号的频率和相位均产生调制而引起输出频率的随机相位或频率的起伏。它描述的是在短期时间间隔内引起频率源输出频率不稳定性的所有包含因素，是频率信号边带谱噪声的度量，是频率源短期稳定度的直接反映。

在时域内，相位噪声表现为波形零点处的抖动，如图 11－12 所示。在频域内，相位噪声表现为载波的边带，如图 11－13 所示。

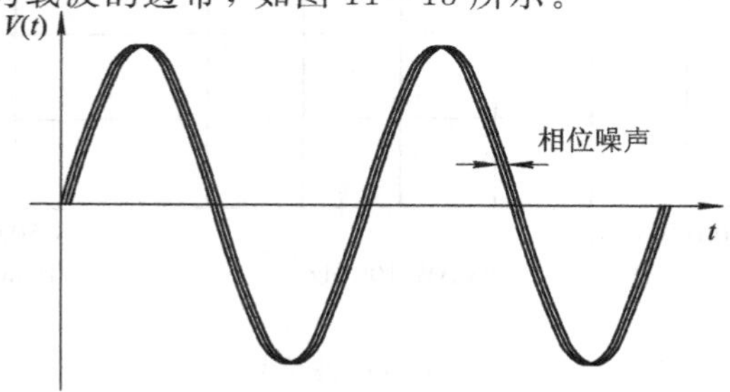


图 11－12 在时域中相位噪声引起波形零点处的抖动

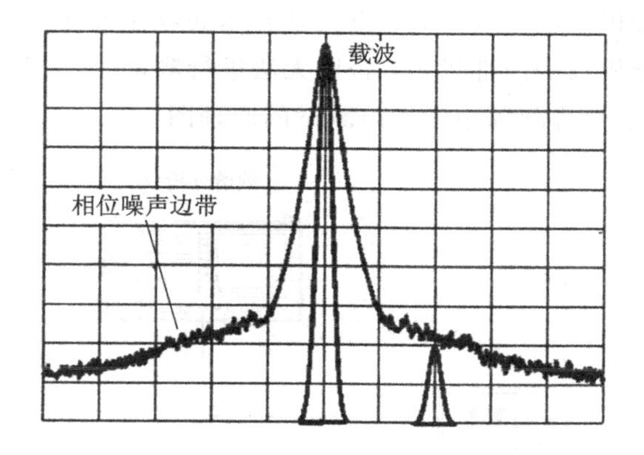


图 11-13　在频域中相位噪声表现为载波两边的噪声边带

一个纯正弦波可以表示为

$$V(t)=V_0\sin(2\pi f_0 t) \tag{11-53}$$

式中：$V_0$——正弦波信号的幅度；

$f_0$——正弦波信号的频率。

一个有幅度和频率起伏的正弦波表示为

$$V(t)=[V_0+a(t)]\sin[2\pi f_0 t+\phi(t)] \tag{11-54}$$

式中：$a(t)$——幅度噪声；

$\phi(t)$——相位噪声。

注意：这个噪声过程同幅度调制和相位调制过程是相似的。幅度调制不影响频率稳定度，而其产生的噪声也远小于相位调制产生的噪声。信号的噪声边带主要由相位调制引起，故实际测量中常用单边带相位噪声来表示短期频率稳定度。单边带相位噪声定义为：偏离载波频率 $f_{\text{off}}$处，每 Hz 带宽的单边带功率与载波功率之比。单边带相位噪声表征信号短期稳定度信息量最大，也是最常用的一种方法。用分贝表示的单边带相位噪声为

$$\Psi(f_{\text{off}})=P_{\text{SSB}}[\text{dBm/Hz}]-P_{\text{C}}[\text{dBm}] \tag{11-55}$$

式中：$\Psi(f_{\text{off}})$——相位噪声(dBc/Hz)；

$P_{\text{SSB}}$——每 Hz 带宽的单边带噪声功率(dBm/Hz)；

$P_{\text{C}}$——载波功率(dBm)。

## 11.6.2　相位噪声测量方法

利用频谱分析仪测量相位噪声是一种简易的方法，仅适合于要求不高的场合，同时也是应用广泛且十分有效的方法。其显著特点是：简单方便，易操作。但

是所使用的频谱分析仪灵敏度要高，也就是其本底噪声要足够低，所测量的相位噪声要大于频谱分析仪的内部噪声，否则无法进行测量。

图 11－14 所示为待测源相位噪声测量的原理图。

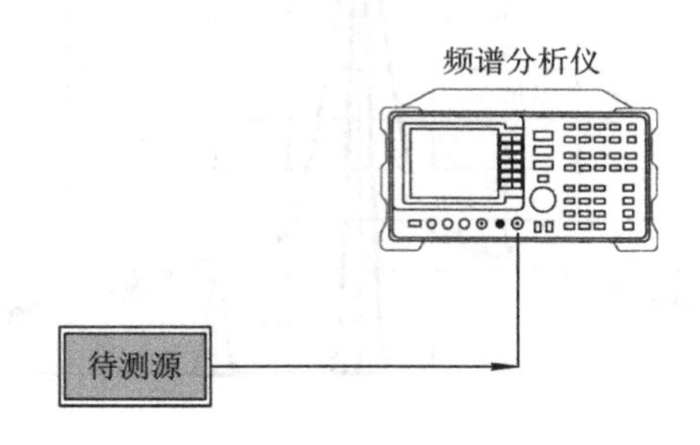


图 11－14　待测源相位噪声测量原理图

利用频谱分析仪的码刻功能，可直接测量载波功率电平 $P_C$[dBm]，移动码刻到指定的频偏处，测量单边带相位噪声功率 $P_{SSB}$[dBm]，频偏为 $f_{off}$处的相位噪声功率为

$$\Psi(f_{off}) = P_{SSB}[\text{dBm}] - P_C[\text{dBm}] - 10 \times \log(1.2 \times \text{RBW}) + 2.5 \qquad (11-56)$$

现代频谱分析仪均具有归一化噪声功率测量功能，因此可以用频谱分析仪的码刻噪声功能和码刻 Δ 功能直接测量出相位噪声的大小。利用频谱分析仪测量相位噪声的步骤如下：

(1) 按照图 11－14 所示的测试原理图建立相位噪声测试系统，系统仪器设备加电预热，使系统仪器设备工作正常。

(2) 设置待测源的频率和输出功率电平，用射频电缆将待测源的输出信号接频谱分析仪的输入端口。

(3) 合理设置频谱分析仪的状态参数。如设置频谱分析仪的中心频率为待测源的输出频率；设置频谱分析仪的参考电平，使其略大于或等于待测信号的幅度；设置适当的扫频带宽，使频谱分析仪可显示一个或两个噪声边带。

(4) 利用频谱分析仪的噪声测量功能和码刻 Δ 功能，直接测量指定频偏处相位噪声。

(5) 改换测试频率，重复上述步骤，同理测量其他频率的相位噪声。

这里给出了 Agilent 83752B 扫频信号源在 1 GHz 时的相位噪声测量结果。所用的频谱分析仪为 Agilent 8563EC，信号源为单载波工作模式，输出频率为 1 GHz，功率电平为－10 dBm，图 11－15、图 11－16 和图 11－17 分别给出了频偏为 20 kHz、40 kHz 和 60 kHz 处，单边带相位噪声功率相对于载波信号的电平差值，已知频谱分析仪的分辨带宽为 3 kHz，则不同频偏处的相位噪声为

$$\Psi(20\ \text{kHz}) = -56.0 - 10 \times \log(1.2 \times 3000) + 2.5 = -89.06\ \text{dBc/Hz}$$

$$\Psi(40\ \text{kHz}) = -63.5 - 10 \times \log(1.2 \times 3000) + 2.5 = -96.56\ \text{dBc/Hz}$$

$$\Psi(60\ \text{kHz}) = -67.5 - 10 \times \log(1.2 \times 3000) + 2.5 = -100.56\ \text{dBc/Hz}$$

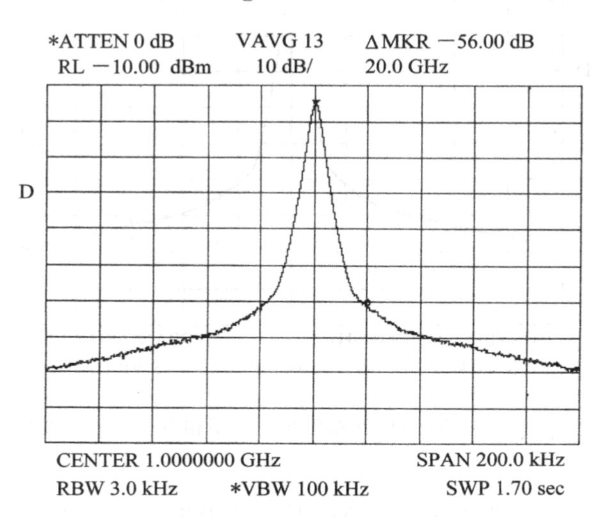


图 11－15　频偏 20 kHz 处相位噪声功率相对于载波的测量结果

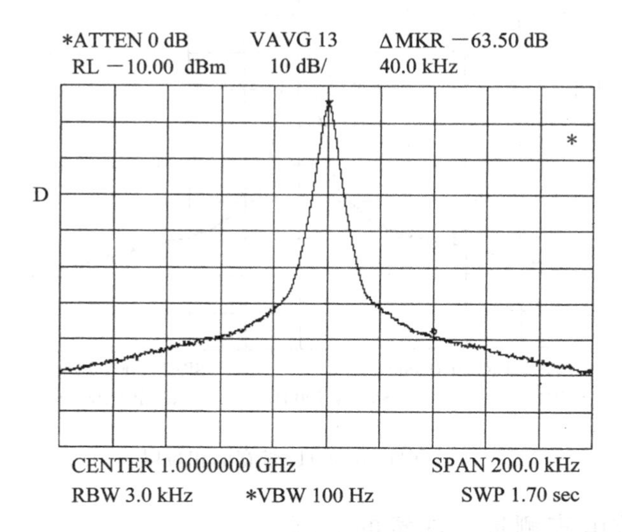


图 11－16　频偏 40 kHz 处相位噪声功率相对于载波的测量结果

图 11－18 给出了频偏 60 kHz 处，用频谱分析仪码刻噪声和码刻 Δ 功能直接测量的相位噪声为－100.4 dBc/Hz，与上面计算结果比较可知，其误差为 0.16 dB，显然这两种方法测量的相位噪声吻合得很好。

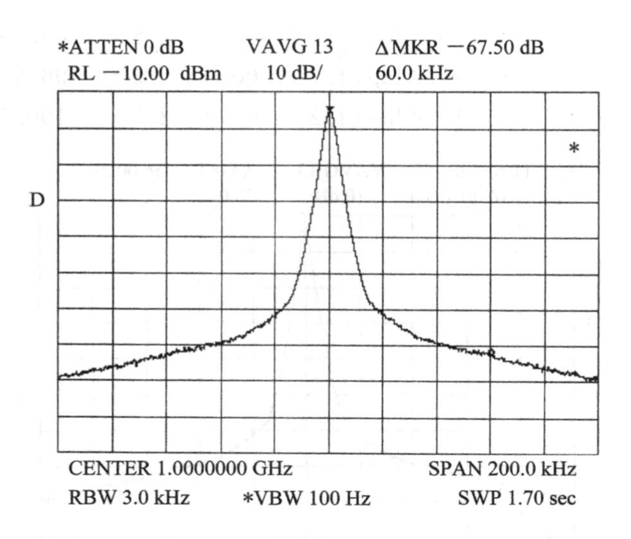


图 11-17　频偏 60 kHz 处相位噪声功率相对于载波的测量结果

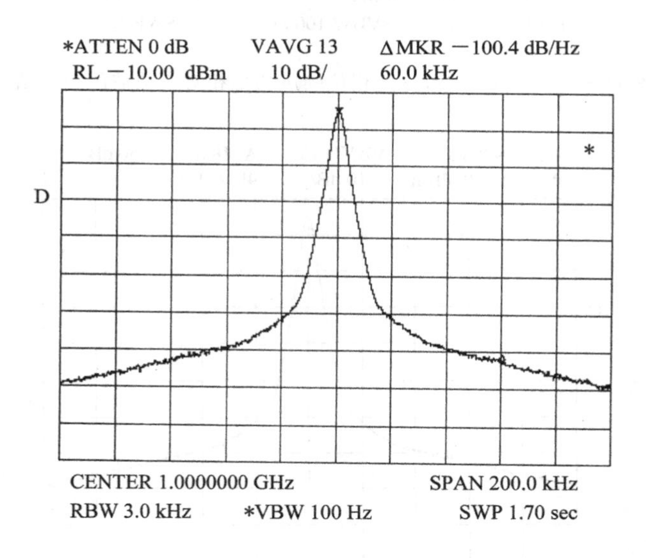


图 11-18　频偏 60 kHz 处每 Hz 带宽的相位噪声的测量结果

### 11.6.3　相位噪声测量应注意的问题

正确设置频谱分析仪的状态参数是精确测量相位噪声的关键，否则将会引起较大的测量误差。这些状态参数主要包括：频谱分析仪的分辨带宽 RBW、扫频宽度 SPAN、扫描时间 SWP 和射频衰减 ATTEN 等。

首先考虑频谱分析仪扫描时间的设置。由于频谱分析仪在扫描周期内，信号频率会发生漂移，若扫描时间过长，则频率漂移过大，将导致测量误差，所以应尽可能减少频谱分析仪的扫描时间。由于频谱分析仪的扫描时间受扫描范围和中频滤波器响应时间的限制，因此存在一个下限，而响应时间与带宽有关，带宽越小，响应时间越长。因此最小扫描时间与扫频宽度和分辨带宽的设置存在如下关系：

$$\mathrm{SWP}=K\frac{\mathrm{SPAN}}{\mathrm{RBW}^2} \tag{11-57}$$

式中：SWP——频谱分析仪的扫描时间；

SPAN——频谱分析仪的扫频宽度；

RBW——频谱分析仪的分辨带宽；

$K$——常数，是频谱分析仪中频滤波器相关的因子。

由式(11-57)可以看出：最小扫描时间与扫频宽度成正比，与频谱分析仪的分辨带宽的平方成反比。所以扫频宽度不宜设置过大，应以能覆盖所测的相位噪声所在的频率为准；同样频谱分析仪的分辨带宽应设置得合适。分辨带宽不宜设置太小，RBW 过小，扫描时间过长，易引起载波信号频率的偏移。但是分辨带宽也不宜过大，因为分辨带宽决定了偏离载波 $f_{\mathrm{off}}$ 处的载波电平的抑制能力。如果分辨带宽过大，则会降低频谱分析仪的灵敏度，从而引起相位噪声的测量误差。

解决频谱分析仪分辨带宽设置问题的一个有效方法是：先选择一个较大的中频滤波器带宽，然后逐渐减小分辨带宽，直至相位噪声的测量值不再减小，此时的分辨带宽既保证了相位噪声测量精度，又可能减小扫描时间。

频谱分析仪的动态范围表征了其测量范围，其下限取决于频谱分析仪的热噪声和相位噪声，其上限取决于频谱分析仪内部混频器的 1 dB 压缩点。尽可能地让频谱分析仪的动态范围达到最大，以提高相位噪声的测量范围。在偏离载波较近处能达到的动态范围下限主要取决于频谱分析仪本身的相位噪声，这是因为频谱分析仪本振也带有相位噪声，本振信号与输入信号混频时叠加到输入信号上，则测量值由待测信号的相位噪声和本振的相位噪声组成。由于本振的相位噪声分布特点是偏离载波越近，相位噪声越大，所以当待测信号的相位噪声较高时才能获得相对准确的测量结果。在偏离载波较远处，由于频谱分析仪自身的相位噪声很小，动态范围的下限主要取决于频谱分析仪的热噪声。如果输入信号的幅度足够高，频谱分析仪的热噪声影响可以忽略；但是如果超过混频器的 1 dB 压缩点，则由于混频器的非线性失真，产生输入信号的谐波分量会带来测量误差，此时，可以通过设置频谱分析仪的射频衰减，将输入信号的幅度调整到混频器的 1 dB 压缩点以下。

## 11.7 噪声功率测量的修正

前面讨论了噪声系数测量、噪声温度测量、$G/T$ 值测量和相位噪声测量，这些测量均涉及到噪声功率测量。利用频谱分析仪测量噪声功率时，首先要保证待测噪声功率必须大于频谱分析仪的本底噪声，否则将无法进行测量；另外，当测量的噪声功率远大于(一般大于 20 dB 以上)频谱分析仪内部噪声时，频谱分析仪内部噪声对测量的噪声功率影响很小，可以忽略不计。但当测量噪声功率接近频谱分析仪的内部噪声电平时，存在测量误差，应考虑频谱分析仪内部噪声对测量的噪声功率影响。

假设频谱分析仪本底噪声功率为 $N_0$[dBm]，在相同状态条件下，测量的噪声功率为 $N_{mea}$[dBm]，则修正后的噪声功率或称为实际噪声功率 $N_{act}$[dBm]为

$$N_{act}[\mathrm{dBm}] = N_{mea}[\mathrm{dBm}] - \mathrm{CF}_n[\mathrm{dB}] \tag{11-58}$$

式中：$CF_n$——噪声修正因子。

$$\mathrm{CF_n} = N_{mea} - N_0 - 10 \times \log\left[10^{\frac{(N_{mea}-N_0)}{10}} - 1\right] \tag{11-59}$$

由式(11-59)可知：只要知道频谱分析仪的本地噪声和测量噪声功率，就可以计算修正因子的大小，然后由测量的噪声功率减去修正因子的大小，就可获得实际噪声功率的大小。表 11-3 给出了频谱分析仪本底噪声引起的测量误差，图 11-19 为噪声测量的误差修正曲线。

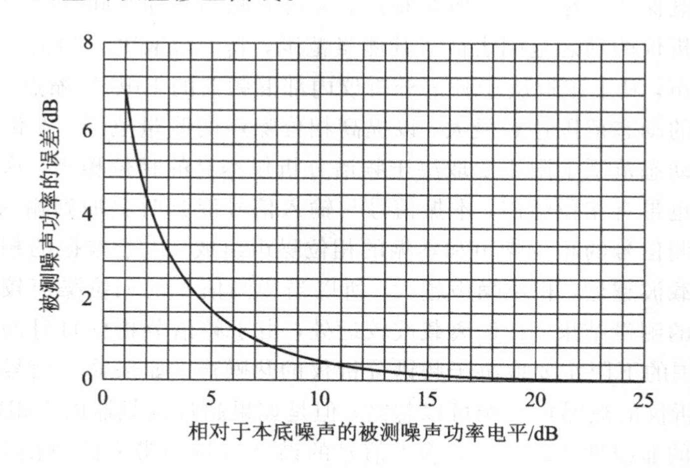


图 11-19 噪声测量的误差修正曲线

计算结果表明：当被测噪声功率比频谱分析仪的本底噪声功率高 10 dB 时，由本底噪声引起的测量误差为 0.46 dB；当测量噪声功率比频谱分析仪的本底噪

声高 20 dB 时，测量误差为 0.04 dB，可忽略不计。例如，频谱分析仪的本底噪声为 −100 dBm，测量的噪声功率为 −95 dBm，测量噪声功率相对于本底噪声功率等于 5 dB，修正因子为 1.65 dB，则实际的噪声功率电平为

$$-95.0[\mathrm{dBm}]-1.65[\mathrm{dB}]=-96.65[\mathrm{dBm}]$$

**表 11－3　频谱分析仪本底噪声引起的测量误差**

| 相对于本底噪声所测噪声电平($N_{mea}-N_0$)(dB) | 误差修正因子 $CF_n$(dB) |
| --- | --- |
| 20 | 0.04 |
| 15 | 0.14 |
| 10 | 0.46 |
| 9 | 0.58 |
| 8 | 0.75 |
| 7 | 0.97 |
| 6 | 1.26 |
| 5 | 1.65 |
| 4 | 2.20 |
| 3 | 3.02 |
| 2 | 4.33 |
| 1 | 6.87 |

在载噪比测量中，当测量的载波功率接近本底噪声功率时，上述修正同样适用于载波功率测量的修正。

# 第12章　电磁干扰测量

电磁干扰(EMI)对电子设备或系统的正常工作会造成负面的影响。实际上，每一种电子设备都会产生不同程度的电磁干扰信号并向空间辐射或通过电缆传导出去，从而形成辐射干扰或传导干扰。电磁干扰的产生应具备三个因素：传导或辐射电磁波的源，电磁波传播媒介，受到干扰的接收器。为了有效解决电磁干扰问题，许多国际组织(如IEC、ITU、CISPR等)和世界大多数国家都制定了EMI标准。我国也制定了电磁干扰标准，如GJB 151A—1997《军用设备和分系统电磁发射和敏感度要求》、GJB 152A—1997《军用设备和分系统电磁发射和敏感度测量》、GB 13615—1992《地球站电磁环境保护要求》和GJB 5313－2004《电磁辐射暴露限值和测量方法》等。这些标准对电磁干扰测试项目、测试仪器设备和测量方法等进行了明确的规定。

目前，控制电磁干扰的重点都集中在发射和接收两个环节上。也就是说，或者限制发射机的泄漏，使泄漏小于规定的电平；或者提高接收机的屏蔽，使其在规定的干扰电平下，接收机的性能不受影响。对于卫星通信地球站来说，建站前要求勘测地球站站址电磁环境的干扰信号对接收系统的影响；另一方面，要考虑地球站建设完成后，由于地球站高功率发射、波导馈线泄漏等对周围环境的辐射灾害。本章将以地球站电磁环境和辐射灾害测量为例，来说明频谱分析仪在地球站电磁干扰测量中的应用。

## 12.1 地球站电磁环境测量

通过地球站电磁环境测量，可以了解将要建设的地球站周围干扰源的频率、强度和方向等，分析干扰源的性质，正确判断所勘测站址与各种干扰源之间的无线电辐射的兼容性，确定预选站址和安装天线位置是否可行。电磁干扰测量质量的好坏直接影响地球站通信质量和建站成本。因此地球站电磁环境测试是非常重要的。

### 12.1.1 地球站电磁干扰的形成

依据CCIR固定业务地球站选址准则和国标GB 13615—1992《地球站电磁环境保护要求》，建立卫星通信地球站之前，要求对地球站的站址进行勘测，合理选择站址，确保地球站正常工作。由于卫星通信地球站是高功率发射和低噪声接收，且同微波中继通信共用频段，因此干扰卫星通信地球站的主要干扰源有：

(1) 微波接力通信系统对卫星通信系统的干扰：这是一项非常重要的干扰源，因为国际电信联盟给卫星通信的频段与地面微波站共用，为使地球站和地面微波接力站都能正常工作，各设备应满足相应标准规定的要求；

(2) 雷达系统对地球站的干扰：雷达的谐波输出可能落入地球站接收机的频段内，从而引起干扰；

(3) 广播、电视和移动通信系统等对地球站的干扰；

(4) 工业、科学和医疗卫生设备的辐射对地球站的干扰；

(5) 其他空间发射对地球站的干扰。

### 12.1.2 地球站电磁干扰允许限值

地球站的站址，最好没有电磁干扰，或所受干扰越小越好。但实际上，这样的站址很难找到。因此我们允许设定一个最大干扰值，它的存在并不影响(不降低)系统的通信质量。这个最大干扰值就是电磁干扰允许值，或称为电磁干扰容限。

地球站通信业务不同，干扰源对地球站的影响效果也不一样，即不同情况所允许的干扰值不一样。在不知道干扰源的情况下，其电磁干扰容限值一般可用下式确定：

$$\frac{C}{I}=\frac{C}{N}+10 \tag{12-1}$$

式中：$C/I$——地球站低噪声放大器输入端(既是参考点，也是天线输出端)有用信号带宽内的载波干扰比(dB)；

$C/N$——满足通信质量(技术指标)要求的在参考点的$C/N$，例如地球站数据业务，它是满足一定的BER时，考虑储备余量所对应的$C/N$(dB)；

$C$——进入到地球站低噪声放大器输入端的载波功率(dBm)；

$I$——进入到地球站低噪声放大器输入端的干扰功率(dBm)。

不同的电磁干扰源，对地球站的影响是不一样的，其允许的干扰限值也是不一样的。国标GB 13615—1992《地球站电磁环境保护要求》明确规定了地球站电磁环境干扰允许值。

**1. 来自微波接力通信系统的干扰允许值**

(1) 对于与微波接力通信系统工作于同一频段的、频分复用固定卫星业务的模拟卫星通信系统，假设参考电路任意话路相对零电平点上干扰噪声功率应符合下述要求：

- 任何月份 20%以上的时间，噪声计加权 1 分钟平均噪声功率应不超过 1000 pW；
- 任何月份 0.03%以上的时间，噪声计加权 1 分钟平均噪声功率应不超过 50 000 pW。

(2) 对于与微波接力通信系统工作于同一频段的、连续可变斜率增量调制(CVSD)固定卫星业务的数字卫星通信系统，干扰噪声功率对假设参考通道 32 kb/s 输出端引起的误码率应符合下述要求：

- 任何月份 20%以上的时间内，任意 10 分钟射频干扰率应不超过相当于产生 $1\times10^{-4}$ 平均误码率的解调器输入端总噪声功率的 10%；
- 任何月份 0.03%以上的时间内，任意 1 分钟射频干扰功率引起的平均误码率应不超过 $1\times10^{-3}$。

(3) 对于与微波接力通信系统工作于同一频段的、脉冲编码调制固定卫星业务的数字卫星通信系统，干扰噪声功率对假设参考通道 64 kb/s 输出端引起的误码率应符合下述要求：

- 任何月份 2%以上的时间内，任意 1 分钟射频干扰功率应不超过相当于产生 $1\times10^{-6}$ 平均误码率的解调器输出端总噪声功率的 10%；
- 任何月份 0.003%以上的时间内，任意 1 秒钟射频干扰功率引起的平均误码率应不超过 $1\times10^{-3}$；
- 任何月份由于射频干扰功率引起的误码秒积累时间应不大于 0.16%。

**2. 来自其他空间站的干扰允许值**

落入 FDM-FM 信号的同步卫星通信系统地球站接收机任一话路中的干扰噪声功率最大允许值应不超过 50 pW。

**3. 来自雷达系统的干扰允许值**

(1) 落入同步卫星通信系统地球站接收机输入端的干扰信号峰值电平应比正常接收信号电平低 30 dB。

(2) 落入同步气象卫星地球站接收机输入端的干扰信号峰值电平应比正常接收信号电平低 10 dB。

(3) 落入海岸地球站接收机输入端的干扰信号峰值电平应比正常接收信号电平低 10 dB。

**4. 来自广播电视和移动通信系统的干扰允许值**

（1）来自中波和1～5频道电视广播的发射干扰，在同步卫星通信系统地球站周围环境的电场强度应不大于125 dB(μV/m)。

（2）来自电视广播的谐波发射干扰，落入同步气象卫星地球站接收机输入端的干扰信号电平应比正常接收信号电平低25 dB。

（3）来自短波广播的发射干扰，在同步卫星通信系统地球站周围环境的电场强度应不大于105 dB(μV/m)。

（4）来自移动通信系统的谐波发射干扰，落入同步气象卫星地球站接收机输入端的干扰信号电平应比正常接收信号电平低25 dB。

**5. 来自工业、科学和医疗设备的辐射干扰允许值**

（1）来自频段为300 MHz以下工业、科学和医疗设备的辐射干扰，在地球站周围环境的电场强度应执行国家标准GB4824.1的规定。

（2）来自频段为1 GHz～18 GHz的工业、科学和医疗设备的辐射干扰，落入地球站接收机输入端的干扰信号电平应比正常接收信号电平低30 dB。

## 12.1.3 电磁干扰测试系统及灵敏度

**1. 电磁干扰测试系统**

对卫星通信地球站进行电磁环境测量，主要包括对站址周边的地面电磁环境测试和对工作方向上通信信号接收两部分。地球站电磁环境测试的重点是测试地球站工作频段的电磁环境情况，特别是接收频段的电磁环境情况。通过站址的测量，确定地球站电磁干扰信号是否满足地球站干扰容许值。

表12-1给出了目前卫星通信的常用频段。

**表12-1　卫星通信常用频段**

| 波段名称 | 常用频段范围(GHz) | |
|---|---|---|
| | 上行链路频段 | 下行链路频段 |
| UHF | 0.2～0.45 | 0.2～0.45 |
| L | 1.635～1.660 | 1.538～1.580 |
| S | 2.65～2.69 | 2.50～2.54 |
| C | 5.85～6.65 | 3.4～4.2 |
| X | 7.9～8.4 | 7.25～7.75 |
| Ku | 14.0～14.5 | 10.95～12.75* |
| Ka | 27.5～31.0 | 17.7～21.2* |
| EHF | 43.5～45.5 | 19.7～20.7 |

说明：(1) Ku波段下行频率可细分为：10.95～11.2 GHz，11.2～11.7 GHz，12.25～12.75 GHz；
(2) Ka波段上下行频率也可细分，如上行频率为30.0～31 GHz，下行频率为20.2～21.1 GHz。

地球站电磁环境测试系统主要由标准增益天线、低噪声放大器、电磁干扰测试接收机、三角架、测试电缆和打印机组成。图 12－1 所示为地球站电磁干扰测试系统的原理图。

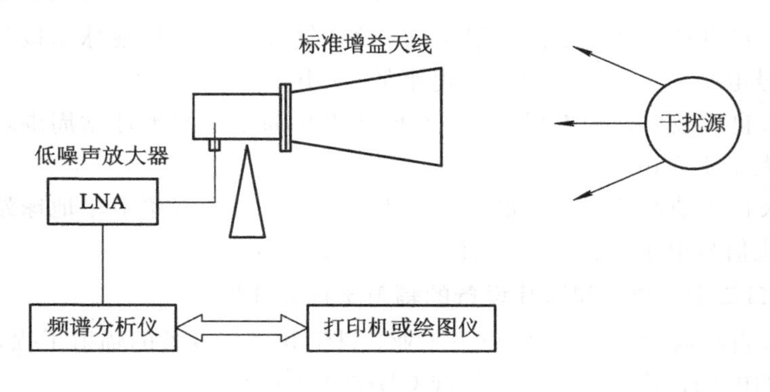


图 12－1 地球站电磁干扰测试系统原理图

在地球站电磁干扰测试系统中，各测试仪器设备的功能如下所述。

标准增益天线用于接收电磁干扰信号，1 GHz 以上标准增益天线常用标准增益喇叭，1 GHz 以下标准增益天线常用对数周期天线。标准增益天线的增益均为已知或已校准。

低噪声放大器用于电磁干扰信号的放大。由于电磁干扰信号通常比较弱，且接收机的灵敏度有限，故利用低噪声放大器放大，以提高电磁干扰测试系统的灵敏度。用于电磁干扰测量的低噪声放大器的增益和噪声温度均为已知或已校准。

测试接收机用于测量电磁干扰信号频谱、干扰信号频率和电平的仪器设备。常用的电磁干扰测试接收机有：微波频谱分析仪、EMI 测试接收机和场强仪等。目前在地球站电磁干扰测量系统中，常用频谱分析仪作为电磁干扰测量接收机，这是因为频谱分析仪的工作频率范围宽、灵敏度高、扫频快捷方便、动态范围大等特点，非常适合电磁干扰测量。

三角架或小转台用于安装标准增益天线，一般应能使方位和俯仰连续调整，且有相应的刻度指示。在高精度的电磁干扰测试系统中，标准增益天线应安装在方位俯仰小转台上，并可用控制器电动控制标准增益天线转动，实现电磁干扰自动化测量。

打印机或绘图仪用于输出电磁干扰的测量结果。

测试电缆用于传输电磁干扰测试信号，其插入损耗在测试频段内已校准。

**2. 电磁干扰测试系统灵敏度分析**

电磁干扰测试系统灵敏度表征测试系统对微弱信号的检测能力，灵敏度通常是一个功率电平，用 dBm 表示。它与频谱分析仪的灵敏度、标准增益天线的增益、低噪声放大器的增益和噪声温度有关。通过计算分析测试系统的灵敏度，可以确定测试系统可检测最小信号的能力。

由尼奎斯特定理可推导出热噪声功率 $N$ 的计算公式为

$$N = kTB \tag{12-2}$$

式中：$k$——波尔兹曼常数，$k=1.38\times10^{-23}$ J/K；

$T$——噪声温度(K)；

$B$——噪声带宽(Hz)，用频谱分析仪作为电磁干扰测量接收机时，噪声带宽等于1.2倍的频谱分析仪的分辨带宽RBW。

在地球站电磁干扰测试系统中，当标准增益天线仰角置于0°时，进入低噪声放大器的等效热噪声功率为

$$N_{\mathrm{LNA}} = k(T_{\mathrm{LNA}} + T_{\mathrm{A}})B \tag{12-3}$$

式(12-3)用分贝表示为

$$N_{\mathrm{LNA}}[\mathrm{dBm/Hz}] = -198.6 + 10\times\log(T_{\mathrm{LNA}} + T_{\mathrm{A}}) + 10\times\log(1.2\times\mathrm{RBW}) \tag{12-4}$$

式中：$N_{\mathrm{LNA}}$——在测量带宽内，LNA输入端的等效热噪声功率(dBm/Hz)；

$T_{\mathrm{LNA}}$——低噪声放大器的等效噪声温度(K)；

$T_{\mathrm{A}}$——标准增益天线噪声温度，0°仰角时一般取100～150K；

RBW——频谱分析仪的分辨带宽(Hz)。

如果在测试天线口面处的干扰功率为 $I_{\mathrm{a}}$(dBm)，天线接收增益为 $G_{\mathrm{R}}$，则天线接收的干扰信号功率 $I$ 为

$$I = I_{\mathrm{a}} + G_{\mathrm{R}} \tag{12-5}$$

若用频谱分析仪测量干扰信号的大小，则测试系统灵敏度必须比干扰信号的电平低，即满足

$$I > N_{\mathrm{LNA}} \tag{12-6}$$

进入低噪声放大器的噪声功率为 $N_{\mathrm{LNA}}$，归算至频谱分析仪的输入端噪声功率为

$$N_{\mathrm{a}} = N_{\mathrm{LNA}} + G_{\mathrm{LNA}} - L_{\mathrm{a}} \tag{12-7}$$

式中：$N_{\mathrm{a}}$——在测量带宽内，频谱分析仪输入端的等效热噪声功率(dBm/Hz)；

$G_{\mathrm{LNA}}$——低噪声放大器的增益(dB)；

$L_{\mathrm{a}}$——测试电缆的插入损耗(dB)。

在用频谱分析仪测量电磁干扰时，电磁干扰信号的电平必须大于测试系统的灵敏度，系统方可测量干扰信号电平的大小。如果需要精度测量干扰信号的电平，则测量的干扰信号电平必须比测试系统噪声底高20 dB；否则应考虑测试系统本底噪声对干扰信号测量的影响，也就是对测量的干扰信号进行修正。

### 12.1.4　电磁干扰测试方法和干扰计算

#### 1. 电磁干扰测量方法

卫星通信地球站电磁干扰测量的步骤如下：

(1) 在预先选定的地球站天线安装位置处或附近，将用于电磁干扰测量的标准增益天线架设好，其离地高度原则上应与地球站接收天线馈源点所处高度相同，实际测试中很难满足此要求，但一般也不应小于 1.5 米，并将标准增益天线极化与地球站天线接收极化一致。

(2) 安装好标准增益天线后，按照图 12－1 所示建立电磁干扰测试系统，并加电预热，使测试系统仪器设备工作正常。

(3) 调整并设置频谱分析仪的工作状态。频谱分析仪的主要状态参数设置如下：

中心频率：依据地球站天线的工作频段设置频谱分析仪的中心频率。例如 C 波段卫星通信，接收频段为 3400～4200 MHz，则频谱分析仪的中心频率 CF 设置为

$$\mathrm{CF} = \frac{3400+4200}{2} = 3800[\mathrm{MHz}]$$

分辨带宽：频谱分析仪的分辨带宽一般调整到与地球站接收的载波带宽基本相同。实际测量中，为了提高测试系统的灵敏度，精确测量干扰信号电平的大小，频谱分析仪的带宽往往设置的比载波带宽小得多，但是测量结果必须归算至信号相同的带宽进行数据分析。

视频带宽：频谱分析仪的视频带宽通常选的比较窄，但应同频谱分析仪的分辨带宽一起配合调整，以频谱分析仪不出现测量不准的警告信息为准；频谱分析仪的扫描不宜过慢。

扫频宽度：频谱分析仪的扫频宽度应设置与地球站工作带宽一致。

射频衰减：频谱分析仪的射频衰减设置为 0 dB。

(4) 电磁干扰信号测量。在地球站接收工作频段内连续扫描，观察有无干扰信号；在地球站天线工作方位上，反复测量重点观察；在有干扰源的方位上，反复调整天线的方位和俯仰，选用正确天线极化，用频谱分析仪测量干扰信号电平 PH 的大小；记录干扰信号电平、干扰频率和干扰方向等参数。

#### 2. 电磁干扰电平的计算

由频谱分析仪测量的干扰信号电平 PH，换算至测试天线口面的干扰信号电平 $I_a$ 为

$$I_a = \mathrm{PH} + L_a - G_R - G_{LNA} \tag{12-8}$$

由测试天线口面干扰信号电平的大小，可归算至地球站接收机输入端的干扰

信号电平 $I$ 的大小为

$$I = I_a + G(\theta) + 10 \times \log\left(\frac{B_{IF}}{B_{mea}}\right) \tag{12-9}$$

式中：$G(\theta)$——在干扰源方向上地球站天线的接收增益(dBi)；

$B_{IF}$——地球站载波的中频带宽(Hz)；

$B_{mea}$——电磁干扰测量带宽(Hz)。

地球站天线的方向性增益应根据实测天线方向图求出。在没有实测天线方向图的情况下，当天线的电尺寸 $D/\lambda > 100$ 时，在干扰源方向上天线增益按下式进行计算：

$$G(\theta) = G_{max} - 2.5 \times 10^{-3}\left(\frac{D}{\lambda}\right)^2 \theta^2 \qquad 0° \leqslant \theta < \theta_m \tag{12-10}$$

$$G(\theta) = G_1 \qquad \theta_m \leqslant \theta < \theta_r \tag{12-11}$$

$$G(\theta) = 32 - 25 \times \log(\theta) \qquad \theta_r \leqslant \theta < 48° \tag{12-12}$$

$$G(\theta) = -10 \qquad 48° \leqslant \theta \leqslant 180° \tag{12-13}$$

$$G_1 = 2 + 15 \times \log\frac{D}{\lambda} \tag{12-14}$$

$$\theta_m = \frac{20\lambda}{D}\sqrt{G_{max} - G_1} \tag{12-15}$$

$$\theta_r = 15.85\left(\frac{D}{\lambda}\right)^{-0.6} \tag{12-16}$$

式中：$G(\theta)$——天线在干扰方向上的增益(dBi)；

$G_{max}$——天线主波束方向上的增益(dBi)；

$G_1$——天线第一旁瓣处的增益(dBi)；

$D$——地球站天线直径(cm)；

$\lambda$——工作波长(cm)；

$\theta$——偏离天线主波束中心的角度(°)。

在没有实测天线方向图的情况下，当天线的电尺寸 $D/\lambda \leqslant 100$ 时，在干扰源方向上天线增益按下式进行计算：

$$G(\theta) = G_{max} - 2.5 \times 10^{-3}\left(\frac{D}{\lambda}\theta\right)^2 \qquad 0° \leqslant \theta < \theta_m \tag{12-17}$$

$$G(\theta) = G_1 \qquad \theta_m \leqslant \theta < 100\frac{\lambda}{D} \tag{12-18}$$

$$G(\theta) = 52 - 10 \times \log\frac{D}{\lambda} - 25 \times \log(\theta) \qquad 100\frac{\lambda}{D} \leqslant \theta < 48° \tag{12-19}$$

$$G(\theta) = 10 - 10 \times \log\frac{D}{\lambda} \qquad 48° \leqslant \theta \leqslant 180° \tag{12-20}$$

### 12.1.5　地球站电磁干扰测量的工程实例

以下以某工程 C 波段 4.5 米地球站电磁环境测量为例，说明地球站电磁环境测量方法、干扰电平的计算、数据处理方法和干扰信号分析等。

**1. 地球站预定工作参数**

地球站的地理坐标为：东经 116 度 27 分 0 秒，北纬 39 度 55 分 12 秒，海拔高度为 31.2 米，天线地基距地面高度为 12 米。

4.5 米地球站主要技术参数如下：

| | |
|---|---|
| 天线工作方向： | 方位角 185.37°，俯仰角 43.69° |
| 天线口径： | 4.5 m |
| 天线接收增益： | 43.2 dBi |
| 接收载波中心频率： | 3800 MHz |
| 接收信号带宽： | 737 kHz |
| 调制方式： | QPSK |
| 传输速率： | 128 Kbit/s |
| 前向纠错 FEC： | 1/2 |
| 接收系统等效噪声温度： | 65 K |
| 规定的 C/N 值： | 6.5 dB |

租用卫星的主要技术特性如下：

| | |
|---|---|
| 卫星标称轨道： | 113°E |
| 租用转发器编号： | 3 V/3H |
| 转发器下行中心频率： | 3800 MHz |
| 下行极化方式： | 水平极化 |
| 卫星下行 EIRP： | 16.76 dBW/每载波 |
| 下行链路损耗： | 195.3 dB |

**2. 允许的干扰电平的计算**

根据卫星网络系统的总体设计和本站的要求，以及所需的门限 $E_b/N_0$ 值，加上所需的储备和设备的恶化量，来确定实际所需载噪比 $C/N$ 值。利用下式计算干扰载噪比为

$$\frac{C}{I}=\frac{C}{N}+10=6.5+10=16.5\ \text{dB}$$

地球站接收机输入端的载波功率为

$$C=\text{EIRP}_C-L_P+G_R+10\times\log\left(\frac{4}{B}\right)+30$$

式中：$\text{EIRP}_C$—— 每个载波的 EIRP(dBW)；

$L_P$——下行链路损耗(dB)；

$G_R$——天线接收增益(dBi)；

$B$——接收信号带宽(kHz)。

$$C = \text{EIRP}_C - L_P + G_R + 10\times\log\left(\frac{4}{B}\right) + 30$$

$$= 16.76 - 196 + 43.2 + 30 + 10\times\log\left(\frac{4}{737}\right)$$

$$= -127.99\ \text{dBm}/4\ \text{kHz}$$

则地球站输入端允许的干扰信号电平为

$$I = C - \frac{C}{I} = -127.99 - 16.5 = -144.49\ \text{dBm}$$

地球站天线口面允许的干扰信号电平为 $I-G_R$。在实际测量中，偏离地球站主波束方向，地球站天线口面允许的干扰信号电平为

$$I_P = I - G_R(\theta)$$

式中，$G_R(\theta)$为地球站接收天线在干扰源方向上的增益，可用下式计算：

$$G_R(\theta) = 32 - 25\times\log(\theta) \qquad 1^\circ \leqslant \theta \leqslant 48^\circ$$

$$= -10\ \text{dBi} \qquad \theta > 48^\circ$$

表 12-2 给出了不同方向情况下，地球站天线口面允许的干扰信号电平标准。

**表 12-2　不同方向上地球站天线口面允许的干扰信号电平标准**

| $\theta$ | 10° | 20° | 30° | 40° | 48° |
|---|---|---|---|---|---|
| $G_R(\theta)$ (dBi) | 7.0 | −0.53 | −4.93 | −8.05 | −10.0 |
| $I_P$ (dBm) | −151.49 | −143.96 | −139.56 | −136.44 | −134.49 |

### 3. 电磁干扰测量

1）测试系统及仪器设备

地球站电磁环境测试系统主要由 BJ-40 标准增益喇叭、C 波段低噪声放大器和 HP8561B 频谱分析仪组成。组成电磁环境测试系统的仪器设备必须在计量检测的有效期内，其测试系统的原理图如图 12-2 所示。

2）测试系统技术参数

喇叭天线增益：$G_R$=21dBi

天线噪声温度：$T_a$=100 K(0°仰角)

测试电缆损耗：$L$=1.5 dB

频谱仪灵敏度：−101dBm/10 kHz

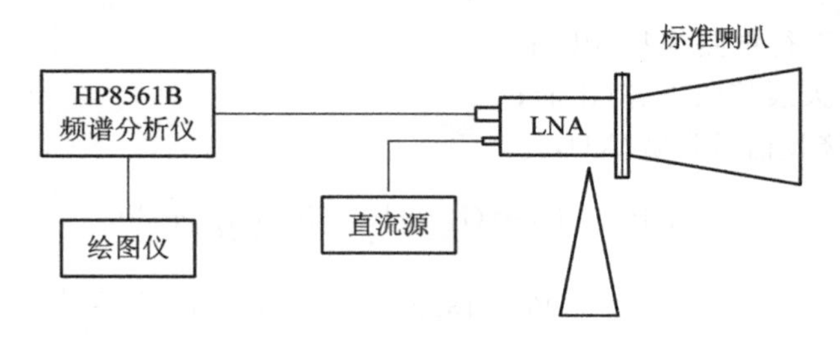


图 12-2 地球站电磁干扰测试系统原理图

频谱仪型号：HP8561B

LNA 增益：$G_{LNA}$=55 dB

LNA 噪声温度：$T_{LNA}$=40K

3）测试方法步骤

(1) 按照图 12-2 所示的测试系统原理图连接好测试系统，加电预热，使系统仪器设备工作正常。

(2) 设置频谱仪的分辨带宽为 10 kHz，起始频率为 3625 MHz，停止频率为 4200 MHz。调整喇叭天线的极化为水平极化，仰角为 0°，方位为预定使用的卫星方向。在±20°范围内转动喇叭天线，观察 575 MHz 频带内的干扰信号频谱，若发现有干扰信号，则记录干扰信号的电平和位置。

(3) 调整频谱仪的工作状态，设置频谱仪的中心频率为 3800 MHz（地球站接收载波中心频率），频谱仪的扫描宽度为 40 MHz。调整喇叭天线的极化为水平极化，仰角为 0°，方位为预定使用的卫星方向。在±20°范围内转动喇叭天线，观察 40 MHz 频带内的频谱，偶尔发现比较小的随机干扰信号，记录干扰信号电平和位置。

(4) 调整喇叭天线的极化为水平极化，仰角为 0°，从 0°至 360°顺时针旋转喇叭天线，每隔一定角度观察频谱曲线，若发现干扰信号，则仔细调整频谱仪的工作状态，对比较强的干扰信号进行精细测量，记录干扰信号电平和位置。

表 12-3 给出了干扰信号电平测试结果。

**表 12-3 干扰信号电平测试结果**

| 频率 (MHz) | 入射角 (°) | 频谱仪读数 (dBm/10 kHz) | 折算到天线口面 (dBm/4 kHz) |
|---|---|---|---|
| 3971.0 | 185 | −64.33 | −142.81 |
| 3997.8 | 205 | −34.67 | −115.15 |
| 3997.8 | 195 | −41.0 | −119.48 |
| 3971.0 | 165 | −64.83 | −143.31 |

续表

| 频率<br>(MHz) | 入射角<br>(°) | 频谱仪读数<br>(dBm/10 kHz) | 折算到天线口面<br>(dBm/4 kHz) |
|---|---|---|---|
| 3996.8 | 175 | −51.67 | −130.15 |
| 3798.8 | 185 | −66.83 | −145.31 |
| 3809.6 | 185 | −59.83 | −138.31 |
| 3798.73 | 205 | −68.5 | −146.98 |
| 3914.4 | 119 | −55.67 | −134.15 |
| 3971.9 | 119 | −55.67 | −134.15 |
| 3751.5 | 119 | −58.33 | −136.81 |
| 3912.973 | 119 | −51.83 | −130.31 |
| 3996.054 | 195 | −36.0 | −114.48 |
| 3695.9 | 355 | −61.0 | −139.48 |
| 3914.4 | 68 | −59.0 | −137.48 |
| 3971.0 | 72 | −58.33 | −136.81 |
| 3794.8 | 263 | −65.33 | −143.81 |
| 3810 | 355 | −65.67 | −144.15 |
| 3651.8 | 315 | −59.0 | −137.48 |

**4. 干扰信号分析与判断**

依据测量的干扰信号电平和地球站口面允许的干扰信号电平标准，可对测量的干扰信号进行判断，判断结果如表 12-4 所示。

**表 12-4　干扰信号判断结果**

| 频率<br>(MHz) | 入射角<br>(°) | 干扰电平<br>(dBm/4 kHz) | 干扰标准<br>(dBm/4 kHz) | 干扰判断 |
|---|---|---|---|---|
| 3971.0 | 185 | −142.81 | −134.49 | 不干扰 |
| 3997.8 | 205 | −115.15 | −134.49 | 干扰 |
| 3997.8 | 195 | −119.48 | −134.49 | 干扰 |
| 3971.0 | 165 | −143.31 | −134.49 | 不干扰 |
| 3996.8 | 175 | −130.15 | −134.49 | 干扰 |
| 3798.8 | 185 | −145.31 | −134.49 | 不干扰 |

**续表**

| 频率(MHz) | 入射角(°) | 干扰电平(dBm/4 kHz) | 干扰标准(dBm/4 kHz) | 干扰判断 |
|---|---|---|---|---|
| 3809.6 | 185 | −138.31 | −134.49 | 不干扰 |
| 3798.73 | 205 | −146.98 | −134.49 | 不干扰 |
| 3914.4 | 119 | −134.15 | −134.49 | 干扰 |
| 3971.9 | 119 | −134.15 | −134.49 | 干扰 |
| 3751.5 | 119 | −136.81 | −134.49 | 不干扰 |
| 3912.973 | 119 | −130.31 | −134.49 | 干扰 |
| 3996.054 | 195 | −114.48 | −134.49 | 干扰 |
| 3695.9 | 355 | −139.48 | −134.49 | 不干扰 |
| 3914.4 | 68 | −137.48 | −134.49 | 不干扰 |
| 3971.0 | 72 | −136.81 | −134.49 | 不干扰 |
| 3794.8 | 263 | −143.81 | −134.49 | 不干扰 |
| 3810 | 355 | −144.15 | −134.49 | 不干扰 |
| 3651.8 | 315 | −137.48 | −134.49 | 不干扰 |

依据表12-4给出的干扰信号判断结果，结合地面站所使用的卫星，对干扰测量结果分析如下：

(1) 喇叭天线的极化为水平极化，仰角为0°，方位为预定使用的卫星方向。在±20°范围内转动喇叭天线，观察575 MHz频带内的频谱，在方位角等于195°方向和205°方向发现比较大的微波调频干扰信号，干扰信号电平远大于允许的干扰信号电平标准，其干扰信号频率为3997.8 MHz，干扰信号带宽为52 kHz。另外，在星位方向发现频率为3971MHz比较小的微波干扰信号，其干扰信号电平小于允许的干扰信号电平标准。

(2) 设置频谱仪的中心频率为3800 MHz，即为地球站接收载波的中心频率，频谱分析仪的扫描宽度设置为40 MHz。调整喇叭天线的极化为水平极化，仰角为0°，方位为预定使用的卫星方向。在±20°范围内转动喇叭天线，观察40 MHz频带内的频谱，有时发现比较小的随机干扰信号，其干扰信号电平小于允许的干扰信号电平标准。

(3) 从0°～360°范围内观察频谱，发现有微波干扰信号，在119°方向发现比较多的微波干扰信号，主要来自电视台发射塔，其干扰信号电平与允许的干扰信号电平标准差不多。在68°和72°及355°方向发现比较小的微波干扰信号，其干扰信号电平小于允许的干扰信号电平标准。目前在此方向上无卫星可利用，故不构成对地球站产生干扰。

通过对干扰信号分析，可得出以下结论：

(1) 该站址存在微波信号干扰，在方位角等于195°方向和205°方向发现比较大的微波调频干扰信号，干扰信号电平远大于允许的干扰信号电平标准，其干扰信号频率为3997.8 MHz，干扰信号带宽为52 kHz，故此频率不宜使用。在68°、72°及119°等方向发现比较小的微波干扰信号。干扰信号电平有的小于允许的干扰信号电平标准，有的同允许的干扰信号电平标准差不多，干扰源来自附近的微波发射塔。由于该站工作于东经113°卫星(方位角等于185.37°)，故对该站址不构成干扰。

(2) 该站预定工作卫星为东经113°，工作频率为3800 MHz，在±20 MHz频段范围内，尽管发现了比较小的随机干扰信号，但干扰信号电平都小于允许的干扰信号电平标准，故对该站址不构成干扰。

## 12.2 地球站辐射灾害测量

在卫星通信地球站系统中，地球站发射天线功率辐射、高功率放大器的泄漏和功率传输的漏失等，将可能造成对周围环境的污染，因此计算或测量地球站发射天线的辐射灾害，确定天线辐射灾害是否满足国家标准规定的电磁辐射安全限值是很重要的。

### 12.2.1 电磁辐射安全标准介绍

随着无线电技术的迅速发展，空间电磁环境日益复杂，电磁能量每年以指数形式递增，使得人们不得不制定一些标准，采取一系列的措施，对电磁辐射进行控制。电磁波作用于人体会产生热效应和非热效应，从而引起人的生理和病理变化。因此，近年来国内外许多国家和组织在电磁辐射控制技术方面展开了大量的研究工作，并制订了一系列的限制标准。如FCC、ICNIRP、ANSI/IEEE和IEC标准等。ICNIRP标准规定了2 GHz以上微波辐射安全限值为1 mW/cm$^2$(公众照射)，5 mW/cm$^2$(职业照射)；ANSI/IEEEC95.1—1999规定了3 GHz以上微波辐射安全限值为10 mW/cm$^2$(可控制环境)；FCC规定了1.5 GHz以上微波辐射安全限值为1 mW/cm$^2$(公众照射)，5 mW/cm$^2$(职业照射)。英美及西欧诸国以热效应和热交换原则为依据，制定的微波辐射安全卫生标准为10 mW/cm$^2$；前苏联等东欧国家以非热效应对高级神经活动的影响为依据，制定的安全卫生标准为10 $\mu$W/cm$^2$。可以看出东欧国家与西欧国家制定的电磁辐射安全标准相差甚远。我国有关部门经过大量调查和动物实验，从对人的各种器官在可能产生危害之前就加以防止，即以对任何人“无作用”的原则出发，1979 年制定的微波辐射暂行卫生标准为一日 8 小时连续照射时不超过 38 $\mu W/cm^2$，一日总剂量不超过 300 $\mu W/cm^2$。1988 年以后制定的国家标准有：

GB 9175—1988《环境电磁波卫生标准》

GB 8702—1988《电磁辐射防护规定》

GB12638—1990《微波和超短波通信设备辐射安全要求》

制定的国家军用标准有：

GJB 475—1988《微波辐射生活区安全限值》

GJB 476—1988《生活区微波辐射测量方法》

GJB 1001—1990《作业区超短波辐射测量方法》

GJB 1002—1990《超短波辐射作业区安全限值》

GJB 2420—1995《超短波辐射生活区安全限值及测量方法》

GJB 3861—1999《短波辐射暴露限值及测量方法》

GJB 5313—2004《电磁辐射暴露限值和测量方法》

国军标 GJB 5313—2004《电磁辐射暴露限值和测量方法》替代了以上所有的国家军用标准。因此，下面简单介绍国军标 GJB 5313—2004 中电磁辐射安全限值。

表 12-5 给出了作业区短波、超短波、微波连续波暴露限值；表 12-6 给出了作业区短波、超短波、微波脉冲波暴露限值；表 12-7 给出了生活区短波、超短波、微波连续波暴露限值；表 12-8 给出了生活区短波、超短波、微波脉冲波暴露限值。

**表 12-5 作业区短波、超短波、微波连续波暴露限值**

| 频率(MHz) | | 连续暴露平均电场强度(V/m) | 连续暴露平均功率密度($W/m^2$) | 间断暴露一日剂量($W.h/m^2$) |
|---|---|---|---|---|
| 短波 | 3～30 | $82.5/\sqrt{f}$ | $18/f$ | $144/f$ |
| 超短波 | 30～300 | 15 | 0.6 | 4.8 |
| 微波 | 300～3000 | 15 | 0.6 | 4.8 |
| | 3000～30 000 | $0.274\sqrt{f}$ | $f/5000$ | $f/625$ |
| | 30 000～300 000 | 27.4 | 2 | 16 |
| 间隔暴露最高允许值：<br>3～10 MHz 时为 $610/f$ (V/m)，10～400 MHz 时为 10($W/m^2$)，400～2000 MHz 时为 $f/40$ ($W/m^2$)，2000～300 000 MHz 时为 50($W/m^2$) | | | | |

**表 12-6 作业区短波、超短波、微波脉冲波暴露限值**

| 频率(MHz) | | 连续暴露平均电场强度(V/m) | 连续暴露平均功率密度($W/m^2$) | 间断暴露一日剂量($W.h/m^2$) |
|---|---|---|---|---|
| 短波 | 3～30 | $58.5/\sqrt{f}$ | $9/f$ | $72/f$ |
| 超短波 | 30～300 | 10.6 | 0.3 | 2.4 |
| 微波 | 300～3000 | 10.6 | 0.3 | 2.4 |
| | 3000～30 000 | $0.194\sqrt{f}$ | $f/10\ 000$ | $f/1250$ |
| | 30 000～300 000 | 19.4 | 1 | 8 |
| 间隔暴露最高允许值：<br>3～10 MHz 时为 $305/f$ (V/m)，10～400 MHz 时为 5($W/m^2$)，400～2000 MHz 时为 $f/80$ ($W/m^2$)，2000～300 000 MHz 时为 25($W/m^2$) | | | | |

**表 12-7 生活区短波、超短波、微波连续波暴露限值**

| 频率(MHz) | | 平均电场强度(V/m) | 平均功率密度($W/m^2$) |
|---|---|---|---|
| 短波 | 3～30 | $58.5/\sqrt{f}$ | $9/f$ |
| 超短波 | 30～300 | 10.6 | 0.3 |
| 微波 | 300～3000 | 10.6 | 0.3 |
| | 3000～30 000 | $0.194\sqrt{f}$ | $f/10\ 000$ |
| | 30 000～300 000 | 19.4 | 1 |

**表 12-8 生活区短波、超短波、微波脉冲波暴露限值**

| 频率(MHz) | | 平均电场强度(V/m) | 平均功率密度($W/m^2$) |
|---|---|---|---|
| 短波 | 3～30 | $41/\sqrt{f}$ | $4.5/f$ |
| 超短波 | 30～300 | 7.5 | 0.15 |
| 微波 | 300～3000 | 7.5 | 0.15 |
| | 3000～30 000 | $0.137\sqrt{f}$ | $f/20\ 000$ |
| | 30 000～300 000 | 13.7 | 0.5 |

## 12.2.2 地球站辐射功率密度的计算

**1. 功率密度的定义及天线场区的划分**

已知地球站天线的发射功率为 $P_t$(此功率已扣除了天线馈线的传输损耗)，天线在距离 $R$ 处，$\theta$ 方向上的发射增益为 $G(R,\theta)$，则地球站天线辐射功率密度 PD 定义为

$$\mathrm{PD}=\frac{P_t G(R,\theta)}{4\pi R^2} \tag{12-21}$$

根据离开天线口面的不同距离，可分为不同的场区。图 12-3 所示为天线场区的划分示意图。

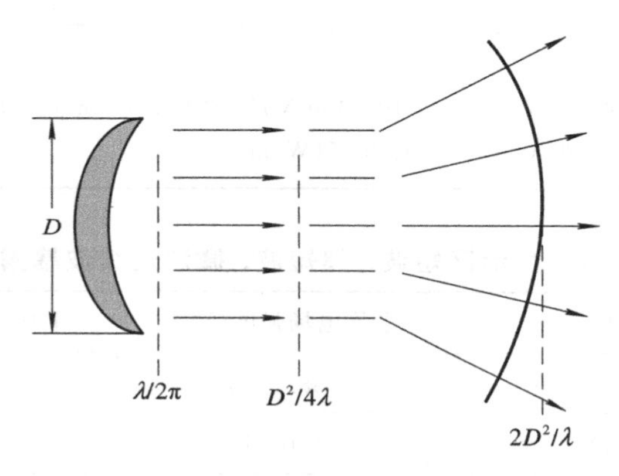


图 12-3 天线场区的划分示意图

当离开天线口面距离 $R<\lambda/2\pi$($\lambda$ 为工作波长)时，为电抗近场区，此区域内没有辐射功率；当 $\lambda/2\pi\leqslant R<D^2/4\lambda$($D$ 为天线口径)时，为辐射近场区，亦称为瑞利场区，在此区域内，电磁波基本集中在天线口面为柱体的管状波束内；当 $D^2/4\lambda\leqslant R<2D^2/\lambda$ 时，为辐射中场区，亦称为费涅尔场区，在此区域内，天线的场分布和增益不仅是角度的函数，而且是距离 $R$ 的函数，由于天线口面相差的影响，天线近区增益小于远场增益；当 $R\geqslant 2D^2/\lambda$ 时，为天线的辐射远场区，亦称为费朗荷费区，在此区域内，场的角分布与距离无关，天线远场辐射功率密度与距离的平方成反比。

已知某 C 波段 4.5 米地球站天线，发射工作频段为 5.925～6.425 GHz，当频率为 6.425 GHz 时，不同场区距离为

瑞利场区（辐射近场区）：$R<0.25D^2/\lambda$ $R<108.4$ m

费涅尔场区(辐射中场区)：$0.25D^2/\lambda\leqslant R<2D^2/\lambda$ $108.4\leqslant R<867.4$ m

费朗荷费区(辐射远场区)：$R\geqslant 2D^2/\lambda$ $R\geqslant 867.4$ m

**2. 辐射近场区功率密度的计算**

当离开天线口面的距离 $R<0.25D^2/\lambda$（$D$ 为天线口径，$\lambda$ 为工作波长）时，为辐射近场区，亦称为瑞利场区，在此区域内，电磁波基本集中在天线口面为柱体的管状波束内。在此区域内，平均功率密度可用式(12-22)进行计算：

$$\mathrm{PD}[\mathrm{mW/cm^2}]=\frac{0.1\times P_t[W]}{\pi\times D^2[\mathrm{m}]/4} \tag{12-22}$$

例如，C 波段 4.5 米地球站天线发射功率为 100 W，则计算的功率密度为

$$\mathrm{PD}=0.63\ \mathrm{mW/cm^2}$$

**3. 辐射中场区功率密度的计算**

当 $0.25D^2/\lambda\leqslant R<2D^2/\lambda$ 时，为辐射中场区，亦称为费涅尔场区，在此区域内，天线的场分布和增益不仅是角度的函数，而且是距离 $R$ 的函数，由于天线口面相差的影响，天线近区增益小于远场增益。为了确定天线的辐射中场区的功率密度，计算天线近区增益是很必要的。

图 12-4 所示为任意的圆口径天线坐标系统。天线口面在 $X-Y$ 平面内，天线口面中心为坐标原点，天线口面直径为 $D$，$Z$ 轴方向为天线电轴方向，$P$ 点为计算天线近区场点，其坐标为($R$，$\theta$，$\phi$)。

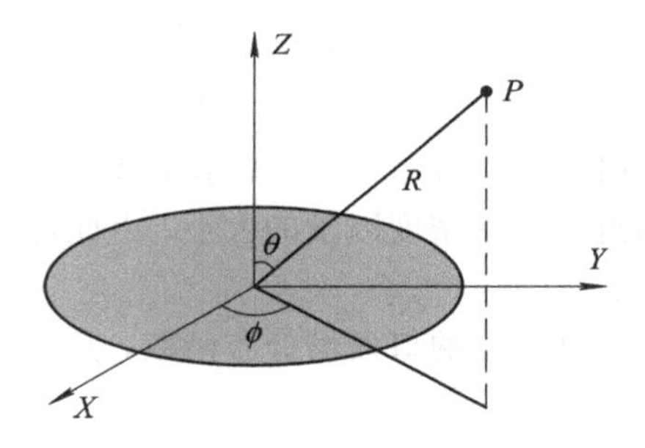


图 12-4　任意圆口径天线坐标系统

假设天线的口面场分布函数为 $f(x)$，且天线是圆口径对称天线，由天线理论可知，天线的归一化方向图可用式(12-23)近似计算：

$$F(\theta,\beta)=\int_0^1 f(x)\exp\left[\frac{-\mathrm{j}\pi}{8\beta}x^2\right]J_0\left(\frac{\pi D\sin\theta}{\lambda}\right)x\,\mathrm{d}x \tag{12-23}$$

式中：$F(\theta,\beta)$——天线的近区方向图函数；

$\theta$——偏离天线轴向的角度；

$\beta$——距离因子，$\beta=\dfrac{R}{2D^2/\lambda}$；

$R$——离开天线口面的距离。

在式(12-23)中，去掉二次相位误差项，可获得天线远场近似计算公式为

$$F(\theta)=\int_0^1 f(x)J_0\left(\frac{\pi D\sin\theta}{\lambda}x\right)x\,\mathrm{d}x \tag{12-24}$$

如果 $G_0$ 表示天线远场增益，则天线近区增益为

$$G(\theta,\beta)=G_0\frac{|F(\theta,\beta)|^2}{|F(0)|^2} \tag{12-25}$$

式中 $F(0)$ 表示 $\theta=0°$ 方向上的 $F(\theta)$。对于圆口径天线，天线效率为 $\eta$，则天线增益可由下式计算：

$$G_0=\left(\frac{\pi D}{\lambda}\right)^2\eta \tag{12-26}$$

若已知地球站天线的发射功率为 $P_t$，则在距离 $R$ 处，偏角为 $\theta$ 的近区功率密度为

$$\mathrm{PD}=\frac{P_t G_0}{4\pi R^2}\frac{|F(\theta,\beta)|^2}{|F(0)|^2} \tag{12-27}$$

将式(12-23)和式(12-24)代入式(12-27)可得：

$$\mathrm{PD}=\frac{P_t G_0\lambda^2}{16\pi D^4}\mathrm{PD}_{\mathrm{fac}} \tag{12-28}$$

式中，$\mathrm{PD}_{\mathrm{fac}}$ 为近区功率密度因子，则：

$$\mathrm{PD}_{\mathrm{fac}}=\frac{\left|\int_0^1 f(x)\exp\left(\frac{-\mathrm{j}\pi}{8\beta}x^2\right)J_0\left(\frac{\pi D\sin\theta}{\lambda}x\right)x\,\mathrm{d}x\right|^2}{\beta^2\left|\int_0^1 f(x)x\,\mathrm{d}x\right|^2} \tag{12-29}$$

由式(12-28)和式(12-29)可知：只要知道天线口面场分布函数，通过简单的数值积分就可计算出近区功率密度因子的大小，由此可快速地计算出天线轴向或偏轴的近区功率密度。

圆口径锥削分布是一种常见的口面场分布函数，其口面场分布函数为

$$f(x)=1-x^2 \tag{12-30}$$

将上式代入式(12-29)进行积分，化简可得圆口径锥削分布的近区功率密度因子为

$$\mathrm{PD}_{\mathrm{fac0}}=\frac{256}{\pi^2}\left[1-\frac{16\beta}{\pi}\sin\frac{\pi}{8\beta}+\frac{128\beta^2}{\pi^2}\left(1-\cos\frac{\pi}{8\beta}\right)\right] \tag{12-31}$$

图 12-5 所示为近区功率密度因子随距离因子的变化曲线，由图中的近区功率密度包络可知：当 $R=0.192D^2/\lambda$ 时，近区功率密度因子最大是 $R=2D^2/\lambda$ 时的 41.5 倍；当 $R>0.192D^2/\lambda$ 时，近区功率密度因子随距离因子 $\beta$ 的增加单调减小；当 $R$ 在 $[0,\ 0.192D^2/\lambda]$ 区间时，近区功率密度因子震荡变化。

因此圆口径锥削分布轴向近区功率密度为

$$\mathrm{PD}_0=\frac{PG_0\lambda^2}{16\pi D^4}\cdot\frac{256}{\pi^2}\left[1-\frac{16\beta}{\pi}\sin\frac{\pi}{8\beta}+\frac{128\beta^2}{\pi^2}\left(1-\cos\frac{\pi}{8\beta}\right)\right] \tag{12-32}$$

例如，C波段4.5米地球站天线，若 $R=108.4\ \text{m}$，$P=100\ \text{W}$，$G_0=47.8\ \text{dBi}$，$\lambda=4.67\ \text{cm}$，则中场区轴向功率密度为

$$PD_0 = 0.983\ \text{mW/cm}^2$$

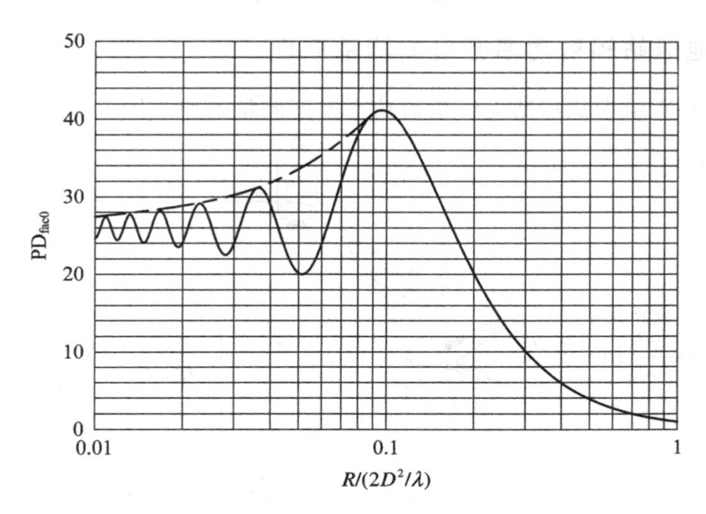


图12-5　近区功率密度因子随距离因子的变化曲线

**4. 远区功率密度的计算**

天线辐射远场区，天线方向图与距离无关，天线远场区功率密度与距离的平方成反比，则天线轴向功率密度为

$$PD_0 = \frac{P_t G_0}{4\pi R^2} \tag{12-33}$$

远场区偏轴功率密度用下式计算：

$$PD = \frac{P_t G_0(\theta)}{4\pi R^2} \tag{12-34}$$

式中，$G_0(\theta)$为天线偏轴角 $\theta$ 的增益。

对于地球站天线的偏轴增益，可依据 Rec. ITU-R S.465-5 给出的在 2 GHz～30 GHz 频率范围内，用于协调和干扰评估的参考地球站天线方向图进行计算。

当 $D/\lambda>100$ 时，$G_0(\theta)$用下式进行估算：

$$G(\theta) = 32 - 25\times\log(\theta),\quad 1^\circ \leqslant \theta < 48^\circ \tag{12-35}$$

$$G(\theta) = -10,\quad 48^\circ \leqslant \theta \leqslant 180^\circ \tag{12-36}$$

当 $D/\lambda\leqslant 100$ 时，$G_0(\theta)$用下式进行估算：

$$G(\theta) = 52 - 10\times\log\frac{D}{\lambda} - 25\times\log(\theta),\quad 100\lambda/D \leqslant \theta < 48^\circ \tag{12-37}$$

$$G(\theta) = 10 - 10\times\log\frac{D}{\lambda},\quad 48^\circ \leqslant \theta \leqslant 180^\circ \tag{12-38}$$

例如，C 波段 4.5 米地球站天线，若 $R=2D^2/\lambda=867.4\ \text{m}$，$P=100\ \text{W}$，$G_0=47.8\ \text{dBi}$，$\lambda=4.67\ \text{cm}$，则远场区轴向功率密度为

$$\text{PD}_0 = 0.637\ \text{W/m}^2 = 0.0637\ \text{mW/cm}^2$$

### 12.2.3 地球站辐射功率密度的测量原理

图 12-6 所示为地球站天线辐射功率密度测量的原理图。

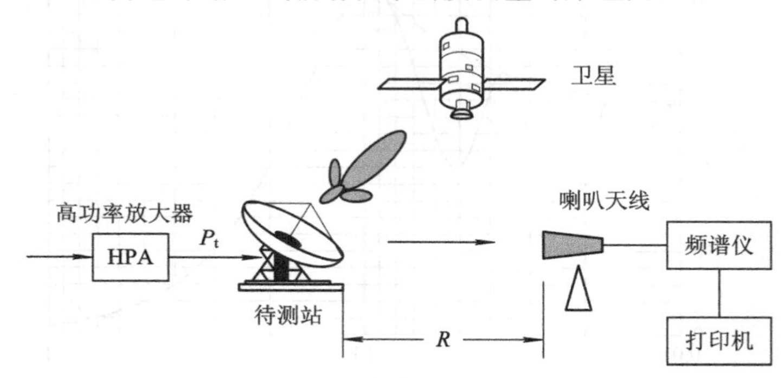


图 12-6 地球站天线辐射功率密度测量的原理图

图中 $P_t$ 为地球站天线的发射功率，$R$ 为测试喇叭离待测地球站天线的距离，喇叭天线和频谱仪之间的测试电缆损耗为 $L_f$，在测试位置处天线增益为 $G(R,\theta)$，喇叭天线的增益为 $G_S$，则由近区功率传输方程可得测试喇叭天线的接收功率电平为

$$P_r = \frac{P_t G(R,\theta) G_S \lambda^2}{(4\pi R)^2} \tag{12-39}$$

式中，$\lambda$ 为工作波长。式(12-39)通过适当变换可得：

$$P_r = \frac{P_t G(R,\theta)}{4\pi R^2} G_S \frac{\lambda^2}{4\pi} \tag{12-40}$$

由式(12-40)可得用分贝表示的地球站天线辐射功率密度为

$$\text{PD} = 10 \times \log \frac{4\pi}{\lambda^2} + P_r - G_S \tag{12-41}$$

频谱仪测量的功率电平 $P_{mea}$(dBm)与喇叭接收功率 $P_r$之间的关系为

$$P_r = P_{mea} + L_f \tag{12-42}$$

将式(12-42)代入式(12-41)可得：

$$\text{PD} = 10 \times \log \frac{4\pi}{\lambda^2} + P_{mea} + L_f - G_S \tag{12-43}$$

式(12-43)就是地球站辐射功率密度测量的基本原理公式。由公式可知：只要用频谱仪测量出地球站发射天线任意位置的功率电平，就可以很容易计算出该位置功率密度的大小。

### 12.2.4　地球站辐射功率密度的测量方法

地球站辐射灾害测量主要是测量地球站发射天线周围的功率密度，以确定发射天线周围的辐射功率密度是否满足国标或国军标的安全限值，从而确定地球站天线的安全区。

关于地球站天线辐射功率密度测量的条件及技术内容，详细可参考国家军用标准 GJB 476—1988《生活区微波辐射测量方法》。现将主要内容简述如下：

(1) 测试环境条件：测量气候条件应符合专业标准和仪器标准中规定的使用条件，不允许在雨、雪、露等潮湿环境下测量。

(2) 测试仪器：测试仪器设备的精度应满足测试要求，并在计量检测的有效期内，从而保证测试的可靠性和准确性。地球站天线发射功率密度测量一般使用微波频谱分析仪。

(3) 测试场所：在地球站发射天线周围测量时，测试系统灵敏度应满足测试要求，与测量无关的人员要远离测量点 2 m 以上。

(4) 测试频率：测试频率为地球站的实际工作频率。

(5) 测量高度：测量喇叭天线架设高度，一般离取地面 1.7 m 高。

(6) 测试时间：测试时间应在地球站发射天线工作时间内进行，每次观察时间大于或等于 10 s。

(7) 测量点的选择：国军标 GJB 476—1988 规定测量点是以地球站发射天线为中心，半径为 500 米的圆形区域内，以 45°为间隔，在 0°、45°、90°、135°、180°、225°、270°、315°八个方位作测量线，每条测量线选取测量点的距离为 10 m、20 m、50 m、100 m、150 m、200 m、300 m、400 m 和 500 m。如果因地形限制而无法测量，可根据具体情况合理选择测试点。在 500 m 测试距离上，若测量的天线辐射功率密度大于标准规定的安全限值，则应延长测量距离，直到测量的功率密度小于或等于安全限值。在 500 m 以内，若测量的功率密度很小，则可适当减少测量点。

在实际工程测量中，若严格按照以上方法选择测试点，其工作量很大，实际上没有这个必要。在实际工程测量中，可首先对地球站天线辐射功率进行估算，再根据地球站天线实际工作位置与环境的关系，合理选择测试点的位置。确定测量点以后，可按照图 12 - 6 所示的原理图，建立地球站天线辐射功率密度测量系统，并按照地球站的工作频率，设置频谱分析仪的工作状态，利用频谱分析仪测量出地球站天线辐射功率的大小，由此计算出地球站天线辐射功率密度的大小，测量结果同 GJB5313—2004 规定的安全限值进行比较，以确定天线安全辐射区。

### 12.2.5　地球站辐射功率密度测量的工程实例

图 12-7 所示为某工程 C 波段 13 米卫星通信地球站天线实际安装位置图。已知地球站天线工作时，指向卫星的方位角为 191.5°，俯仰角为 43°，在天线正前方和左右两边非常空旷，天线正后方 12.5 m 处为设备机房和办公楼，因此测量点选择在机房外，以测定地球站天线的辐射灾害。

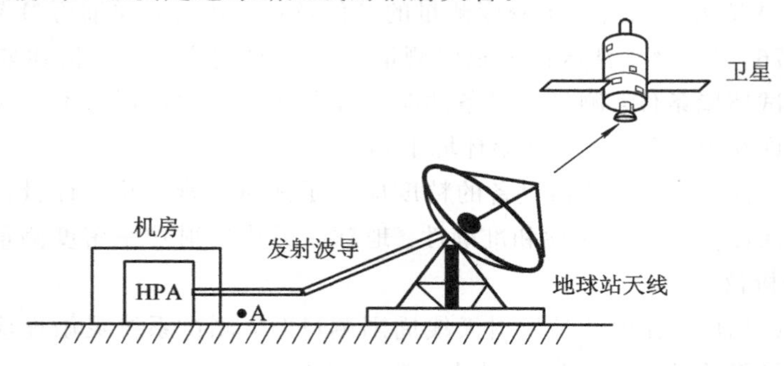


图 12-7　C 波段 13 米卫星通信地球站天线实际安装位置图

已知地球站高功率放大器的输出功率为 400 W，天线的工作频率为 6.43 GHz，测试电缆的损耗为 3.33 dB，测试喇叭的增益为 12 dBi。在机房外 A 点附近测量的最大功率电平为 −28 dBm，如图 12-8 所示。由频谱仪测量的功率电平可计算出机房外的功率密度为 0.124 $\mu$W/cm$^2$，而国军标 GJB 5313—2004 规定的安全限值为 12.86 $\mu$W/cm$^2$（作业区连续波暴露限值），由此可见，地球站的辐射灾害不超过标准规定的安全限值。

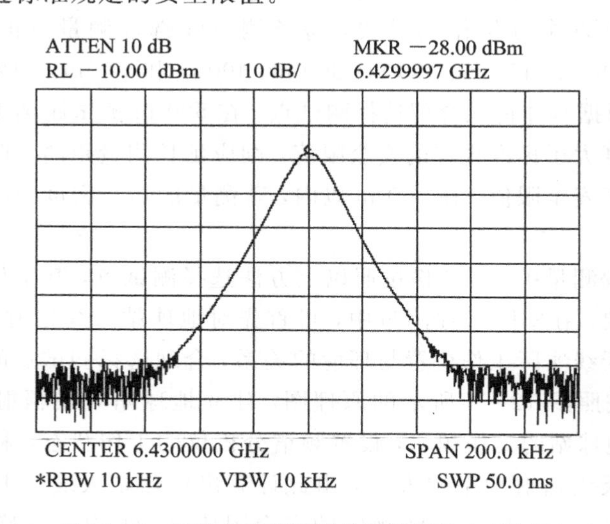


图 12-8　频谱分析仪测量的近区辐射功率电平

# 第 13 章　时域特性测量

频谱分析仪是一种频域测量仪器，能测量信号的频谱幅度分布，从而测量信号的频域特性。随着信号处理技术和 DSP 技术的不断发展，频谱分析仪不仅在频域测量中有所发展，精度进一步提高，而且具有一定的时域测试功能。本章将简述频谱分析仪在时域测量中的应用。

## 13.1 频谱分析仪时域测量原理

高性能频谱分析仪的时域测量功能相当于一个窄带通信接收机，能显示以中心频率为中心的带内频率的时域波形。当频谱分析仪的扫频宽度 SPAN 设置为 0 时，频谱分析仪变成了时域测试接收机，频谱分析仪的水平轴由原来的频率轴变成了时间轴，频谱分析仪可以测量信号波形随时间的变化，即时域测量。频谱分析仪用作测试接收机只是频谱分析仪应用的一个小小扩展。下面用频谱分析仪的原理图来说明时域测量的理论依据。

如图 13-1 所示为典型的扫频式频谱分析仪的原理图。

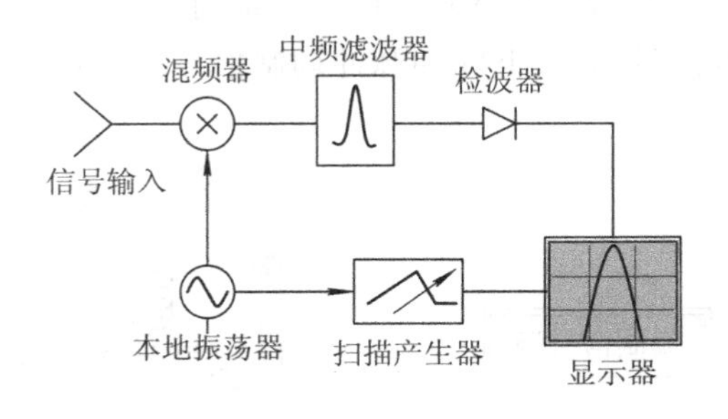


图 13-1　典型的扫频式频谱分析仪原理图

当频谱分析仪的扫频宽度 SPAN 等于 0 时，扫描产生器的控制信号不再是锯齿波，而变成一条水平线，且扫描产生器控制显示器水平轴(或称为 $X$ 轴)，当它从水平线上扫的时候，$X$ 轴显示的就为时间了。另一方面，当扫描产生器的控制信号是一条水平线时，本地振荡器的输出稳定，混频器后的输出信号经过一个通带的带通滤波器后，通过包络检波器检出信号的包络，控制显示器的垂直轴显示信号的幅度。这样，频谱分析仪就测量出了信号幅度随时间的变化，实现了时域测量。这里有两点需要说明：第一，输入信号和本振信号进行谐波混频后，通过中频滤波器，再通过检波器让信号的幅值显示在相对频率（当 SPAN 为 0 Hz 时，就是相对时间）的位置，最终在显示器上显示所测信号的包络；第二，频谱分析仪在时域测量的时候，必须尽可能地加大中频滤波器带宽，即频谱分析仪的分辨带宽，这样能保证信号的完整性。

## 13.2 时域测量的应用

### 13.2.1 时域测量在调制信号测试中的应用

大多数频谱分析仪可以观察测量幅度缓慢变化的任何信号。频谱分析仪的扫频宽度设置为 0，中心频率设置为载波频率，分辨带宽设置的足够大，可以保证测量信号的完整性。频谱分析仪在它的检波器和视频带宽及分辨带宽的限制范围内，可以测量出信号幅度相对于时间的关系，即实现信号的时域测量。当待测信号为调制信号时，在时域测量模式下，可测量的最高调制频率为

$$f_{\text{m-max}} = \frac{1}{T_{\min}} \tag{13-1}$$

式中：$f_{\text{m-max}}$——时域模式下，频谱分析仪可测量的最高调制频率；

$T_{\min}$——时域模式下，频谱分析仪的最小扫描时间。

现代高性能频谱分析仪，如 Agilent 8560 系列和 E444X 系列，都具有时域测量功能，可在时域内测量 AM、FM 和脉冲调制信号。图 13-2 所示为调制信号时域测量的原理图。

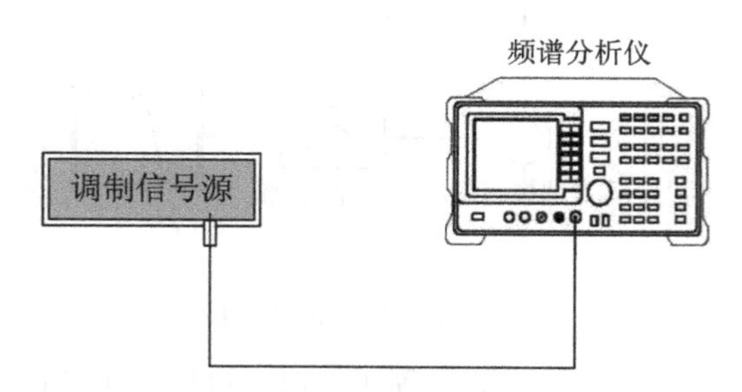


图 13-2 调制信号时域测量的原理图

调制信号时域测量的步骤如下：

（1）按照图 13-2 所示建立调制信号测量系统，系统仪器设备加电预热，使仪器设备工作正常。

（2）设置调制信号源的工作状态。如调制模式、载波频率、载波电平、调制度等状态参数。

（3）设置频谱分析仪的状态参数。如设置频谱分析仪的工作模式为线性模式、中心频率为载波频率、扫频宽度 SPAN 为 0 Hz 等。

（4）用频谱分析仪观察调制信号波形，利用频谱分析仪的码刻或码刻 Δ 功能，测量调制信号参数。

（5）输出调制信号的时域测量结果。

下面给出了 AM 信号的时域测量实例。使用的调制信号源为 Agilent E4438，输出载波频率为 1 GHz，幅度为 −10 dBm，调制波为 10 kHz 的正弦波，调制幅度 50%的信号。然后，使用 Agilent E4440 频谱仪观察信号源的输出调制波形，频谱分析仪主要状态参数设置为：中心频率为 1 GHz，扫频宽度 SPAN 为 0 Hz，射频衰减为 10 dB，分辨带宽 RBW 和视频带宽 VBW 均为 3 MHz，线性工作模式。图 13-3 所示为正弦波 AM 信号的时域测量波形。

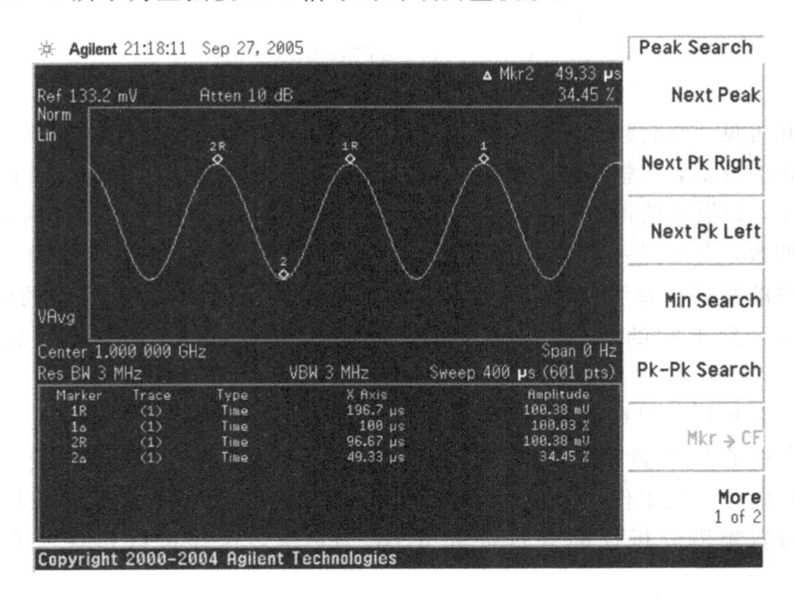


图 13-3　正弦波 AM 信号的时域测量波形

由于频谱分析仪的时域测量功能显示的是信号的包络，而 AM 信号可以通过包络检波，所以时域测量波形直接是解调后的波形。通过观察，解调后的波形和输入的调制波波形一致。利用频谱分析仪的码刻 Δ 功能，测量时域波形的周期为

$T$，则调制信号的频率为

$$f_{\mathrm{m}} = \frac{1}{T} \tag{13-2}$$

由式(13-2)可知：若调制周期为 100 μs，则调制信号的调制频率为 10 kHz。

利用频谱分析仪的码刻功能可测量调制包络的最大值和最小值分别为 $V_{\max}$ 和 $V_{\min}$，则调制波的调制指数为

$$m = \frac{V_{\max} - V_{\min}}{V_{\max} + V_{\min}} \tag{13-3}$$

若利用频谱分析仪的码刻 Δ 功能直接测量调制包络的最小值与最大值之比，则调制信号的调制度为

$$m = \frac{1 - \dfrac{V_{\min}}{V_{\max}}}{1 + \dfrac{V_{\min}}{V_{\max}}} \tag{13-4}$$

由式(13-4)可得：若频谱分析仪的码刻 Δ 直接测量的调制信号包络的最小值与最大值之比为 34.45%，则测量的 AM 信号的调制度为

$$m = \frac{1 - \dfrac{V_{\min}}{V_{\max}}}{1 + \dfrac{V_{\min}}{V_{\max}}} = \frac{1 - 34.45\%}{1 + 34.45\%} = 48.754\%$$

由此可见：调制频率测量的结果非常准确。在实际测量中，由于频谱分析仪是数字化的仪器，在整个波形中，每两个相邻峰值之间测得的周期有时候会有很小的误差，如果要获得更科学的值，则可以通过测量多个脉冲之间的时间，然后除以周期数，来得到一个相对精度较高的测试值。调制指数测量的误差大主要是由锯齿波的测量误差引起的，因为锯齿波在最大值和最小值之间突变的时候，仪器并未完全跟上它的突变，或者它的最小点没有被采样到，从而导致了测量误差。

频谱分析仪在时域测量应用中，应注意以下几个问题：

- 在中心频率测量频谱的条件下，设置频谱分析仪的扫频宽度 SPAN＝0 Hz，频谱分析仪工作在时域测量状态，此时频谱分析仪用作测量接收机；
- 设置频谱分析仪的分辨带宽 RBW 为最大，这样可以包含所有的频谱分量；
- 设置最宽的视频带宽，这样可以防止平均；
- 设置频谱分析仪在线性模式下，观察测量调制信号；
- 设置合理的扫描时间，测量最佳的时域波形。

### 13.2.2　时域测量在天线方向图测量中的应用

当频谱分析仪的扫频宽度SPAN设置为0 Hz时，频谱分析仪变成了时域测试接收机，频谱分析仪的水平轴由原来的频率轴变成了时间轴，此时天线方向图的角域测量变成了时域测量。待测天线的转动角度与频谱分析仪的扫描时间存在一一对应关系，通过转动待测天线，可以测量天线方向图幅度随时间的变化曲线，从而获得天线方向图的参数。

**1. 场地法测量天线方向图**

图13-4所示为场地法测量天线方向图的原理图。发射喇叭和待测天线之间的距离$R$应满足远场测试距离条件$R \geqslant 2D^2/\lambda$（$D$为待测天线口径，$\lambda$为工作波长）。一般地，在天线方向图测量系统中，发射喇叭经微波信号源发射一频率和功率稳定的连续单载波信号，根据电磁场理论，其辐射的电磁波可视为均匀平面波

$$E(t) = E_0 \sin(\omega t + \phi) \tag{13-5}$$

式中：$E_0$——平面波的幅度；

$\phi$——平面波的初相位；

$\omega$——载波的角频率。

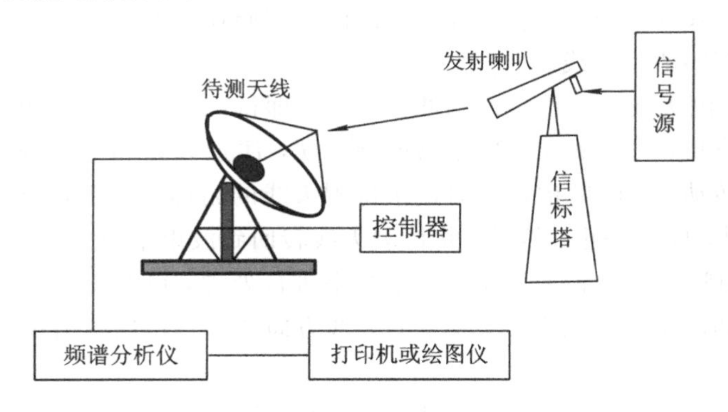


图13-4　场地法测量天线方向图的原理图

由图13-4可知：待测接收天线除接收源天线发射的平面波外，还接收到了噪声信号。也就是说，当噪声和信号同时出现时，频谱分析仪测量的功率包括了信号功率和噪声功率。

根据天线理论可知，待测天线接收到的信号为

$$E'(t) = \sqrt{LG(\theta, \varphi)} E(t) + N(t) \tag{13-6}$$

式中：$G(\theta, \varphi)$——待测天线在$(\theta, \varphi)$方向上的增益；

$L$——自由空间传输损耗和系统传输损耗之和；

$N(t)$——进入频谱分析仪的噪声信号。

式(13-6)就是天线方向图测量的原理公式。当频谱分析仪用作测试接收机时，转动待测天线，频谱分析仪的CRT记录天线方向图的旁瓣随时间的变化曲线，利用时间与角度的对应关系，可以分析天线方向图的特性，如方向图的半功率波束宽度、天线第一旁瓣电平和旁瓣包络等。

场地法测量天线方向图的步骤如下：

(1) 按照图13-4所示的天线方向图测量原理示意图，建立天线方向图测试系统，加电预热使测试系统仪器设备工作正常。

(2) 按照测试计划给定的频率和极化，用信号源发射单载波信号，调整发射喇叭极化与待测天线极化匹配，并使发射喇叭对准待测天线。

(3) 驱动待测天线，使天线波束中心对准信标塔的发射喇叭，此时频谱分析仪接收的信号功率电平最大。

(4) 依据天线测试要求以及天线转动速度，合理设置微波频谱分析仪的工作状态，如设置频谱仪的分辨带宽、视频带宽和扫描时间等。

(5) 此时待测天线和发射喇叭精确对准，待测天线的方位角和俯仰角均可视为0°，固定待测天线俯仰角不变，让待测天线方位逆时针转动至$-\theta^\circ$。

(6) 注意开始和结束的口令，让待测天线顺时针旋转至$+\theta^\circ$，频谱仪CRT实时记录待测天线的方位方向图，并将记录曲线存储在频谱分析仪的存储器内或直接用绘图仪打印测试曲线。

(7) 将待测天线的方位转回到波束中心，即待测天线对准发射喇叭，固定待测天线的方位角，将待测天线向下转动到$-\theta^\circ$，注意开始和结束的口令，待测天线从下向上转动，同时频谱仪实时记录待测天线的俯仰方向图，当待测天线向上转动到$+\theta^\circ$时，即可停止。然后，将待测天线转回到波束中心。

(8) 利用频谱仪的码刻功能对测量结果进行处理，可获得待测天线方向图第一旁瓣电平和波束宽度的大小，测量的天线方向图可直接用频谱仪的COPY功能打印出来。

(9) 改换测试频率，重复上述测量步骤，同理可测量其他频率点的天线方向图。

这里以频谱分析仪测量天线方向图为例，来说明如何把频谱分析仪测量的天线时域方向图转换成角域方向图，即频谱分析仪扫描时间与天线转动角度的一一对应关系。图13-5所示为用频谱分析仪测量的某天线近旁瓣方向图的时间与角度的对应关系。

已知天线从$-\theta^\circ$转动到$+\theta^\circ$，频谱分析仪所用扫描时间为$T$，可细分为从$-\theta^\circ$到波束中心(0°方向)所用扫描时间为$T_1$，从波束中心到$+\theta^\circ$的扫描时间为$T_2$。天线从$-\theta^\circ$转动至波束中心，天线运动的平均速度$V_-$为

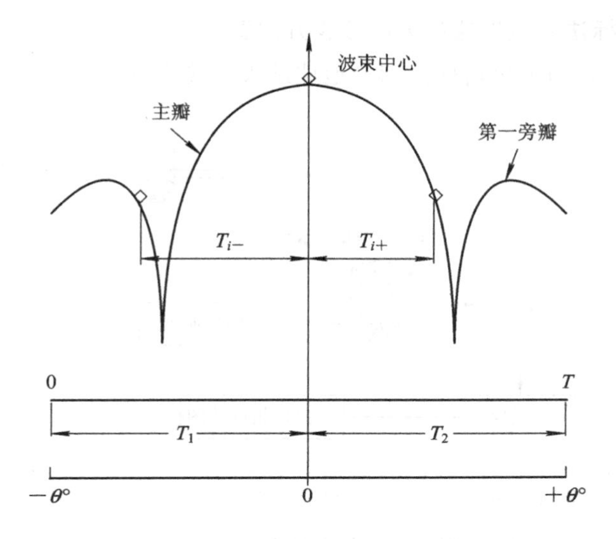


图 13-5 天线近旁瓣方向图时间与角度的对应关系

$$V_{-} = \frac{\theta}{T_1} \tag{13-7}$$

同理可计算天线从波束中心转动至$+\theta°$，天线运动平均速度$V_{+}$为

$$V_{+} = \frac{\theta}{T_2} \tag{13-8}$$

利用频谱分析仪的码刻峰值功能，将码刻移到方向图最大值处，激活频谱分析仪的码刻Δ，移动活动码刻至方向图的任意位置，可测量出相对主波束(波束中心)的扫描时间。当活动码刻在频谱分析仪测量的方向图左边任意位置处时，所测量的扫描时间为$T_{i-}$，此点对应的角度为

$$\theta_{i-} = -\frac{\theta}{T_1}T_{i-},\quad 0 \leqslant T_{i-} \leqslant T_1 \tag{13-9}$$

当活动码刻在频谱分析仪测量的方向图右边任意位置处时，所测量的扫描时间为$T_{i+}$，此点对应的角度为

$$\theta_{i+} = \frac{\theta}{T_2}T_{i+},\quad 0 \leqslant T_{i-} \leqslant T_2 \tag{13-10}$$

式(13-9)和式(13-10)就是时间与角度的换算关系。如果利用频谱分析仪的码刻Δ分别测量出方向图的3 dB和10 dB波束宽度所对应的扫描时间分别为$T_{3\,\mathrm{dB}}$和$T_{10\,\mathrm{dB}}$，则天线方向图的3 dB波束宽度和10 dB波束宽度分别为

$$\theta_{3\,\mathrm{dB}} = \frac{2\theta}{T_1 + T_2}T_{3\,\mathrm{dB}} \tag{13-11}$$

$$\theta_{10\,\mathrm{dB}} = \frac{2\theta}{T_1 + T_2}T_{10\,\mathrm{dB}} \tag{13-12}$$

**2. 卫星信标法测量地球站天线接收方向图**

图 13-6 所示为卫星信标法测量地球站天线接收方向图原理图。

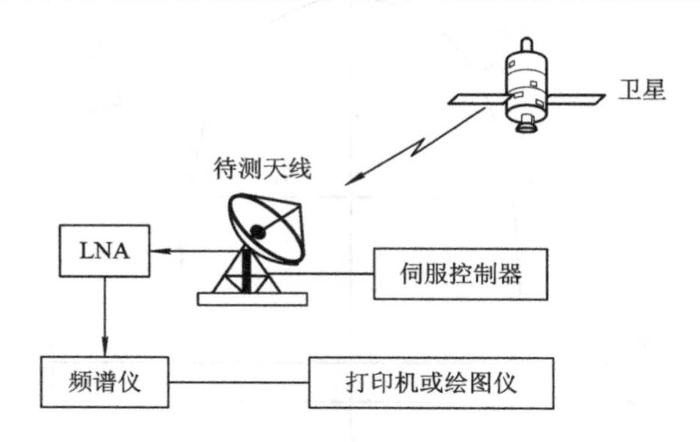


图 13-6 卫星信标法测量天线接收方向图的原理图

设卫星的各向同性辐射功率为 $EIRP_S$[dBW]，下行空间传播总损耗为 $L_{DOWN}$[dB]，低噪声放大器的增益为 $G_{LNA}$[dB]，待测天线的接收增益为 $G_R(\theta)$[dBi]($\theta$ 为天线偏离波束中心的角度，$\theta$ 等于 0 表示天线在最大方向上的增益)，射频电缆的传输损耗为 $L_{RF}$[dB]，则频谱仪测量的 RF 功率信号电平为

$$P_{mea}(\theta) = EIRP_s + 30 - L_{DOWN} + G_{LNA} + G_R(\theta) - L_{RF} \qquad (13-13)$$

由式(13-13)可知：当待测天线对准卫星时，$G_R(\theta)$最大，即 $P_{mea}(\theta)$最大；当待测天线偏离波束中心转动时，$G_R(\theta)$发生变化，此时频谱仪测量的 RF 信号功率跟随着变化，利用频谱仪的迹线功能，记录天线运动轨迹，即为测量的待测天线方向图。通过数据处理可获得天线接收方向图第一旁瓣电平、波束宽度和旁瓣特性等。

注意：在天线方位方向图测量中，要考虑方位角的修正。由于天线方位方向图中的方位角是空间方位平面指向角，而天线方位角的显示器指示的是水平面内的方位角，这两个角是不一样的，其差值随着天线俯仰角的变化而变化，两者的关系为

$$AZ' = 2\arcsin\left[\sin\left(\frac{AZ}{2}\right)\cos(EL)\right] \qquad (13-14)$$

式中：EL——天线对准源天线时的仰角(°)，若是卫星源测量天线方向图，此角为待测天线对准卫星时的俯仰角；

AZ——天线未修正的方位角(°)；

AZ′——天线修正的方位角(°)。

利用卫星信标法测量地球站天线方向图的步骤如下：

(1) 利用卫星信标，使待测天线的波束中心对准卫星，调整待测天线极化与

卫星极化匹配，此时频谱仪接收的信标信号电平最大。

（2）固定天线俯仰角，驱动待测天线方位逆时针旋转，偏离波束中心 $-\theta°$。

（3）注意开始和结束的口令，驱动待测天线顺时针转动，通过波束中心，转动至 $+\theta°$ 结束，天线回到波束中心，固定天线方位角。

（4）将天线向下转动，偏离波束中心 $-\theta°$。

（5）注意开始和结束的口令，使天线从下向上转，并通过波束中心，移动至 $+\theta°$。

（6）利用频谱分析仪的 COPY 功能，输出测量结果。在频谱分析仪的显示器上利用码刻功能处理数据，获得方向图的第一旁瓣电平和方向图 3 dB 波束宽度及天线方向图的宽角旁瓣特性。

（7）改换测试频率，同理可获得其他频率点的天线方向图测量结果。

图 13-7 所示为某 C 波段 13 米地面站天线接收的近旁瓣俯仰方向图的测量结果。测试使用的卫星为国际海事卫星，卫星轨道位置为 178°E，信标频率为 3.607 52 GHz，信标极化为左旋圆极化。测量的角度范围为 $-1°\sim1°$，频谱分析仪所用的扫描时间为 50 s，则天线转动的平均速度为

$$V = \frac{2}{50} = 0.04°/\mathrm{s}$$

由图 13-7 可知：利用频谱分析仪码刻 Δ 功能测量方向图右边的第一旁瓣电平为 $-16$ dB，所需的扫描时间为 16.167 s，则右边第一旁瓣所对应的角度为

$$\theta = \frac{2}{50} \times 16.167 = 0.65°$$

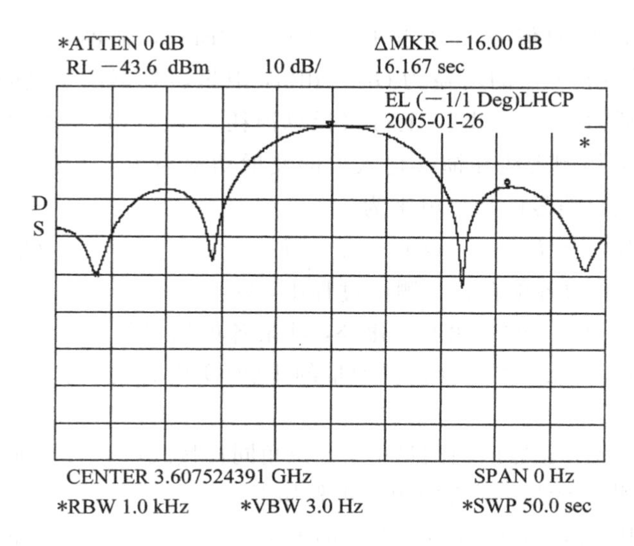


图 13-7　C 波段 13 米地面站天线接收的近旁瓣俯仰方向图的测量结果

**3. 卫星源法测量地球站天线发射方向图**

图 13-8 所示为卫星源法测量地球站天线发射方向图的原理图。

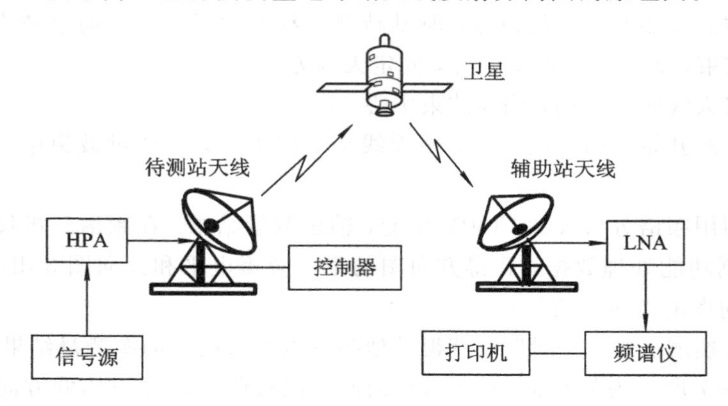


图 13-8　卫星源法测量地球站天线发射方向图的原理图

发射方向图测量的基本原理是：由待测站天线发射一单载波，辅助站天线接收这一单载波信号，待测站天线和辅助站天线都与所用卫星对准，且与卫星极化匹配；然后分别转动待测站天线的方位或俯仰，由辅助站的频谱仪接收这一单载波信号，随着待测天线偏离波束中心，天线的增益随天线方位或俯仰偏离波束中心而变化，利用频谱仪的迹线功能记录信号电平的变化，即为测量待测地球站天线的发射方向图；通过数据处理可获得天线方向图第一旁瓣电平、波束宽度和宽角旁瓣特性等。

设辅助站接收的信号功率电平为 $P(\theta)$[dBm]，辅助站天线接收增益为 $G_{R}$[dBi]，低噪声放大器的增益为 $G_{LNA}$[dB]，卫星转发器的总增益为 $G_{sate}$[dB]，下行路径总损耗为 $L_{DOWN}$[dB]，上行路径总损耗为 $L_{UP}$[dB]，待测天线发射增益为 $G_{T}(\theta)$[dBi]，待测天线在馈线输入口的发射功率为 $P_{T}$[dBm]，则用分贝表示的辅助站天线接收信号的功率电平为

$$P(\theta)=P_{T}+G_{T}(\theta)+G_{sate}-L_{UP}-L_{DOWN}+G_{R}+G_{LNA} \tag{13-15}$$

式(13-15)中，右边各项在整个测试过程中，除待测天线发射增益 $G_{T}(\theta)$随待测天线方位角或俯仰角 $\theta$ 的变化而变化外，其余各项均保持不变，因此接收信号功率电平 $P(\theta)$随 $\theta$ 变化，频谱分析仪测量的 $P(\theta)$变化曲线，即为待测天线的发射功率方向图。

注意：在天线方位方向图测量中，方位角同样按式(13-14)进行修正。

卫星源法测量天线发射方向图的步骤如下：

(1) 利用卫星信标，使待测站天线的波束中心对准卫星，调整待测天线极化与卫星极化匹配。

(2) 在辅助站的指导下，按照测试计划规定的频率、极化和 EIRP，使待测站发射一个未经调制的单载波，并且缓慢地调整发射功率，直至辅助站认为电平满足测试要求。

(3) 在监测站的指导下，固定天线俯仰角，将天线方位逆时针旋转，偏离波束中心 $-\theta°$。

(4) 注意监测站开始和结束的口令，使天线通过波束中心，顺时针旋转至 $+\theta°$ 的位置，天线回到波束中心，固定天线方位角。

(5) 在辅助站的指导下，将天线向下转动，偏离波束中心 $-\theta°$。

(6) 注意监测站开始和结束的口令，使天线从下向上转，并通过波束中心，移动至 $+\theta°$ 的位置，然后将天线回到波束中心。

(7) 利用频谱分析仪的 COPY 功能，输出测量结果。在频谱分析仪的显示器上利用码刻功能处理数据，可获得方向图的第一旁瓣电平和方向图 3 dB 波束宽度及天线方向图的宽角旁瓣特性。

(8) 改换测试频率，同理可获得其他频率点的天线发射方向图测量结果。

# 第14章 卫星通信系统性能测量

频谱分析仪对于射频工程师来说是必不可少的测试工具，它广泛应用于无线电技术的各个领域，例如，电子对抗、卫星通信、移动通信、散射通信、雷达、遥控遥测、侦察干扰、射电天文、卫星导航、航空航天和频谱监测等领域。频谱分析仪对各种类型的信号进行测量和分析时，可测量信号的不同特性，例如，信号的传输和反射特性测量、谐波失真测量、三阶交调测量、激励响应测试、载噪比测试、信道功率测量、相位噪声测量、卫星频谱测量、互调测量和电磁干扰测量等。因此，在电子测量领域中，频谱分析仪被称为频域中的“射频万用表”。

第7～13章主要以信号特性测量为例，介绍了频谱分析仪在无线电测量领域中应用。本章将从系统角度出发，并以卫星通信地球站主要的系统性能指标测试为例，来介绍频谱分析仪在系统性能测量中的应用。

## 14.1 地球站发射EIRP测量

EIRP(Equivalent Isotropic Radiated Power)为等效各向同性辐射功率，它等于地球站天线发射功率与天线发射增益的乘积，用公式表示为

$$\mathrm{EIRP} = P_t \times G_t \tag{14-1}$$

式中：EIRP——地球站等效各向同性辐射功率(W)；

$P_t$——地球站天线的发射功率(W)，此功率为高功率放大器输出功率扣除发射波导馈线损耗后的净功率；

$G_t$——地球站天线的发射增益。

式(14－1)用分贝表示为

$$\mathrm{EIRP}[\mathrm{dBW}] = P_t[\mathrm{dBW}] + G_t[\mathrm{dBi}] \tag{14-2}$$

在卫星通信系统中，EIRP表征了地球站的发射能力，具体地说，它是指地球站发射某种业务载波时，EIRP的最大值和载波EIRP的调整范围。本节将介绍用频谱分析仪测量地球站EIRP的两种方法。

### 14.1.1　间接法测量地球站 EIRP

所谓间接法测量 EIRP，就是分别测量出地球站天线的发射功率和发射增益，从而计算出地球站的发射 EIRP。

图 14-1 所示为间接法测量地球站发射 EIRP 的原理图。

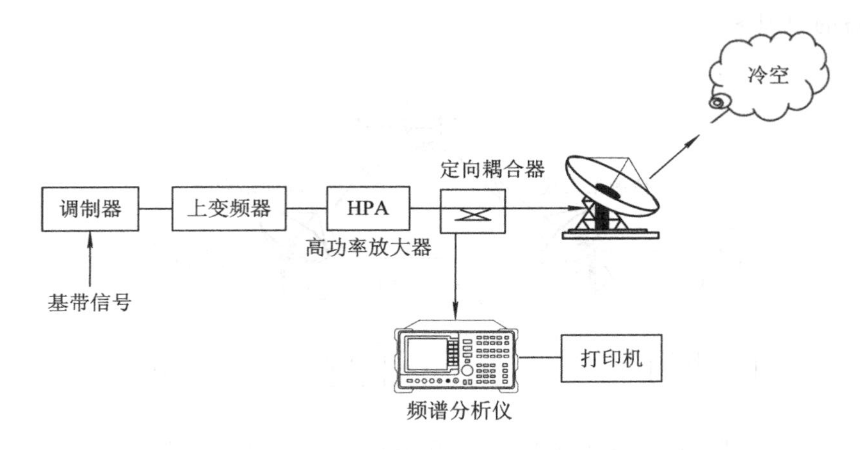


图 14-1　间接法测量地球站发射 EIRP 原理图

• 地球站发射功率测量

测量地球站天线发射功率的步骤如下：

(1) 按照图 14-1 所示建立调制信号测量系统，系统仪器设备加电预热，使仪器设备工作正常。

(2) 利用地球站天线伺服控制器，驱动待测天线的方位和俯仰，使地球站天线指向冷空或朝天顶方向。

(3) 按照测试计划的要求，由调制器发射一个未调制的单载波信号。

(4) 合理设置频谱分析仪的状态参数，如中心频率、分辨带宽、视频带宽、扫描时间和扫频宽度等。用频谱分析仪在定向耦合器的耦合端口观测信号，并用频谱分析仪的码刻功能测量信号功率的大小，用 $P_m$表示[dBm]。

(5) 用式(14-3)计算天线发射功率：

$$P_t = P_m + C + L - 30 \tag{14-3}$$

式中：$P_t$——地球站天线的发射功率(dBW)；

$P_m$——频谱分析仪测量的信号功率电平(dBm)；

$C$——定向耦合器的耦合系数(dB)；

$L$——定向耦合器与频谱仪之间射频测试电缆损耗(dB)。

(6) 改变调制器输出信号的大小，重复上述步骤，同理可测量出地球站天线发射的最大功率及其调整范围。

(7) 改变测试频率，重复上述步骤，可测量发射功率的频率特性。

• 地球站天线发射增益测量

地球站天线发射增益的测量方法很多，如链路计算法、射电源法、比较法和波束宽度法等。这里介绍用波束宽度法测量天线增益的简易方法，该方法在地球站天线增益测量中应用日益广泛。图 14 - 2 所示为波束宽度法测量地球站天线发射增益的原理图。

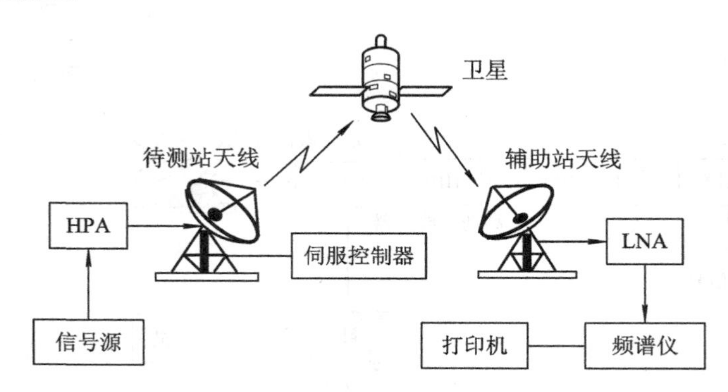


图 14 - 2　波束宽度法测量地球站天线发射增益的原理图

波束宽度法测量地球站天线发射增益的步骤如下：

(1) 按照图 14 - 2 所示的原理图建立测试系统，系统仪器设备加电预热，使测试系统仪器设备工作正常。

(2) 利用卫星信标信号，驱动辅助站天线方位和俯仰，使辅助站天线对准卫星，并调整天线极化与卫星极化匹配。

(3) 在辅助站的指导下，按照测试计划规定的频率、极化和 EIRP，使待测站发射一个未调制的单载波，并且缓慢地调整发射功率，直到辅助站认为信号电平满足测试要求。

(4) 在辅助站的指导下，固定待测天线的俯仰角，将天线逆时针方向旋转，偏离波束中心 $-\theta°$，注意开始和结束的口令，使天线顺时针方向旋转至 $+\theta°$，同时频谱分析仪的 CRT 显示天线方位信号电平的变化，即可获得天线方位方向图。值得注意的是：在方位方向图的数据处理中，应该考虑天线方位角的修正，因为天线的方位轴角显示是在水平面内，而天线对准卫星时有一定的仰角 EL，则天线实际转动的方位角为

$$AZ' = 2\arcsin\left[\sin\left(\frac{AZ}{2}\right)\cos(EL)\right] \tag{14-4}$$

式中：EL——天线对准源天线时的仰角(°)，当卫星源测量天线方向图时，此角为待测天线对准卫星时的俯仰角；

AZ——天线未修正的方位角(°)；

AZ′——天线修正的方位角(°)。

(5) 利用待测天线伺服控制器，将待测天线的方位回到波束中心，并微调天线的方位和俯仰，使天线重新对准卫星，固定待测天线的方位角，天线俯仰向下转动，偏离波束中心$-\theta$°；注意开始和结束的口令，使天线从下向上转动，通过波束中心至$+\theta$°，同时利用频谱分析仪迹线功能记录天线俯仰方向图。

(6) 由测量的天线方位和俯仰近旁瓣方向图，利用频谱分析仪的码刻 Δ 功能测量并计算出天线方位方向图的 3 dB 和 10 dB 波束宽度(已考虑方位角的修正)，记为$\theta_{3AZ}$和$\theta_{10AZ}$；俯仰方向图的 3 dB 和 10 dB 的波束宽度，记为$\theta_{3EL}$和$\theta_{10EL}$。

(7) 利用下面的公式，即可计算天线的发射增益：

$$G_3 = \frac{31000}{\theta_{3AZ} \times \theta_{3EL}}$$

$$G_{10} = \frac{91000}{\theta_{10AZ} \times \theta_{10EL}}$$

$$G = 10 \times \log\left[\frac{G_3 + G_{10}}{2}\right] - L_f - L_a \tag{14-5}$$

式中：$\theta_{3AZ}$——方位方向图 3 dB 波束宽度(°)；

$\theta_{10AZ}$——方位方向图 10 dB 波束宽度(°)；

$\theta_{3EL}$——俯仰方向图 3 dB 波束宽度(°)；

$\theta_{10EL}$——俯仰方向图 3 dB 波束宽度(°)；

$G$——待测天线增益(dBi)；

$L_f$——主反射面的精度误差导致的天线增益损失。可由下式求得：

$$L_f = 685.81\left(\frac{\varepsilon}{\lambda}\right)^2$$

$\varepsilon$——反射面的公差(cm)；

$\lambda$——工作波长(cm)，$\lambda=30/f$，$f$ 为工作频率(GHz)；

$L_a$——馈源插入损耗(dB)。

• EIRP 的计算

由测量的地球站发射功率和天线发射增益，利用式(14－2)即可计算地球站发射 EIRP 的大小。

在地球站 EIRP 的测量中，应注意以下几个问题：

(1) 在地球站天线发射净功率测量中，定向耦合器的耦合输出功率一定要小于所用频谱分析仪最大允许的输入功率，如 Agilent 8563EC 频谱分析仪最大连续波输入功率为 1 W，如果频谱分析仪的输入功率大于所允许的最大安全输入电平，则会烧毁频谱分析仪的输入电路。因此在测量之前，一定要对信号链路电平进行估算，以确保频谱分析仪的输入功率小于其允许的最大安全输入电平。如果估算的输出功率大于频谱分析仪的安全输入电平，可在频谱分析仪的输入端加衰减器，以保证频谱分析仪射频输入信号小于其安全输入电平。

(2) 在 EIRP 测量中，待测天线应指向冷空或朝天，不允许指向任何卫星，以免干扰卫星的正常通信(也可断开功率放大器输出与天线之间的连接，将高功率放大器的输出接大功率负载)。

(3) 通过调整高功率放大器输入信号的大小，可测量出地球站的最大 EIRP 和 EIRP 的调整范围。

(4) 在用卫星源法测量天线发射增益时，地球站的发射 EIRP 不要太大，以免使卫星转发器饱和，影响天线方向图的测量精度。验证方法是：地球站发射功率增大或减小 1 dB，频谱分析仪观测的信号同样增大或减小 1 dB，则说明卫星转发器工作在线性区。

### 14.1.2 标准站法测量地球站 EIRP

标准站法测量地球站 EIRP 是通过测量待测站与标准站的发射 EIRP 并比较，来确定待测地球站 EIRP 的方法。

图 14 - 3 所示为标准站法测量地球站 EIRP 的原理图。

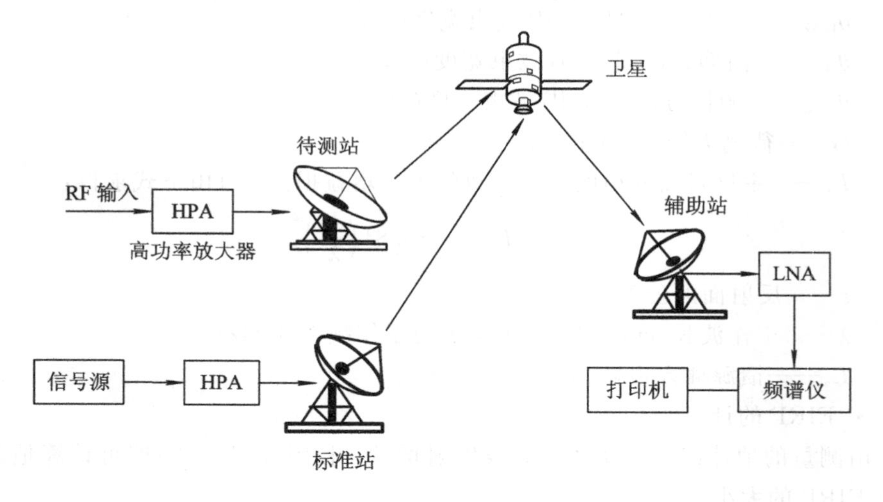


图 14 - 3 标准站法测量地球站 EIRP 的原理图

标准站法测量地球站 EIRP 的原理方法是：首先按照图 14 - 3 所示建立测试系统，将待测站和辅助站均对准卫星，且极化与卫星极化匹配。按照测试计划要求，待测站发射一个未经调制的单载波信号，用辅助站的频谱分析仪测量此载波信号电平的大小，记为 $P_X$，由卫星链路功率传输方程可知：

$$P_X = \mathrm{EIRP}_X - L_{up} + G_{sat} - L_{down} + G_R + G_{LNA} - L \tag{14-6}$$

式中：$P_X$——待测站发射单载波时，辅助站频谱分析仪测量的信号功率(dBm)；

$EIRP_X$——待测地球站发射 EIRP(dBm)；

$L_{up}$——上行链路总损耗(dB)，该损耗包括自由空间衰减、大气吸收衰减等；

$G_{sat}$——卫星转发器的总增益(dB)；

$L_{down}$——下行链路总损耗(dB)；

$G_R$——辅助站天线的接收增益(dBi)；

$G_{LNA}$——辅助站低噪声放大器的增益(dB)；

$L$——低噪放大器与频谱分析仪之间的射频电缆损耗(dB)。

然后，关闭待测站的载波，由标准站按照相同的频率发射单载波(标准站的发射 $EIRP_S$ 已知)，同理频谱分析仪测量的信号功率大小为 $P_S$，由卫星链路功率传输方程可知：

$$P_S = EIRP_S - L_{up} + G_{sat} - L_{down} + G_R + G_{LNA} - L \tag{14-7}$$

利用式(14-6)和式(14-7)可求出待测地球站的 EIRP 为

$$EIRP_X[dBW] = EIRP_S[dBW] + P_X[dBm] - P_S[dBm] \tag{14-8}$$

标准站法测量地球站 EIRP 的步骤如下：

(1) 按照图 14-3 所示建立测试系统，系统仪器设备加电预热，使测试系统的仪器设备工作正常。

(2) 利用卫星信标，调整辅助站天线方位和俯仰，使辅助站天线对准卫星，且调整辅助站天线极化与卫星信标极化匹配，此时频谱分析仪测量的卫星信标信号最大。

(3) 按照测试计划的要求，由待测站发射一未经调制的单载波信号，辅助站天线接收此信号，调整待测站天线的方位和俯仰，使待测地球站天线对准卫星，微调待测站天线极化，使之与卫星极化匹配，此时频谱分析仪接收的载波信号最大，用频谱分析仪的码刻测量此信号的大小，记为 $P_X$[dBm]。

(4) 关闭待测站载波，按照相同频率，由标准站发射一未经调制的单载波信号，调整标准站天线与卫星对准，且极化匹配，此时辅助站频谱分析仪测量的信号功率为 $P_S$[dBm]。

(5) 利用方程(14-8)计算待测地球站的 EIRP 。

## 14.2 地球站系统 *G/T* 值测量

卫星通信地球站系统 $G/T$ 值是衡量地球站接收系统的重要指标，是卫星通信链路设计的重要依据之一。它定义为卫星通信地球站天线接收增益与系统噪声温度之比。

地球站系统 $G/T$ 值测量方法有：间接法、直接法(射电源法和载噪比法)和比较法。

间接法测量地球站 $G/T$ 值就是分别测量出地球站天线接收增益和系统噪声温度，从而计算系统 $G/T$ 值。

射电源法测量 $G/T$ 值就是通过测量地球站天线指向射电星和冷空时的 $Y$ 因子，从而计算系统 $G/T$ 值。

载噪比法就是通过测量卫星通信地球站接收卫星信标或载波的归一化载噪比，从而计算出地球站系统 $G/T$ 值。

比较法就是分别测量出待测地球站与标准站接收卫星信标或载波的归一化载噪比，且标准站的 $G/T$ 值已知，由此计算出待测地球站系统 $G/T$ 值。

关于射电源法和载噪比法测量地球站 $G/T$ 值的原理方法在第 11 章第 11.5 节中有详细的论述，在此不再重复。下面介绍间接法和比较法测量地球站 $G/T$ 值的原理方法。

### 14.2.1 间接法测量地球站系统 *G/T* 值

所谓间接法测量地球站系统 $G/T$ 值就是分别测量出地球站天线接收增益和系统噪声温度，从而计算出地球站系统 $G/T$ 值。下面简单介绍天线接收增益和系统噪声温度的测量方法。

• 地球站天线接收增益测量

地球站天线接收增益测量方法很多，常用的测量方法有：链路计算法、射电源法、比较法、波束宽度法和方向图积分法等。在此介绍利用卫星信标，通过测量天线方位和俯仰的近旁瓣方向图，确定天线 3 dB 和 10 dB 波束宽度，从而计算天线接收增益大小的方法。

图 14－4 所示为利用波束宽度法测量地球站天线接收增益的原理图。

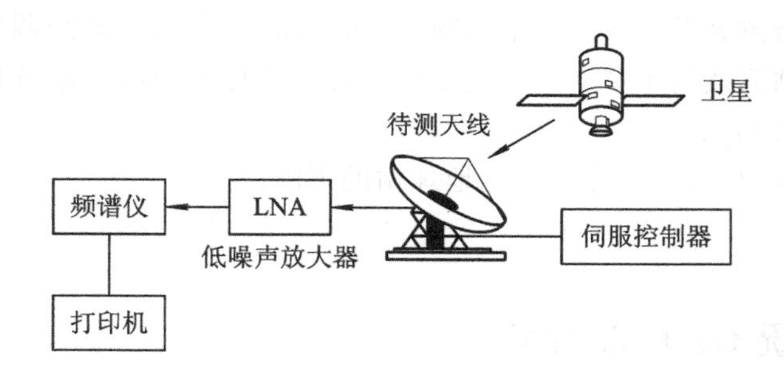


图 14－4 利用波束宽度法测量地球站天线接收增益的原理图

利用波束宽度法测量地球站天线接收增益的步骤如下：

(1) 按照图 14－4 所示建立测试系统，系统仪器设备加电预热，使仪器设备工作正常。

(2) 利用卫星信标，驱动待测天线的方位和俯仰，使天线对准卫星，调整待测天线极化与卫星极化匹配，此时频谱分析仪接收的卫星信标信号最大。

(3) 合理设置频谱分析仪的状态参数，如分辨带宽、视频带宽和扫描时间等。注意把频谱分析仪的扫频宽度 SPAN 设置为 0 Hz，此时频谱分析仪变为接收机，转动待测天线的方位或俯仰，用频谱分析仪测量天线近旁瓣方向图。

(4) 由测量的天线近旁瓣方向图，利用频谱分析仪的码刻功能测量天线方位方向图和俯仰方向图的 3 dB 和 10 dB 波束宽度。

(5) 利用方程(14－5)计算天线接收增益 $G_R$(注意此时公式中波束宽度为天线接收方向图波束宽度，馈源插入损耗为接收频段的插入损耗，表面公差计算频率为接收频率)。

• 系统噪声温度测量

图 14－5 所示为地球站系统噪声温度测量原理图。

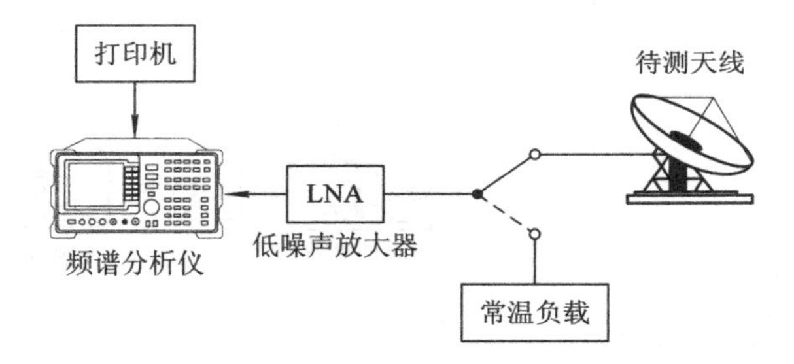


图 14－5　地球站系统噪声温度测量原理图

系统噪声温度采用经典的 Y 因子法进行测量，即测量出地球站天线指向冷空(规定的仰角上)与 LNA 接常温负载时噪声功率的差值，即得 Y 因子大小，由测量的 Y 因子计算出系统噪声温度。由 Y 因子定义得：

$$Y=\frac{T_0+T_{LNA}}{T_{sys}} \tag{14-9}$$

式中：$T_0$——常温负载的噪声温度(K)；

$T_{LNA}$——低噪声放大器的噪声温度(K)；

$T_{sys}$——系统噪声温度(K)。

由式(14－9)求得系统噪声温度为

$$T_{sys}=\frac{T_0+T_{LNA}}{Y} \tag{14-10}$$

地球站系统噪声温度的测量方法同第 11 章的 11.4.3 节，在此不再重复。

• 系统 $G/T$ 值计算

由测量的地球站天线接收增益 $G_R$和系统噪声温度 $T_{sys}$，利用式(14－11)可以

计算地球站系统 $G/T$ 值。

$$\frac{G}{T}\left[\frac{\text{dB}}{\text{K}}\right]=G_{\text{R}}[\text{dBi}]-10\times\log(T_{\text{sys}}) \tag{14-11}$$

### 14.2.2　比较法测量地球站系统 G/T 值

图 14-6 所示为比较法测量地球站系统 $G/T$ 值的原理图。图中待测地球站的低噪声放大器为系统本身的设备，而标准增益喇叭的 LNA 是一个性能参数已知的低噪声放大器。在实际工程测量中，通常待测站天线的 LNA 和标准喇叭的 LNA 可用同一个低噪声放大器，从而用一台频谱分析仪测量即可；标准喇叭通常要用高增益标准喇叭，以确保标准增益喇叭接收卫星信号的信噪比满足工程测量需求。

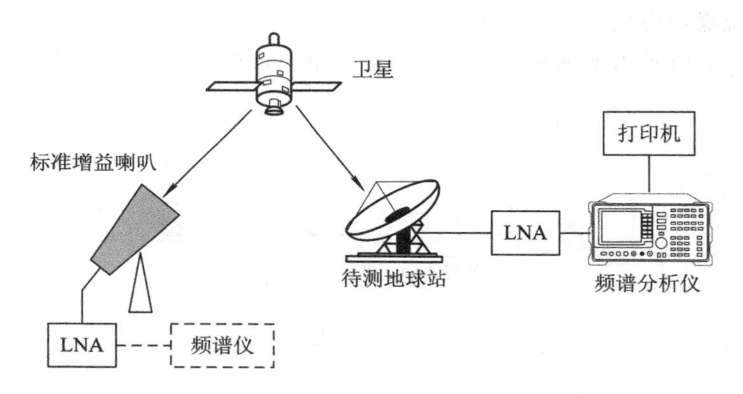


图 14-6　比较法测量地球站 $G/T$ 值的原理图

比较法测量地球站系统 $G/T$ 值的原理是：待测站系统 $G/T$ 值同标准增益喇叭系统 $G/T$ 值进行比较，从而确定待测地球站系统 $G/T$ 值。

当待测站天线对准卫星且极化匹配时，频谱分析仪测量的卫星信标(或单载波下行信号)的归一化信噪比与 $G/T$ 值的关系为

$$\frac{G}{T}=-228.6-\text{EIRP}+\left(\frac{C}{N_0}\right)_{\text{X}}+L_{\text{P}}+A_{\text{S}} \tag{14-12}$$

式中：$G/T$——待测地球站系统 $G/T$ 值(dB/K)；

EIRP——卫星信标或信号的等效各向同性辐射功率(dBW)；

$(C/N_0)_{\text{X}}$——待测天线接收卫星信标或信号的归一化载噪比(dB/Hz)；

$L_{\text{P}}$——卫星下行自由空间传播损耗(dB)；

$A_{\text{S}}$——地理增益修正因子(dB)。

当标准增益喇叭天线对准卫星且极化匹配时，标准增益喇叭系统 $(G/T)_{\text{S}}$ 值与测量归一化载噪比 $(C/N_0)_{\text{S}}$ 的关系为

$$\left(\frac{G}{T}\right)_{\mathrm{S}}=-228.6-\mathrm{EIRP}+\left(\frac{C}{N_0}\right)_{\mathrm{S}}+L_{\mathrm{P}}+A_{\mathrm{S}} \tag{14-13}$$

由式(14-12)和式(14-13)可求得待测地球站系统 $G/T$ 值为

$$\frac{G}{T}=\left(\frac{G}{T}\right)_{\mathrm{S}}+\left(\frac{C}{N_0}\right)_{\mathrm{X}}-\left(\frac{C}{N_0}\right)_{\mathrm{S}} \tag{14-14}$$

式(14-14)是在待测天线极化、标准增益喇叭天线极化均与卫星信号极化匹配的条件下获得的，当存在极化失配时，应考虑极化损失对测量结果的影响。通常有以下几种情况需要考虑：

第一种情况：待测天线为圆极化，标准增益喇叭和卫星信号均为线极化，此时比较法测量地球站系统 $G/T$ 值的原理公式为

$$\frac{G}{T}=\left(\frac{G}{T}\right)_{\mathrm{S}}+\left(\frac{C}{N_0}\right)_{\mathrm{X}}-\left(\frac{C}{N_0}\right)_{\mathrm{S}}+3 \tag{14-15}$$

第二种情况：待测天线为圆极化，卫星信标或信号亦是圆极化，而标准增益喇叭天线为线极化，此时比较法测量地球站系统 $G/T$ 值的原理公式为

$$\frac{G}{T}=\left(\frac{G}{T}\right)_{\mathrm{S}}+\left(\frac{C}{N_0}\right)_{\mathrm{X}}-\left(\frac{C}{N_0}\right)_{\mathrm{S}}-3 \tag{14-16}$$

第三种情况：卫星信标或信号为圆极化，而待测天线和标准增益喇叭天线均为线极化，此时 $G/T$ 值计算公式与式(14-14)相同。

比较法测量地球站系统 $G/T$ 值的步骤如下：

(1) 按照图14-6所示建立测量系统，系统的仪器设备加电预热，使仪器设备工作正常。

(2) 利用卫星信标，驱动待测天线的方位和俯仰，使待测天线对准卫星，调整待测天线极化与卫星信标极化匹配，此时频谱分析仪接收的卫星信标信号最大。

(3) 合理设置频谱分析仪的状态参数，例如设置频谱分析仪的分辨带宽RBW为1 kHz，视频带宽VBW为30 Hz，扫频宽度SPAN为20 kHz，扫描时间为2 s等。值得注意的是：在归一化载噪比测量中，频谱分析仪的射频衰减ATTEN一定要设置为0 dB，否则会影响归一化载噪比的测量精度。

(4) 利用频谱分析仪的码刻Δ和噪声功率测量功能，直接测量出待测天线接收卫星信标的归一化载噪比的大小，用 $(C/N_0)_{\mathrm{X}}$ 表示。

(5) 将频谱分析仪接到标准增益喇叭天线上，调整标准增益喇叭的方位和俯仰，使标准增益喇叭天线对准卫星，且极化匹配，同理用频谱分析仪测量标准增益喇叭天线接收卫星信标的归一化载噪比，用 $(C/N_0)_{\mathrm{S}}$ 表示。

(6) 由已校准的标准增益喇叭天线系统 $G/T$ 值和测量的归一化载噪比，利用公式(14-14)计算待测地球站系统 $G/T$ 值。

这里给出了某 Ku 波段 6.2 米地球站天线系统的 $G/T$ 值测量结果。图 14-7 为待测地球站接收中卫一号(87.5℃)垂直极化信标的归一化载噪比测量结果，图 14-8 为标准增益喇叭接收中卫一号垂直极化信标的归一化载噪比测量结果。已知标准增益喇叭的增益为 24.4 dBi，标准喇叭所用的低噪声放大器的噪声温度为 80K，标准喇叭系统的 $G/T$ 值为 5.01 dB/K，测量归一化载噪比时频谱分析仪状态参数设置如下：

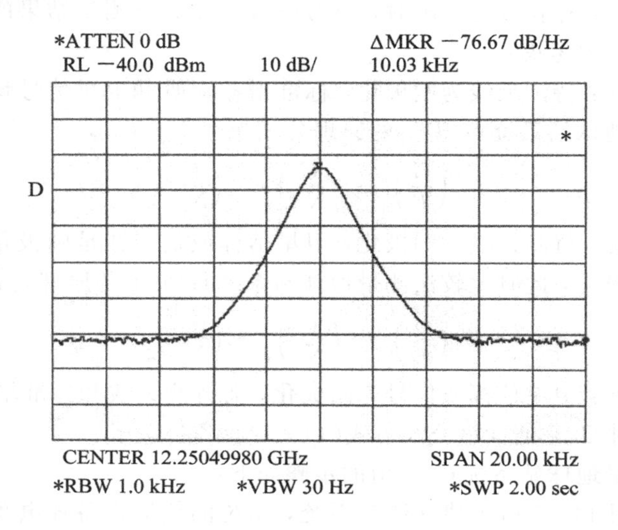


图 14-7　待测站接收中卫一号垂直极化信标的归一化载噪比

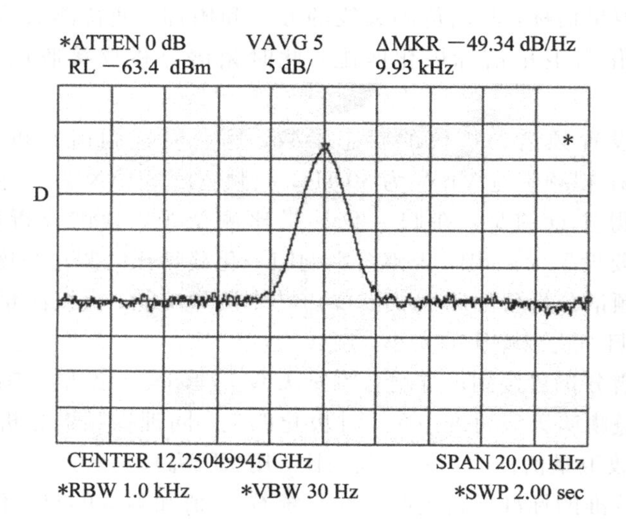


图 14-8　标准增益喇叭接收中卫一号垂直极化信标的归一化载噪比

频谱分析仪的分别带宽：RBW＝1 kHz

频谱分析仪的视频带宽：VBW＝30 Hz

频谱分析仪的扫描时间：SWP＝2 sec

频谱分析仪的扫频宽度：SPAN＝20 kHz

频谱分析仪的输入衰减：ATTEN＝0 dB

则待测地球站系统 $G/T$ 值测量结果如下：

标准增益喇叭系统的 $G/T$ 值：5.01 dB/K

待测天线测量的归一化载噪比：76.67 dB/Hz

标准喇叭测量的归一化载噪比：49.34 dB/Hz

待测地球站系统 $G/T$ 值：32.34 dB/K

## 14.3 功率和频率稳定度测量

### 14.3.1 功率和频率稳定度的表示

功率和频率稳定度是卫星通信系统的重要性能指标之一。功率稳定度通常用功率的绝对误差和均方根误差表示。在测量周期内(一般为 24 小时)，每隔一定间隔测量一个功率值，记为 $P_i(i=1, 2, 3, \cdots, n)$，则测量功率的绝对误差和均方根误差为

$$\Delta P = |P_{\max} - P_{\min}| \tag{14-17}$$

$$\sigma_P = \pm\sqrt{\frac{\sum_{i=1}^{n}(P_i - P_0)}{n-1}}, \quad P_0 = \frac{\sum_{i=1}^{n}P_i}{n} \tag{14-18}$$

式中：$\Delta P$——测量周期内，功率的最大绝对误差(dB)；

$P_{\max}$——测量周期内，功率的最大值(dBm)；

$P_{\min}$——测量周期内，功率的最小值(dBm)；

$\sigma_P$——功率测量的均方根误差(dB)。

频率稳定度通常用频率的绝对误差和均方根误差表示。在测量周期内(一般为 24 小时)，每隔一定间隔测量一个频率值，记为 $f_i(i=1, 2, 3, \cdots, n)$，则测量频率的绝对误差和均方根误差为

$$\Delta f = |f_{\max} - f_{\min}| \tag{14-19}$$

$$\sigma_f = \pm\sqrt{\frac{\sum_{i=1}^{n}(f_i - f_0)}{n-1}}, \quad f_0 = \frac{\sum_{i=1}^{n}f_i}{n} \tag{14-20}$$

式中：$\Delta f$——测量周期内，频率的最大绝对误差或称为最大频偏(Hz)；

$f_{\max}$——测量周期内，频率的最大值(Hz)；

$f_{\min}$——测量周期内，频率的最小值(Hz)；

$\sigma_f$——频率测量的均方根误差(Hz)。

## 14.3.2 地球站上行功率和频率稳定度的测量

地球站上行功率和频率稳定度是指地球站上行分系统从调制器到功率放大器的功率和频率稳定度，不包括天线增益稳定度、天线跟踪和指向误差等。上行功率和频率稳定度与调制器稳定度、上变频器稳定度和功率放大器稳定度等因素有关。

地球站上行功率稳定度与地球站 EIRP 稳定度密切相关，它的好坏直接关系到 EIRP 稳定度的好坏；上行频率稳定度直接影响整个系统的频率稳定度。因此卫星通信地球站功率与频率稳定度是地球站系统测试的必测项目，也是地球站系统入网认证的测试项目之一。

图 14－9 所示为地球站上行功率和频率稳定度测试的原理图。调制器发射一个未调制的单载波，经定向耦合器至假负载，频谱分析仪接在定向耦合器的耦合端口，测量上行功率和频率。

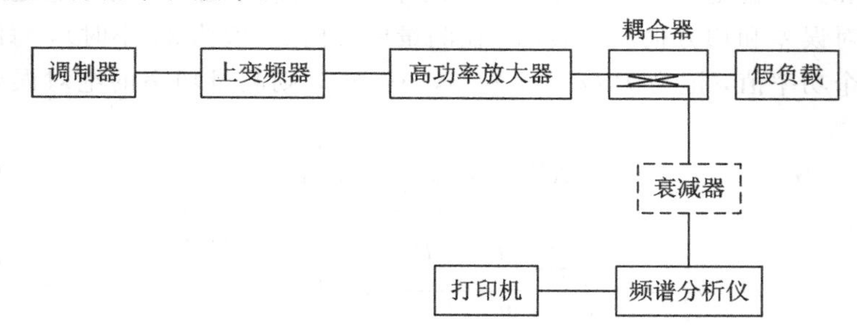


图 14－9 地球站上行功率和频率稳定度测试的原理图

测量地球站上行功率和频率稳定度的步骤如下：

(1) 按照图 14－9 所示建立地球站上行分系统功率与频率稳定度测试系统，系统仪器设备加电预热，使测试系统仪器设备工作正常。

(2) 将高功率放大器的输出经定向耦合器接假负载。

(3) 在定向耦合器的耦合端口接频谱分析仪，按照测试计划要求由调制器发射一个未经调制的单载波，用频谱分析仪测量此载波信号，合理设置频谱分析仪的状态参数，用频谱分析仪的码刻功能测量该载波功率和频率。

(4) 按照一定周期，每隔一定时间间隔测量一次载波的功率和频率，并记录载波的功率和频率。

(5) 由步骤(4)测量结果计算功率和频率稳定度。

### 14.3.3　卫星信标 EIRP 和频率稳定度的测量

卫星信标 EIRP 和频率稳定度与卫星发射系统 EIRP 和频率稳定度、下行自由空间传播稳定度、监测天线系统稳定度和低噪声放大器稳定度等因素有关。图 14-10 为卫星信标 EIRP 和频率稳定度测量的原理图。

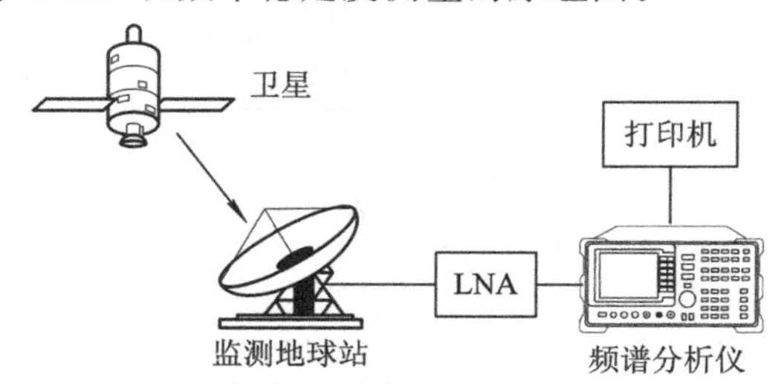


图 14-10　卫星信标 EIRP 和频率稳定度测量原理图

测量卫星信标 EIRP 和频率稳定度的步骤如下：

(1) 按照图 14-10 所示建立卫星信标 EIRP 和频率稳定度测试系统，系统仪器设备加电预热，使仪器设备工作正常。

(2) 利用卫星信标信号，驱动监测站天线的方位和俯仰，使监测站天线对准卫星，调整监测站天线极化与卫星极化匹配，此时频谱分析仪接收的卫星信标信号最大；利用频谱分析仪的码刻功能测量信标信号的功率和频率，并记录测量结果。

(3) 每隔一定时间，微调监测站天线的方位和俯仰，使天线对准卫星(减小卫星漂移误差)，同理测量信标信号的功率和频率。

(4) 由测量结果计算卫星信标的功率和频率稳定度。

表 14-1 给出了中卫一号卫星水平极化信标稳定度的测量结果。测试所用的监测天线为高增益标准喇叭，LNA 为 80K 的低噪声放大器。

**表 14-1　中卫一号卫星水平极化信标稳定度测量结果**

| 记录时间<br>(年-月-日　时：分) | 信标信号功率电平<br>(dBm) | 信标信号频率<br>(MHz) |
|---|---|---|
| 2010-11-19 10：00 | −71.40 | 12 749.497 52 |
| 2010-11-19 10：30 | −71.73 | 12 749.497 58 |
| 2010-11-19 11：00 | −71.42 | 12 749.497 58 |
| 2010-11-19 11：30 | −71.32 | 12 749.497 58 |
| 2010-11-19 12：00 | −71.23 | 12 749.497 58 |
| 2010-11-19 12：30 | −71.23 | 12 749.497 52 |

续表

| 记录时间<br>(年-月-日 时：分) | 信标信号功率电平<br>(dBm) | 信标信号频率<br>(MHz) |
|---|---|---|
| 2010-11-19 13：00 | −71.07 | 12 749.497 58 |
| 2010-11-19 13：30 | −71.07 | 12 749.497 60 |
| 2010-11-19 14：00 | −71.23 | 12 749.497 442 |
| 2010-11-19 14：30 | −71.07 | 12 749.497 45 |
| 2010-11-19 15：00 | −70.90 | 12 749.497 48 |
| 2010-11-19 15：30 | −71.07 | 12 749.497 48 |
| 2010-11-19 16：00 | −71.40 | 12 749.497 51 |
| 2010-11-19 16：30 | −71.07 | 12 749.497 41 |
| 2010-11-19 17：00 | −71.40 | 12 749.497 44 |

依据表 14－1 所示的测量数据，计算结果如下：

功率最大误差：$\Delta P=|-70.90+71.73|=0.83$ dB

功率均方根误差：$\sigma_P=\pm 0.2098$ dB

频率最大偏差：$\Delta f=|12\,749.497\,60-127\,49.49\,741|=0.00019$ MHz

频率均方根误差：$\sigma_f=\pm 6.381\,959\times 10^{-5}$ MHz

## 14.4 系统幅频特性测量

幅频特性是指幅度随频率的变化特性。幅频特性测量就是测量幅度特性在工作频段内幅度波动的峰峰值。

地球站系统的幅频特性是地球站系统调测的主要项目之一，它可细分为上行分系统的幅频特性和下行分系统的幅频特性。下面简单介绍地球站幅频特性测量的方法。

### 14.4.1 上行分系统幅频特性测量

地球站上行分系统的幅频特性是指中频到射频的幅频特性，它包括从调制器的中频信号输出到高功率放大器射频输出的所有上行线路，即包括中频电缆、中频均衡器、上变频器、射频电缆和高功率放大器等部分的幅度-频率特性。不同业务的地球站，对中频-射频幅频特性指标要求各不相同。图 14－11 所示为地球站上行分系统幅频特性测量的原理图。

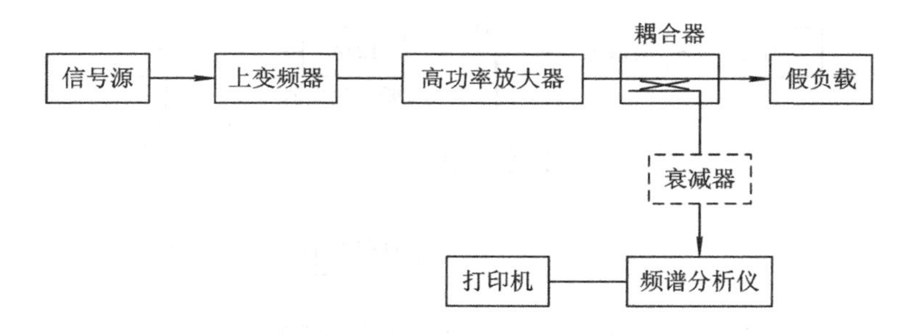


图 14－11　地球站上行分系统幅频特性测量原理图

地球站上行分系统幅频特性测量的方法是：由微波信号源发射一个中频测试信号，经中频输入电缆，输入给上变频器；由上变频器变换成射频信号，经射频传输线馈给高功率放大器；高功率放大器的输出接假负载，高功率放大器的耦合端口接频谱分析仪，利用频谱分析仪测量其上行分系统的幅频特性。

测量地球站上行分系统幅频特性的步骤如下：

(1) 按照图 14－11 所示建立地球站上行分系统幅频特性测量系统，系统仪器设备加电预热，使仪器设备工作正常。

(2) 高功率放大器输出端口接假负载，检测端口(或定向耦合器的耦合端口)接频谱分析仪。

(3) 按照地球站上行分系统要求，设置信号源的中频输出频率和信号的幅度电平。

(4) 调整上变频器的本振频率，使上变频器的射频输出信号频率为测试频段内射频信号。

(5) 合理设置频谱分析仪的状态参数，利用频谱分析仪的码刻功能测量高功率放大器耦合输出信号的幅度和频率，并记录测量结果。

(6) 改变上变频器的本振频率，重复上述步骤，同理可测量高功率放大器输出其他频率信号的幅度和频率。

(7) 绘制幅度频率曲线，确定地球站上行分系统的幅频特性。

## 14.4.2　下行分系统幅频特性测量

地球站下行分系统幅频特性测试是地球站下行分系统的主要测试项目之一。它是指地球站的低噪声放大器射频输入到下变频器中频输出的所有下行线路的幅频特性，其中包括低噪声放大器、功率分配器、下变频器、所有射频传输线和中频传输电缆等。图 14－12 所示为地球站下行分系统幅频特性测量原理图。

地球站下行分系统幅频特性测量的原理方法是：微波信号源在地球站接收频段内，发射一单载波射频信号，确保低噪声放大器输入电平小于或等于 －70 dBm；

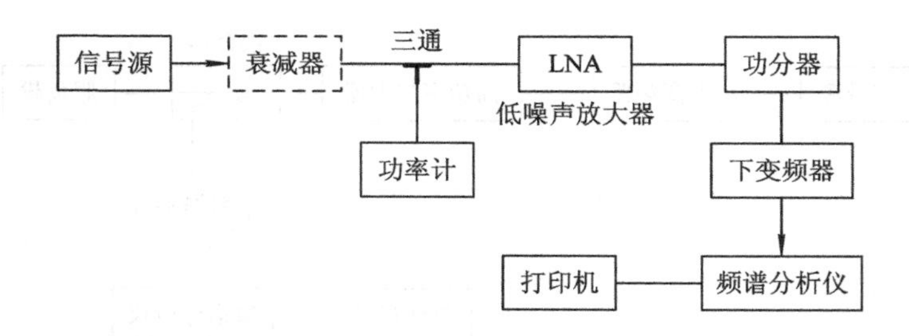


图 14-12 地球站下行分系统幅频特性测量原理图

经低噪声放大器、功分器和下变频器，变换成中频信号；用频谱分析仪测量此中频信号的幅度和频率。

测量地球站下行分系统幅频特性的步骤如下：

(1) 按照图 14-12 所示建立地球站下行分系统幅频特性测量系统，系统仪器设备加电预热，使系统仪器设备工作正常。

(2) 在地球站接收频段内，信号源发射一单载波信号，调整信号源输出功率大小，使功率计测量出的信号功率小于或等于－70 dBm(如果信号源不能输出如此小的信号，可通过衰减器实现)。

(3) 合理设置频谱分析仪的状态参数，测量信号源输出经低噪声放大器、功分器及下变频器输出的中频信号，用频谱分析仪的码刻功能测量信号的幅度。

(4) 改变信号源的频率，调整信号源的输出功率，使功率计测量的输入信号功率同步骤(2)(此目的保障低噪放大器的射频输入信号功率相同)，同理用频谱分析仪测量下变频器中频输出信号的幅度。

(5) 由输入信号频率和测量的中频信号幅度，绘制幅度频率特性曲线，确定地球站下行分系统的幅频特性。

地球站下行分系统幅频特性测量时应注意以下几个问题：

• 在地球站下行分系统幅频特性测量中，进入低噪声放大器的射频输入信号一般不应超过－70 dBm，以避免低噪声放大器饱和，当然此值并不是强制性的，一般根据低噪放大器增益和 1 dB 压缩点进行合理的选择，其目的就是确保低噪声放大器工作在线性区域。

• 在卫星通信地球站下行分系统幅频特性测量中，要确保低噪声放大器在不同频率点的射频输入信号的功率电平相同。例如，Ku 波段卫星通信地球站，其下行工作频率为 12.25～12.75 GHz，在不同频率测量时，由于信号源输出功率不准，测量电缆的损耗不一样，导致低噪声放大器射频输入信号电平有差别；通过调整信号源的输出或衰减器，用功率计监测此信号的大小，以确保低噪声放大器的射频输入信号功率相同。

• 关于图 14-12 测量原理图中的衰减器，如果信号源本身有衰减器选件，可以输出小信号，其输出信号功率可调整至－70 dBm以下，则测试系统中可无需衰减器；如果信号源没有衰减器选件，如有的信号源最小输出功率为－20 dBm，则此时应接衰减器，以保证低噪声放大器工作在线性区域。

## 14.5 地球站带外辐射特性测量

地球站带外辐射是指载波频段外的电磁能量辐射，主要由滤波器特性不良、互调产物过大或辐射功率过高等因素引起。

地球站带外辐射一般分为两类：一类是杂散辐射(不含互调产物)，它包括寄生单频、带内噪声和其他不希望出现的信号；另一类是多载波工作时产生的互调产物。这两类杂散产生的方式不同，地球站指标要求及其测量方法各不相同。下面分别介绍这两种带外辐射的测量方法。

### 14.5.1 杂散辐射测量

杂散辐射测量的目的是确定地球站上行分系统在卫星工作频段内，天线辐射出的除载波信号外的任何杂散信号(不包括互调产物)，杂散辐射信号主要反映了上行分系统中与载波无关的噪声及与载波有关的寄生信号。世界各卫星组织对地球站杂散辐射均有具体的指标要求，例如国际卫星组织INTELSAT对C波段地球站(5.925～6.425 GHz)或Ku波段(14.0～14.5 GHz)杂散辐射的要求是：在给定的载波带宽以外的任何频率上，带外杂散辐射(不包括互调产物)EIRP不能超出4 dBW/4 kHz。

图14－13所示为地球站上行分系统杂散辐射测量的原理图。

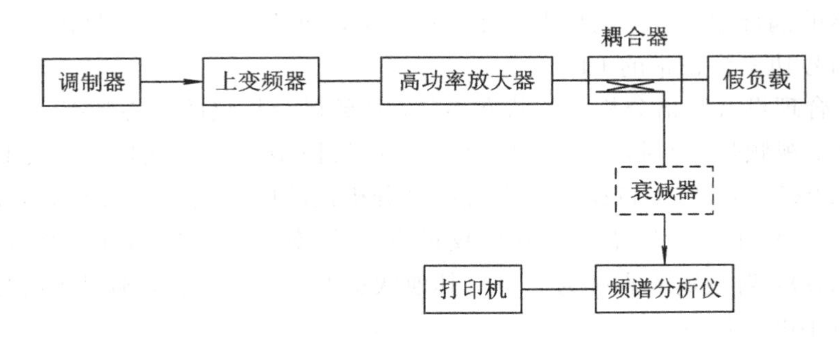


图14－13 地球站上行分系统杂散辐射测量的原理图

地球站上行分系统杂散辐射测量原理方法是：在正常EIRP的条件下，由调制器发射一个未调制的单载波信号，经过地球站上行分系统，用频谱分析仪在高功率放大器射频输出的监测口(或高功率放大器射频输出接定向耦合器的耦合端口）测量工作频段内上行分系统辐射的噪声密度谱相对未调制单载波信号电平的差值，利用下式计算杂散辐射的大小。

$$\mathrm{EIRP_{SP}} = \mathrm{EIRP_c} - \frac{C}{N} \tag{14-21}$$

式中：$\mathrm{EIRP_{SP}}$——杂散辐射功率的 EIRP(dBW)；

$\mathrm{EIRP_c}$——未调制载波的 EIRP(dBW)；

$C/N$——测量载波对噪声的比值(dB)。

考虑频谱分析仪噪声测量误差，并归算至每 4 kHz 的杂散辐射为

$$\mathrm{EIRP_{SP}} = \mathrm{EIRP_c} - \frac{C}{N} + 2.5 - 10 \times \log\left(\frac{1.2 \times \mathrm{RBW}}{4\ \mathrm{kHz}}\right) \tag{14-22}$$

式中：RBW——频谱分析仪的分辨带宽，单位为 kHz。

在实际工程测量中，通常可由载波 $\mathrm{EIRP_c}$ 和杂散辐射 $\mathrm{EIRP_{SP}}$ 的要求，推导出载波对噪声谱密度比 $C/N$ 的大小。例如地球站 EIRP 为 62 dBW，要求杂散辐射 $\mathrm{EIRP_{SP}}$ 小于 4 dBW/4 kHz，当频谱分析仪的分辨带宽设置为 10 kHz 时，要求杂散辐射的载噪比为

$$\frac{C}{N} > 55.73\ \mathrm{dB} \tag{14-23}$$

式(14-23)的含义是测量的未调制载波比杂散辐射信号高出 55.73 dB。

用频谱分析仪测量地球站上行分系统带外辐射的步骤如下：

(1) 按照图 14-13 所示建立地球站上行分系统带外辐射测量系统，并确认高功率放大器的输出端口接假负载，系统仪器设备加电预热，使仪器设备工作正常。

(2) 用调制器发射一单载波中频信号，经上变频器变换成地球站上行射频单载波信号，输入给高功率放大器，用频谱分析仪在高功率放大器的监测口（或定向耦合器的耦合端口）测量此射频信号的功率，调整上行载波信号的功率，确认该载波信号功率为正常的 EIRP。

(3) 合理设置频谱分析仪的状态参数，如频谱分析仪的中心频率、扫频宽度、分辨带宽、视频带宽和扫描时间等。例如，C 波段卫星通信地球站，其上行工作频率为 5.925～6.425 GHz，那么设置频谱分析仪的中心频率为 6.175 GHz，扫频宽度为 500 MHz（或设置频谱分析仪的起始频率为 5.925 GHz，停止频率为 6.425 GHz），射频输入衰减为 0 dB，其他状态参数合理设置，确保频谱分析仪不出现测量不准的信息。

(4) 利用频谱分析仪的码刻 Δ 功能测量载波对杂散信号的载噪比，由式(14-22)计算杂散辐射 EIRP，用绘图仪或打印机输出测量结果。

(5) 改变高功率放大器的输入频率，重复上述步骤，同理可测量其他频率的杂散辐射 EIRP。

### 14.5.2　上行互调产物辐射测量

当地球站工作于多载波时，由于地球站上行分系统设备的非线性特性，产生互调产物，从而导致带外辐射。实际上，地球站上行互调产物辐射测试，就是测量上行分系统多载波工作时产生的互调噪声。图 14－14 所示为地球站上行互调产物辐射测量的原理图。

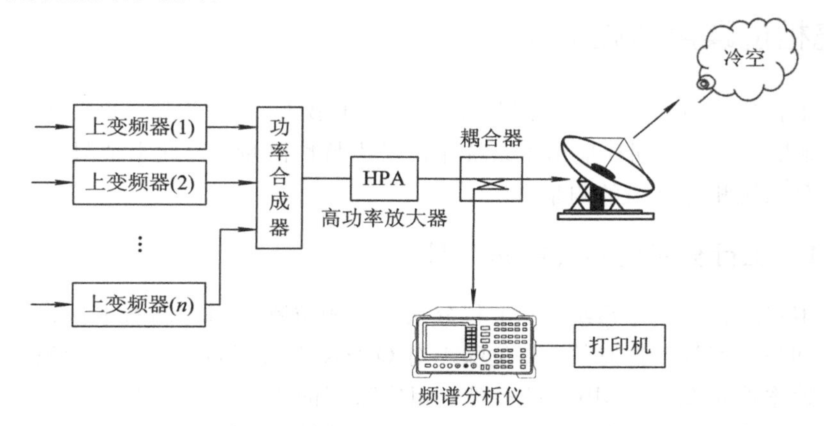


图 14－14　地球站上行互调产物辐射测量的原理图

地球站上行互调产物辐射测量的原理方法是：按照测试计划要求，地球站辐射多个载波，用频谱分析仪在高功率放大器监测口或定向耦合器的耦合口测量互调噪声信号的功率电平 $N$，利用式(14－24)计算每 4 kHz 带外等效辐射 EIRP 值。

$$\mathrm{EIRP_{IM}} = N + 2.5 - 10 \times \log \frac{1.2 \times \mathrm{RBW}}{4} - L + G_t + C - 30 \qquad (14-24)$$

式中：$\mathrm{EIRP_{IM}}$——每 4 kHz 带宽的地球站上行互调产物辐射的 EIRP(dBW)；

$N$——频谱分析仪测量的互调噪声功率(dBm)；

RBW——频谱分析仪的分辨率带宽(kHz)；

$L$——地球站发射馈线的插入损耗(dB)；

$G_t$——地球站天线的发射增益(dBi)；

$C$——高功率放大器输出耦合器的耦合系数(dB)。

测量地球站上行分系统互调产物辐射的步骤如下：

(1) 按照图 14－14 所示建立地球站上行分系统互调产物辐射测试系统，系统仪器设备加电预热，使系统仪器设备工作正常。

(2) 利用地球站天线伺服控制器，驱动天线的方位和俯仰，使天线指向背景冷空。

(3) 按照测试计划要求，地球站上行分系统发射多个不同频率的载波，且调整高功率放大器输出，使其输出功率满足测试要求。

(4) 合理设置频谱分析仪的状态参数，用频谱分析仪在功率放大器输出监测口测量互调噪声功率，利用式(14－24)计算每 4 kHz 带宽的互调噪声辐射的 EIRP。

(5) 用打印机或绘图仪输出测量结果。

## 14.6 系统相位噪声特性测量

关于相位噪声的概念及其测量原理方法在第 11 章中的第 11.6 节已详细论述，其测量原理方法同样适用于系统相位噪声特性测量，因此本节只简述地球站上下行分系统相位噪声的测量方法。

### 14.6.1 上行分系统相位噪声测量

在卫星通信地球站系统中，上行分系统的相位噪声与调制器本振、上变频器的本振和高功率放大器有关。相位噪声对 QPSK 方式调制的载波影响很大，特别是对于速率低于 2.048 Mb/s 的载波，相位噪声的影响不容忽略。世界各卫星组织对地球站系统的相位噪声都有具体的要求，例如国际卫星组织的 IESS 308 标准中，明确规定了卫星通信地球站上行分系统单边带相位噪声必须满足下列两个限制中的一个。

限制 1 的相位噪声要求：假设单边带相位噪声是由连续的相位噪声和离散的相位噪声组成，连续的单边带相位噪声功率密度谱满足图 14－15 包络要求。在交流电源频率基波频率处的离散杂波成分相对于载波电平不超过－30 dBc，所有其他单边带离散杂波成分之和相对于载波电平不超过－36 dBc。

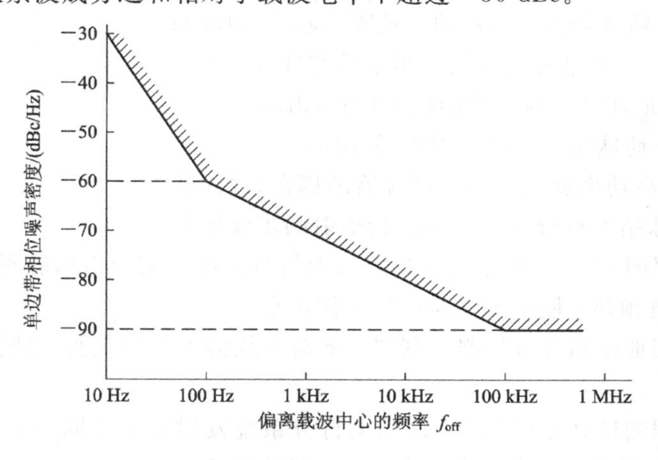


图 14－15　上行分系统单边带连续相位噪声功率密度要求

限制 2 的相位噪声要求：连续的和离散的单边带相位噪声，在偏离载波中心频率 10 Hz～0.25 $R$Hz($R$ 为载波的传输速率)处的积分不超过 2°(均方根)，双边带总的相位噪声不超过 2.8°(均方根)。

图 14-16 所示为地球站上行分系统相位噪声测量的原理图。

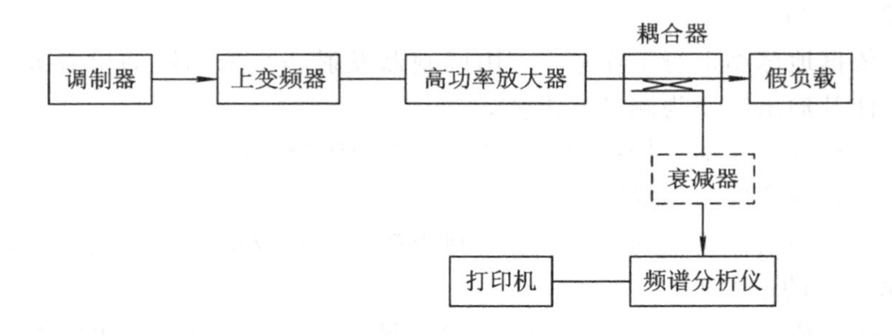


图 14-16　地球站上行分系统相位噪声测量的原理图

地球站上行分系统相位噪声测量的原理方法是：利用调制器发射一个未调制的单载波中频信号，经过地球站上变频器变换成射频信号，由高功率放大器放大此单载波信号，利用频谱分析仪在高功率放大器的耦合口测量未调制载波的噪声边带，利用式(14-25)计算地球站上行分系统的单边带相位噪声密度。

$$\Psi(f_{\mathrm{off}}) = P_{\mathrm{SSB}} - P_{\mathrm{C}} - 10 \times \log(1.2 \times \mathrm{RBW}) + 2.5 \qquad (14-25)$$

式中：$\Psi(f_{\mathrm{off}})$——相位噪声密度(dBc/Hz)；

$f_{\mathrm{off}}$——偏离载波的频率(Hz)；

$P_{\mathrm{SSB}}$——单边带相位噪声功率(dBm)；

$P_{\mathrm{C}}$——测量载波功率(dBm)；

RBW——频谱分析仪的分辨率带宽(Hz)。

式(14-25)中的 2.5 dB 为频谱分析仪测量噪声功率时的误差修正。利用频谱分析仪的码刻 Δ 功能可直接测量偏离载波频率 $f_{\mathrm{off}}$ 处的载波功率对噪声功率比，记为 $C/N$(此值为正值，单位为 dB)，则相位噪声密度为

$$\Psi(f_{\mathrm{off}}) = -\frac{C}{N} - 10 \times \log(1.2 \times \mathrm{RBW}) + 2.5 \qquad (14-26)$$

现代大多数频谱分析仪均具有归一化噪声功率测量功能，因此利用频谱分析仪的码刻 Δ 功能和码刻噪声功能，可直接测量偏离载波中心频率 $f_{\mathrm{off}}$ 处的相位噪声密度。假设用频谱分析仪测量的归一化载波对噪声比为 $C/N_0$[dBc/Hz]，则测量的相位噪声密度为

$$\Psi(f_{\mathrm{off}}) = -\frac{C}{N_0} \qquad (14-27)$$

式(14-25)、式(14-26)和式(14-27)为频谱分析仪测量相位噪声密度的基本公式，若频谱分析仪具备噪声功率测量功能，则用式(14-27)测量相位噪声是最简

单方法，利用式(14-27)测量上行分系统相位噪声密度的步骤如下：

(1) 按照图14-16所示建立地球站上行分系统相位噪声测量系统，系统的仪器设备加电预热，使测试系统的仪器设备工作正常。

(2) 将高功率放大器的射频输出端口接假负载，频谱分析仪接高功率放大器的耦合输出端口。

(3) 依据地球站上行工作频率，用调制器发射一个未调制的单载波，设置上变频器，使其输出频率为测试要求值。

(4) 合理设置频谱分析仪的状态参数，如频谱分析仪的中心频率、分辨带宽、视频带宽、扫频宽度和扫描时间等。

(5) 激活频谱分析仪的码刻功能，利用频谱分析仪的峰值搜索功能，将码刻移至测试载波的最大处。

(6) 按频谱分析仪的码刻Δ功能，激活另一个码刻，同时激活频谱分析仪的码刻噪声测量功能，移动活动码刻至所测量的频偏 $f_{\text{off}}$ 处，在频谱分析仪的显示器上可直接读出每Hz的相位噪声密度大小。

(7) 改变频谱分析仪的扫频宽度SPAN，重新设置频谱分析仪的状态参数，同理测试其他频偏处的相位噪声密度。

(8) 改变测试频率，重复步骤(4)～(7)，同理测量其他频率的相位噪声密度。

(9) 利用打印机输出测量结果。

利用频谱分析仪测量地球站上行分系统相位噪声，应注意以下几个问题：

• 频谱分析仪的分辨带宽一般尽量设置小些，以便分辨出由电源引起的离散相位噪声。

• 测量相位噪声时，频谱分析仪的射频衰减设置为0 dB，否则将会影响相位噪声的测量精度。

• 不同频偏处，地球站相位噪声要求是不一样的，要合理设置频谱分析仪的扫频宽度，以便准确测量地球站上行分系统单边带相位噪声。如果只用较小的扫频宽度测量单边带相位噪声，则不能反映出偏离载波频率较高时的相位噪声；相反，如果用较大的扫频宽度测量单边带相位噪声，则对于低频段的相位噪声分布情况就看不清楚。因此，在相位噪声测量中，频谱分析仪的扫频宽度设置也是非常重要的。

• 现代频谱分析仪一般均具有码刻噪声功率测量功能，利用此功能可直接测量不同频偏处每Hz的相位噪声，这样不仅简单方便，且可以提高相位噪声测量的准确度。

### 14.6.2 下行分系统相位噪声测量

对于采用QPSK调制方式的载波来说，下行分系统的相位噪声也是不可忽略的，因为下行分系统的相位噪声将对载波产生影响，降低系统载噪比，产生码间干扰，从而导致误码率恶化。为了保证接收电路的质量性能，对地球站下行分系统的相位噪声必须加以限制。

地球站下行分系统中的相位噪声主要来源于下变频器的本振，因为低噪声放大器的噪声很低，由其产生的噪声很小，对下行分系统的相位噪声贡献可忽略不计。

图 14-17 所示为地球站下行分系统相位噪声测量的原理图。

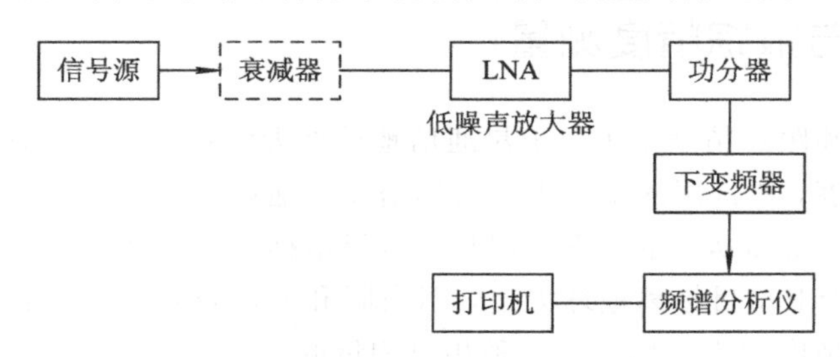


图 14-17　地球站下行分系统相位噪声测量的原理图

地球站下行分系统相位噪声测量的原理方法是：利用一台具有很低相位噪声的信号源，发射一单载波信号，其输出功率电平满足低噪声放大器的输入要求；此信号经低噪声放大器放大，输入给下变频器，下变频器输出一个具有相位噪声边带的中频信号；利用频谱分析仪测量此载波和噪声边带，依据相位噪声测量方法，利用式(14-25)、式(14-26)或式(14-27)计算相位噪声密度。下面简述利用式(14-27)测量相位噪声密度的方法。

归一化载噪比测量地球站下行分系统相位噪声的步骤如下：

(1) 按照图 14-17 所示建立地球站下行分系统相位噪声测量系统，系统的仪器设备加电预热，使测试系统的仪器设备工作正常。

(2) 在地球站下行工作频段内，由信号源发射一个单载波信号，其输出功率电平适合下行低噪声放大器的输入电平，若需要可用衰减器进行调整，以满足低噪放大器的输入信号要求。

(3) 设置下变频器的频率为信号源的输出频率，频谱分析仪的中心频率为下变频器输出的中频频率。

(4) 合理设置频谱分析仪的状态参数，如频谱分析仪的中心频率、分辨带宽、视频带宽、扫频宽度和扫描时间等。

(5) 激活频谱分析仪的码刻功能，利用频谱分析仪的峰值搜索功能，将码刻移至测试中频载波的最大处。

(6) 按频谱分析仪的码刻 Δ 功能，激活另一个码刻，同时激活频谱分析仪的码刻噪声测量功能，移动活动码刻至所测量的频偏 $f_{off}$处，在频谱分析仪的显示器上可直接读出每 Hz 的相位噪声密度大小。

(7) 改变频谱分析仪的扫频宽度 SPAN，重新设置频谱分析仪的状态参数，同理测试其他频偏处的相位噪声密度。

(8) 改变测试频率，重复步骤(4)～(7)，同理测量其他频率的相位噪声密度。

(9) 利用打印机输出测量结果。

## 14.7 指向精度与跟踪精度测量

指向精度和跟踪精度是表示卫星通信地球站天线定位精度的两个参数。为了保证其测量精度，所选用的星历表或信标塔相对地球站天线位置的精度高于被测项目精度的一个数量级。本节将介绍利用卫星信标测量地球站指向精度和跟踪精度的方法。由于卫星目标离地球太远，用肉眼和一般仪器无法观测，因此卫星信标法测量指向精度和跟踪精度是一种相对测量的方法。

### 14.7.1 指向精度测量

指向精度是指卫星通信地球站天线波束轴(电轴)指向卫星后，天线波束中心的指向(角度读出设备指示值)与应有的地球站天线波束中心指向之间的角度差。影响卫星通信地球站天线指向精度的主要因素有：机械轴及电轴未对准引起的误差；角度读出误差及该装置的零位标定误差；天线结构变形，风、重力和热效应引起的误差以及伺服系统误差等。

图 14-18 所示为利用卫星信标测量地球站指向精度的原理图。

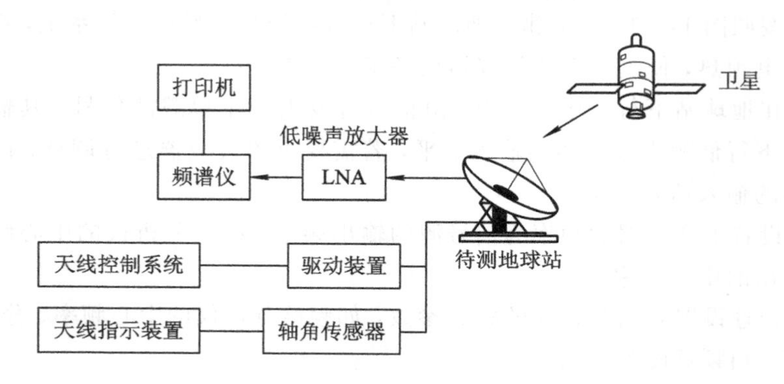


图 14-18 利用卫星信标测量地球站指向精度的原理图

利用卫星信标测量地球站天线指向精度的步骤如下：

(1) 按照图 14-18 所示建立地球站天线指向精度测量系统，系统的仪器设备加电预热，使测试系统的仪器设备工作正常。

(2) 利用地球站位置的经度和纬度，以及所对准卫星的轨道位置，精确计算地球站天线指向卫星的方位角和俯仰角，并预置天线极化与所用卫星信标极化一致。

(3) 利用卫星信标和地球站天线控制系统，驱动天线的方位和俯仰，使地球站天线电轴指向卫星；微调天线的方位和俯仰，使频谱分析仪接收的卫星信标信号最大；微调天线极化使待测天线极化与卫星信标极化匹配，此时认为待测天线的波束中心已对准卫星。

(4) 依据理论计算地球站天线对准卫星的方位角和俯仰角，对待测天线控制系统的零位进行标定，此时天线控制器显示的方位角为 $AZ_0$，俯仰角为 $EL_0$。

(5) 在较短时间内(在该时间内卫星漂移引起的误差可以忽略)，驱动天线的方位或俯仰，使天线波束偏离卫星方向，重新对准卫星，此时天线控制器显示的方位角和俯仰角分别 $AZ_1$ 和 $EL_1$。

(6) 重复步骤 5，可得到一组方位角 $AZ_1$，$AZ_2$，…，$AZ_n$，俯仰角 $EL_1$，$EL_2$，…，$EL_n$($n$ 应不少于 20 次)。

(7) 利用式(14－28)和式(14－29)计算方位指向精度 $\sigma_{PA}$ 和俯仰指向精度 $\sigma_{PE}$。

$$\sigma_{PA} = \sqrt{\frac{\sum_{i=1}^{n}(AZ_i - AZ_0)^2}{n}} \tag{14-28}$$

$$\sigma_{PE} = \sqrt{\frac{\sum_{i=1}^{n}(EL_i - EL_0)^2}{n}} \tag{14-29}$$

(8) 利用式(14－30)计算天线指向精度 $\sigma_P$。

$$\sigma_P = \sqrt{\sigma_{PA}^2 + \sigma_{PE}^2} \tag{14-30}$$

### 14.7.2　跟踪精度测量

跟踪精度是指卫星通信地球站天线对卫星实施自动跟踪后，地球站天线波束中心轴(电轴)的指向与应有的地球站天线波束中心指向之间的角度差。影响卫星通信地球站天线跟踪精度的主要因素有：天线波束(电轴)的偏移；步距和信号电平测量所引起的误差(对步进跟踪方式)；传播变化和卫星信号不稳定引起的误差；接收机热噪声引起的误差；伺服驱动系统中由于阵风作用而产生的误差；齿隙和动态滞后等引起的误差。

图 14－19 所示为利用卫星信标测量地球站跟踪精度的原理图。

利用卫星信标测量地球站天线跟踪精度的步骤如下：

(1) 按照图 14－19 所示建立地球站天线跟踪精度测量系统，系统的仪器设备加电预热，使测试系统的仪器设备工作正常。

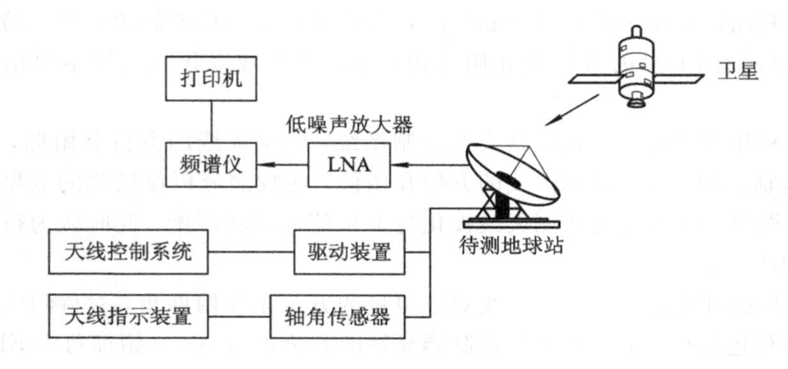


图 14-19　卫星信标测量地球站跟踪精度的原理图

(2) 利用地球站位置的经度和纬度，以及所对准卫星的轨道位置，精确计算地球站天线指向卫星的方位角和俯仰角，并预置天线极化与所用卫星信标极化一致。

(3) 利用卫星信标和地球站天线伺服控制系统，驱动天线的方位和俯仰，使地球站天线电轴指向卫星；微调天线的方位和俯仰，使频谱分析仪接收的卫星信标信号最大；微调天线极化使待测天线极化与卫星信标极化匹配，此时认为待测天线的波束中心已对准卫星。

(4) 依据理论计算地球站天线对准卫星的方位角和俯仰角，对待测天线伺服控制系统的零位进行标定，此时天线控制器显示的方位角为 $AZ_0$，俯仰角为 $EL_0$。

(5) 用手动方式驱动天线的方位(或俯仰)，使天线波束中心偏离卫星某一角度(该角度应小于天线控制系统的跟踪范围)；然后使天线处于自动跟踪状态，天线对卫星信标进行自动跟踪。当天线控制系统的跟踪进入稳定状态后，此时天线控制器显示的方位角和俯仰角分别 $AZ_1$ 和 $EL_1$。

(6) 重复步骤(5)，可得到一组方位角 $AZ_1$，$AZ_2$，…，$AZ_n$，俯仰角 $EL_1$，$EL_2$，…，$EL_n$($n$ 应不少于 20 次)。

(7) 利用下式计算方位跟踪精度 $\sigma_{TA}$ 和俯仰跟踪精度 $\sigma_{TE}$。

$$\sigma_{TA} = \sqrt{\frac{\sum_{i=1}^{n}(\Delta AZ_i - \Delta AZ_0)^2}{n-1}} \tag{14-31}$$

$$\sigma_{TE} = \sqrt{\frac{\sum_{i=1}^{n}(\Delta EL_i - \Delta EL_0)^2}{n-1}} \tag{14-32}$$

$$\Delta AZ_i = AZ_i - AZ_0 \tag{14-33}$$

$$\Delta AZ_0 = \frac{\sum_{i=1}^{n}\Delta AZ_i}{n} \tag{14-34}$$

$$\Delta EL_i = EL_i - EL_0 \tag{14-35}$$

$$\Delta EL_0 = \frac{\sum_{i=1}^{n} \Delta EL_i}{n} \tag{14-36}$$

(8) 利用式(14－37)计算天线跟踪精度 $\sigma_T$。

$$\sigma_T = \sqrt{\sigma_{TA}^2 + \sigma_{TE}^2} \tag{14-37}$$

## 14.8 卫星转发器的频谱特性测量

测量卫星转发器的频谱是很重要的。目前卫星通信常用频段有UHF频段、L频段、S频段、C频段、X频段、Ku频段、Ka频段和EHF频段。表14－2所示为常用卫星通信工作频段。

**表14－2　常用卫星通信工作频段**

| 波段名称 | 上行/下行频率(卫星转发器) |
|---|---|
| UHF频段 | 200 MHz/400 MHz |
| L频段 | 1.5 GHz/1.6 GHz |
| S频段 | 2 GHz/4 GHz |
| C频段 | 4 GHz/6 GHz |
| X频段 | 7 GHz/8 GHz |
| Ku频段 | 11、12 GHz/14 GHz |
| Ka频段 | 20 GHz/30 GHz |
| EHF频段 | 20 GHz/44 GHz |

由表14－2的卫星通信工作频段可知：除EHF频段地球站上行频段(或卫星转发器的下行频段)外，其他频段均可用MS2726C手持频谱分析仪完成地面站和卫星转发的射频性能测量。

图14－20所示为卫星转发器频谱特性测量的原理图。卫星转发器频谱特性测量的原理方法是：按照图14－20所示建立测量系统，依据地面站的地理位置和卫星的经度，计算出地面站天线对准卫星的方位角和俯仰角；利用卫星信标，驱动地面站天线的方位和俯仰，使地面站天线对准卫星，并调整地面站天线极化与卫星极化匹配，此时频谱分析仪测量的卫星信标信号最大；依据卫星转发器频段，设置频谱仪的起始频率和停止频率，合理设置频谱分析仪的其他参数，即可测量卫星转发器的频谱。

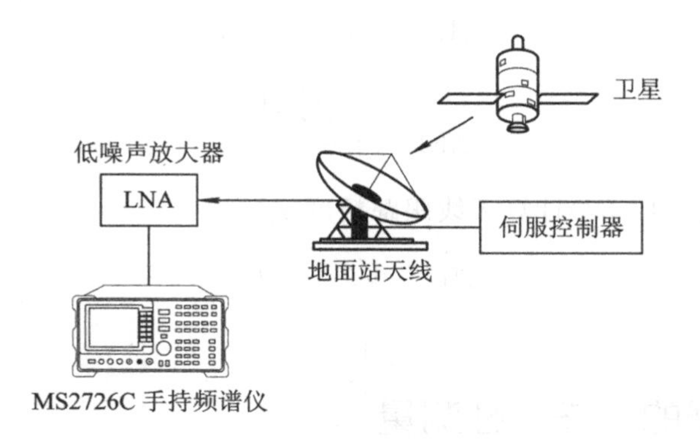


图 14-20 卫星转发器的频谱特性测量原理图

图 14-21 所示为亚洲四号卫星 C 波段水平极化转发器的频谱图。利用卫星频谱图，可测量卫星转发器占用带宽、调制载波带宽和载噪比等技术特性。

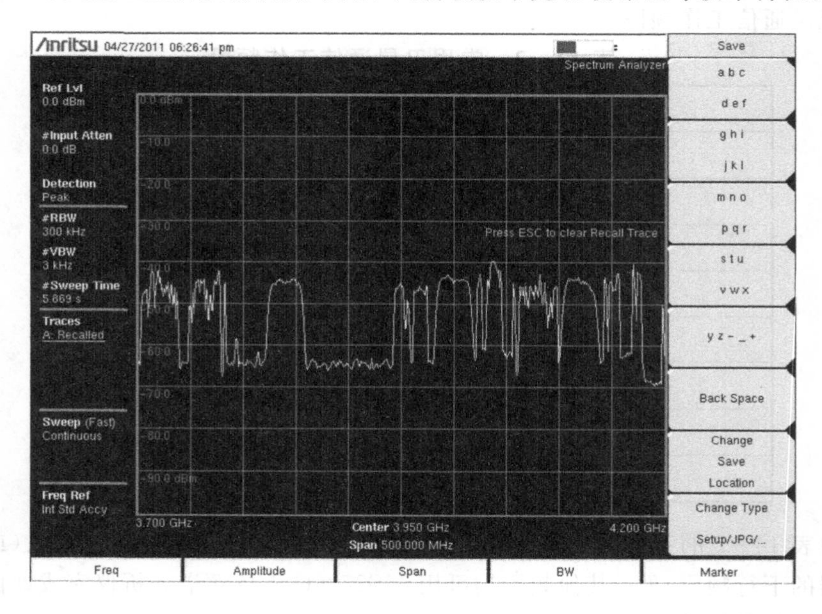


图 14-21 亚洲四号卫星 C 波段水平极化转发器的频谱图

## 14.9 地球站偏轴 EIRP 谱密度测量

为了促进同步卫星静止网络协调，避免卫星网络之间的干扰，有效利用卫星频谱和同步静止卫星轨道，必须限制地球站偏轴 EIRP 谱密度的最大允许电平。

本节介绍了有关地球站偏轴 EIRP 谱密度要求的标准，简述了用频谱分析仪测量地球站偏轴 EIRP 谱密度的方法。

### 14.9.1　地球站偏轴 EIRP 谱密度要求的标准介绍

这里介绍国家标准 GB/T 12364—2007《国内卫星通信系统进网技术要求》规定的卫星通信地球站系统入网要求的偏轴 EIRP 谱密度。

**1. C 波段地球站天线系统**

工作于 6 GHz 发射频段的固定卫星业务静止卫星轨道地球站，偏离地球站天线轴向角 $\theta$ 范围内最大 EIRP 谱密度不应超过下述规定值(包括同步卫星静止轨道 3°范围的任何方向)。

(1) 非 SCPC/PSK 话音激活电话系统，偏离地球站天线轴向辐射到空间 EIRP 谱密度最大允许值为

$$35 - 25\log\theta \quad \text{dBW/4 kHz} \quad 2.5^\circ \leqslant \theta \leqslant 48^\circ \tag{14-38}$$
$$-7 \quad \text{dBW/4 kHz} \quad 48^\circ < \theta \leqslant 180^\circ \tag{14-39}$$

(2) SCPC/PSK 话音激活电话系统，偏离地球站天线轴向辐射到空间 EIRP 谱密度最大允许值为

$$45 - 25\log\theta \quad \text{dBW/40 kHz} \quad 2.5^\circ \leqslant \theta \leqslant 48^\circ \tag{14-40}$$
$$3 \quad \text{dBW/40 kHz} \quad 48^\circ < \theta \leqslant 180^\circ \tag{14-41}$$

(3) 非 SCPC/PSK 话音激活电话系统，1988 年以后使用新地球站天线，偏离地球站天线轴向辐射到空间 EIRP 谱密度最大允许值为

$$32 - 25\log\theta \quad \text{dBW/40 kHz} \quad 2.5^\circ \leqslant \theta \leqslant 7^\circ \tag{14-42}$$
$$11 \quad \text{dBW/40 kHz} \quad 7^\circ < \theta \leqslant 9.2^\circ \tag{14-43}$$
$$35 - 25\log\theta \quad \text{dBW/40 kHz} \quad 9.2^\circ < \theta \leqslant 48^\circ \tag{14-44}$$
$$7 \quad \text{dBW/40 kHz} \quad 48^\circ < \theta \leqslant 180^\circ \tag{14-45}$$

**2. Ku 波段地球站天线系统**

工作于 Ku 波段固定卫星业务同步卫星静止轨道地球站天线系统，偏离地球站天线轴向角 $\theta$ 范围内最大 EIRP 谱密度不应超过下述规定值。

(1) 工作在 12.75 GHz～13.25 GHz 和 13.75 GHz～14.50 GHz 频段的卫星固定业务静止卫星轨道地球站天线，偏离地球站天线轴向辐射到空间 EIRP 谱密度最大允许值为(包括同步卫星静止轨道 3°范围任何方向)

$$39 - 25\log\theta \quad \text{dBW/40 kHz} \quad 2.5^\circ \leqslant \theta \leqslant 7^\circ \tag{14-46}$$
$$18 \quad \text{dBW/40 kHz} \quad 7^\circ < \theta \leqslant 9.2^\circ \tag{14-47}$$
$$42 - 25\log\theta \quad \text{dBW/40 kHz} \quad 9.2^\circ < \theta \leqslant 48^\circ \tag{14-48}$$
$$0 \quad \text{dBW/40 kHz} \quad 48^\circ < \theta \leqslant 180^\circ \tag{14-49}$$

(2) 工作在 14 GHz 频段的卫星固定业务静止卫星轨道网的 VSAT 地球站，

在任何静止卫星轨道 3°范围内，下述规定 $\theta$ 角上，偏离地球站天线轴向 EIRP 谱密度允许值为

$$33 \sim 25\log\theta \quad \text{dBW/40 kHz} \quad 2° \leqslant \theta \leqslant 7° \tag{14-50}$$

$$12 \quad \text{dBW/40 kHz} \quad 7° < \theta \leqslant 9.2° \tag{14-51}$$

$$36 \sim 25\log\theta \quad \text{dBW/40 kHz} \quad 9.2° < \theta \leqslant 48° \tag{14-52}$$

$$-6 \quad \text{dBW/40 kHz} \quad 48° < \theta \leqslant 180° \tag{14-53}$$

此外，偏离天线主瓣轴任意方向 $\theta$ 角的交叉极化分量不应超过下述值：

$$23 \sim 25\log\theta \quad \text{dBW/40 kHz} \quad 2° \leqslant \theta \leqslant 7° \tag{14-54}$$

$$2 \quad \text{dBW/40 kHz} \quad 7° < \theta \leqslant 9.2° \tag{14-55}$$

**3. Ka 波段地球站天线系统**

工作于 Ka 波段固定卫星业务同步卫星静止轨道地球站天线系统，偏离地球站天线轴向角 $\theta$ 范围内最大 EIRP 谱密度不应超过下述规定值。

(1) 29.5 GHz～30 GHz 频段的卫星固定业务静止卫星轨道地球站，在下述规定 $\theta$ 角范围内，最大偏轴发射的 EIRP 谱密度不应超过下述值(包括同步卫星静止轨道 3°范围任何方向)：

$$19 \sim 25\log\theta \quad \text{dBW/40 kHz} \quad 2° \leqslant \theta \leqslant 7° \tag{14-56}$$

$$-2 \quad \text{dBW/40 kHz} \quad 7° < \theta \leqslant 9.2° \tag{14-57}$$

$$22 \sim 25\log\theta \quad \text{dBW/40 kHz} \quad 9.2° < \theta \leqslant 48° \tag{14-58}$$

$$-20 \quad \text{dBW/40 kHz} \quad 48° < \theta \leqslant 180° \tag{14-59}$$

(2) 对于地球站天线工作仰角 EL 低于 30°时，地球站发射的 EIRP 功率谱密度可以超过上述规定的限值，但超过量规定如下：

$$2.5 \text{ dB} \quad \text{EL} \leqslant 5° \tag{14-60}$$

$$0.1 \times (25 - \text{EL}) + 0.5 \text{ dB} \quad 5° < \text{EL} \leqslant 30° \tag{14-61}$$

(3) 对于要在同一 40 kHz 频段内同时发射的多个地球站系统(例如 CDMA 方式)，上述规定值还应降低约 $10\lg N$ 分贝，其中 $N$ 是系统内使用同一 40 kHz 频段的地球站数目。

## 14.9.2 地球站偏轴 EIRP 谱密度测量

地球站偏轴 EIRP 谱密度与地球站系统的发射功率、天线发射增益、偏轴增益和系统工作带宽有关。每 40 kHz 地球站偏轴 EIRP 谱密度为

$$\text{EIRP}_{\text{SD-off}}[\text{dBW/40 kHz}] = \text{EIRP}_{\text{off}}[\text{dBW}] + 10 \times \log\left(\frac{40000}{B}\right) \tag{14-62}$$

$$\text{EIRP}_{\text{off}} = \text{EIRP}_0 - \Delta G \tag{14-63}$$

式中：

$EIRP_{SD-off}$——地球站偏轴 EIRP 谱密度(dBW/40 kHz)；

$EIRP_{off}$——地球站偏轴 EIRP (dBW)；

$B$——地球站信号占用带宽(Hz)；

$EIRP_0$——地球站轴向 EIRP(dBW)；

$\Delta G$——天线偏轴增益的减少量(天线轴向最大增益减去天线偏轴增益)。

由式(14－62)地球站偏轴 EIRP 谱密度定义可知：地球站偏轴 EIRP 谱密度测量需要确定天线的输入功率、天线发射增益和天线旁瓣增益，从而计算出地球站偏轴 EIRP 谱密度。地球站偏轴 EIRP 谱密度测量方法的程序如下。

**1. 测量地球站天线的发射功率**

图 14－22 所示为用频谱分析仪测量地球站高功率放大器输出功率的原理框图。图中 HPA 表示高功率放大器。

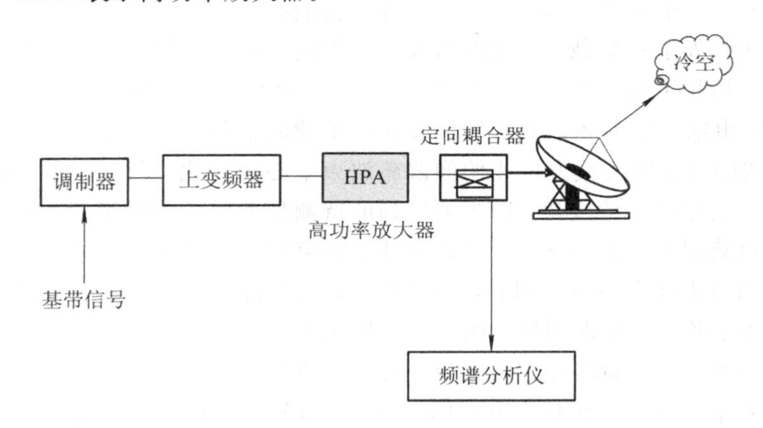


图 14－22　地球站高功率放大器输出功率测量原理框图

按照图 14－22 所示的原理框图建立测试系统，用频谱分析仪测量高功率放大器的输出经过定向耦合器的耦合输出功率。假设频谱分析仪测量的功率电平为 $P_m$[dBm]，则高功率放大器的输出功率 $P_t$[dBW]为

$$P_t = P_m + C + L_{RF} - 30 \tag{14-64}$$

式中：

$P_t$——高功率放大器的输出功率(dBW)；

$P_m$——频谱分析仪测量的信号功率电平(dBm)；

$C$——定向耦合器的耦合系数(dB)；

$L_{RF}$——定向耦合器与频谱仪之间的射频测试电缆损耗(dB)。

**2. 测量地球站天线的发射增益和方向图**

图 14－23 所示为地球站天线发射增益和方向图测量的原理框图。

发射方向图测量的基本原理方法是：首先按照图 14－23 建立测试系统，由待

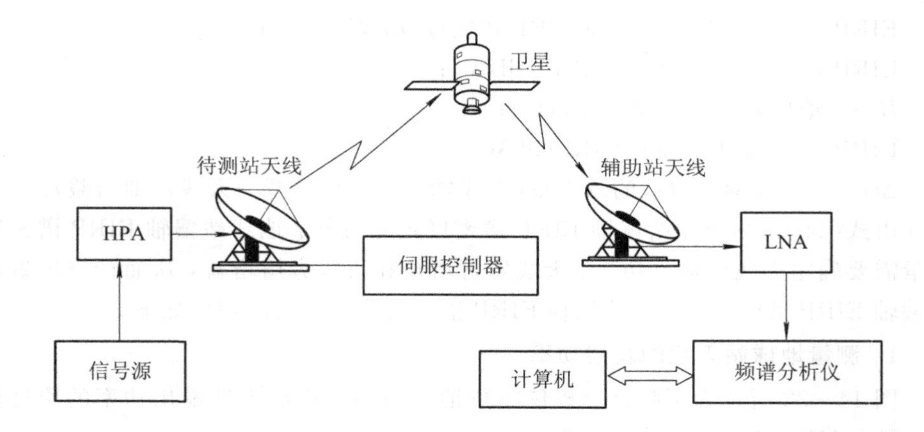


图 14-23 地球站天线发射增益和方向图测量的原理框图

测地面站天线发射一单载波，辅助站天线接收这一单载波信号，待测天线和辅助站天线都与所用卫星对准，且与卫星极化匹配，然后分别转动待测天线的方位或俯仰角度，由辅助站的频谱分析仪接收这一单载波信号，随着待测天线偏离波束中心，天线的增益随天线方位或俯仰偏离波束中心而变化，利用频谱分析仪的迹线功能记录信号电平的变化，即为测量到的待测地面站天线的发射方向图，通过数据处理可获得天线方向图第一旁瓣电平、波束宽度和宽角旁瓣特性等。

根据测量天线发射方向图和波束宽度，通常用波束宽度法和方向图积分法确定天线的发射增益。根据测量天线波束宽度由 14.1.1 节中公式(14-5)计算待测天线的发射增益。下面简述方向图积分确定天线增益的方法。

根据测量天线归一化功率方向图，由下式计算天线的发射增益：

$$G_t = 10 \times \log \frac{4}{\int_{-\pi}^{\pi} P(\theta) \sin|\theta| \, d\theta} - \delta_{sector} - \delta_{strut} - \delta_{cross} - \Gamma \quad (14-65)$$

式中：

$G_t$——待测天线的发射增益；

$\delta_{sector}$——方向图有限积分区间和照射损失修正(一般取 0.15 dB)；

$\delta_{strut}$——支撑遮挡修正因子(一般取 0.05 dB)；

$\delta_{cross}$——轴向交叉极化损失修正因子(一般取 0.05 dB)；

$\Gamma$——天线失配和馈源网络损耗修正因子(实测值)。

由测量的天线宽角旁瓣方向图，可确定天线宽角旁瓣特性是否满足旁瓣包络增益的要求。目前对于电尺寸 $D/\lambda \geqslant 50$ 的地球站天线，天线旁瓣增益包络要求满足下面的包络线：

$$G(\theta)=\begin{cases}29-25\log(\theta) & 1^{\circ *}\leqslant\theta\leqslant 20^{\circ}\\ -3.5 & 20^{\circ}<\theta\leqslant 26.3^{\circ}\\ 32-25\log(\theta) & 26.3^{\circ}<\theta\leqslant 48^{\circ}\\ -10 & 48^{\circ}<\theta\leqslant 180^{\circ}\end{cases}\tag{14-66}$$

式(14-66)中 $1^{\circ *}$ 的含义是：当天线的电尺寸 $D/\lambda\geqslant 100$ 时，增益包络起始角度为 1°；当天线的电尺寸 $D/\lambda<100$ 时，增益包络的起始角度为 $100\lambda/D$ 度。

**3. 计算地球站天线偏轴 EIRP**

由测量的地球站天线发射功率 $P_t$[dBW]、天线发射增益 $G_t$[dBi]和旁瓣包络增益 $G(\theta)$，可计算得地球站的偏轴 EIRP 为

$$\mathrm{EIRP_{off}}=\mathrm{EIRP_0}-\Delta G\tag{14-67}$$

$$\mathrm{EIRP_0}=P_t+G_T\tag{14-68}$$

$$\Delta G=G_T-G(\theta)\tag{14-69}$$

**4. 计算地球站天线偏轴 EIRP 谱密度**

由测量的地球站偏轴 EIRP 和地球站信号带宽 $B$，利用式(14-62)可计算地球站偏轴 EIRP 谱密度。

### 14.9.3 工程测量实例

这里以某 Ku 波段卫星地球站天线系统为例，说明地球站偏轴 EIRP 谱密度的测量计算方法。

已知：用频谱分析仪测量的高功率放大器的输出功率 $P_t$ 为 17.8 dBW，发射波导馈线的损耗 $L_{feed}$ 为 3 dB，波束宽度法测量的天线发射增益 $G_t$ 为 55 dBi，信号占用带宽 $B$ 为 3 MHz。计算地面站天线偏离轴向 28.5°的 EIRP 谱密度。

**解**　地球站轴向 EIRP 为

$$\begin{aligned}\mathrm{EIRP_0}[\mathrm{dBW}]&=P_t[\mathrm{dBW}]-L_{feed}[\mathrm{dB}]+G_t[\mathrm{dBi}]\\&=17.8-3.0+55.0=69.8\ \mathrm{dBW}\end{aligned}$$

计算地球站天线偏轴增益减少量：

$$\Delta G=G_t-G(28.5^{\circ})=55-[32-25\times\lg 28.5^{\circ}]=59.37\ \mathrm{dB}$$

计算偏轴 EIRP：

$$\mathrm{EIRP_{off}}=\mathrm{EIRP_0}-\Delta G=69.8-59.37=10.43\ \mathrm{dBW}$$

计算偏轴 EIRP 谱密度：

$$\begin{aligned}\mathrm{EIRP_{SD-off}}[\mathrm{dBW/40\ kHz}]&=\mathrm{EIRP_{off}}[\mathrm{dBW}]+10\times\log\left(\frac{40000}{B}\right)\\&=10.43+10\times\log\left(\frac{40000}{3000000}\right)=-8.32\end{aligned}$$

# 参考文献


[1] 秦顺友. 浅谈“射频万用表”——频谱分析仪. 电磁干扰与兼容，2009.

[2] 班万荣. 频谱分析仪的原理和发展. 现代电子技术，2005(7).

[3] 范懋本. 谈谈频谱分析仪的发展趋势. 通信世界，1998.

[4] Bergher M, Jules E, Joseph A L. Real time spectrum analyzer. Particle accelerator conference, Accelerator science and technology, Conference record of the 1991 IEEE, 1991, 2(5): 6 - 9.

[5] 殷兴辉，等. 微波宽带可实时频谱仪. 长沙：1999 年全国微波毫米波会议论文集，1999.

[6] 魏风英. 频谱分析仪的原理、维修以及发展趋势. 无线电工程，2006, 36(7).

[7] [美]罗佰特 A. 威特. 频谱与网络测量. 李景威，张伦，译. 北京：科学技术文献出版社，1997.

[8] 徐明远，陈德章，冯云. 无线电信号频谱分析. 北京：科学出版社，2008.

[9] 林占江，林放. 电子测量仪器原理与使用. 北京：电子工业出版社，2006.

[10] 梁军. 频谱分析仪原理及应用. 哈尔滨工业大学硕士学位论文，2001.

[11] Agilent application note 150. Spectrum analysis basics.

[12] ANRITSU technical note. The basis of spectrum analyzers.

[13] ANRITSU technical note. Guide to spectrum analyzers.

[14] Agilent technologies. Agilent ESA 系列频谱分析仪技术研讨会. 安捷伦科技有限公司，2000.

[15] 房雪莲. 频谱分析仪的应用及测试技巧. 有线电视技术，2006(5).

[16] 于中一. 怎样用频谱分析仪测量邻近且相对弱小的信号. 中国无线电管理，2003(10).

[17] 徐元军. 恰当使用基于 FFT 的频谱分析仪. 国外电子测量技术. 1999(1).

[18] 李凤阳. HP3582A 型数字式频谱分析仪的原理及应用. 自动化与仪器仪表，1998(4).

[19] 李润身. 频谱分析仪术语汇编. 国外电子测量技术，2002(5).

[20] 王琦. 频谱分析仪的原理. 中国无线电管理. 2000(1).

[21] 尚建平. 浅析频谱分析仪的动态范围. 中国无线电，2005(10).

[22] 农征海. E4407B 频谱分析仪的操作与应用. 中国无线电，2004(9).

[23] 吴也蓓. 频谱分析仪的频率分辨力和测试灵敏度. 无线通信技术，2000(2).

[24] 詹宏英，贾杏池．关于频谱分析仪的动态范围的技术条件．国外电子测量技术，1998(6)．

[25] 秦顺友，许德森．卫星通信地面站天线工程测量技术．北京：人民邮电出版社，2006．

[26] 秦顺友，刘阿翔．频谱分析仪灵敏度分析及低信噪比测量的精度研究．电子测量与仪器学报．1993(4)．

[27] [美]Witte R A．电子测量仪器原理与应用．何小平，译．北京：清华大学出版社，1995．

[28] Schaefer W. Narrowband and broadband discrimination with a spectrum analyzer or EMI receiver. IEEE international symposium on electromagnetic compatibility，2006：14－18．

[29] Agilent technologies. 8560 E-series and 8560 EC-series spectrum analyzers user's guide.

[30] 殷琪．卫星通信系统测试．北京：人民邮电出版社，1997．

[31] 樊桂华，等．微波频率的正确测量．国外电子测量技术．1998(3)．

[32] 李景春，牛刚，黄嘉．微波信号功率频谱分析仪测量方法．邮电设计技术，2003(3)．

[33] 汪庆宝，等．用频谱分析仪测量网络的频率响应．国外电子测量技术，1997(1)．

[34] 何朝颖，译．用平均法提高频谱分析仪的准确度．国外电子测量技术，1999(1)．

[35] Bertocco M，Sona A. On the power measurement via a spectrum analyzer. IMTC2004-Instrumentation and measurement technology conference. Como. Iltaly，2004：18－20

[36] Hill D A，Haworth D P. Accurate measurement of low signal-to-noise ratios using a superheterodyne spectrum analyzer. IEEE transactions on instrumentation and measurement. 1990，39(2)．

[37] 罗素珠．浅谈提高频谱分析仪灵敏度的有效途径．中国无线电，2006(8)．

[38] 秦顺友．频谱仪测量低电平信号的应用研究．电子测量与仪器学报，2009(23)．

[39] 秦顺友．频谱仪测量低电平的精度研究．电子学报，1995(3)．

[40] 张海林．提高频谱分析仪幅度测量准确度的方法．中国仪器仪表，2007(1)．

[41] 骆光烈．微波网络驻波和衰减测量的误差分析．现代雷达，2000(2)．

[42] 李镇远，张伦．微波衰减测量．北京：人民邮电出版社，1981．

[43] ANRITSYU application note. Insertion loss measurement methods.

[44] Kawana T, Osakabe M, Koike K. Evaluation of dipole antenna balun loss in UHF band. IEEE transactions on instrumentation and measurement. 1991, 40(2).
[45] 樊良海. 微波小衰减的测量. 测控与通信, 2007(4).
[46] 秦顺友, 张文静, 许德森. 大型天线罩小损耗测量的一种新方法. 电子测量与仪器学报. 2005(3).
[47] 秦顺友, 张文静, 杜彪. 圆孔金属板的微波传输损耗的计算与测量. 电子测量与仪器学报. 2009(23).
[48] 秦顺友, 陈奇波. 地球站波导馈线小衰减测量的一种新方法. 电子测量与仪器学报, 1994(4).
[49] 秦顺友. 噪声温度法测量微波波导器件小衰减的进一步研究. 电子学报, 1998(3).
[50] Bathker D A, Veruttipong W, Otoshi T Y, et al. Beam waveguide antenna performance predictions with comparisons to experimental results. IEEE trans. on microwave theory and techniques. 1992, 40(6).
[51] Kawana T, Osakabe M, Koike K. Evaluation of dipole antenna balun loss in the UHF band[J]. IEEE Transactions on instrumentation and measurement, 1991, 40(2): 480 - 482.
[52] Stelzried C T, Otoshi T Y. Radiometric evaluation of antenna feed component losses[J]. IEEE Transactions on instrumentation and measurement, 1969, 18(3): 172 - 183.
[53] 郭荣斌, 张全金. 频谱分析仪在网络测试中的应用. 国外电子测量技术, 2005(1).
[54] 温春喜. 卫星地球站设备 1dB 压缩点的测试. 微波与卫星通信, 1993(3).
[55] 毛辰石. 用频谱仪测量 FM. 国外电子测量技术, 2000(4).
[56] 李华明, 黄大驰. 用频谱仪测量电视调制度. 西部广播电视, 2005(7).
[57] 许建华. 用频谱分析仪测量调制信号. 国外电子测量技术, 1997(5).
[58] 卢黄丽. 用频谱分析仪测量调制特性技术. 电子工程师, 2001(11).
[59] 张贵军, 周谓, 郑延秋. 脉冲调制对连续载波单边带相位噪声的影响. 宇航计测技术, 2003(1).
[60] 王俊峰, 赵扬. 如何使用超外差式频谱分析仪对 TDMA 脉冲信号进行准确的频谱测量. 中国无线电, 2007(6).
[61] 岑巍. 频谱分析仪精度参数设置探讨. 中国无线电, 2007(12).
[62] [美]Gollo M. 射频与微波手册. 孙龙祥, 等, 译. 北京: 国防工业出版社, 2006(7).

[63] 赵雪芬，等，频谱分析仪的谐波测量技术. 国外电子测量技术，2001(2).
[64] 段志强. 频谱分析仪谐波测量技术研究. 科技信息，2007(2).
[65] 姚鹏，杨伟强. 如何正确用频谱分析仪测量谐波. 中国无线电管理，1997(6).
[66] 毛辰石. 频谱仪测量非线性失真. 空间电子技术，1999(2).
[67] 白晓东，等. 放大器互调失真的 IP 表示法. 电视技术，2001(5).
[68] 陈军. 接收机三阶互调失真影响分析. 现代雷达，1998(5).
[69] 赵长水. 多频道射频信号的非线性失真及其分析. 西部广播电视，2005(6).
[70] 凤卫锋. 通信系统中无源互调失真的测量. 航空计测技术，2003(3).
[71] 朱辉. 无源互调测量及解决方案电信技术，2007(9).
[72] 戴晴，等. 现代微波与天线测量技术. 北京：北京电子工业出版社，2008.
[73] Agilent application note 1303. Agilent spectrum analyzer measurements and noise.
[74] Agilent application note 1439. Measuring noise figure with a spectrum analyzer.
[75] Agilent application note 57 - 1. Agilent fundamentals of RF and microwave noise figure measurements.
[76] Agilent application note 57 - 2. Noise figure measurement accuracy the Y - factor method.
[77] 王波. 基于频谱分析仪的噪声系数测量. 企业标准化，2008(17).
[78] 韩行州，等. 用频谱分析仪测量噪声系数，国外电子测量技术，1999(3).
[79] Ohmaru K, Mikuni Y. Direct G/T measurement for satellite broadcasting receivers. IEEE trans. on broadcasting. 1984, BC - 30(2).
[80] Aij B, Pascual J P, et al. A new method to obtain total power receiver equivalent noise temperature. Munich: 33rd Europenan microwave conference, 2003.
[81] Otoshi T Y. Noise temperature theory and applications for deep space communications antenna systems. ARTECH HOUSE, 2008.
[82] 秦顺友，王小强. 载噪比直接法测量地球站 G/T 值的精度研究. 通信学报，2000(3).
[83] Qin S Y, Wang X Q. Measurement and error analysis for C-band 15 meter TT&C station antenna G. /T using Taurus A. Nanjing: ICMMT proceeding, 2008.
[84] 戴维君. 用频谱仪测量相位噪声的方法. 国外电子测量技术. 2001(3).

[85] 邱燕东，秦红磊. 频谱仪在相位噪声测量中的应用. 电子测量技术. 2004(3).

[86] 刘严严，等. 频谱分析仪测量相位噪声及测量不确定度分析. 电子测量技术，2006(5).

[87] Zhan Z Q. How to use a spectrum analyzer to measure phase noise phase noise of digital signal generator. Asia -pacific radio science cinference，2004：24 - 27.

[88] Bogdanovic J R，Miloservic S M. Automated noise figure measurement using computer and spectrum analyzer. 12th international conference on microwaves and radar. MIKON'98.

[89] 秦顺友，陈奇波. 地球站电磁干扰测试系统分析. 无线电通信技术，1993(2).

[90] GB13615—1992. 地球站电磁环境保护要求.

[91] 秦顺友，等. 电磁干扰测试系统噪声对测量结果影响的研究. 无线电通信技术，1994(1).

[92] 秦顺友，等. 用 HP8592A 组成的地球站电磁干扰测试系统. 南京：第五届天线及电磁兼容测量会议论文集，1992.

[93] 周勇. 卫星地球站电磁环境测试中的计算. 中国无线电管理，2003(3).

[94] 赵栋波，刘延军. HP8563E 频谱分析仪在电磁兼容测试中的应用. 国外电子测量技术，2000(6).

[95] 沈国勤. 卫星地球站电磁环境测试方法探析(上). 中国无线电，2007(10).

[96] 沈国勤. 卫星地球站电磁环境测试方法探析(下). 中国无线电，2007(11).

[97] GJB 475—1988. 微波辐射生活区安全限值.

[98] GJB 476—1988. 生活区微波辐射测量方法.

[99] GB 8702—1988. 电磁辐射防护规定.

[100] GJB 5313—2004. 电磁辐射暴露限值和测量方法.

[101] ANSI - IEEE C95. 1. IEEE standard for safety levels with respect to human exposure to radio frequency electromagnetic fields 3 kHz to 300 GHz.

[102] Keen K M，heron R C，Hodson K. Fresnel region power density levels from earth station antennas. Electronics letters. 2001，37(14).

[103] 秦顺友，许德森，张文静. 圆口径地面站天线近区功率密度的计算. 无线电通信技术，2007(2).

[104] 秦顺友，杜彪. 地面站天线近区功率密度的测量. 2009 年全国微波毫米波会议论文集. 北京：电子工业出版社，2009.

[105] 何梅，等. 高性能频谱分析仪的时域测量技术及其应用. 中国仪器仪表，

2006(2).
[106] 张乐勇. 巧用频谱分析仪的时域测量方式. 电子测量技术，1997(1).
[107] 牛俊峰，等. 频谱分析仪 Zero Span 的应用. 国外电子测量技术，2003.
[108] 孔敏. 时域测量原理及应用. 安徽大学学报，1999(2).
[109] 陈辉，王同锁，秦顺友. 频谱仪测量方向图的机理及相关问题分析. 无线电通信技术，2002(1).
[110] 秦顺友，等. 计算机及软件在地球站天线方向图测量中的应用. 电子测量与仪器学报. 1997(4).
[111] INTELSAT SSOG 210. Earth station verification tests，2002 - 11 - 15.
[112] GJB 1900A—2006. 卫星通信地面侦察系统测量方法.
[113] GB/T 11299. 卫星通信地球站无线电设备测量方法，1989.
[114] INTELSAT IESS - 308. Performance characteristics for intermediate data rate digital carriers using convolutional encoding/viterbi encoding and QPSK modulation.
[115] 侯新宇，崔尧，刘海军. 频率选择表面的测量技术与分析. 仪器仪表学报，2008(4).
[116] 杨科. 20/30GHz 频率选择面技术研究. 空间电子技术，2007(4).
[117] 齐越，赵雪，张亚宁. 无源互调的原理与测试. 电信网技术，2015(8).
[118] 钟鹰，于飞，孙勤奋. C 波段卫星天线无源互调的性能验证. 空间电子技术，2007(2).
[119] GB/T 12364—2007. 国内卫星通信系统进网技术要求.
[120] ITU—R S. 524—9. Maximum permissible levels of off—axis EIRP density from earth stations in geostationary satellite orbit networks operating in the fixed—satellite service transmitting in the 6 GHz, 13 GHz, 14 GHz and 30 GHz frequency bands.

# 致 谢

感谢中国电子科技集团公司第五十四研究所所长涂天杰研究员。为了加强我所技术积累，加速人才培养，提高创新实力，进一步增强可持续发展能力，他决定设立“所长出版基金”，支持我所著作出版。

感谢中国电子科技集团公司第三十九研究所副所长，第五十四所副总工程师、天线伺服专业部主任梁赞明，感谢他一直支持和鼓励科技创新、论文发表和专著出版，并设立了专业部科研产品创新奖、技术创新奖，从而促进了天线伺服技术的发展。

感谢中国电子科技集团公司第五十四研究所让我有展示的舞台、专业发展的空间和为国防建设作贡献的机会。感谢天线伺服专业部杜彪研究员、张文静研究员、王俊义研究员、郑元鹏研究员、董挪军研究员、毛贵海高级工程师和张旺高级工程师等所有领导的关怀和支持。感谢同事的帮助和鼓励，也感谢所有朋友和曾经帮助过我的人。

感谢我的妻子杨群辉高级工程师，她不仅在微波射频测量方面给予了我指导和帮助，而且对我的写作给予了支持和鼓励；感谢我可爱的女儿秦霁月，她一贯能自觉认真学习，从未让父母操心，使我有更多时间和精力投入到专著的写作之中。在专著的写作过程中，耽误了很多同妻子和女儿一起团聚的时间，在此也向她们表示歉意。

感谢西安电子科技大学出版社马乐惠主任为该书的编辑出版所付出的辛勤劳动。

最后特别感谢家乡的亲人和所有的亲戚朋友对我个人事业上的巨大支持和生活上的关照以及聚少离多的理解。